U0214976

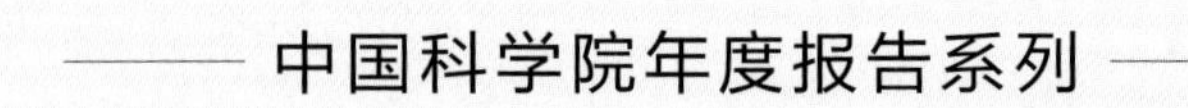
中国科学院年度报告系列

2016
科学发展报告
Science Development Report

中国科学院

科学出版社
北京

图书在版编目(CIP)数据

2016科学发展报告/中国科学院编．—北京：科学出版社，2016.8

(中国科学院年度报告系列)

ISBN 978-7-03-049050-6

Ⅰ．①2…　Ⅱ．①中…　Ⅲ．①科学技术-发展战略-研究报告-中国-2016
Ⅳ．①N12②G322

中国版本图书馆CIP数据核字（2016）第142747号

责任编辑：侯俊琳　牛　玲　朱萍萍／责任校对：邹慧卿
责任印制：张　倩／封面设计：有道文化
编辑部电话：010-64035853
E-mail：houjunlin@mail.sciencep.com

科学出版社 出版
北京东黄城根北街16号
邮政编码：100717
http://www.sciencep.com

中国科学院印刷厂 印刷

科学出版社发行　各地新华书店经销

*

2016年8月第　一　版　开本：787×1092　1/16
2016年8月第一次印刷　印张：27 1/2　插页：2
字数：550 000

定价：98.00元

（如有印装质量问题，我社负责调换）

创造未来的科技发展新趋势

（代序）

白春礼

当前，全球新一轮科技革命和产业变革方兴未艾，科技创新正加速推进，并深度融合、广泛渗透到人类社会的各个方面，成为重塑世界格局、创造人类未来的主导力量。我们只有认清趋势、前瞻擘划，才能顺势而为、抢抓机遇。从宏观视角和战略层面看，当今世界科技发展正呈现以下十大新趋势。

颠覆性技术层出不穷，将催生产业重大变革，成为社会生产力新飞跃的突破口。作为全球研发投入最集中的领域，信息网络、生物科技、清洁能源、新材料与先进制造等正孕育一批具有重大产业变革前景的颠覆性技术。量子计算机与量子通信、干细胞与再生医学、合成生物和“人造叶绿体”、纳米科技和量子点技术、石墨烯材料等，已展现出诱人的应用前景。先进制造正向结构功能一体化、材料器件一体化方向发展，极端制造技术向极大（如航母、极大规模集成电路等）和极小（如微纳芯片等）方向迅速推进。人机共融的智能制造模式、智能材料与3D打印结合形成的4D打印技术，将推动工业品由大批量集中式生产向定制化分布式生产转变，引领“数码世界物质化”和“物质世界智能化”。这些颠覆性技术将不断创造新产品、新需求、新业态，为经济社会发展提供前所未有的驱动力，推动经济格局和产业形态深刻调整，成为创新驱动发展和国家竞争力的关键所在。

科技更加以人为本，绿色、健康、智能成为引领科技创新的主流方向。未来科技将更加重视生态环境保护与修复，致力于研发低能耗、高效能的绿色技术及其产品。以分子模块设计育种、增强光合作用、智能技术等研发应用为重点，绿色农业将创造农业生物新品种，提高农产品产量和品质，保障粮食和食品安全。基因测序、干细胞与再生医学、分子靶向治疗、远程医疗等技术大规模应用，将使医学模式进入个体化精准诊治和低成本普惠医疗的新阶段。智能化成为继机械化、电气化、自动化之后的新“工业革命”，工业生产向更绿色、更轻便、更高效的方向发展。服务机器人、自动驾驶汽车、快递无人机、智能穿戴设备等的普及，将持续提升人类生活质量，提升人的解放程度。科技创新在满足人类不断增长的个性化、多样化需求和增进人类福祉方面，将展现出超乎想象的神奇魅力。

“互联网+”蓬勃发展，将全方位改变人类生产和生活方式。新一代信息技术发展和无线传输、无线充电等技术实用化，为实现从人与人、人与物、物与物、人与服务互联向“互联网+”发展提供丰富、高效的工具与平台。随着大数据普及，人类活动将全面数据化，而云计算为数据的大规模生产、分享和应用提供了基础。工业互联网、能源互联网、车联网、物联网、太空互联网等新网络形态不断涌现，智慧地球、智慧城市、智慧物流、智能生活等应用技术不断拓展，将形成无时不在、无处不在的信息网络环境，对人们的交流、教育、交通、通信、医疗、物流、金融等各种工作和生活需求作出全方位及时智能响应，推动人类生产方式、商业模式、生活方式、学习和思维方式等发生深刻变革。互联网的力量将借此全面重塑这个世界和社会，使人类文明在继农业革命、工业革命之后迈向新的“智业革命”时代。

国际科技竞争日趋激烈，科技制高点向深空、深海、深地、深蓝拓进。空间进入、利用和控制技术是空间科技竞争的焦点，天基与地基相结合的观测系统、大尺度星座观测体系等立体和全局性观测网络将有效提升对地观测、全球定位与导航、深空探测、综合信息利用的能力。海洋新技术突破正催生新型蓝色经济的兴起与发展，多功能水下缆控机器人、高精度水下自航器、深海海底观测系统、深海空间站等海洋新技术的研发应用，将为深海海洋监测、资源综合开发利用、海洋安全保障提供核心支撑。地质勘探技术和装备研制技术不断升级，将使地球更加透明，人类对地球深部结构和资源的认识日益深化，为开辟新的资源、能源提供条件。量子计算机、非硅信息功能材料、第五代移动通信技术（5G）等下一代信息技术向更高速度、更大容量、更低功耗发展。第五代移动通信技术有望成为未来数字经济乃至数字社会的“大脑”和“神经系统”，帮助人类实现“信息随心至、万物触手及”的用户体验，并带来一系列产业创新和巨大经济及战略利益。

前沿基础研究向宏观拓展、微观深入和极端条件方向交叉融合发展，一些基本科学问题正在孕育重大突破。随着观测技术手段的不断进步，人类对宇宙起源和演化、暗物质与暗能量、微观物质结构、极端条件下的奇异物理现象、复杂系统等的认知将越来越深入，把人类对客观物质世界的认识提升到前所未有的新高度。合成生物学进入快速发展阶段，从系统整体的角度和量子的微观层面认识生命活动的规律，为探索生命起源和进化开辟了崭新途径，将掀起新一轮生物技术的浪潮。人类脑科学研究将取得突破，有望描绘出人脑活动图谱和工作机理，有可能揭开意识起源之谜，极大带动人工智能、复杂网络理论与技术发展。前沿基础研究的重大突破可能改变和丰富人类对客观世界与主观世界的基本认知，不同领域的交叉融合发展可望催生新的重大科学思想和科学理论。

国防科技创新加速推进，军民融合向全要素、多领域、高效益深度发展。受世界竞争格局调整、军事变革深化和未来战争新形态等影响，主要国家将重点围绕极地、空间、网络等领域加快发展“一体化”国防科技，信息化战争、数字化战场、智能化装备、新概念武器将成为国防科技创新的主要方向。大数据技术将使未来战争的决策指挥能力实现根本性飞跃，推动现代作战由力量联合向数据融合方向发展，自主式作战平台将成为未来作战行动的主体。军民科技深度融合、协同创新，在人才、平台、技术等方面的界限日益模糊。随着脑科学与认知技术、仿生技术、量子通信、超级计算、材料基因组、纳米技术、智能机器人、先进制造与电子元器件、先进核能与动力技术、导航定位和空间遥感等方面的重大突破，将研发更多高效能、低成本、智能化、微小型、抗毁性武器装备，前所未有地提升国防科技水平，并带动众多科技领域实现重大创新突破。

国际科技合作重点围绕全球共同挑战，向更高层次和更大范围发展。全球气候变化、能源资源短缺、粮食和食品安全、网络信息安全、大气海洋等生态环境污染、重大自然灾害、传染性疾病疫情和贫困等一系列重要问题，事关人类共同安危，携手合作应对挑战成为世界各国的共同选择。太阳能、风能、地热能等可再生能源开发、存贮和传输技术的进步，将提升新能源利用效率和经济社会效益，深刻改变现有能源结构，大幅提高能源自给率。据国际能源署（IEA）预测，到2035年可再生能源将占全球能源的31%，成为世界主要能源。极富发展潜能的新一代能源技术将取得重大突破，氢能源和核聚变能可望成为解决人类基本能源需求的重要方向。人类面临共同挑战的复杂性和风险性、科学研究的艰巨性和成本之高昂，使相互依存与协同日趋加深，将大大促进合作研究和资源共享，推动高水平科技合作广泛深入开展，并更多上升到国家和地区层面甚至成为全球共同行动。

科技创新活动日益社会化、大众化、网络化，新型研发组织和创新模式将显著改变创新生态。网络信息技术、大型科研设施开放共享、智能制造技术提供了功能强大的研发工具和前所未有的创新平台，使创新门槛迅速降低，协同创新不断深化，创新生活实验室、制造实验室、众筹、众包、众智等多样化新型创新平台和模式不断涌现，科研和创新活动向个性化、开放化、网络化、集群化方向发展，催生越来越多的新型科研机构和组织。以“创客运动”为代表的小微型创新正在全球范围掀起新一轮创新创业热潮，以互联网技术为依托的“软件创业”方兴未艾，由新技术驱动、以极客和创客为重要参与群体的“新硬件时代”正在开启。这些趋势将带来人类科研和创新活动理念及组织模式的深刻变革，激发出前所未有的创新活力。

科技创新资源全球流动形成浪潮，优秀科技人才成为竞相争夺的焦点。一方面，经济全球化对创新资源配置日益产生重大影响，人才、资本、技术、产品、信息等创新要素全球流动，速度、范围和规模都将达到空前水平，技术转移和产业重组不断加快。另一方面，科技发达国家强化知识产权战略，主导全球标准制定，构筑技术和创新壁垒，力图在全球创新网络中保持主导地位，新技术应用不均衡状态进一步加剧，发达国家与发展中国家的“技术鸿沟”不断扩大。发达国家利用优势地位，通过放宽技术移民政策、开放国民教育、设立合作研究项目、提供丰厚薪酬待遇等方式，持续增强对全球优秀科技人才的吸引力。新兴国家也纷纷推出各类创新政策和人才计划，积极参与科技资源和优秀人才的全球化竞争。

全球科技创新格局出现重大调整，将由以欧美为中心向北美、东亚、欧盟“三足鼎立”的方向加速发展。随着经济全球化进程加快和新兴经济体崛起，特别是国际金融危机以来，全球科技创新力量对比悄然发生变化，开始从发达国家向发展中国家扩散。从2006年到2014年，美国研发投入占全球比重由34.6％逐步下降到30％，中国研发投入所占比重从3.17％增加到12.97％。虽然以美国为代表的发达国家目前在科技创新上仍处于无可争议的领先地位，但优势正逐渐缩小，中国、印度、巴西、俄罗斯等新兴经济体已成为科技创新的活化地带，在全球科技创新“蛋糕”中所占份额持续增长，对世界科技创新的贡献率也快速上升。全球创新中心由欧美向亚太、由大西洋向太平洋扩散的趋势总体持续发展，未来20～30年内，北美、东亚、欧盟三个世界科技中心将鼎足而立，主导全球创新格局。

正如雨果所说：与有待创造的东西相比，已经创造出来的东西是微不足道的。科技创新的前沿永无止境，科技创新的未来激动人心。我们要准确把握世界科技发展新趋势，树立创新自信，抢抓战略机遇，实施创新驱动发展战略，加快建成世界科技强国，为实现中华民族伟大复兴的中国梦提供强有力科技支撑。

（本文刊发于2015年7月5日《人民日报》，收入本书时略作修改）

前言

当今时代，科学技术发展正呈现出前所未有的系统化突破性发展态势，各种颠覆性技术的发展和应用正在全面塑造着新的发展业态、改变着社会思潮、引领着社会进步、深刻改变世界发展格局。科学技术的迅猛发展及其对经济与社会发展的超常规巨大推动作用，已成为当今社会的主要时代特征之一。科学作为技术的源泉和先导，作为现代人类文明的基石，它的发展已成为政府和全社会共同关注的焦点之一。习近平总书记在2016年5月30日召开的全国科技创新大会上指出，“不创新不行，创新慢了也不行”、“创新是引领发展的第一动力”，因此，准确把握全球科技创新竞争发展态势并作出明智的决策就显得至关重要。中国科学院作为我国科学技术方面的最高学术机构和国家高端科技智库，有责任也有义务向国家最高决策层和社会全面系统地报告世界和中国科学的发展情况，这将有助于把握世界科学技术的整体竞争发展态势和趋势，对科学技术与经济社会的未来发展进行前瞻性思考和布局，促进和提高国家发展决策的科学化水平。同时，也有助于先进科学文化的传播和提高全民族的科学素养。1997年9月，中国科学院决定发布年度系列报告《科学发展报告》，按年度连续全景式综述分析国际科学研究进展与发展趋势，评述科学前沿动态与重大科学问题，报道介绍我国科学家取得的代表性突破性科研成果，系统介绍科学发展和应用在我国实施“科教兴国”与“可持续发展”战略中所起的关键作用，并向国家提出有关中国科学的发展战略和政策建议，特别是向全国人大和全国政协会议提供科学发展的背景材料，供国家宏观科学决策参考。随着国家深入实施“创新驱动发展”战略和持续推进创新型国家建设，《科学发展报告》将致力于连续系统揭示国际科学发展态势和我国科学发展状况，服务国家发展的科学决策。

从 1997 年开始，各年度的《科学发展报告》采取了报告框架相对稳定的逻辑结构，以期连续反映国际科学发展的整体态势和总体趋势，以及我国科学发展的状态和水平在其中的位置。为了进一步提高《科学发展报告》的科学性、前沿性、系统性和指导性等，报告在 2015 年进行了升级改版，重点是增加了“科技领域发展观察”栏目，以期更系统、全面地观察和揭示国际重要科学领域的研究进展、发展战略和研究布局。

《2016 科学发展报告》是该系列报告的第十九部，主要包括科学展望、科学前沿、2015 年中国科研代表性成果、科技领域发展观察、中国科学发展概况和中国科学发展建议等六大部分。受篇幅所限，报告所呈现的内容不一定能体现科学发展的全貌，重点是从当年受关注度最高的科学前沿领域和中外科学家所取得的重大成果中，择要进行介绍与评述。

本报告的撰写与出版是在中国科学院白春礼院长的关心和指导下完成的，得到了中国科学院发展规划局、中国科学院学部工作局的直接指导和支持。中国科学院科技战略咨询研究院和中国科学院文献情报中心承担本报告的组织、研究与撰写工作。丁仲礼、杨福愉、解思深、陈凯先、姚建年、郭雷、曹效业、潘教峰、林其谁、夏建白、陈立泉、李永舫、邹振隆、李喜先、赵见高、聂玉昕、习复、王东、叶成、刘国诠、吴善超、龚旭、张利华、郭兴华、黄有国、程光胜、张树庸、吕厚远、顾兆炎、吴乃琴、卫涛涛、王新泉等专家参与了本年度报告的咨询与审稿工作，本年度报告的部分作者也参与了审稿工作，中国科学院发展规划局战略研究处石兵处长、蒋芳同志对本报告的工作也给予了帮助。在此一并致以衷心感谢。

中国科学院“科学发展报告”课题组

目　录

CONTENTS

第一章

科学展望

An Outlook on Science

1.1 等离子体物理发展展望

李建刚[1] 朱少平[2] 李儒新[3] 万宝年[1]
沈百飞[3] 刘 永[4] 童洪辉[4] 王晓钢[5]

（1. 中国科学院合肥物质科学研究院等离子体物理研究所；
2. 中国工程物理研究院；3. 中国科学院上海光学精密机械研究所；
4. 核工业西南物理研究院；5. 哈尔滨工业大学）

一、引 言

等离子体（plasma）是一种电离的气体。由于存在电离出来的自由电子和带电离子，等离子体具有很高的电导率，与电磁场存在极强的耦合作用。等离子态在宇宙中广泛存在，常被看作物质的第四态。等离子体由克鲁克斯在1879年发现，“plasma”这个词由朗缪尔在1928年最早采用。等离子体是宇宙中物质存在的主要形式，太阳及其他恒星、脉冲星、许多星际物质、地球电离层、极光、电离气体等都是等离子体。

等离子体物理学（plasma physics）是研究等离子体的形成、演化规律，以及与物质（包括场）相互作用及其控制方法的学科领域，属于物理学分支学科。等离子体物理学的发展在很大程度上是目标驱动的。磁约束聚变和惯性约束聚变的发展成为等离子体物理学发展最大的推动力。空间等离子体物理的发展也在相当程度上基于人类认识太空、征服太空，扩大生存空间的需要。此外，低温等离子体的多项技术应用，如磁流体发电、等离子体冶炼、等离子体化工、气体放电型的电子器件，以及火箭推进剂等研究，也都离不开等离子体物理学。按照参数和应用目标分类，等离子体物理包括高温和低温等离子体物理，不涉及非常具体应用目标的基础等离子体物理，以及通常划归空间科学和天文学的空间与天体等离子体物理。进入21世纪，出现了等离子体医学这一新的研究方向，快速地将等离子体物理与生物学进行了有机的结合。

自20世纪50年代以来，等离子体物理学已发展成为物理学一个十分活跃的分支。在实验上，已经建成了包括一批聚变实验装置在内的大中小等离子体实验装置，发射了不少科学卫星和空间实验室，从而获取了大量的实验数据和观测资料。在理论上，利用粒子轨道理论、磁流体力学和动力论，已经阐明等离子体的很多性质和运动规律，还发展了数值实验方法。最近半个多世纪来的巨大成就，使人们对等离子体的认识大大深化，但是一些已提出多年的问题，特别是一些非线性问题（如反常输运等）尚未得到完全解决；而对天体和空间的观测的进一步开展，以及受控热核聚变和低温等离子体应用研究的发展，又必定会带来更多新的问题。

二、等离子体物理的研究特点、发展规律和发展趋势

1. 等离子体物理的研究特点

在历史的发展中，对等离子体物理学的发展起决定性作用的因素是实验研究，每次重大的发展在很大程度上是目标驱动的。等离子体非线性、多尺度的特点决定了很难从复杂纷纭现象中总结和归纳出一套完整的、普适的理论。从实验出发总结、归纳出在特定时空尺度范围内对各种参数的经验定标关系，时至今日，在磁约束等离子体和低温等离子体应用研究中仍然发挥着重要的作用。

等离子体科学和技术相互促进，取得了显著的进展。现代科技发展成果使等离子体诊断观察和测量水平达到了空前的水平，快速提升了我们对等离子体行为的理解和预测能力。大规模科学计算能力的发展也极大地促进了许多等离子体物理基本问题的解决。在等离子体物理的大部分领域，从惯性约束、磁约束、空间等离子体等到计算机芯片的制造，基于科学预测的模型已开始逐步取代经验法则。对等离子体基本行为理解的深入已带来新的应用，并由此改善我们已有的技术。

2. 等离子体物理的发展规律

由于等离子体种类繁多、现象复杂、应用广泛，等离子体物理学正从实验研究、理论研究、数值计算三个方面，互相结合地向深度和广度发展。在受控热核聚变中，研究的目的是利用处于等离子体状态的轻核，实现聚变反应，以获取大量的能量。为实现这一目标，国际上在过去的50多年里建造了大量规模不等的各类实验装置，同时实验探索和理论模拟对比，加深对实现聚变点火的理解和寻找有效的解决方法。对于天体、空间和地球上的各种天然等离子体，主要通过包括高空飞行器和人造卫星在内的各种观测手段，接收它们发射的各种辐射和粒子进行研究。根据大量观测结果，结合天体物理、空间物理和等离子体物理的理论研究，进行分析综合，逐步深入地了解天然等离子体的现象、性质、结构、运动以及演化规律。在低温与基础等离子体物理方面，以探索新现象、研究新问题、提供新方法、产生新技术等为目标，国际上在

这些领域研究一直非常活跃，研究的方向也不断拓宽。等离子体中存在丰富物理过程，如等离子体与波相互作用，等离子体与材料相互作用、等离子体化学、丰富的不稳定性和非线性现象、纷繁多样的边界层物理至今仍是人们感兴趣的基本问题。

3. 等离子体物理发展趋势

随着美国国家点火装置（NIF）的点火试验和国际热核聚变实验堆（ITER）建设的全面开展，人类会在一个新的层面对燃烧等离子体物理开始探索和全面的理解，一定能够提供更多的发现新物理现象和揭示新物理机制的机会，从而将等离子体物理学科发展推进到一个新的高度。从物理科学来讲，这些装置能为高能量密度、高压、强磁场等极端条件下的科学研究提供一个前所未有的研究载体，同时也能提供一个前所未有的强中子、高能 X 射线和伽马源，为新型透视照相、抗核加固、核爆效应、极端条件核物理和极端条件材料特性研究提供独特的机会。与此同时，在 NIF 和 ITER 建造运行的同时发展起来的一大批技术，能为人类社会下一步高新技术发展提供重要的源泉和保障，从而进一步促进产业变革和社会经济发展。

未来 10 年，大规模等离子体物理的模拟集成将会发展到一个全新的高度，新的数学方法的不断引入，已经将很多物理过程给予了更为清晰、多尺度的描述和模拟，并在实验过程中得到了很好的验证。更加密切的模拟、实验结合，会将在等离子体物理研究中发现的重要实验结果有比较清晰的物理理解。

三、等离子体物理的关键科学问题、未来发展思路、发展目标和重要研究方向

等离子体物理研究由于其发展规律所驱动。惯性约束聚变等离子体、磁约束等离子体、基础等离子体、超强激光等离子体、空间等离子体、低温等离子体等研究领域由于自身的特点不同，其关键科学问题、发展思路、发展目标和重要研究方向也都各不相同，都有着自身鲜明的特性。

1. 惯性约束聚变等离子体物理

惯性约束聚变等离子体物理是在惯性约束聚变研究牵引下发展起来的学科。惯性约束聚变的发展决定着惯性约束聚变等离子体物理的发展方向和趋势。美国激光惯性约束聚变点火计划未能如期实现实验室热核聚变点火，既暴露了人们对聚变物理认识的不足，也反映了聚变点火物理实验的挑战性。但同时，美国激光惯性约束聚变点火计划的研究成果也具有非常重要的积极意义，事实上实验获得的氘氚等离子体温度已

经达到点火要求，但是氘氚等离子体的密度离点火还有近一倍的差距（NIF点火靶物理设计要求氘氚等离子体的压力达到3500亿大气压，实验结果是1800亿大气压）。虽然没有按照预期实现点火，但是NIF的物理实验仍然可以说是肯定了激光惯性约束聚变的科学可行性和工程可能性。点火物理研究将是未来惯性约束聚变研究的最主要的方向。此外，惯性约束聚变方式创造的实验室条件下高能量密度状态为极端条件下的科学研究提供了非常宝贵的机会。

美国NIF投入物理研究标志着国际惯性约束聚变等离子体物理研究进入一个全新阶段。虽然“神光”Ⅲ装置与NIF的能量输出水平相差一个量级，但是“神光”Ⅲ装置投入物理研究，也标志着我国惯性约束聚变等离子体研究也进入一个新层次。展望未来，惯性约束聚变研究将在以下几个方面可望取得重大进步。

（1）惯性约束聚变点火物理研究。利用NIF，美国虽然未能够如期实现热核聚变点火，但是美国一直在致力于改进点火靶的物理设计，探索影响聚变点火的主要物理问题和过程，例如，控制或规避黑腔等离子体，提高激光能量利用效率和辐射驱动源的对称性和干净性等。在NIF这样能量水平的实验平台上，应该可以判断影响点火的主要物理因素，并提出克服或规避这些因素的方法和手段。如果能够有效抑制黑腔内的等离子体使得激光传输通畅，产生满足强度要求、对称性和干净性好的辐射驱动源，NIF实现热核聚变点火的可能性还是相当大的。可以预期，在实验室热核聚变点火物理研究方面，今后10年左右能够产生一系列重要的研究成果。实验室条件下实现热核聚变点火是人类科学技术发展历史上的里程碑事件，是科学技术进步的标志性成果，也将极大地促进聚变能源等应用研究的发展。

（2）高能密度物理研究。高能量密度物理研究既是国防科学技术应用的重要方面也是基础前沿研究的热点领域。迄今，惯性约束聚变研究的发展已经很好地牵引了国际高能量密度物理研究，为实验室条件下开展辐射输运、辐射流体力学、高压状态方程等研究创造了条件，同时催生了实验室天体物理、激光核物理等前沿交叉的研究方向。目前，国际上有了百万焦耳水平的激光装置，我国有了十万焦耳水平的激光装置，能够在更大的时空尺度下创造出更极端的物质状态，可以更深入地开展高能量密度物理研究，产生更重要的科学发现和研究成果。

无论是从国家需要角度还是从学科发展角度，惯性约束聚变和惯性约束等离子体物理均是非常重要的研究领域和学科方向。经过数十年的努力，我国建立了比较完整的、独立自主的惯性约束聚变研究体系，拥有了一支科学搭配比较合理、创新能力较强的研究队伍。我国惯性约束聚变研究将以实现实验室热核聚变点火为主要目标持续、稳定前进。在惯性约束聚变研究的应用牵引下，可以预期我国惯性约束聚变等离子体物理研究将步入一个新的发展阶段，用10年或更长一点时间，我国惯性约束聚变研究和惯性约束聚变等离子体物理研究将全面赶上国际先进水平，将会涌现一批国际一流的人才（或人才团队），届时将为国家安全、国家科学技术进步做出更大的贡献。

2. 磁约束等离子体物理

50年来，磁约束等离子体研究所建立的科学和技术基础使人们相信产生“燃烧”氘氚等离子体、开展自持加热等离子体研究的时机已成熟，这是ITER最重要的科学研究内容之一。ITER的目标是在反应堆级功率水平上获得准稳态的受控热核聚变反应，为建设示范受控磁约束核聚变反应堆奠定物理和工程技术基础。它最重要的科学挑战是燃烧等离子体自加热起主导作用的等离子体动力学，这一高度非线性的体系极可能导致许多新的发现。目前，国际磁约束聚变研究重点在进一步夯实ITER的物理基础，特别是对实验定标关系外推可靠性的验证和相关物理基础的研究；发展更好的诊断手段和理论模型，持续不断地改善对等离子体的理解，提高对等离子体性能的预测能力。10年后ITER已近开始科学实验，全世界的聚变等离子体物理学家，可以在燃烧等离子体这个全新的平台下开展极富挑战的科学研究，能够进一步加深对更复杂条件下磁流体不稳定性、高约束、反常输运、湍流、密度极限、波与等离子体强相互作用、偏滤器等离子体物理、Alpha自加热带来的新现象等物理过程的理解。

未来10年，大规模磁约束聚变的模拟集成将会发展到一个全新的高度，新的数学方法的不断引入，将为很多物理过程给予更为清晰、多尺度的描述和模拟，并在实验过程中得到很好的验证。更加密切的模拟、实验结合，会对在托卡马克中发现的重要实验结果有比较清晰的物理理解。

过去的10年中，在宏观稳定性方面两个最重要的进展是对（新经典）撕裂模和电阻壁模的理解、计算和抑制。在大部分情况下，现有的理论和模拟计算可以将复杂的几何位形考虑进来，仍需要进一步将一些动力学和耗散的因素包含进来以及更多的研究来改善理论模型。H模约束状态下的边界局域模动力学理论模型和控制还需要更精细和深入的研究来提高预测的精度和可靠性。未来10年，这些长期困扰托卡马克物理学家的重要问题应该能够得到较好的解决。

过去10年来，在磁约束等离子体约束/输运方面最重要的进展是发现了强流剪切对湍流的抑制并形成边界或/和芯部输运垒，带状流由湍流产生并对湍流起调节作用等。目前对湍流输运的认识，特别在电子通道上的反常输运仍无定论；对与约束相关一些重要物理问题的认识仍不全面，如H模边界输运垒形成机理以及边界垒的结构；具有内部输运垒的弱剪切模式的稳态运行，从目前的实验结果和理论模型还都不足以外推下一代托卡马克的等离子体性能。这些问题将依然成为未来磁约束等离子体物理的研究热点。

虽然波加热等离子体和驱动电流物理模型的可信度较高，但非线性的问题仍未解决。回旋动力学效应的波与等离子体相互作用的理论模型和数值模拟有可能自洽解决一些非线性问题，从而更好地预测波能量和动量在等离子体中的沉积。高能粒子不稳定性的线性理论发展较成熟，但理解非线性演化过程、多模相互作用、高能粒子约束，以及有效控制和利用这些效应仍面临挑战。波加热和驱动电流为解决聚变等离子体需要的环向流问题提供了可能性，未来的实验研究可以达到验证理论模型、外推到未来反应堆规模的等离子体的程度。

在未来托卡马克偏滤器等离子体中，稳态的高热通量排出仍然面临挑战。一种比较理想的运行模式是，最大限度地利用辐射和增加偏滤器靶板的有效面积降低热负荷功率密度。这方面的研究成果虽然已用于 ITER 的偏滤器位形设计，但降低靶板热负荷的方式与高约束稳态等离子体先进运行模式的自洽兼容问题仍是需要重点研究的问题之一。发展新型偏滤器，开展等离子体模拟分析的方法、程序和与之相适应的诊断将依然是未来的发展方向。增加偏滤器等离子体的密度，研究高再循环 SOL 运行模式；尝试不同靶板和合适的磁场位形，增加偏滤器几何结构的封闭性，配以适当的挡板使偏滤器几何结构顺应磁场位形等都将是未来发展的方向。

未来 10 年，国内外各大装置的加热功率会进一步加强，超导托卡马克上高功率密度条件下的等离子体持续时间会更长，在高功率密度加热条件下受温度梯度、密度梯度、旋转分布、电流密度分布影响的微湍流和 MHD 不稳定性所造成的输运将对等离子体的性能产生显著影响，成为稳态高约束等离子体运行的重大挑战。而从目前的实验控制手段来看，基本上以使用不同的辅助加热手段对其施加影响为主。在众多辅助加热的作用下，磁约束等离子体将形成一个多体多种力强耦合高度非线性的复杂体系，其中各种参数的分布相互依赖，不同特征时间尺度（能量约束时间、粒子约束时间、快粒子慢化时间、电阻扩散时间、壁平衡时间等）下等离子体的各种弛豫过程是研究稳态等离子体最重要的物理基础。对这些物理过程开展的大规模数值模拟、高水平物理实验，加之更高分辨率的先进诊断，能够使我们能够很好地理解各种物理过程和机理，为迎接磁约束等离子体物理中最华丽乐章——稳态燃烧等离子体的登台奠定坚实的基础。

3. 基础等离子体物理

随着一批装置投入运行和实验研究持续的开展，人们对等离子体的认识逐步深入，对诊断不断提出新的要求，必将促进新诊断技术的发展和诊断水平的提高。同时，对等离子体性能主动调控的需求，将促进对等离子体控制技术和新实验方法的发展。这些领域研究能力的提高，特别是对等离子体状态调控能力的发展，将为新现象和物理的发现奠定基础。

理论和数值模拟将有可能得到快速的发展，目前国内一部分高校在这一方面具有良好的基础，并开始做出一些前沿性的工作成果。随着实验水平和诊断能力的提高，理论、模拟和实验观察（包括聚变、空间物理方面一些共性的基础等离子体问题）的结合，必将促进理论和数值模拟整体水平的提高和研究队伍的成长，极有可能在一些方面取得重要的进展。等离子体多自由度、多种时空尺度及大量的非线性过程，使得等离子体中物理现象非常丰富，通过对等离子体状态的主动调控具有可能导致新的发现，进而推动一些理论上的重要突破。我国在等离子体连续介质性质、湍流、多尺度模式之间相互作用、磁重联、等离子体中的加热与加速过程等方面的研究已有较好的基础，实验能力的持续提高将进一步促进这些方面的研究，其成果将会应用于实验室、空间、天体等离子体中很多重要物理现象的研究中。

4. 强场激光等离子体物理

超高强度超短脉冲激光技术仍处在迅猛发展时期，其总的发展方向仍是超短脉冲、超高功率、超短波长，这三者是相互关联的。超短超强激光技术有望继续突破，在功率方面，200 拍瓦（PW）级的激光已在规划当中，艾瓦（EW）级激光已有多个方案。需要指出的是，当超短超强激光的功率达到 10 拍瓦级以上时，按目前可预见的技术，激光装置的规模已较为庞大，如果采用多路方案实现更高的总功率，超短超强激光装置将成为大型科学实验装置。由于强场激光等离子体物理在科学前沿、重大应用等方面的极端重要性，及时布局建设这样的大科学装置非常必要。激光的脉宽目前已可小于 100 阿秒（as），产生阿秒甚至仄秒量级的超短脉冲的方案正在探索中，这些方案大多基于强场激光等离子体相互作用。

国际上正在积极推进超短超强激光的发展和重大应用的开拓：欧盟十余个国家和地区共同提出的“极端光设施计划”（Extreme Light Infrastructure，ELI 计划），目标是发展前所未有超高强度的超短超强激光，创造强相对论性极端物理条件，开创激光与物质相互作用研究与应用的新时代。ELI 计划提出四大科学挑战：激光电子加速[面向 100 吉电子伏（GeV）]，研究真空结构（面向施温格场），阿秒科学（突破 1～10千电子伏（keV）相干 X 射线），光核物理学（利用光子研究核）。例如，利用拍瓦激光可以开展小型化（米量级）10 吉电子伏量级的激光等离子体电子加速研究，为未来发展基于 1 太电子伏（TeV）激光加速器的电子-正电子对撞机计划提供研究基础。

未来 5～10 年，国内外即将建成的 10 拍瓦级甚至更高功率的激光聚焦后有望获

得 10^{23} 瓦/厘米^{2}以上的激光强度。这将带来两方面的重要影响，一是质子在激光场中的运动接近或达到相对论运动，这时的激光等离子体相互作用被称为超相对论等离子体物理。在这样的激光强度下，激光加速质子的研究将取得飞速发展。这时激光加速质子的机制主要为纳米薄膜靶的光压加速和近临界密度的等离子体尾场加速。另一个重要影响是，强激光与等离子体相互作用时，电子运动引起的辐射不可忽略，并将占主导作用。由于其辐射光子的能量可达兆电子伏（MeV）以上，并且激光转换为γ光子的效率可达 1%甚至 10%以上，这将提供极强的γ射线源。同时辐射反作用将极大地影响电子运动，从而影响激光等离子体相互作用过程，带来新的物理现象，如辐射反作用对等离子体的约束，也将有许多的潜在应用。

同时随着激光技术的飞速发展，高能量密度物理也将不断进入新的极端物理条件。例如，当归一化的激光振幅达到 a=1836，需要考虑质子在激光场中振荡产生的相对论效应，这时激光对质子加速等将作全新考虑。当激光强度达到施温格临界电场，也即激光强度达到 2×10^{29} 瓦/厘米^2，强激光的量子电动力学效应将凸现出来。激光在真空中就能产生正负电子对，这被称为真空沸腾。另外像光散射、真空极化等量子电动力学效应的研究，将得以展开。

一些全新的设想也在探索之中。例如，如果可以产生超短超强 X 射线激光，它与晶体相互作用，可在晶体中激发加速梯度更强的尾场，可在几厘米长度内将电子加速到太电子伏量级；强激光也有可能用于暗物质的探测等。

5. 空间等离子体物理

空间等离子体物理的发展一直侧重于两个方面：重大战略需求与重大科学问题；而作为空间等离子体物理发展主要支撑的卫星计划则紧密围绕着重大战略需求（空间天气预报）的关键科学问题（各种突发性空间天气现象的触发机制）。这也应该是我国未来 10 年空间等离子体物理学科发展的主线。

空间环境研究与空间天气预报是人类开发空间、强国争夺“制天权”的焦点。其主要研究目标是认识不同空间区域的空间环境、特别是灾害性空间天气的特性及其对人类航天的影响，为探索、利用外层空间，发展空间技术提供科学保障。而灾害性空间天气事件的主要特征是其突发性和能量高强度、大规模释放的破坏性。这类日地空间等离子体爆发现象的物理机制是今后相当长的一段时间内空间等离子体物理研究的重点。

空间等离子体物理学是空间物理与等离子体物理相互交叉形成的学科，一直在这两个学科不断地相互推动的过程中发展。外层空间为等离子体物理研究提供了天然的“等离子体实验室”，而等离子体物理的发展又为空间物理提供了理论模型、数值方法、探测手段。空间等离子体物理学家与实验室等离子体物理学家就共同关心的关键科学问题开展的协同研究愈加深入，如美国国家科学基金会（NSF）和美国能源部（DOE）共同支持的磁自组织研究中心（Center for Magnetic Self-Organization，CMSO）就既有空间等离子体物理学家，也有聚变等离子体物理学家；既包括了以聚变研究为主的普林斯顿等离子体物理国家实验室（PPPL），也包括了以空间研究为主的新罕布什尔大学地球、海洋、空间研究所，基础等离子体实验装置MRX等。今后，空间等离子体物理与实验室等离子体物理直接的交叉、合作、相互推动会更加深入，所研究的问题也会更聚焦在与重大战略需求和空间安全相关的基础等离子体物理领域，如波-粒子相互作用过程、等离子体湍流、激波等非线性过程、磁重联等爆发性过程等。

6. 低温等离子体物理

由于具有其他技术所不具有的独特特性，低温等离子体物理可以说正在影响科学技术的发展，同时，作为一种技术手段和方法也正在深入到许多技术领域从而改变我们的生活，如集成电路芯片制造及等离子体显示。在国家目标及应用需求的牵引下，国家投入不断加大，研究院所及高校的研究条件会得到大幅度改善，研究开发队伍不断壮大。特别是为解决产品生产的工艺问题，以及等离子体相关产品能带来良好经济效益及市场前景情况下，企业会不断加大自主投入并吸引更多的企业参与，单独或联合开展等离子体物理、工艺及交叉学科等的研究，开展新产品的研发，从而使我国的低温等离子体诊断、模拟研究和设备研发水平上一个台阶，并将有许多新等离子体相关产品获得实际工业应用。可以期待，在未来我国在低温等离子体及应用研究方面将取得更重要的进展。

若干个分工和应用方向明确的低温等离子体重点实验室在研究院所和高校组建，配备有功能较为齐全的实验设备和诊断、模拟手段，具有开展等离子体源研发、诊断、模拟和应用研究能力，开展等离子体基础和应用基础研究，在新材料制备、电推进、大气、水污染和固体废物治理、生物医学及煤化工不断推出新成果。

若干个企业为主体的等离子体工程技术中心设立，建有专门的实验和诊断设备，以及等离子体模拟软件，开展等离子体工程和工艺技术的研究，不断有微纳、光电薄膜制备及材料表面处理、精密加工、现代分析仪器、环保等应用的高端及新设备推向市场，芯片等离子体加工设备逐步替代进口。

分散在研究院所、高校及企业的等离子体及应用研究的创新团队，或与其他学科交叉，或与其他技术相结合，开展有特色的工作，研究等离子体产生、诊断与控制的新方法和应用，推出现有领域的应用成果并扩展新的应用领域，并不断有等离子体相关技术的公司创立。

空天及国防领域在国家需求重大项目的牵引下，相关单位的研究团队会加强高效等离子体发生、控制及优化，以及等离子体与材料相互作用等研究，等离子体推进及隐身技术在飞行器上获得实际工程使用，飞行器再入大气“黑障区”问题得到有效解决。

四、未来发展的有效资助机制及政策建议

等离子体物理的发展虽然主要依靠聚变等大型实验的推动，但等离子体物理学科的发展有其自身的规律。未来我国应该在主要的大学和研究部门继续加强等离子体物理学科的教学和基础等离子体物理的研究工作，在有条件的学校设置专门的等离子体物理专业，提高教育水平，培养后备人才。

国家应该继续加大经费投入力度，完善科研经费的审批管理制度，进一步完善科研评价体系，为科研人员营造一个宽松、和谐、进取的科研环境。教育部应继续支持等离子体物理学科建设的教育经费，国家自然科学基金应继续加大支持基础等离子体科学研究的力度，相关部门应继续支持等离子体物理所涉及的重大或研究专项。未来针对国家的重大需求，国务院应该设立重大专项对例如聚变工程试验堆类项目的支持，同时一定要统筹考虑装置和基地的同步进行，最大限度地用好国家投资并让其发挥最佳效能。国家发展与改革委员会应对重大空间模拟器类的大科学装置等给予支持。有条件的企业也更应该对有广泛应用前景的等离子体应用技术给予稳定的投入，促进等离子体物理学科的快速发展。

未来科学发展取决于人才。目前我国等离子体物理学科的发展人才队伍还没有达到国际一流水平，其结构还不够合理，特别缺乏顶尖的科学家群体。未来，提高等离子体物理研究的队伍结构，特别是快速提高研究队伍的质量是发展等离子体物理的关键。通过加大国际合作，创造良好学术氛围，开展高水平的大装置建设和科学研究来培养一支高水平的等离子体物理研究队伍。等离子体物理学科的发展得益于大科学工程（特别是惯性约束和磁约束的等离子体物理），由于其挑战性、综合性和尖端型可以培养一批顶尖的科学家和工程师，未来国家大科学工程的建设和验收，不但要考核工程技术指标、也应该把人才和队伍建设作为考核的重要一环。

参考文献

[1] 王淦昌．利用大能量大功率的光激射器产生中子的建议．中国激光，1987，14：641.

[2] Nuckolls J H，Wood L，Thiessen A，et al. Lasercompression of mattter to super-highdensities：Ther-

monuclear(CRT)application. Nature,1972,239: 129.

[3] 裴文兵,朱少平. 激光聚变中的科学计算. 物理,2009,38:559.

[4] 国家自然科学基金委员会. 自然科学学科发展战略调研报告:等离子体物理学. 北京:科学出版社,1994.

[5] Hawryluk R J, Batha S, Blanchard W, et al. Results from deuterium-tritium tokamak confinement experiments. Reviews of Modern Physics,1998,70:537-587.

[6] Oyama N, Isayama A, Matsunaga G, et al. Long-pulse hybrid scenario development in JT-60U. Nuclear Fusion,2009,49:065026.

[7] Keilhacker M, Watkins M L, JET team. High fusion performance from deuterium-tritium plasmas in JET. Nuclear Fusion,1999,39:209-234.

[8] Li J, Guo H Y, Wan B N, et al. A long-pulse high-confinement plasma regime in the Experimental Advanced Superconducting Tokamak. Nature Physics,2013,9(12):817-821.

[9] Langmuir I. Oscillations in Ionized Gases. Proceedings of the National Academy of Sciences,1928,14:627.

[10] Alfven H. On the existence of electromagnetic-hydrodynamic waves. Arkiv Mat Astron Fysik,1943,B29:2.

[11] Ivchenko N, Rees M H, B. Lanchester S, et al. Observation of O^+ (^4P-$^4D^0$) lines in electron aurora over Svalbard. Ann Geophys-Germany,2004,22:2805-2817.

[12] Yuan Z G, Xiong Y, Huang S Y, et al. Cold electron heating by EMIC waves in the plasmaspheric plume with observations of the Cluster satellite. Geophysical Research Letters,2014,41:1830.

[13] Mouron G A, Barry C P, Perry M D, Ultrahigh-intensity lasers: Physics of the extreme on a tabletop. Physics Today,1998,51(1):22-28.

[14] Mourou G, Tajima T. More intense, shorter pulses. Science,2011,331:41-42.

[15] National Research Council. Frontiers in High Energy Density Physics: The X-Games of Contemporary Science. Washington D C: National Academies Press,2003.

[16] Shi Y, Shen B F, Zhang L G, et al. Light fan driven by a relativistic laser pulse. Physical Review Letters,2014,112:235001.

[17] Alfvén H. Existence of electromagnetic-hydrodynamic waves. Nature,1942,150:405-406.

[18] van Allen J A. Energetic particles in the earth's external magnetic field// Stewart G C, Spreiter J R. History of Geophysics. Washington DC: American Geophysical Union,1997.

[19] Coppi B, Laval G, Pellat R. Dynamics of the Geomagnetic Tail. Physical Review Letters,1966,16:1207.

[20] Liu Y X, Zhang Q Z, Jiang W, et al. 2011. Collisionless bounce resonance heating in dual-frequency capacitively coupled plasma. Physical Review Letters,2011,07:055002.

Prospects of Plasma Physics

Li Jiangang, Zhu Shaoping, Li Ruxin, Wan Baonian, Shen Baifei, Liu Yong, Tong Honghui, Wang Xiaogang

Plasma physics has become a very active field of physics since 1950s. Large number of experimental devices, varying from billion dollars huge facilities to small basic lab devices, have been built during past few decades. Huge experimental and observation data has been obtained which provides a solid base for plasma physics. New theories including particle or-bit, MHD, non-liner dynamic together with large scale simulation have been developed which try to explain the experimental results and predict the new physics. Development of plasma science is mainly driven by experiments, especially of fusion plasma. Within plasma physics, each of its branches, such as inertial fusion plasma, magnetic fusion plasma, laser plasma, basic plasma, space plasma and low temperature plasma, has its unique characteristics. Future development of plasma physics research will be faster and new findings will be more than that of last decade. Burning plasma will be the key field which will bring a new frontier for plasma physics in next decade.

1.2 引力波探测和引力本质研究
——21世纪基础科学的革命性突破

吴岳良
（中国科学院大学）

一、引　　言

2016年2月11日，激光干涉引力波天文台（Laser Interferometer Gravitational-Wave Observatory，LIGO）实验组宣布直接观测到由两颗恒星级黑洞在十多亿年前并合后产生的引力波。这一实验结果不仅是对100年前爱因斯坦创立广义相对论时所预言的引力波的一次直接验证，更为人类进一步探索宇宙的起源、形成和演化提供了一个全新的观测手段，同时也为深入研究超越爱因斯坦广义相对论的量子引力理论提供了实验基础。通过探测各个频段的引力波，包括宇宙大爆炸时期的引力波，必将开启引力波天文学和引力波物理以及量子宇宙物理研究的新领域。

然而，广义相对论不可能是一个完美无缺的理论。因为爱因斯坦拓展狭义相对论建立的以弯曲时空动力学为基础的广义相对论不再具有四维时空平移不变性，不能像狭义相对论那样很好地定义和度量时间间隔和空间间隔，以及能量、动量和角动量等物理守恒量。广义相对论作为弯曲时空动力学无法与其他三种基本相互作用力——电磁力、弱作用力、强作用力在量子场论框架下进行统一描述。因此，广义相对论无法很好地描述和理解早期宇宙的起源。

暗物质和暗能量的存在都是通过引力效应被观测和发现的。对暗物质属性和暗能量本质的理解离不开对引力本质的认识。因此，引力波的精确测量和引力本质的深入研究将是21世纪基础科学最前沿和重大的研究课题，必将引发21世纪基础科学的又一次革命性突破，导致人们对量子引力、时空结构、物质起源和宇宙起源等基本问题的重新认识。

二、引力波发现实现人类等待百年的大梦想

引力波终于被人类首次直接观测到，既是科学家们预料之中的一个重要历史事

件，也是科学史上又一次具有里程碑意义的发现。尽管广义相对论通过解释水星近日点进动和预言光线在引力场中的偏折和光谱的红移得到了实验的多次验证，包括引力波的间接验证，即 1974 年泰勒（J. H. Taylor）和赫尔斯（R. A. Hulse）发现脉冲双星 PSR B1913+16，并经仔细观测获得的该双星轨道周期变短的观测值非常接近于广义相对论预言的引力辐射引起的双星轨道变小的理论值，并于 1993 年获得诺贝尔物理学奖。然而，只有直接探测到引力波的存在才是对广义相对论的根本性验证。

引力存在于宇宙所有物质和能量之间，是人类最早认识的一种基本作用力。正是引力作用支配着宇宙的形成和演化。然而，相比其他三种基本相互作用力——电磁力、强作用力和弱作用力，人们对引力本质的认识最不清楚。从 1687 年牛顿发现万有引力定律到 1915 年爱因斯坦建立广义相对论，人类对引力的认识产生了革命性的飞跃，引力与时空紧密相联。1916 年，爱因斯坦预言了引力波的存在，与电磁波一样，它可离开引力场源而独立在真空中传播。1918 年，爱因斯坦进一步证明，引力波是以光速传播的具有两种偏振模式的横波。20 世纪 50 年代，理查德•费曼（R. Feynman）和赫尔曼•邦迪（H. Bondi）证明了引力波的存在与坐标选择无关，表明引力波是可以测量的物质波。在本文作者最近建立的引力量子场论中，进一步表明自然界基本规律与坐标和标度选择无关并遵循局域规范对称性，基本引力场作为双标架四维时空中的双协变矢量规范场，与所有量子场相互作用。

引力波在宇宙中无处不在，但由于引力波强度极其微弱，只有不到电磁相互作用的 $1/10^{36}$，很难想象引力波能被探测到。不仅爱因斯坦认为引力效应很小，几乎不会对任何事物造成影响，也没有人能够测量它。因此，探测引力波似乎是一种梦想，这次引力波的发现实现了人类等待百年的大梦想。

然而，引力波的发现过程并不是一帆风顺的。自 20 世纪 60 年代起，科学家们就开启了探测引力波的征程。美国马里兰大学的物理学家韦伯（J. Weber）率先提出用一种共振棒探测器进行引力波探测。探测器为圆柱形的多层铝筒，直径 1 米、长度 2 米、质量约 1 吨。当引力波经过圆柱形探测器时将会发生共振，通过安装在圆柱周围的压电传感器进行检测。为了能独立验证可能的引力波信号，韦伯在相距 1000 千米的两个地方安装了相同的探测器，当它们同时检测到相同的信号时才作为引力波信号。当韦伯 1969 年正式宣称探测到了引力波信号时，引起了当时学术界的广泛关注。20 世纪 70 年代，国际上许多大学和科研院所开始研制和建造引力波探测器，展开引力波探测实验，包括我国的中山大学和中国科学院高能物理研究所。但所有实验都没有探测到引力波信号，即使比韦伯实验更精密的仪器，也没能对韦伯实验结果给出进一步的实验验证。事实上，在 20 世纪 70 年代中期，德国马普研究所的实验小组发现韦伯的实验结果是错误的。

与此同时，在美国麻省理工学院的物理学家韦斯（R. Weiss）开始构想基于迈克尔逊干涉仪原理的激光干涉方法开展引力波探测。韦斯研究组进行了原理样机的研制，德国研究组还成功研制了 30 米原型探测器。到 20 世纪 70 年代后期，麻省理工学院研究小组开始研究一项新方案，建设一个大型的、数千米规模的激光干涉引力波探测器。到 80 年代中期，美国国家科学基金会建议由麻省理工学院和加州理工学院联合实施激光干涉引力波探测计划，并成立了由理论物理学家和实验物理学家——索恩（K. Thorne)、德雷弗（R. Drever)、韦斯组成的指导委员会。他们提出了一个较完整的实验方案，即建造臂长达 4 千米的两个激光干涉引力波天文台（LIGO)，成为 LIGO 实验的联合创始人。

另一方面，自 1974 年起，泰勒和赫尔斯对脉冲双星系统（PSR B1913+16）的轨道进行长时间的观测，他们所观测到的数据与广义相对论的理论计算值在误差范围内一致。因依据广义相对论，该双星系统将以引力波的形式损失能量，使得轨道周期缩短和半长轴减少。由此，泰勒和赫尔斯给出了引力波存在的第一个间接证据，并于 1993 年荣获诺贝尔物理学奖。

直到 20 世纪 90 年代初，在美国国家科学基金会的资助下，由加州理工学院和麻省理工学院联合主导的 LIGO 实验正式开始建造。每个探测器由两个互相垂直的干涉臂构成巨大的 L 形，臂长均为 4 千米。从激光光源发出的光束在两臂交会处被一分为二，分别进入互相垂直并保持超真空状态的空心圆柱体内，再由放置在终端的镜面反射回到出发点，让两束激光发生干涉。引力波是一种横波，当有引力波通过时，两臂的长度会发生不同的变化。若一臂的长度略微变长，则另一臂的长度就会略微缩短，由此造成两束激光的光程差发生变化，使得激光干涉条纹发生相应的变化（原理见图 1)。

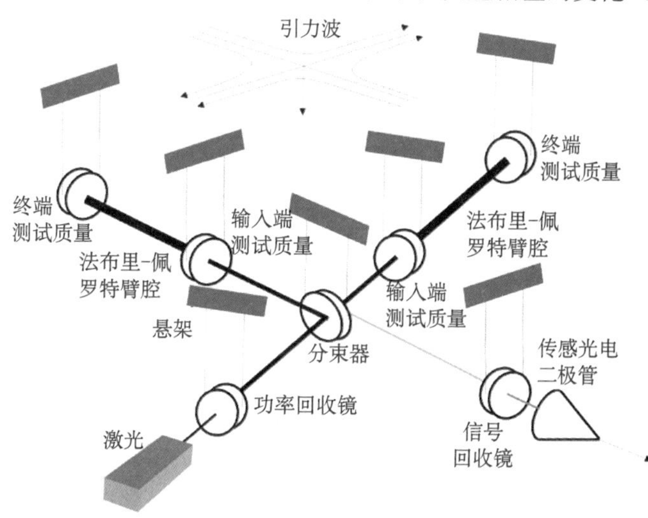

图 1 LIGO 引力波实验激光干涉简单原理示意图[4]

LIGO在20世纪末建成，一个探测器位于华盛顿州汉福德市，另一个探测器坐落于路易斯安那州利文斯顿市。探测器根据设计方案正常运行，并在运行中不断改进提高精度。尽管当时LIGO已是全世界最大的、灵敏度最高的引力波探测天文台，但直到2010年，LIGO并没有探测到可解释为由引力波引起的任何异常。基于LIGO已达到了预期的探测灵敏度，必须重新改装升级成更先进、更灵敏的引力波探测器（advanced LIGO，aLIGO）才有希望探测到微弱的引力波。升级了诸多新技术的aLIGO于2015年9月正式投入运行。很幸运，在2015年9月14日9：51（世界协调时间，北京时间为当天17:51），aLIGO的两个实验装置同时观察到了被命名为GW150914事件的引力波。实验成果《双黑洞并合系统引力波辐射的观测》(*Observation of Gravitational Waves from a Binary Black Hole Merger*）发表在美国《物理评论快报》(*Physical Review Letter*)。北京时间2016年2月11日23：40左右，aLIGO负责人加州理工学院教授大卫·瑞兹（D. Reitze）宣布人类首次直接探测到了引力波[4]。报道称这次引力波事件是两个质量分别约为29个太阳质量和36个太阳质量的双黑洞并合成质量约为62个太阳质量的黑洞，约3倍太阳质量转化成了引力波能量。双黑洞并合最后时刻所辐射的引力波的峰值强度比整个可观测宇宙的电磁辐射强度高10倍以上。双黑洞并合发生在距离地球大约410兆秒差距，即大约13亿光年(光度距离)，引力波穿过遥远的星系，人类首次观测到它的频率在0.2秒内从35赫兹增加到150赫兹。

三、引力波探测打开人类探索宇宙的新窗口

引力波被发现后，为人类提供了有别于电磁波的一个全新的观测宇宙的重要窗口，成为人类探索和认识未知世界的新的重要途径和手段。作为一种物质波和能量波，引力波与所有物质和能量相互作用，携带着宇宙起源、演化、形成和宇宙结构的原初信息，使得人类可通过引力波探测到基于电磁波天文望远镜所观测不到的宇观尺度和天体源，如宇宙的黑暗时期、暗宇宙和黑洞等。不同频段的引力波将反映宇宙的不同时期和不同的天体源。

由于引力相互作用极其微弱，宇宙中具有可观测效应的引力波事件发生在具有巨大引力辐射功率的天体剧烈运动过程，主要包括宇宙早期的暴胀和天体的大质量、大尺度运动和演化。对引力波谱的研究表明，由恒星级致密天体的剧烈运动所产生的高频引力波（几十至几千赫兹），可基于地面的激光干涉引力波天文台进行探测。除了正在运行的臂长为4千米的两个激光干涉引力波天文台（aLIGO，图2）和600米臂长的激光干涉引力波天文台（GEO，德国和英国合作，位于德国汉诺威），正在升级

的地面激光干涉引力波天文台主要有位于意大利比萨附近的臂长为 3 千米的激光干涉引力波天文台（VIRGO，意大利和法国合作，图 3），升级后的 VIRGO 计划于 2016 年年底开始运行。日本东京国家天文台的臂长为 300 米的激光干涉引力波天文台（TAMA300）正全面升级为臂长为 3 千米位于地下的激光干涉引力波天文台（KAGRA），计划于 2018 年运行。最近，印度宣布启动地面激光干涉引力波天文台将作为 aLIGO 引力波探测地面观测网的组成部分（LIGO-India）。另外，澳大利亚也正在筹建下一代地面激光干涉引力波天文台。

(a) 位于美国路易斯安那州利文斯顿市的aLIGO

(b) 位于美国华盛顿州汉福德市的aLIGO

图 2　臂长为 4 千米的两个 aLIGO[4]

图3　位于意大利比萨附近的臂长为 3 千米的 VIRGO[4]

地面探测的高频引力波天体源是恒星级致密星双星系统（如双中子星和双黑洞系统），它们主要由恒星坍缩后形成。高频引力波天体源还可包括快速旋转的致密天体，通过周期性的引力波辐射损失掉角动量，信号强度由天体非对称程度决定，如非对称中子星等。另外，恒星爆发时的非对称性动力学性质也会产生高频引力波，如超新星或伽马射线暴爆发等。通过探测来自这些天体的引力波，可了解到它们最直接和最深层的信息。为能更精确地探测这些天体的引力波源，进一步了解天体的结构，需研制更高灵敏度的下一代地面激光干涉引力波天文台。

2015 年 4～5 月，在中国科学院卡弗里理论物理研究所（KITPC/ITP-CAS）举办了为期一个月的大型国际引力波科研项目活动“The Next Detectors for Gravitational Wave Astronomy”。为纪念爱因斯坦广义相对论发表一百周年，在 KITPC 引力波科研项目的最后一周，由中国科学院大学和中国科学院理论物理研究所联合举办了“引力与宇宙学国际会议暨第四届伽利略-徐光启会议”，来自世界各地活跃在前沿的约 200 名科学家参加了此次国际会议。KITPC 引力波科研项目活动对引力波探测起到了推动作用，汇聚了全世界引力波研究的主要专家学者，探讨未来引力波探测及引力波天文学的发展趋势。来自世界主要大型引力波探测实验项目和 12 个国家的专家学者，包括美国 LIGO 项目的两任执行主任，参加了 KITPC 引力波科研项目的学术研讨活动。现任 aLIGO 项目执行主任，也是此次引力波新闻发布会主讲人、加州理工学院教授大卫·瑞兹参加了 KITPC 引力波科研项目学术活动，并作了题为“*Advanced LIGO and the Dawn of Gravitational Astronomy*”的开场报告和题为“*The Next Detectors for Gravitational Astronomy*”的主题学术报告。与会专家学者深入研讨和总结了 LIGO 地面探测器关注的高频引力波在内的多波段引力波源、探测手段和方法、数据处理等引力波天文学的进展；同时探讨了下一代引力波探测器设计和构建中的挑战与相关技术，以及引力波在未来天文学、宇宙学等领域的应用，包括臂长为 10 千米的正三角形六路激光干涉的下一代地面引力波探测器——“爱因斯坦”望远镜（图 4）。

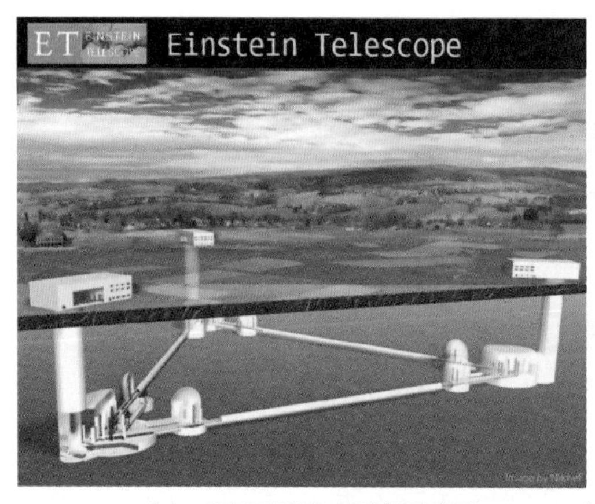

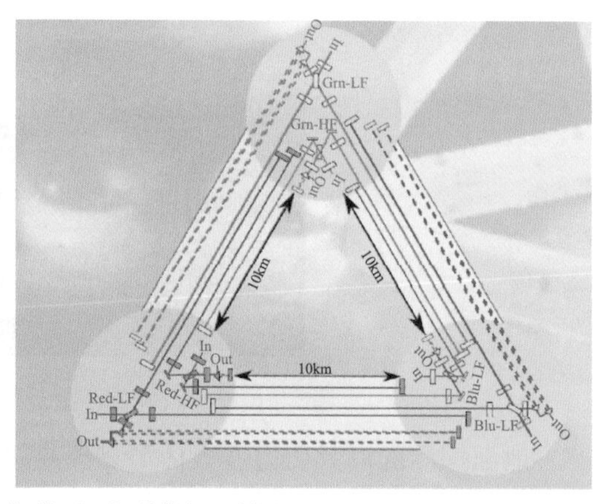

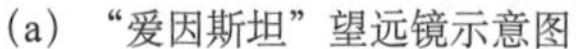

(a)“爱因斯坦”望远镜示意图　(b) 地面三角形激光干涉探测器六组激光干涉的原理示意图

图 4　下一代地面引力波探测实验装置示意图[4]

然而，基于地面的引力波探测实验装置，由于受空间距离的限制和地球重力梯度噪声的影响，无法探测低于 10 赫兹的引力波，使其研究目标变得较为有限。研究表明，天体来源的引力波按照随质量相关特征量的改变具有非常宽的频段，从小于十微赫兹至几千赫兹跨越达 8 个量级（图 5）。为避免地面上容易受到干扰和受制于空间距离尺度等因素，多国科学家展开了空间引力波探测的研究计划。探讨采用空间激光干涉法测量中、低频（0.01 毫赫兹～10 赫兹）引力波。空间与地面激光干涉引力波探测器的主要区别在于测量频段的选取和面向不同的波源，两者互补可实现更宽频段的引力波探测。但由于地面激光干涉引力波探测的高频段引力波波源主要来自小黑洞并合等，事件发生率少、并合过程短暂、波源位置不易确定。空间引力波探测器对中低频段较敏感，面对的波源特征所对应的天体质量和尺度远大于地基引力波探测器所对应的天体源，视野也更深广。

目前，国际上主要几个空间激光干涉引力波探测任务，其设计所覆盖的是引力波波源最为丰富的频段（0.01 毫赫兹～10 赫兹）（图 5），拥有大量甚至是可以保证探测到的天体波源，主要包括星系并合引起的从超大质量到中等质量双黑洞的并合系统，星系（星团）中心附近恒星质量黑洞和超大质量（中等质量）黑洞形成的超大质量比（中等质量比）双黑洞绕转系统，大量河内河外致密双星系统以及来源于早期宇宙的残留引力波等，可进行长时间观测，有利于确定波源的位置。

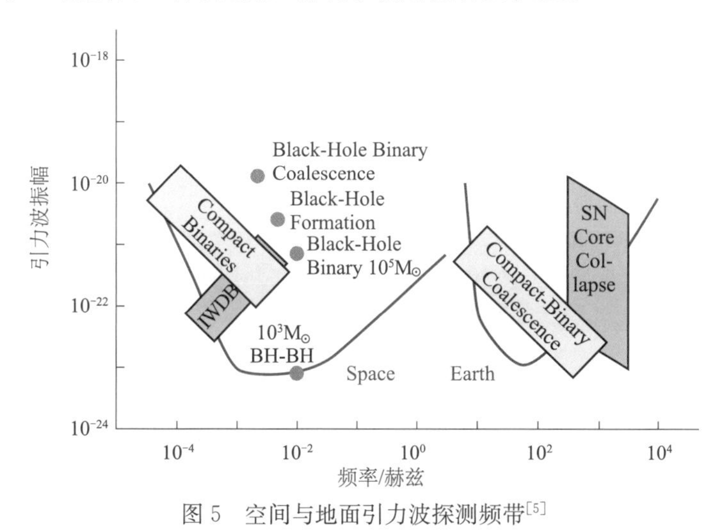

图 5 空间与地面引力波探测频带[5]

Space：空间；Earth：地面；Frequency：频率；Gravitational Wave Amplitude：引力波振幅；Black-hole Binary Coalescence：双黑洞并合；Black-Hole Formation：黑洞形成；Black-Hole Binary：双黑洞；Compact Binaries：致密双星；SN Core Collapse：超新星核塌缩；Compact-Binary Coalescence：致密双星并合；$M_\odot$：太阳质量

空间引力波探测需在空间自由漂浮的测试质量之间实现激光干涉测量。因此所涉及的关键技术与地面引力波实验有所不同：一是要保证测试质量的无拖曳运动，二是要实现空间长基线（通常百万千米量级）的弱光锁相干涉测量。原理虽然与地面探测原理一样简单，但所需的探测技术涉及面更广泛，如远距离超高精度激光干涉系统、大功率小型化超稳星载激光器、超高灵敏度惯性传感器、超高精度卫星无拖曳控制、亚微牛级分辨率推进器、超静超稳卫星平台、卫星载荷的一体化总体设计等大量高新精密技术以及理论分析与大数据处理。

早在1993年，欧洲空间局（ESA）首先提出激光干涉空间天线（laser interferometer space antenna，LISA）计划，在10^{-4}～10^{-2}赫兹波段进行空间引力波测量。1997年，美国国家航空航天局（NASA）加入，成为欧美联合计划。LISA的科学目标是探测低频引力波，探测频率为10^{-4}～1赫兹。LISA主要由三颗相距500万千米的航天器组成，构成一个等边三角形，航天器的轨道为行星轨道，与地球一起绕着太阳运动（图6），落后地球20°，对自由漂浮在航天器内沿测地线进行自由落体运动的检验质量之间进行极端精确的测距，而检验质量之间间距变化就直接反映了引力波的时空传播效应。根据引力波源和强度分析，当频率在10毫赫兹时，给出引力波探测应变需达到10^{-23}，这要求500万千米测量基线上的激光测距噪声控制在40皮米/赫兹$^{1/2}$以内。激光位移测量是LISA的科学数据，激光测量系统包括激光光源及频率稳定和光强稳定的控制、望远镜和指向控制系统、光学测量平台、高精度相位计、弱光锁相系统和高稳定时钟及悬浮的检验质量。要达到LISA预期的指标，激光光强需达到1瓦，对应航天器接受到光强约为10^{-10}瓦，散粒噪声限制约为10皮米/赫兹$^{1/2}$。在引力波频段1毫赫兹，光源频率稳定需达到30赫兹/赫兹$^{1/2}$，光强的稳定度达到2×10^{-4}/赫兹$^{1/2}$。光学测量平台的温度变化需控制在10^{-6}开/赫兹$^{1/2}$，需选择超低热

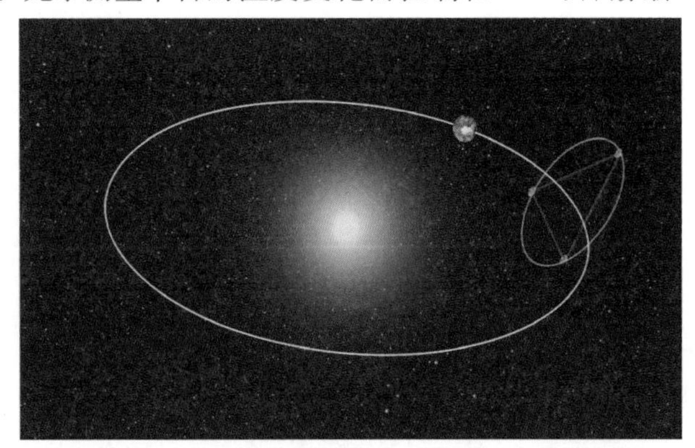

图6 LISA计划航天器绕太阳轨道运行示意图

图片来源：Heinzel G，2012，Gravitational Physics from Space，Beijing

膨胀系数材料使其膨胀系数达到 10^{-8}/开。望远镜口径需达 30 厘米，其指向平均值偏差与指向控制稳定度乘积需控制在 1.4×10^{-16}弧度^2/赫兹$^{1/2}$。在引力波频段 0.1 毫赫兹，每个检验质量的残余扰动加速度需控制在 3×10^{-15}米/（秒^2·赫兹$^{1/2}$），这要求航天器必须进行无拖曳轨控/姿控（简称无拖曳控制），维持检验质量与航天器在敏感方向的相对位移变化接近皮米量级（小于 2.5×10^{-9}米/赫兹$^{1/2}$），姿态控制达到 1.5×10^{-7}弧度/赫兹$^{1/2}$，检验质量与航天器之间的相对位移测量分辨率需达到 1 纳米/赫兹$^{1/2}$。要求检验质量电荷控制在 10^{-13}库仑。航天器的温度也需严格控制，否则由于温度形变引起航天器对检验质量的引力变化会淹没待测的引力波信号。另外，要求掌握检验质量的锁紧与释放技术，因检验质量与电容极板存在较大间距（4 毫米），需保证在发射期间锁紧检验质量，入轨正常后释放检验质量。显然，要达到这些技术指标，需研发一系列高精度高稳定性的精密测量仪器和装置（图 7，图 8），并配合有效误差分析与补偿技术及信号处理程序，如微推进器的研制、航天器轨道调整与跟踪控制、航天器整体的热设计与控制、航天器轨道设计与运载等。同时，引力波源的深入论证、信号提取与数据分析的研究将直接关系到具体航天器和载荷的设计。

(a) 空间两臂激光干涉示意图

(b) 航天器关键技术载荷示意图

图 7　引力波空间探测相关关键技术示意图[6]

(a) Sonnenreflex示意图

(b) 微牛推进器示意图

图 8　引力波空间探测相关关键技术示意图[6]

毫无疑问，以上所涉及的一系列研发成果将把高新精密技术以及理论分析与大数据处理等推向一个全新的水平。考虑到 LISA 计划涉及平台和载荷技术难度大，ESA 和 NASA 启动了 LISA 技术验证计划。经过预研，双方确定了单颗卫星验证计划，称之为“LISA 探路者卫星验证计划”（LISA-Pathfinder）。2011 年，由于 NASA 的退出，ESA 的预算缩减，LISA 发展成为现在的“演化激光干涉空间天线”（evolved LISA，eLISA）/NGO（New Gravitational Wave Observatory）项目。eLISA 将由三个相同的探测器构成一个等边三角形，但探测器之间的臂长由原计划的 500 万千米演化为 200 万千米，同样使用激光干涉法，但由原来的六路激光干涉减少为两路激光干涉。不同于六路激光干涉相当于三个独立的干涉实验可进行相互检验，两路激光干涉将缺乏相互验证。2015 年 12 月 3 日，ESA 已成功发射了 LISA 的关键技术验证卫星 LISA-Pathfinder。LISA-Pathfinder 的主要目的是检验 eLISA 的关键技术，其目标是在引力波频段 $f=1\sim30$ 毫赫兹验证单个检验质量的加速度噪声小于 3×10^{-14} [1+（f/3 毫赫兹)^2] 米/（秒^2 · 赫兹$^{1/2}$）；激光干涉仪的分辨率为 9.1×10^{-12} [1+（f/3 毫赫兹）$^{-2}$] 米/赫兹$^{1/2}$；检验微推进器和无拖曳控制技术；检测推进器、激光器和光学元器件等在空间环境中的寿命和可靠性。目前 LISA-Pathfinder 检验效果较为满意。可以说，经过 20 多年的研究，eLISA 计划成为国际上发展较成熟的空间引力波探测计划。目前，eLISA 计划已被 ESA 确立为 L3 项目，预期在 2034 年左右发射三颗卫星组，将展开引力波空间探测。

另外，美国提出的“后爱因斯坦计划”包括两颗星，其中一颗是“大爆炸观测者”，着重于探测地面和 LISA 之间的中频（$10^{-2}\sim10^{2}$ 赫兹）引力波。日本也提出了在相似频段观测引力波的 DECIGO 计划。这些中频波段的引力波源主要是中等质量的致密双星（黑洞、中子星、白矮星），以及宇宙大爆炸早期（10^{-34} 秒以后）产生的引力波。但目前这两个计划并没有正式实施。

四、多波段引力波宇宙研究和空间太极计划

宇宙中的引力波来自宇宙天体的质量或能量变化，不同频率的引力波对应于宇宙演化的不同时期和不同的天体物理过程。为此，通过不同波段引力波的探测，人类可进一步了解和认识宇宙的起源、形成和演化。从目前的探测能力和探测手段看，通常把引力波的探测波段分为超低频段、低频段、中低频段、高频段，它们分别对应于小于亿分之一赫兹、百万分之一到亿分之一赫兹、十万分之一到一赫兹、几十到几千赫兹。目前，对应四个频段的引力波采用四种不同的探测手段。由于它们探测的引力波波源不同，相应的科学目标也不同。

在白春礼院长主持下，中国科学院多次召开引力波探测和前沿科学研究会议，贯彻习近平总书记重要批示精神和党中央与国务院领导的相关指示，结合中国科学院已有的科研基础，发挥中国科学院人才队伍和科研力量的综合优势，积极展开部署，启动中国科学院“多波段引力波宇宙研究”项目，制定近期、中期、远期的发展目标。坚持面向国际科技前沿和面向国家需求的办院方针，在开展引力波探测的同时，利用空间引力波探测发展的精密测量技术进行地球重力场研究，研发下一代时变地球重力卫星（GRACE-Follow-On），提高重力观测的时空分辨率和精度，更好地为全球环境变化，特别是对我国近海区域气候变化与海洋动力学、陆地水与地下水、山岳冰川融化等的研究提供有效的观测手段和更精准的信息。

我国科研人员在所有频段引力波的探测方面都开展了相关研究工作，并参与到国际合作中。高频段和中低频段引力波主要通过激光干涉分别在地面和空间进行直接探测，而低频段和超低频段引力波主要利用天文学手段进行间接探测。这次发现的引力波就是aLIGO利用地面激光干涉装置观测到恒星级双黑洞并合产生的高频引力波信号，我国清华大学研究团队参与了aLIGO的相关工作。中低频段的引力波主要利用激光干涉空间天线阵进行探测，ESA的eLISA项目已进行了20多年的研究，中国科学院积极参与了eLISA计划的国际合作，并正在自主规划引力波探测空间“太极计划”。该计划将充分利用中国科学院长期聚集的多学科人才优势、长期积累的前瞻性高端技术与大科学装置的综合平台以及长期倡导的学科交叉和科教融合特色，围绕中低频段引力波开展引力波空间探测研究。低频段引力波主要利用毫秒脉冲星作为校准源通过地面大型射电望远镜高精度时间监视进行探测，中国科学院基于国际上最大口径射电望远镜——500米口径球面射电天文望远镜（FAST），以及与20多个国家正在合作建设的平方千米阵列射电望远镜（SKA）一期，组成引力波探针阵列进行高精度时间监视来探测引力波引起的地球周围的扰动。超低频段的原初引力波主要通过宇宙微波背景辐射（CMB）的B模式偏振信号进行探测，中国科学院基于西藏阿里天文台，利用北半球最佳的地理环境和气象条件以及配套设施等优势，通过中美合作模式，建设北半球首台CMB原初引力波探测望远镜。

早在2008年，由中国科学院发起，院内外多家单位参与，在中国科学院胡文瑞院士召集下成立了空间引力波探测论证组，开始规划我国空间引力波探测在未来数十年内的发展路线图。空间引力波探测已列入中国科学院空间2050年规划。2010年，由胡文瑞院士牵头经中国科学院提交了国家重大科技基础设施中长期重点建设项目建议“空间引力波观测”。2012年，中国科学院引力波探测工作组成立。2013年由本文作者牵头经中国科学院大学提交了973计划项目申请书“空间引力波探测的地基研究”。目前，一支以中国科学院科研人员为主的引力波物理“空间太极计划”（Taiji

Program in Space）工作组及与任务紧密相关的多个研究小组已经形成。在中国科学院战略性先导科技专项“空间科学预先研究”项目连续三期的资助下，“空间太极计划”工作组展开了各种学术交流活动，在引力波源的理论及探测研究和卫星技术研究上取得了诸多进展。

作为大科学工程的基础科学研究离不开国际合作。目前，已有来自科研机构和高校的十多个单位参与到“空间太极计划”中。自2012年起，“空间太极计划”工作组每年组织其成员参加ESA的eLISA项目召开的工作年会，进行广泛交流探讨。另外，“空间太极计划”工作组已与eLISA项目的主要牵头单位德国马普学会引力物理研究所和爱因斯坦研究所在2013年和2015年分别在中国和德国组织召开了两次双边会议，并形成了双方合作的备忘录。在中德科学中心的支持下，2015年召开了空间引力物理研讨会，50多位专家学者参加了会议，包括德国和欧洲几乎所有相关领域的主要负责人以及美国相关研究机构和NASA的多位代表，一些工业界的代表也参加了此次会议。会议深入探讨了eLISA计划、LISA-Pathfinder、空间太极计划和下一代时变地球重力卫星等进展，中国和欧洲的现有技术水平和发展现状，中国参与欧洲项目，联合发展下一代地球重力卫星项目和发展中德联合研究机构或团队等事宜。会议高水平的报告使得所有参会者都受益匪浅，也使得来自中国和欧美的与会者代表对未来合作的可能性和局限性都有了更加深入的认识。尤其是经过近几年的努力，中国参与空间太极计划的成员单位，在部分探测仪器设备的研制水平和技术方面已快速接近和基本达到空间探测项目的要求。

中国科学院“空间太极计划”主要采用空间激光干涉法测量中、低频段引力波（0.1毫赫兹～1.0赫兹）。此频段除了覆盖ESA的eLISA项目探测频段，其波源包括超大质量和中等质量黑洞的并合、极大质量比绕转系统、河内白矮星绕转，以及其他的宇宙引力波辐射过程（图9），“空间太极计划”方案侧重于在0.01～1.0赫兹频段具有比LISA/eLISA更高的探测灵敏度（图10），有别于LISA/eLISA的科学目标，将重点瞄准总质量在几百至十万太阳质量范围内的中等质量双黑洞绕转并合系统，使得“空间太极计划”具有明显优越的探测能力。“空间太极计划”的主要科学目标是通过引力波的精确测量，测定黑洞的质量、自旋以及分布和极化，探索中等质量种子黑洞是如何形成的，暗物质能否形成种子黑洞，种子黑洞是如何成长为大质量黑洞和超大质量黑洞，寻找第一代恒星形成、演化、死亡的遗迹，对原初引力波强度给出直接限制，为揭示引力本质提供直接的观测数据。

引力波“空间太极计划”的初步规划是以中欧合作的模式发射两组卫星作为引力波探测激光干涉空间天线阵，在科学目标各自有所侧重的同时，进行相互验证。“空间太极计划”方案规划在2033年左右发射三颗卫星组成的等边三角形引力波探测星

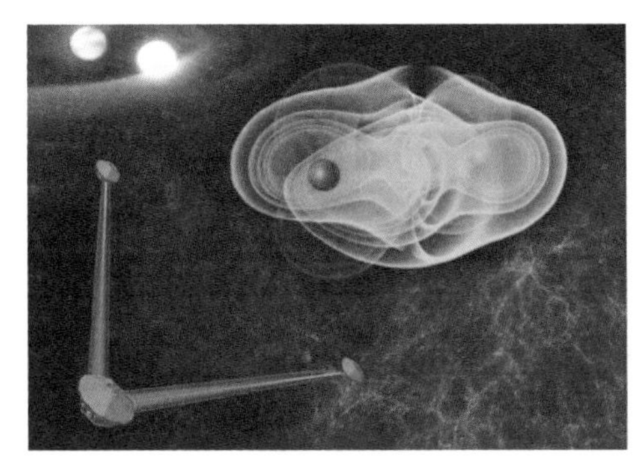

(a) 引力波源探测示意图

(b) 卫星太阳轨道示意图

图 9 引力波空间探测示意图[6]

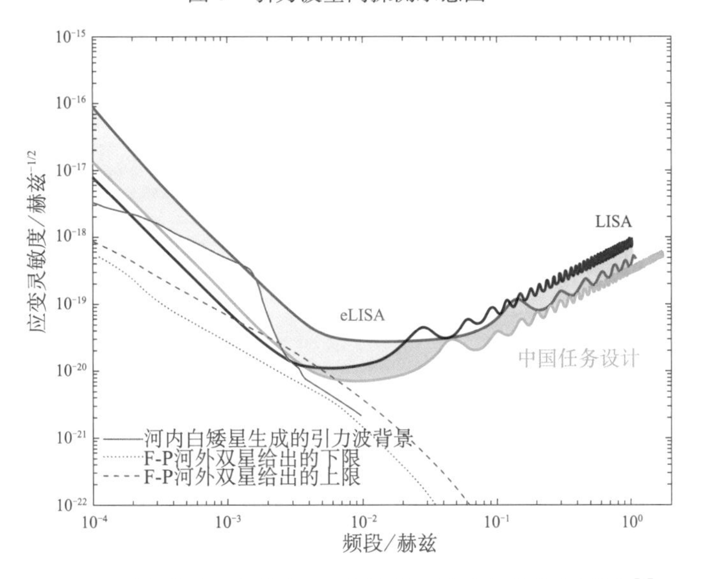

图 10 “空间太极计划”和 LISA/eLISA 探测频段灵敏度[8]

组，在地球绕日轨道发射入轨后位于偏离地球太阳方向约 18～20°的位置进行绕日运行（离地球距离约 5000 万千米），这样可避开地球重力梯度噪声的影响［图 11(a)］。三颗卫星组的质心位于地球绕日轨道，所构成的平面与黄道面之间约成 60°夹角，使得卫星始终面对太阳保持热辐射的稳定性，有利于满足探测器温度变化控制在百万分之一的要求［图 11(b)］。为保证“空间太极计划”在 2033 年左右发射具有可行性，在方案设计中采用较保守的参数选择作为“空间太极计划”的初步设计指标（表 1）。航天器之间臂长为 3×10^{9} 米的情况下，需保证轨道游离小于 3×10^{4} 米，两臂夹角改变量小于 1°。

表 1 “空间太极计划”设计指标以及与 LISA/eLISA 指标的对比

	“空间太极计划”	LISA	eLISA
探测器臂长/米	3×10^9	5×10^9	2×10^9
测距精度/（皮米/赫兹$^{1/2}$）	5～10	18	11
激光功率/瓦	2	2	2
望远镜直径/厘米	约 50	40	20
无拖曳水平/米/（秒^2・赫兹$^{1/2}$）	3×10^{-15}	3×10^{-15}	3×10^{-15}

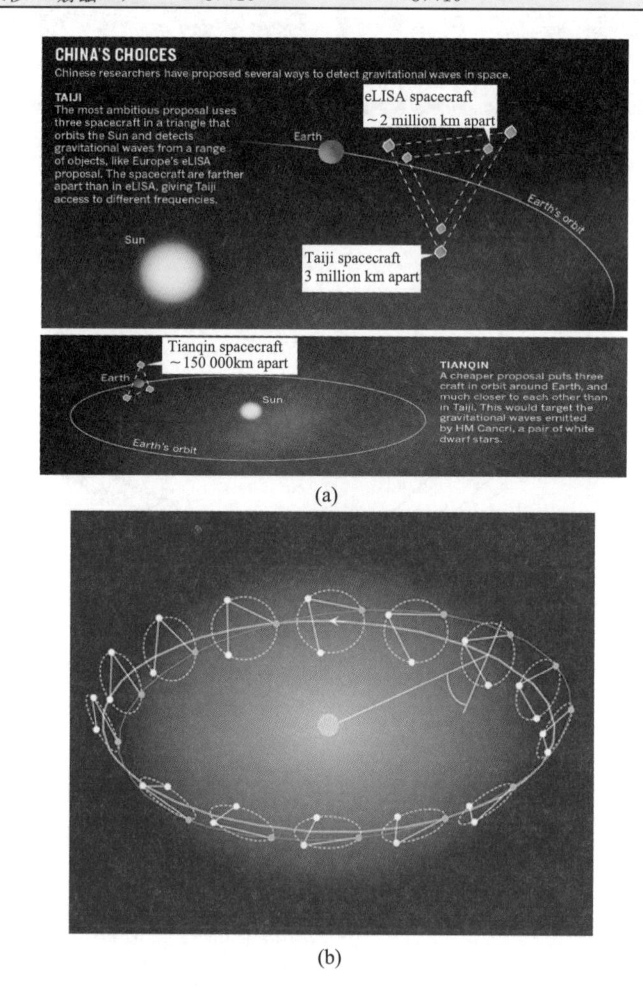

(a)

(b)

图 11 eLISA/“空间太极计划”（Taiji）/“天琴计划”（Tianqin）卫星轨道比较示意图（a）及卫星组平面与黄道面成 60°夹角运行示意图（b）

图片来源：(a) 来自《自然》杂志，2016 年，第 531 卷；(b) 来自 NASA

中国科学院“空间太极计划”与中山大学“天琴计划”在科学目标和探测手段方面各不相同。“天琴计划”发射的三颗卫星以地球为中心，在高度约10万千米的轨道上运行，构成一个等边三角形阵列，对一个周期为5.4分钟的超紧凑双白矮星系统产生的引力波进行探测。“天琴计划”的这个观测源只是eLISA计划和“空间太极计划”作为标定源先期探测的组成部分。

五、揭示引力本质引发21世纪基础科学的革命性突破

尽管我们知道如何去计算引力，但我们不知道如何把引力与描述电磁力、弱作用力、强作用力三种基本作用力的粒子物理标准模型结合在一起，用量子场论来统一描述。爱因斯坦广义相对论作为狭义相对论的推广，借助弯曲时空动力学来描述引力，建立起引力与时空几何的内在联系，成为20世纪理论物理划时代的进展。然而，以弯曲时空动力学为基础的广义相对论破坏了四维时空平移不变性，无法像狭义相对论那样定义和度量时间间隔和空间间隔以及能量、动量和角动量等物理守恒量。为此，建立完整的量子引力理论成为半个多世纪以来重大前沿科学问题，不仅对理解早期宇宙的起源和演化至关重要，而且对量子理论本身的普适性和自洽性起着决定性的作用。超弦和圈量子引力等都是为探索引力的量子理论而提出和发展的理论。

正如牛顿运动定律和万有引力并没有错，只是无法描述物质接近光速时的运动规律以及物质之间是如何发生引力相互作用的。爱因斯坦推广和超越牛顿定律，使之适用于接近光速运动的物体，帮助理解物质之间是如何传递引力相互作用。同样的，我们需要推广和超越爱因斯坦理论，很好地定义能量、动量、角动量等守恒量以及时间和空间间隔等物理度量，帮助理解引力子的基本性质。

最近，有别于爱因斯坦广义相对论的假设，笔者提出双标架时空和引力场时空概念，基于宇宙基本组分由量子场构成、自然界基本规律应与时空坐标和标度选取无关并遵循局域规范不变的原理，在量子场论的框架下提出引力量子场论。引力量子场论可导出所有基本量子场的运动方程和所有对称性的守恒量，包括四维时空整体平移不变性和整体洛伦兹（Lorentz）转动不变性，能很好地定义能量、动量、角动量等守恒量以及时间和空间间隔等物理度量。由16个引力场方程代替广义相对论的10个引力场方程。引力量子场论推广和超出爱因斯坦广义相对论，提供了广义相对论与量子力学统一的一种新途径，给出了统一描述引力、电磁力、弱力和强力以及自旋力和标度力的一个新的理论框架，并导致以量子暴胀宇宙为起源的时空动力学，可描述宇宙早期的量子动力学规律。引力量子场论在低能情况下的有效理论可导致爱因斯坦广义相对论，预言无质量的引力子以及有质量的自旋规范子和标度规范子。

引力波探测天体物理过程是继电磁辐射和粒子辐射之后的一种新途径，可揭示宇宙结构和演化过程的许多新奥秘。正如1888年德国科学家赫兹观测到麦克斯韦电磁

理论所预言的电磁波，随后又发现了X射线、γ光子及放射性粒子。从此，电磁波的各个波段，包括微波、红外光、紫外光直到X射线和γ光子都得到了广泛的应用。同时，对电磁相互作用的深入研究使得科学家在20世纪初创立了相对论和量子力学，并在40年代末发展为量子电动力学，成为描述电磁相互作用的量子理论，导致了半导体、激光、核能、信息等在20世纪的迅猛发展。今天无线电通信甚至量子通信的发展离不开量子电磁理论的建立和电磁波的发现。

引力波的观测和研究，将使得人类的观测能力和观测手段得到进一步的拓展，并在宇观尺度上得到前所未有的延伸。同时，推进人类的测量技术从纳米（10^{-9}米）深入到皮米（10^{-12}米），使得在微观尺度上的测量精度得到前所未有的提升。引力波探测将有助于促进前沿交叉科学领域的发展，尤其是空间引力波探测计划涉及学科领域广泛，包括：物理学、天文学、宇宙学、空间科学、光学、精密测量、航天技术、导航与制导、飞行器与轨道设计。引力波空间探测所发展的一系列高端空间技术，对惯性导航、地球科学、高精度卫星平台等具有重要应用前景。

六、结 束 语

20世纪与电磁波和电磁力相关的两个小小的谜团——“两朵乌云”：研究黑体辐射能量随频率分布的黑体辐射实验、探测光的传播介质“以太”的迈克尔逊-莫雷实验，导致了量子论和相对论的提出和发展。如果说20世纪是电磁波和电磁相互作用得到深入研究和广泛应用的世纪，那么，21世纪将拓展为深入研究引力波和引力相互作用的世纪。21世纪与引力波和引力相关的几个谜团包括：暗物质属性、暗能量本质、黑洞的形成和宇宙暴胀的产生。

展开引力波精确测量将为我国引力波天文学、引力波物理和量子宇宙物理研究提供一个广阔的发展前景，对认识宇宙起源和时空结构具有革命性的意义。通过引力波精确测量可开展对宇宙大尺度结构、星系形成和演化过程进行深入仔细的研究。在对爱因斯坦广义相对论给出更精确检验的同时，可更好地研究强引力场的高度非线性行为。同时，为寻找超出爱因斯坦广义相对论的引力理论提供更直接和有效的实验数据，检验相关的量子引力理论，更好地发展和建立超越爱因斯坦广义相对论的量子引力理论，揭示引力本质，帮助理解暗物质和暗能量的性质、黑洞的形成和宇宙暴胀的产生。

参考文献

[1] Einstein A. Naherungsweise integration der fledgleichungen der gravitation. Sitzungsberichte der koniglich preussischen academie der wissenschaften Berlin. 1916，part 1：688-696 .

[2] Einstein A. über gravitationswellen. Sitzungsberichte der koniglich preussischen academie der wissenschaften Berlin. 1918，part 1：154-167.

[3] Abbott B P, et al. LIGO Scientific Collaboration and Virgo Collaboration, Observation of gravitational waves from a binary black hole merger. Physical Review Letters, 2016, 6:116 .
[4] Reitze D. "Opening lecture: Advanced LIGO and the Dawn of Gravitational Astronomy", and "The Next Detectors for Gravitational Astronomy", invited talks at KITPC program "The Next Detectors for Gravitational Wave Astronomy", April 6-May 8, 2015, Kavli Institute for Theoretical Physics China(KITPC), Chinese Academy of Sciences.
[5] European Space Agency. NGO: Revealing a hidden Universe: opening a new chapter of discovery (Assessment Study Report). 2011.
[6] eLISA. Articles from eLISA Gravitational Wave Observatory. eLISA: The Mission, elisascience. org.
[7] 胡文瑞．空间引力波观测——国家重大科技基础设施中长期重点建设项目建议．2010.
[8] 刘润球，等．中国空间引力波探测计划任务概念研究报告．中国科学院空间科学战略性先导科技专项“空间科学预先研究项目”(XDA04070400)，2013.
[9] Cyranoski D. Chinese gravitational-wave hunt hits crunch time. Nature, 2016, 531: 150-151.
[10] Wu Y L. Quantum field theory of gravity with spin and scaling gauge invariance and spacetime dynamics with quantum inflation. Physical Review D, 2016, 93: 024012.

Gravitational Wave Detection and Study on the Nature of Gravitys
——Revolutionary Breakthrough of Basic Science in 21st Century

Wu Yueliang

The discovery of gravitational wave reported by the advanced LIGO(aLIGO) collaboration in February 11, 2016 is a milestone in the basic science research. In this article, I briefly review the history of gravitational wave detection and the progresses made by current experiments. The discovery of gravitational wave opens a new window in the gravitational wave astronomy and physics as well as quantum cosmophysics. After outlining the basis of existing research on gravitational wave detection in China, I introduce the project about the study on the multi-wave length gravitational wave Universe. The Taiji program in space on gravitational physics is described in detail. More precise measurement on gravitational wave will play a significant role in understanding the origin and evolution of Universe including the inflation of early Universe and the formation of black hole and galaxies. It enables us to explore directly the nature of gravity in understanding the structure of spacetime and the properties of dark energy and dark matter.

1.3 精准医学发展展望

金 力[1] 杨 忠[1] 徐 萍[2] 许 丽[2]

(1. 复旦大学；2. 中国科学院上海生命科学信息中心)

精准医学的首次提出源自2011年美国国家研究理事会（NRC）的报告“迈向精准医学：构建生物医学研究知识网络和新的疾病分类体系”（*Toward Precision Medicine: Building a Knowledge Network for Biomedical Research and a New Taxonomy of Disease*）[1]，此后该理念受到重视，相关技术不断发展成熟，精准医学体系逐渐形成。精准医学集合了诸多现代医学、生命科学等多学科的知识与技术体系，体现了医学科学发展趋势，也代表了临床实践发展的方向。其发展将带动相关学科和技术加速发展，推动相关产业发展，孕育巨大市场空间。

一、精准医学的内涵及技术体系

人口健康是最重要的社会民生问题，关乎国家经济发展和社会进步，是各国政府着力解决的重大问题。尽管人类医学水平在不断进步，以预防为主的医学模式已经有了多年实践，但恶性肿瘤，精神、神经系统疾病，心脑血管疾病，呼吸系统疾病，代谢性疾病及免疫性疾病等重大疾病仍严重威胁着人类健康。这些疾病的病因复杂，其发生、发展是外界环境、个体生活习惯和个体基因遗传等多因素相互影响的结果。多年临床研究表明，患者个体间对同一治疗药物的反应存在着显著差异，而现有的诊断欠精准，缺乏个体化诊断和治疗方法，常规的针对病人群体的治疗手段难以显著提高药物治疗的有效率。

精准医学是在相关领域基础研究与关键技术发展（尤其是基因组技术的飞速发展）和应用的基础上应运而生，是指在大样本研究获得疾病发病的分子机制的知识体系基础上，以生物医学特别是组学数据为依据，根据“患者个体”在基因型、表型、环境和生活方式等各方面的特异性，应用现代遗传学、分子影像学、生物信息学和临床医学等方法与手段，制定个体化精准预防、精准诊断和精准治疗方案。生命科学与现代医学知识和技术的快速发展催生了精准医学体系的形成。精准医学研究的开展需要大规模人群队列和特定疾病专病队列研究、基因组测序等各类组学技术、生物大数据分析及其整合技术、分子影像等相关技术研发；在应用方面需要临床医学研究、检测与诊断技术研发、个体化治疗技术开发等。精准医学研究高效整合这些学科和技术，并促进其快速发展，形成整体解决方案，最终大幅度提高疾病的预防和诊治效率。

1. 测序等组学技术是精准医学研究和应用的关键技术

测序技术的进步和生命组学研究进展为精准医学提供了关键技术和科学基础。DNA 测序技术正在向高效率、低成本、高通量和高精确度的方向发展，第三代基于纳米孔的单分子实时 DNA 测序已经进入应用阶段。单细胞技术的发展实现了在单个细胞层面进行生命组学精确测量和高通量分析，推动人类对生命本质和核心过程特征的深刻理解。目前，已经可以针对单细胞开展基因组、转录组等的测序分析。宏基因组技术的发展推动了疾病与人体微生物组的关联研究，为疾病防治提供了新的视角和策略，目前肠道、皮肤、口腔等菌群的宏基因组测序分析已经开展。定向蛋白质组学技术以其高灵敏度、重复性好、定量准确及可操作性高的特点，将蛋白质组学研究的思维方式从发现式带入了定量式，大大提高了蛋白质分析的精确性。超灵敏高覆盖代谢组原位测量分析技术体系为突破临床小分子代谢物快速精准检测的瓶颈提供了可能，有望实现系统分析代谢物组成及其网络调节变化规律。

生命组学的快速发展加速了人类对生命过程和疾病发生机理的认识。继“人类基因组计划”完成后，国际上先后开展了基因组、转录组、蛋白质组、表观基因组等一系列组学计划。这些计划的开展收获了大量成果，包括完成了单个细胞的基因组测序，绘制了人类蛋白质组草图，构建了高质量、近乎完整的人类肠道微生物基因集数据库，对多类型。多样本癌症基因组图谱进行了大规模分析，扩增了癌症相关基因目录。

2. 大规模人群队列研究是精准医学研究体系的基石

大规模人群队列研究为精准医学体系的建立奠定了坚实基础。从研究布局来看，为实现精准医疗，美国精准医学计划的首个任务就是开展百万患病人群的队列研究。大型队列是一种系统的病因学研究方法，在数十年内，持续对数十万人群健康状况和疾病特征进行追踪、随访调查和相关研究，以了解人群健康状况和疾病发生情况随社会经济改变而发生的变化和相关影响因素。近 30 年来，由于生命组学技术、转化医学、流行病学、影像技术、信息技术的快速发展，人们对健康与环境、经济、社会、文化的复杂关系的认识日益深刻，综合性、前瞻性的大型健康队列研究的重大意义进一步凸显，队列研究的观测维度和研究深度大大增加。各国普遍认识到，人群特殊性不可复制、环境特殊性不可替代，大型、超大型队列关乎本国本地区的国民健康战略、生物资源战略、国家安全战略，政府纷纷主导建设了国家级健康队列，使之成为重要的开放性科研基础设施、多学科交叉研究基地和卫生决策支撑平台。

3. 生物大数据技术研发为精准医学提供强大支撑

生命组学研究产生的海量数据引领生物医学研究进入大数据时代。现代生物医学的发展模式已经转向以数据为驱动的数据密集型科学发现模式。生物数据正以惊人的速度增长，麦肯锡公司报告指出，全球每年新增与医疗相关的生物数据达到数十 EB 量级，并将在 2020 年左右达到 35ZB 的规模。对于精准医学研究和应用链条来说，在研究的前端是生命组学产生的大量数据以及大规模群体队列研究产生的信息，需要规范标准的大数据收集技术、存储技术，而精准医学研究的后端需要对大量的数据、临床医疗记录进行分析，形成可供医生使用的临床决策支持系统，以及需要对大数据进行分析发现新的药物靶标和生物标志物，这需要高水平的大数据挖掘、分析方法。因此，精准医学研究依赖于生物大数据技术的发展，在软硬件平台方面，需要利用云计算等计算体系实现快速、有效的数据分析；在大数据存储方面，需要利用智能化存储系统存储和索引海量数据；在大数据分析挖掘方面，需要发展新的高效算法和分析工具，建立整合型、用户友好的分析平台，获得更多的新知识和新信息。

4. 个体化诊疗技术

精准医学的最终目标是临床应用，其成果将形成可用于预防、诊断和治疗的个体化诊疗技术和方案，实现个体化精准预防、精准诊断和精准治疗。基因组学和基因组测序技术的发展推动了个体化治疗的发展，药物基因组学、蛋白质组学、代谢组学以及生物信息学、生物芯片技术、纳米生物技术等组成了个体化治疗研究的基础；分子水平生物标志物使疾病分类从宏观形态学转向分子特征为基础的分类体系，对疾病的分子分型和预后发展提供了重要的参考；分子诊断是继影像学诊断、生化指标后的新一波诊断“浪潮”。依据疾病特有的如突变、甲基化和表达差异等分子标记，分子诊断具有了更高的灵敏性和特异性。分子诊断技术现已大范围应用到肿瘤个体化治疗、昂贵药物治疗监测、药物代谢基因组学等领域，POCT 检测、法医、人群健康筛查与体检、重大疾病预警与诊断、公众分子基因档案建立等方面的应用成为未来的发展趋势。分子影像是运用生物医学影像学技术，标记分子探针，通过精密成像技术检测并进行图像后处理，显示机体组织、器官、细胞和分子水平上的病理变化，达到早期诊断、定性诊断、精准诊断的目标。分子影像技术与经典的医学影像技术相比，具有“看得更早、看得更精”的特点，分子影像技术不仅可用于疾病早期诊断和精准诊断，还可基于分子探针的特异性和定位性，为外科手术提供分子影像手术导航。

二、精准医学的意义

精准医学在科学推动、健康保障、民众受益、产业带动等多方面将发挥重要作用。

1. 精准医学研究将推动预防为主的健康医学发展，大大提高国民健康水平，优化医疗资源配置

当前全球医学目标已经从治疗为主转向预防为主，我国《医学科技发展“十二五”规划》中也将关口前移，将预防为主作为核心原则。精准医疗的实施将在原有的“4P 医学”理念上加入精准化，成为“5P 医学”，提高新健康理念下的医疗精准化。精准医学的开展将推动预防为主的健康医学发展。与传统医学不同，精准医学的发展可以从根本上精准地优化诊疗效果，避免医疗资源浪费，减少无效、有害和过度医疗，从而总体降低医疗成本，优化医疗资源配置。

2. 精准医学研究的实施将构建新的疾病分类体系和诊疗标准

精准医学面对生命过程复杂性的巨大挑战，整合多组学数据，利用系统生物学策略建立以个体为中心的多层级人类疾病知识整合数据库，并在此基础上形成可用于疾病精确分类的生物医学知识网络，进而发展出未来能够为每个个体提供最好医疗护理的精准医学。精准医学的科学内涵在不断丰富，但是都包含了建立新的疾病分类体系，并提出新的诊疗方案，这意味着精准医学的实施将以构建新的疾病分类体系和诊疗标准为核心。

3. 精准医学的发展将大大促进相关学科研究和技术水平的提升

精准医学是集合了诸多现代医学科技发展的知识与技术体系，体现了医学科学发展趋势，也代表了临床实践发展的方向。精准医学研究的开展需要大规模人群和特定疾病队列研究、各类生命组学及其测序技术、生物大数据分析及其整合技术、分子影像等相关技术研发，在应用方面需要临床医学研究、检测与诊断研发、个体化治疗技术开发等。精准医学的概念提出之前，这些技术呈现“碎片化”，精准医学研究的实施无疑将高效整合这些学科和技术，并促进其快速发展，形成整体性解决方案，最终提高疾病的预防和诊治效率。

4. 精准医学的发展将带动相关产业的快速发展，孕育巨大市场空间

精准医学的发展将带动生物医药产业的发展。研究形成的生物标志物、临床诊疗

方案、靶向药物等孕育巨大市场空间。基因测序是精准医疗产业的重要组成部分，来自 BBC Research 的数据显示，全球基因测序市场总额从 2014 年的 53 亿美元增长至 2015 年的 59 亿美元，预计未来 5 年的复合年均增长率（CAGR）为 18.7%[2]。个体化治疗市场规模日益扩大，2022 年全球市场规模将达到 24 525 亿美元[3]。技术的突破和巨大的市场空间吸引了众多企业加入该领域，传统医药公司纷纷进行布局，新兴公司如雨后春笋般地出现，IBM 等信息行业巨头也已经投入巨资在精准医学领域开展大量研发工作。

三、精准医学国际布局

精准医学已成为新一轮国家科技竞争和引领国际发展潮流的战略制高点，欧美主要国家与日、韩等国已分别提出了相关发展计划，标志着国际上在基因资源利用、新药靶点发现、新的诊断治疗方法开发、生物医药新产品研发等领域的竞争进入新的阶段，对我国生物医药与健康产业的发展形成严峻挑战。

2015 年 1 月 20 日，美国总统奥巴马在 2015 年国情咨文中提出“精准医学计划”（Precision Medicine Initiative，PMI）新项目，并于当月的 30 日将此项举措提上议程[4]。PMI 旨在为临床治疗提供新工具、新见解和最适疗法，引领医疗研究新模式。短期目标是癌症的研究与应用，长期目标是将把精准医学推广到更多疾病类型。截至 2016 年 2 月 1 日，PMI 计划先后重点布局了：①精准医学计划百万队列项目[5]；②精准肿瘤学项目[6]；③发布全美医疗信息技术互操作路线图[7]，推进全国医疗健康信息的安全交互操作；④启动专病基因组测序计划[8]（资助 3.13 亿美元）。在实施举措方面：①公布“精准医学计划：隐私和信任指导原则草案”[9]，以保护公众隐私、赢得公众信任；②发布全美医疗信息技术互操作路线图，推进全国医疗健康信息的安全交互操作；③美国食品药品管理局推出“精准 FDA”平台[10]，用于基因组数据共享，推动创新；④通过公私合作模式推行该计划。另外，美国精准医学计划还强调与其他正在实施的项目进行衔接，推动数据的标准化和共享，强调患者、科研人员和医疗工作者之间的合作。

英国很早就开始开展精准医学相关研究，长期关注分层医学，多个机构先后联合资助分层医学项目和个体化药物开发。2012 年，英国开展“十万人测序计划”[11]，对癌症及罕见疾病患者进行全基因组测序。为加快在该领域的创新步伐，英国于 2014 年启动“精准医学孵化器”项目，分别在 6 个区域建立精准医学孵化器中心，形成国家精准医学孵化器中心网络。英国牛津大学也筹建精确癌症研究所，利用遗传、分子及临床数据实现更准确的癌症靶向治疗。2015 年 12 月，英国政府创新机构 Innovate

UK 聚集了英国精准医学领域的领军机构，针对英国精准医学展开研讨，并绘制了全英精准医学基础设施地图[12]，推动资源整合利用，将英国建设成全球精准医学的领先国家。

日本在“2014 科技创新计划”中将“定制医学/基因组医学”列为重点关注领域之一。韩国政府于 2014 年启动了耗资 5.4 亿美元的后基因组计划，以推动新型基因组技术的发展和商业化。荷兰、冰岛等国家都已经开展了大规模人群队列计划。澳大利亚也于 2016 年开展“十万人基因组测序计划”。

四、构筑中国精准医学之路

1. 我国社会需求迫切需要发展精准医学

随着生活方式的改变和老龄化的加剧，我国的疾病谱也在发生变化。肿瘤、代谢性疾病、神经系统疾病、心血管疾病等重大疾病成为危害我国人民健康的主要威胁，并呈现发病率高、治愈率低、年轻化等特点，给社会发展造成了沉重的经济负担。世界卫生组织（WHO）《2014 年非传染性疾病国家概况》统计数据显示[13]，2000～2012 年，我国肿瘤、2 型糖尿病、心血管疾病这三种慢性病死亡人口总数达近 700 万，占所有死亡人数的 70%，远高于全球平均（45%）和英美等发达国家（57%～61%）；到 2030 年我国阿尔茨海默病患者将达 1200 万；我国心血管疾病患者约有 2.9 亿人，每年约有 350 万人死于心血管疾病，占总死亡原因的 41%，高居死因榜首；慢性（长期）肝脏感染疾病患者有 3000 多万，每年约有 90 万患者发展为肝硬化，30 万患者发展为原发性肝癌；与此同时，多达 6000～7000 种的罕见病同样威胁我国国民健康。2010 年我国仅用于心血管和糖尿病治疗的相关费用就占我国国内生产总值（GDP）的 4%，预计在 2025 年将达到 8%左右。2015 年，德勤公司发布的报告显示[14]，我国 2014 年的健康支出占总支出的 23%，到 2020 年将上升到 32%。精准医学研究可以发展个体化的诊断治疗方案，识别药物治疗无效或者有严重毒副作用的人群，为疾病的预防、诊断和治疗提供新策略和新方法。因此，我国亟须加强精准医学研究。

2. 我国开展精准医学的基础和优势

在国家各类科技计划的长期支持下，尤其是《国家中长期科学和技术发展规划纲要（2006—2020 年）》实施以来，我国在精准医学研究所涉及的大型人群队列、生命组学、个体化治疗、生物医学大数据等核心技术方面已取得了一系列研究进展，初步建立了重大疾病临床标本库以及临床试验网络，获得一批针对重大疾病的易感人群筛选、预警、早期诊断、预后判断和指导个体化治疗的相关分子标志物/谱；累积了中国代表性人群的队列基线数据以及疾病谱的调查资料；初步建立了具有疾病特色的临床研究队列和生物样本库等，部分领域已处于和国际并跑的地位，这些工作为我国精准医学研究重点专项的实施奠定了坚实的基础。

3. 我国精准医学发展面临的挑战

虽然前期开展的相关研究为我国精准医学研究专项的实施奠定了基础，但是要最终实现精准医疗的目标，仍面临巨大挑战。首先是缺关键技术。我国缺乏自主知识产权的测序技术及其他高通量组学技术，测序设备基本不能国产，严重依赖国外进口，这将制约我国精准医学研究的实施，并将吞噬精准医学领域未来形成的产业份额。其次是缺平台。未来生命科学研究的竞争是生物医学大数据的竞争，我国没有国家级、权威性的类似美国 NCBI 的数据中心/大平台，致使我国产生的数据流失严重。此外，整合性的大数据平台的缺失也导致了我们产生的数据不能被整合、高效利用和充分共享。最后是缺乏大规模群体队列研究。尽管我国过去开展了一些自然人群队列和特有病种的专病队列研究，但是还没有百万级的针对我国人群特有遗传背景、能够进行参比的队列研究数据和信息共享技术平台，这一落后现状使得我国疾病诊断治疗体系长期依赖于国外标准，而由于遗传背景的特殊性，很多情况下国外标准并不完全适用于中国人群。

4. 构建适合我国发展的精准医学体系

精准医学研究的最终目标是根据“患者个体”在基因型、表型、环境和生活方式等各方面的特异性，制定个体化精准预防、精准诊断和精准治疗方案。由于各国的人群遗传特殊性不可复制、环境特殊性不可替代，因此基于不同人群和种群的遗传背景的差异，需要针对不同人群和特有疾病开展测序与致病基因研究，以及环境和遗传互作机制研究，从而实现精准医疗。因此，面对激烈的国际竞争，我国亟待加快发展精准医学研究体系，在已有深厚工作积累的基础上，通过完善的顶层设计以及跨部门、跨学科协同创新，力争在新一轮以实现精准医疗为目标的国际竞争中占领战略制高点，以精准医学研究的原始创新成果引领我国生物医药与健康产业的变革和超越发展。

（1）指导思想

构建我国精准医学体系要面向我国民众健康和社会发展的重大需求，结合我国发展现状和精准医学未来发展趋势，在目标和任务设置中实现“顶天立地”。“顶天”就是着眼精准医学未来长远发展，前瞻布局相关技术研发；同时考虑现有的缺陷与不足，搭建国家级大平台和大数据库，迅速弥补与国际领先水平的差距；在主要任务中突出我国特有优势，推动精准医学产业化，最终实现全面超越。“立地”就是以临床应用作为精准医学发展的最终目标，推动自然人群队列及重大疾病专病队列的建立，立足已有坚实基础，尽快制定若干重大疾病的精准临床诊疗方案，建立和推广我国精准医疗体系，使精准医学研究成果落地，让广大民众受益。

（2）发展目标

我国精准医学的发展目标以我国常见高发、危害重大的疾病及若干流行率相对较高的罕见病为切入点，实施精准医学研究的全创新链协同攻关，构建百万人以上的自然人群国家大型健康队列和重大疾病专病队列，建立多层次精准医学知识库体系和安全稳定可操作的生物医学大数据共享平台，突破新一代生命组学临床应用技术和生物医学大数据分析技术，建立创新性的大规模研发疾病预警、诊断、治疗与疗效评价的生物标志物、靶标、制剂的实验和分析技术体系。以临床应用为导向，形成重大疾病的风险评估、预测预警、早期筛查、分型分类、个体化治疗、疗效和安全性预测及监控等精准防诊治方案和临床决策系统，形成可用于精准医学应用全过程的生物医学大数据参考咨询、分析判断、快速计算和精准决策的系列分类应用技术平台，建设中国人群典型疾病精准医学临床方案的示范、应用和推广体系，推动一批精准治疗药物和分子检测技术产品进入国家医保目录，为显著提升人口健康水平、减少无效和过度医疗、避免有害医疗、遏制医疗费用支出快速增长提供科技支撑，使精准医学成为经济社会发展新的增长点。

（3）研究内容

我国精准医学研究内容既要充分满足我国精准医学临床应用的现实需求，也要积极应对我国实施精准医学研究面临的巨大挑战。我国前期开展的相关研究为精准医学研究专项的实施奠定了基础，但是要最终实现精准医疗的目标，仍面临缺关键技术、缺平台、缺大规模群体队列等巨大挑战。因此，基于开展精准医学必要的信息和数据采集及其管理分析技术平台、前沿技术和临床应用的需求，针对我国目前现状，需要发展新一代临床用生命组学技术研发，大规模人群队列研究，精准医学大数据的资源整合、存储、利用与共享平台建设，疾病防诊治方案的精准化研究，精准医学集成应用示范体系建设五项贯穿基础研究、技术发展和临床应用、兼顾应用性和前瞻性的研究内容。实施过程中，按照疾病领域，建立贯穿自然人群队列研究、疾病专病队列研究，疾病分子分型、药物基因组学与个体化精准用药、疾病临床应用方案的精准化、个体化治疗靶标发现与新技术研发、示范性应用及临床示范的全链条研究体系和协同创新体系。

五、展　　望

实现精准的预防、诊断和治疗，从而提高诊治效率，降低医疗成本，是精准医学的目标，但是要实现这一目标，还需要长远的发展。目前，医学发展距离精准的实现还有很长的路要走，需要新的思维和各种新技术。因此应对精准医学内涵和技术体系、发展前沿进行跟踪，开展战略研讨，从更长远前瞻性规划我国的精准医学研究。同时，积极开展国际合作，以扩大我国精准医学的国际影响力。目前国家重点研发计划“精准医学研究”重点专项已经与美国精准医学计划科学顾问理查德·利夫顿（Richard Lifton）教授达成共识，以建立统一的数据标准和格式为切入点，与美国精准医学计划进行交流合作。精准医学还需要配套的监管政策法规的改进以保证其目标的实现。美国早在具体实施计划前就开展了药物监管和伦理法规的研讨，用以使用精准医学的发展，并指导精准医学中的伦理问题。应当前瞻性地开展监管机制及政策法规研究，包括开展基因诊断、患者数据安全、临床新技术新产品监管等政策法规体系的研究，为我国相关法规政策的制定提供科学支撑。

精准医学体现了医学发展趋势，也代表了临床实践发展方向。系统加强精准医学研究布局，将实现医疗资源的全面升级和优化配置，整量级、整体性提升生命科学、生物医药、健康管理、医疗等大健康产业的全产业链创新能力，驱动我国社会经济发展的转型升级。

参考文献

[1] NRC. Toward Precision Medicine: Building a Knowledge Network for Biomedical Research and a New Taxonomy of Disease. http://www.nap.edu/catalog/13284/toward-precision-medicine-building-a-knowledge-network-for-biomedical-research[2016-02-03].

[2] BCC Research. DNA Sequencing: Emerging Technologies and Applications. http://www.askci.com/news/chanye/2015/12/21/8594inkt.shtml

[3] Grand View Research. Personalized Medicine(PM) Market Analysis By Product(PM Diagnostics, PM Therapeutics, Personalized Medical Care, Personalized Nutrition & Wellness) And Segment Forecasts To 2022. http://www.grandviewresearch.com/industry — analysis/personalized-medicine-market.

[4] Whitehouse. Fact Sheet: President Obama's Precision Medicine Initiative. http://www.whitehouse.gov/the-press-office/2015/01/30/fact-sheet-president-obama-s-precision-medicine-initiative[2016-02-12].

[5] NIH. The Precision Medicine Initiative Cohort Program-Building a Research Foundation for 21st Century Medicine. http://www.nih.gov/precisionmedicine/09172015-pmi-working-group-report.

pdf[2016-02-03].

[6] NCI. Annual Plan & Budget Proposal for Fiscal Year 2017. http://www.cancer.gov/about-nci/budget/plan[2016-02-03].

[7] HIT. Connecting Health and Care for the Nation: A Shared Nationwide Interoperability Roadmap. https://www.healthit.gov/sites/default/files/nationwide-interoperability-roadmap-draft-version-1.0.pdf[2016-02-23]

[8] NIH. NIH genome sequencing program targets the genomic bases of common, rare disease. http://www.nih.gov/news-events/news-releases/nih-genome-sequencing-program-targets-genomic-bases-common-rare-disease[2016-02-03].

[9] Whitehouse. Precision Medicine Initiative: Privacy and Trust Principles. https://www.whitehouse.gov/sites/default/files/microsites/finalpmiprivacyandtrustprinciples.pdf[2016-02-15].

[10] HHS. PrecisionFDA. https://precision.fda.gov/[2016-02-22].

[11] Genomics England. 100,000 Genomes Project. http://www.genomicsengland.co.uk/[2016-02-03].

[12] Innovate UK. Precision Medicine Catapult. https://pm.catapult.org.uk/

[13] 世界卫生组织. 2014年非传染性疾病国家概况. http://www.who.int/nmh/countries/zh[2016-02-03].

[14] 德勤(中国). 2020年生命科学与医疗趋势报告. http://www2.deloitte.com/cn/zh/pages/life-sciences-and-healthcare/articles/healthcare-and-life-sciences-predictions-2020.htm[2016-02-15].

Precision Medicine: A New Emerging Medical Model

Jin Li, Yang Zhong, Xu Ping, Xu Li

Conditions caused by many contributing factors, such as cancer and diabetes, are difficult to achieve effective treatment based on traditional therapy. Precision medicine, an emerging field in which treatments are tailored to an individual's genes, environment and lifestyle, is on the cutting edge of diseases treatment. Precision medicine integrated research disciplines and clinical practice to guide individualized patient care, embodies the development trend of medicine. It will revolutionize healthcare, innovate technologies, and also drive the development of related industries. Consequently, precision medicine has brought a new round of international competition.

第二章

科学前沿

Frontiers in Sciences

2.1 宇宙线起源的天文学前沿问题

刘四明

（中国科学院紫金山天文台）

一、背 景

宇宙线在1911～1913年由奥地利物理学家维克托·赫斯（Victor Franz Hess）通过一系列高空气球实验发现[1]，赫斯因此获得了1936年的诺贝尔物理学奖。这些来自宇宙空间的高能粒子的起源问题一直是天体物理研究的核心问题之一。1934年，巴德（W. Baade）和茨威基（F. Zwicky）指出，宇宙线可能来自于超新星爆发[2]。后来，随着射电天文学、X射线天文学、伽马射线天文学的发展，人们不仅发现了超新星爆发产生宇宙线的观测证据，还发现了其他一些可以产生宇宙线的高能天体[3~6]。人们目前普遍认为能量低于10^{15}eV（1PeV）的宇宙线主要来自于银河系，而能量高于10^{18}eV（1EeV）的宇宙线主要来自于河外高能天体源。能量低于10^{9}eV（1GeV）的宇宙线由于受太阳风的影响，很难到达地球附近。由太阳活动产生的高能粒子的能量通常也低于1GeV[7]。因此，在地球附近观测到的能量低于1GeV的高能粒子主要来自于太阳活动。由于对于能量高于1EeV的宇宙线的观测信息非常有限，这里讨论的宇宙线起源的天文学前沿问题主要是围绕着能够产生能量在1GeV～1PeV的宇宙线的银河系高能天体源而展开。

二、基本观测事实

虽然早在1934年，巴德和茨威基就已经提出超新星爆发是产生宇宙线的主要天体源，但直到1948年，随着射电天文的诞生和发展，人们才发现超新星遗迹中存在GeV高能电子的直接证据[3]。这些观测同时表明，超新星爆发不仅可以通过对前身星物质向星际介质中的抛射产生高速激波进而加速粒子，有些超新星爆发还可以产生高速旋转的脉冲星，它们可以通过磁场消耗转动能而加速粒子。然而，由射电观测探测到的主要是能量在GeV量级的相对论电子，宇宙线中质子的流量要比电子的流量高近两个量级，人们预期它们的能量可以高达 PeV。

超新星遗迹激波可以产生能量在 TeV（10^{12} eV）量级高能电子的证据直到 1995 年通过 X 射线观测才被发现[4]。后来，随着地面伽马射线天文观测的进展，有 100 多个 TeV 伽马射线源被发现，其中有几十个和超新星遗迹有关联。但是，这些高能辐射不仅可以由高能原子核（包括质子）产生，也可能由高能电子产生。超新星遗迹激波可以加速高能原子核（主要是质子）的直接证据直到过去几年才被空间伽马射线卫星观测到[5]。

图 1 给出了费米（Fermi）伽马射线卫星观测得到的能量在 1GeV 以上的伽马射线光子在全天空的分布，以及已经认证的部分超新星遗迹和脉冲星。沿着中间银盘方向，可以看到弥散的伽马射线辐射，它们主要是由分布在银河系中的宇宙线和星际介质相互作用产生。图中一半以上的点源是非常活跃的类星体，还有一部分是活动星系（核），它们的空间分布各向同性。分布在银盘上的伽马射线源主要是脉冲星和超新星遗迹。虽然某些大质量双星和球状星团也被探测到，它们释放的总能量要比超新星遗迹低很多，所以人们普遍认为超新星遗迹是最主要的宇宙线源。

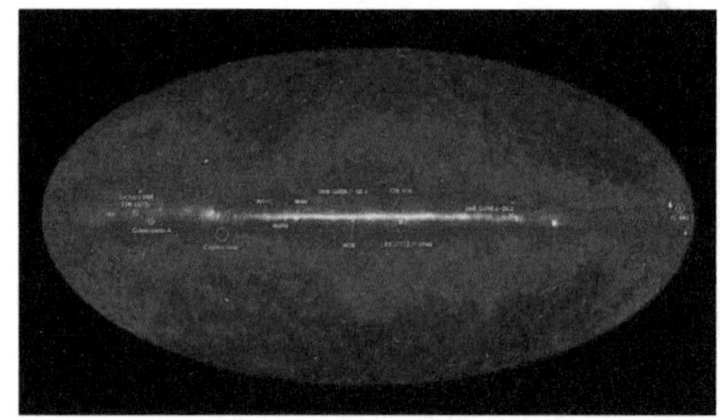
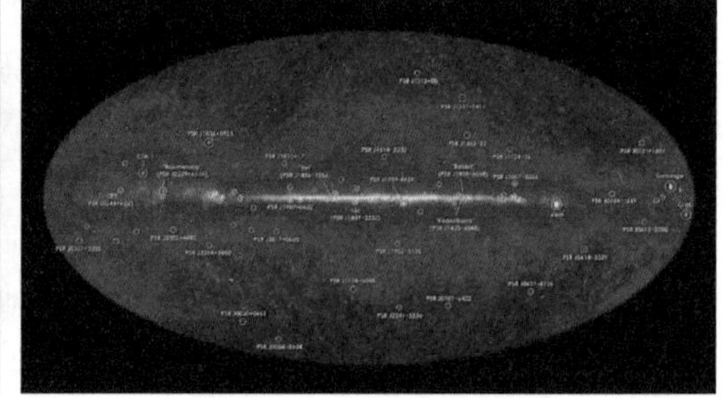

图 1　费米（Fermi）伽马射线卫星的全天空成像中的一些超新星遗迹（左）和脉冲星（右）

图片来源：NASA Fermi's Five-year View of the Gamma-ray Sky. http://SVS.gsfc.nasa.gov/cgi-bin/details.cgi?aid=11342

虽然理论预期在银河系中每隔 100 年会有几次超新星爆发，但是受到观测灵敏度、星际介质屏蔽及超新星爆发环境等因素的影响，到目前为止已经探测到的脉冲星只有近 2000 颗，它们中有的寿命可达上亿年；通过射电观测认证的超新星遗迹有 300 个左右，它们的寿命分布在一百多年到几十万年之间；更老的超新星遗迹由于和星际介质融合而无法识别。在伽马射线波段上认证的超新星遗迹有几十个，它们大多是年龄在几千年以上并且和分子云相互作用。其中，年龄在 1 万年以内的超新星遗迹有十几个，它们预期会产生强的伽马射线辐射。由于高能电子通过辐射损失能量的速度比较快，内部存在能量在 TeV 最级的电子进而可以产生非热 X 射线辐射的超新星遗迹寿命一般在 1 万年以内，这样的遗迹也有十几个。

对于那些年龄在几百年到几千年的超新星遗迹，在射电、光学、X 射线、伽马射线等波段都有比较详细的观测。图 2 给出了一个在 TeV 伽马射线能段非常亮的超新星遗迹的 X 射线到伽马射线的成像，这些结果表明，在不同波段上观测到的超新星遗迹的结构有比较好的相关性。

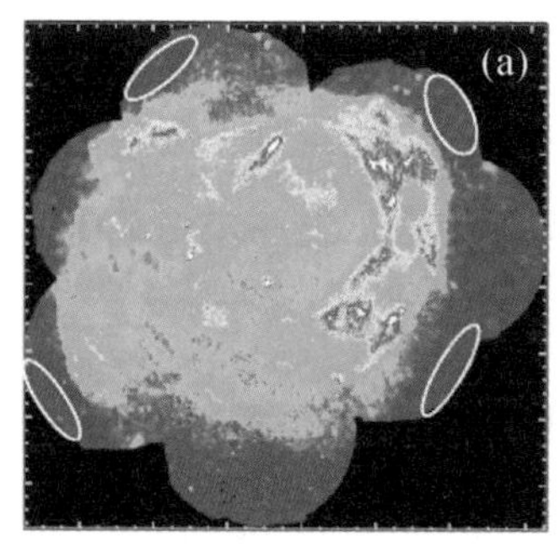

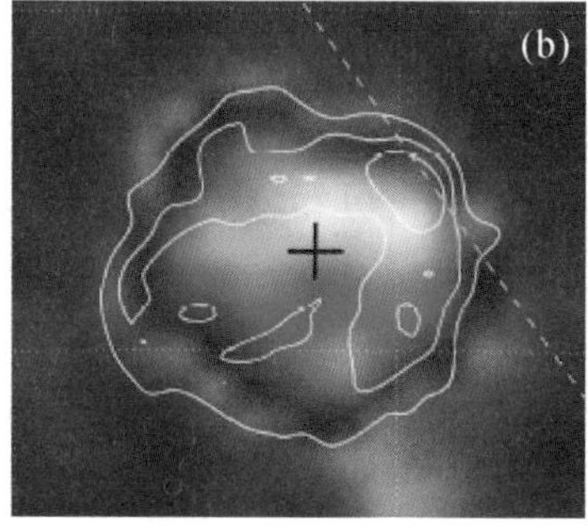

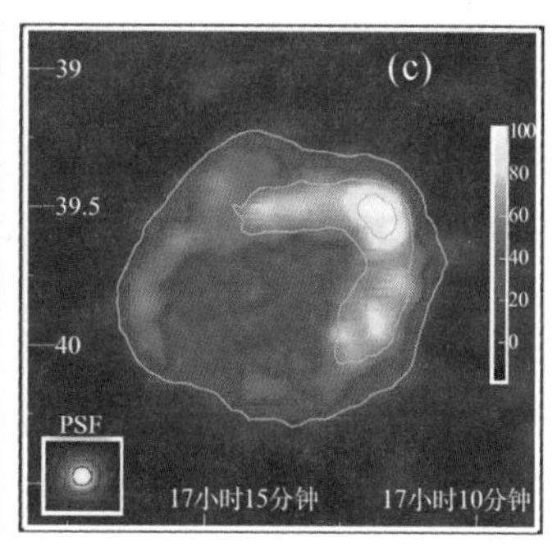

图 2 超新星遗迹 RX J1713. 7-3946 的 X 射线（a）、GeV（b）、TeV（c）成像

图片来源：(a) Acero F，Ballet J，Decourchelle A，et al. A joint spectro-imaging analysis of the XMM-Newton and HESS observations of the supernova remnant RX J1713. 7-3946. Astronomy & Astrophysics，2009，505 (1)：157-167；(b) Federici S，Pohl M，Telezhinsky I，et al. Analysis of GeV-band γ-ray emission from supernova remnant RX J1713. 7-3946. Astronomy & Astrophysics，2015，577：A12；(c) Aharonian F，Akhperjanian A G，Bazer-Bachi A R，et al. Primary particle acceleration above 100 TeV in the shell-type supernova remnant RX J1713. 7-3946 with deep HESS observations. Astronomy & Astrophysics，2007，464：235-243

三、基本理论工具

宇宙线起源的研究可以分为两大方面。

1. 宇宙线在星际介质中的传播和与星际介质的相互作用

由于宇宙线粒子带电，在星际介质中传播时将受到星际磁场的影响，因此在地球附近观测到的宇宙线空间分布几乎是各向同性的，这也导致我们无法通过对宇宙线的成像观测来确定宇宙线源。宇宙线和星际介质的相互作用可以产生弥散的射电、伽马射线辐射。这一研究可以和有关星际介质的观测研究相结合进而限定宇宙线在银河系中的传播特征。经过过去十几年的努力，研究人员已经发展了几个数值模拟程序，以星际介质的观测特征为背景，系统研究宇宙线在银河系中的传播以及和星际介质的相互作用，从而实现利用多波段观测资料，研究宇宙线的传播特征。

2. 宇宙线在高能源区的加速过程

想要利用多波段观测研究宇宙线起源，我们需要利用有关的辐射机制。这方面的物理理论基础比较成熟，涉及的主要辐射机制有高能电子的同步辐射、逆康普顿散射、韧致辐射，以及高能质子与背景原子核的非弹性散射和相关的次级过程。针对个别超新星遗迹的多波段观测，结合有关辐射机制，利用磁流体数值模拟等工具我们可以详细研究超新星的爆发和有关的粒子加速过程。对于超新星遗迹 RX J1713.7-3946，通过对其多波段辐射能谱的拟合，我们不仅能够得到其中高能电子的能谱分布，还可以确定遗迹中的平均磁场。这些结果可以和磁流体数值模拟相结合，进一步用来研究这个遗迹的空间结构（图 3）。

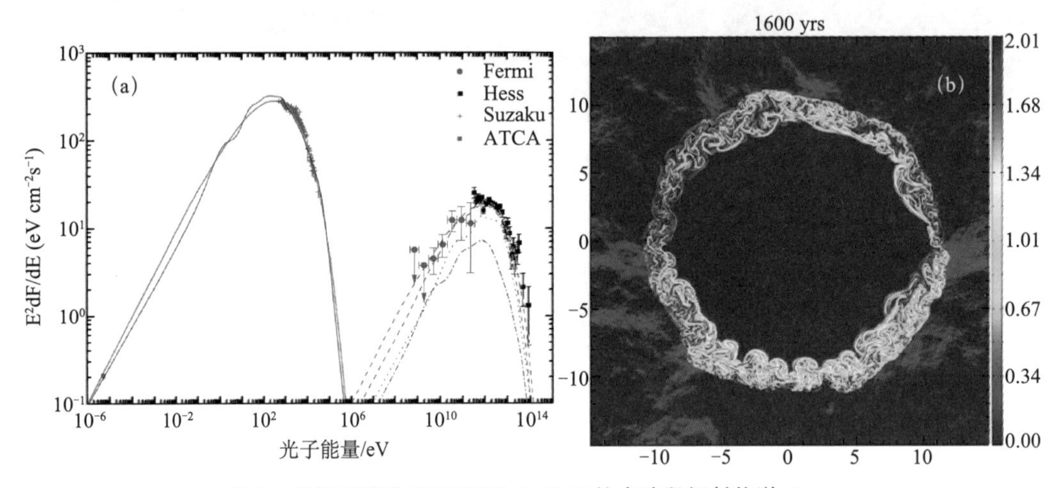

图 3 超新星遗迹 RX J1713.7-3946 的多波段辐射能谱（a），以及通过磁流体数值模拟得到的超新星遗迹中磁场的结构（b）

图片来源：(a) Li H, Liu S, Chen Y. Derivation of the electron distribution in supernova Remnant RX J1713.7-3946 via a spectral inversion method. The Astrophysical Journal, 2011, 42: L10; (b) Yang C, Liu S. Energy partition between energetic electrons and turbulent magnetic field in supernova remnant RX J1713.7-3946. The Astrophysical Journal, 2013, 773: 138

四、前沿问题

虽然有许多观测证据和理论分析表明超新星遗迹是最主要的宇宙线源，我们目前还没有把超新星遗迹的观测和宇宙线的观测直接结合起来。这里的主要困难是有关粒子加速过程存在非常大的不确定性：观测表明超新星遗迹中的粒子加速不仅与其周围的环境有关，而且被加速粒子的能谱分布会随超新星遗迹的演化而改变。令人欣慰的是，最近几年对超新星遗迹的伽马射线观测显示，超新星遗迹的伽马射线能谱指数和周围环境的密度有显著的相关性，这一结果和宇宙线的超新星遗迹起源理论非常吻合[8]。在前面这些研究成果的基础上，当前需要进一步澄清的前沿问题有以下几方面。

（1）利用多波段观测分析超新星遗迹中的粒子加速和磁场放大过程。

（2）脉冲星及其星云的伽马射线辐射主要由高能电子主导，它们预期对宇宙线电子也会有贡献。

（3）将超新星遗迹和脉冲星作为主要的宇宙线源，分析它们产生的高能粒子在银河系的传播和辐射特征，并且和银河系弥散背景辐射及宇宙线的观测做比较。

（4）在澄清超新星遗迹对宇宙线和宇宙伽马射线辐射贡献的基础上，探索其他高能天体源的贡献，进而限制暗物质粒子导致的高能辐射特性。

五、结语和展望

宇宙线从发现至今已有100多年，早期对它们的观测有力地推动了粒子物理的发展。虽然80年前人们已经指出超新星爆发可能是宇宙线的主要来源，但是由于宇宙线带电，我们无法对其进行成像观测，宇宙线的天文学起源一直是天体物理领域的一个极富挑战性的课题。随着射电、光学、X射线、伽马射线天文的不断发展，有越来越多的观测证据支持宇宙线的超新星遗迹起源。我们急需把有关超新星遗迹的观测和宇宙线的观测直接联系起来以澄清有关的宇宙线加速和传播过程。

位于西藏羊八井的宇宙线观测站是世界上仅有的几个宇宙线观测基地之一，有关观测对宇宙线的研究贡献突出。在超新星遗迹的天文学研究方面，我国学者主要是利用国外天文设备得到的数据展开有关的理论分析和数值模拟。虽然有关成果也得到了国际同行的认可，但是还是需要原始观测数据给出原创性的成果。这些年利用射电望远镜的观测，我国科学家也发现了几个超新星遗迹。随着暗物质粒子探测卫星“悟空”的数据积累，以及下一代宇宙线和高能伽马射线观测站大型高海拔大气簇射天文台（LHAASO）项目的立项，在不远的将来，我们预期会在宇宙线起源的天文学研究方面取得重要的原创性成果。

参考文献

[1] Hess V F. Über beobachtungen der durchdringenden Strahlung bei sieben Freiballonfahren. Zeitschrift fur Physik，1912，13：1084.

[2] Baade W，Zwicky F. Cosmic rays from super-novae. Astronomy，1934，20：259.

[3] Dubner G，Giacani E. Radio emission from supernova remnants. ArXiv：1508.07294v2，2015.

[4] Koyama K，et al. Evidence for shock acceleration of high-energy electrons in the supernova remnant SN1006. Nature，1995，378：255.

[5] Ackermann M，et al. Detection of characteristic Pion-decay signature in supernova remnants. Science，2013，339：807.

[6] Funk S. Space- and ground-based Gamma-ray astrophysics. ArXiv：1508.05190v1，2015.

[7] 刘四明．宇宙中高能带电粒子的加速．中国科学：物理学 力学 天文学．2015，45（11）：119509.

[8] Yuan Q，Liu，S M，Bi X J. An attempt at a unified model for the gamma-ray emission of supernova remnants. The Astrophysical Journal，2012，761：133.

The Origin of Cosmic Rays

Liu Siming

It is generally accepted that cosmic rays with energy below 1PeV mostly originate from shocks driven by supernova explosions. However，due to uncertainties related to the cosmic ray acceleration and transport，it is still challenging to link observations of supernova remnants with that of the cosmic rays directly. With progresses in observations，theory and numerical modeling made during the past few years，it is possible to undertake such a task，which will not only deepen our understanding of cosmic ray acceleration and transport，but also address the origin of cosmic rays eventually. These results will have profound implications on indirect search of dark matter particles via high energy observations.

2.2 X射线自由电子激光现状与未来发展

赵振堂 王 东 陈建辉

（中国科学院上海应用物理研究所）

X射线是揭示物质结构和生命现象的理想探针。自1895年被发现以来，X射线已在诸多学科领域得到了广泛的应用，引发人类完成了一系列发现和发明，成就了20多个诺贝尔奖，对世界科学发展产生了深刻的影响。X射线自由电子激光（X-ray free electron laser，XFEL）是继同步辐射光源之后性能更为卓越的X射线光源，具有超高的峰值亮度、超短的脉冲和极好的相干性等优越特性，已成为破解科学前沿重大难题的科研利器。XFEL的出现使得单脉冲单粒子成像、非线性X射线光谱学、超快泵浦-探针及相干散射等实验方法成为可能，也使得物质研究从拍摄分子照片的时代跨越到了录制分子电影的时代。2006年以后，随着德国汉堡自由电子激光（FLASH）、美国直线加速器相干光源（LCLS）、意大利多学科研究自由电子激光辐射（FERMI）及日本春天-8埃结构紧凑自由电子激光器（SACLA）等自由电子激光（FEL）装置的相继建成与投入用户实验，XFEL光源已经进入了快速发展阶段，多台新装置在加紧建设，一系列物理、化学、生物、材料科学领域的前沿研究成果不断涌现。XFEL为人们在亚纳米空间尺度和飞秒级的时间尺度上探索原子与分子体系的结构和动态过程，开辟出了全新的前沿领域。

一、XFEL及其重大科学应用

20世纪70年代中期，美国的梅迪（J. M. J. Madey）博士等人首次在实验上证实了自由电子激光原理，引起科技界极大的兴趣和随后低增益振荡器型FEL的蓬勃发展。20世纪80年代，科学家们提出了自放大自发辐射SASE（self amplified spontaneous emission）型高增益FEL原理（图1）。在SASE工作模式下，电子束通过波荡器时会在束团内部产生以辐射波长为周期的微聚束，这些周期性的电子集聚将导致辐射的相干叠加，从而使FEL相干辐射被指数放大直至饱和。在这个机制中，FEL的波长由电子束能量和波荡器周期长度决定，能量越高或波荡器周期长度越短则辐射波长越短，甚至可以覆盖整个X射线波段[1]。

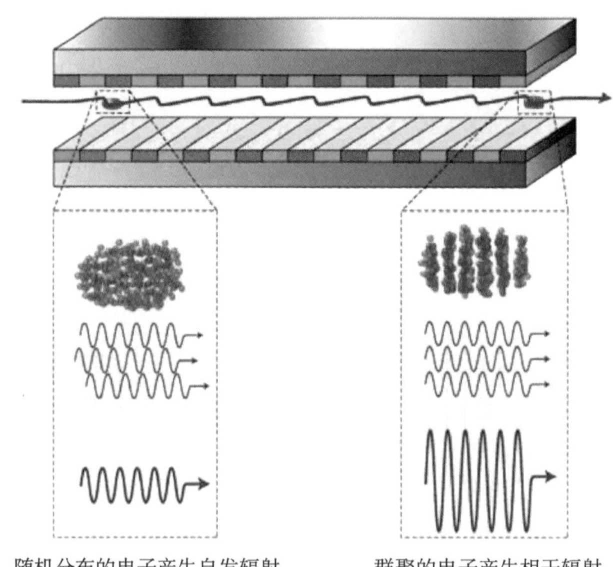

图 1　SASE-FEL 基本原理[2]

高增益 FEL 装置主要由电子枪、直线加速器和波荡器构成。如图 2 所示，电子枪用于产生高亮度的电子束，直线加速器用于将电子束加速到所需的能量，高能量、高亮度的电子束会被送入波荡器中进行 FEL 的产生和放大。XFEL 性能比较如图 3 所示。

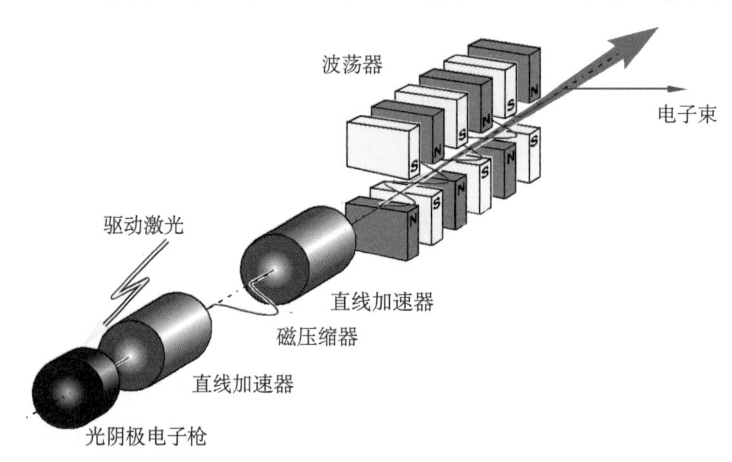

图 2　高增益 FEL 装置示意图[3]

20 世纪 90 年代以来，高亮度光阴极微波电子枪技术的成熟以及束团压缩及束流品质控制技术的发展使得 XFEL 成为可能。经过近 30 年持续不断的努力，2006 年 3 月，

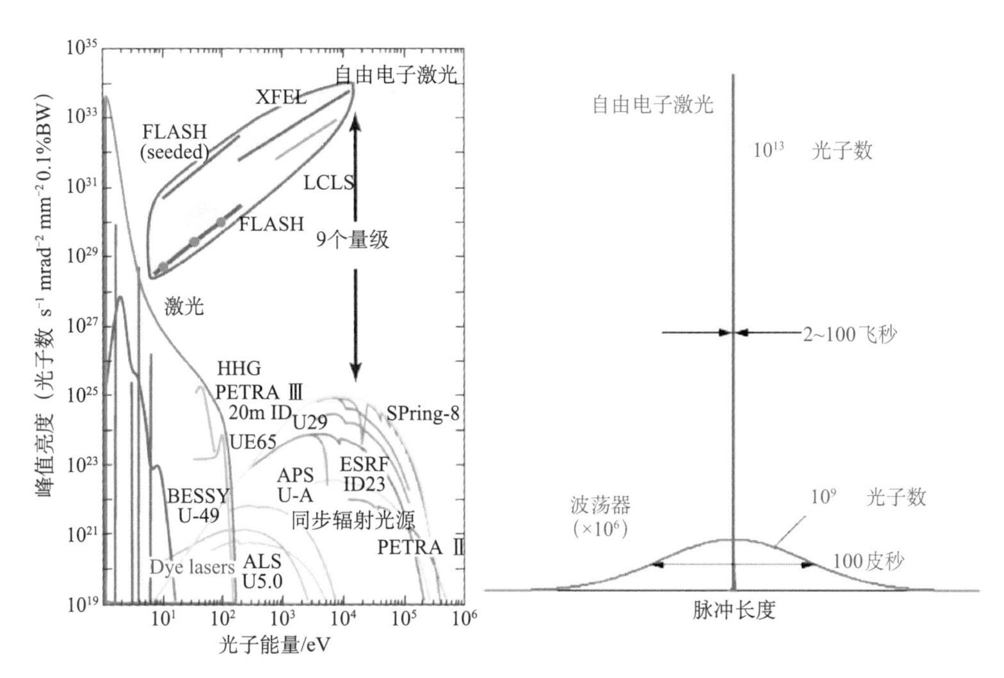

图 3 XFEL 性能比较[4]

德国电子同步加速器研究所（DESY）的高增益 FEL 装置 TTF-Ⅱ（后称 FLASH）在 13.1 纳米实现了 SASE 出光[5]，两年后，FLASH 将波长推进到了 6.5 纳米，首次进入软 X 射线波段。2009 年 4 月，美国 SLAC 国家实验室的 LCLS 成功实现了 0.15 纳米的 SASE 出光（脉冲能量约为 2 毫焦，脉冲长度约为 10 飞秒），这标志着自由电子激光的发展进入到了硬 X 射线时代[6]。2009 年 9 月，LCLS 投入用户实验，并立刻在物理、化学、生物及材料科学等科学领域的前沿研究中取得了一系列突破性的重要成果，吸引了全世界的目光。

1. Ne 原子外层电子的逐个剥离

LCLS 于 2010 年 6 月 30 日发表了自启动以来的第一项实验成果：实验利用 FEL 强大而独特的能力，实现了对原子样本上单个电子的操控，并从内到外将电子逐个剥离，形成了所谓的“空心原子”[7]［图 4(a)］。LCLS 的超高强度特性为原子分子非线性光物理的研究开辟了全新的领域，为后续的原子结构和原子动力学研究、原子团簇、纳米晶体蛋白、病毒结构与相关动力学研究奠定了坚实的基础。

2. 非洲昏睡病关键酶蛋白结构解析

布氏锥虫（*Trypanosoma brucei*）是一种单细胞寄生虫，可导致每年大约有 3 万人死亡的非洲昏睡病（African sleeping sickness）。德国科学家利用LCLS得到了一种能够决定布氏锥虫存亡的关键酶的蛋白晶体结构[8]［图4(b)］。这个结构信息表明此时该蛋白的活性位点被一个好像安全帽一样的前肽（propeptide）分子给覆盖了。据此，科研人员可以找到或者开发出有效药物，封闭这种酶的活性，以杀死布氏锥虫。该项研究成果被美国《科学》（*Science*）杂志评选为“2012年度十大重大突破”。

3. 化学反应中形成过渡态化合物过程的直接观测

过去人们无法对化学键和成键过程进行观测，而现在随着XFEL的出现，直接从实验中观测它们已经成为可能。2015年，美国科学家利用LCLS产生的X射线激光观测到了化学反应中形成过渡态化合物的过程[9]［图4(c)］，为化学领域带来了突破性的研究手段。LCLS的超高亮度和超短脉冲特性，决定了其可以探测到化学反应在非常短时间内发生的电子结构变化。这让人们直接窥探到了化学反应过程的基本规律，也让人们能够进行新的催化剂设计。

4. 解析阻遏蛋白复合物的晶体结构

2012年，美国科学家罗伯特·莱夫科维茨（Robert J. Lefkowitz）和布莱恩·克比尔卡（Brian K. Kobilka）由于在G-蛋白偶联受体（GPCR）信号转导领域所做出的重要贡献获得了诺贝尔化学奖。然而，在GPCR信号转导领域还有一个重大问题悬而未决，即GPCR如何激活另一条信号通路——阻遏蛋白（arrestin）信号通路。由中国科学院上海药物研究所研究员徐华强带领的国际团队利用LCLS成功解析了视紫红质与阻遏蛋白复合物的晶体结构，攻克了细胞信号传导领域的重大科学难题。这项突破性成果发表在2015年7月22日出版的《自然》(*Nature*）杂志上[10]［图4（d)］。该研究团队借助XFEL，用较小的晶体得到了高分辨率的视紫红质-阻遏蛋白复合物晶体结构，为开发选择性更高的药物奠定了坚实的理论基础。该项研究成果被选为“2015年中国十大科技进展新闻”。

综上所述，XFEL已经从原理验证、方法学探索的阶段步入了支撑前沿科学进行突破性研究的快速发展阶段。它将帮助人们在超小的空间尺度和超快的时间尺度下认识和掌握物质变化的规律（图5)。XFEL的出现为物理、化学、生物、材料等学科前沿研究开辟了全新的领域，特别是它兼具超高亮度、超短脉冲及强相干等卓越特性，在单脉冲单粒子成像、纳晶结构解析、极端状态下的热密物质与温密物质物性研究、超快化学反应中的分子结构和电子态能级的瞬态动力学等方面具有独特优势，有望在国家战略需求的能源、环境、健康与新材料发现等前沿领域发挥不可替代的重要作用，成为实现科学突破与技术创新的研究利器。

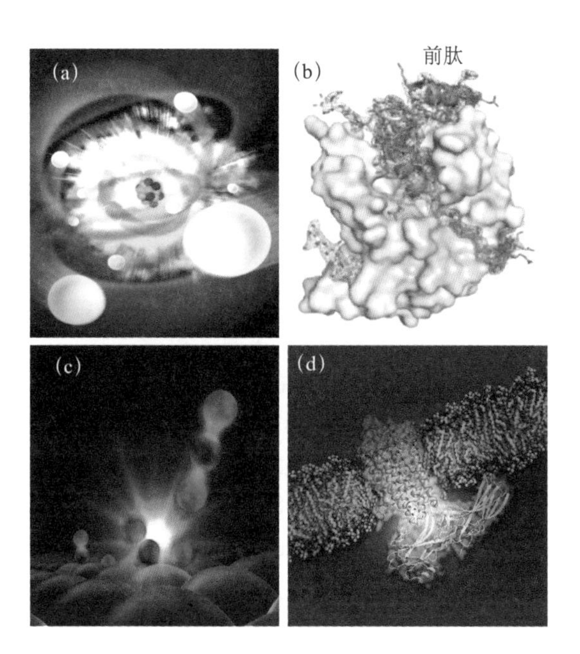

图 4 LCLS 在物理、化学、生物及材料科学等科学领域的前沿研究中取得一系列突破性的重要成果

(a) LCLS 实现 Ne 原子外层电子的逐个剥离[7]；(b) 决定布氏锥虫存亡的关键酶的蛋白晶体结构图[8]；(c) 科学家们实现了化学反应中形成过渡态化合物的过程直接观测[9]；(d) 高分辨率的视紫红质-阻遏蛋白复合物晶体结构[10]

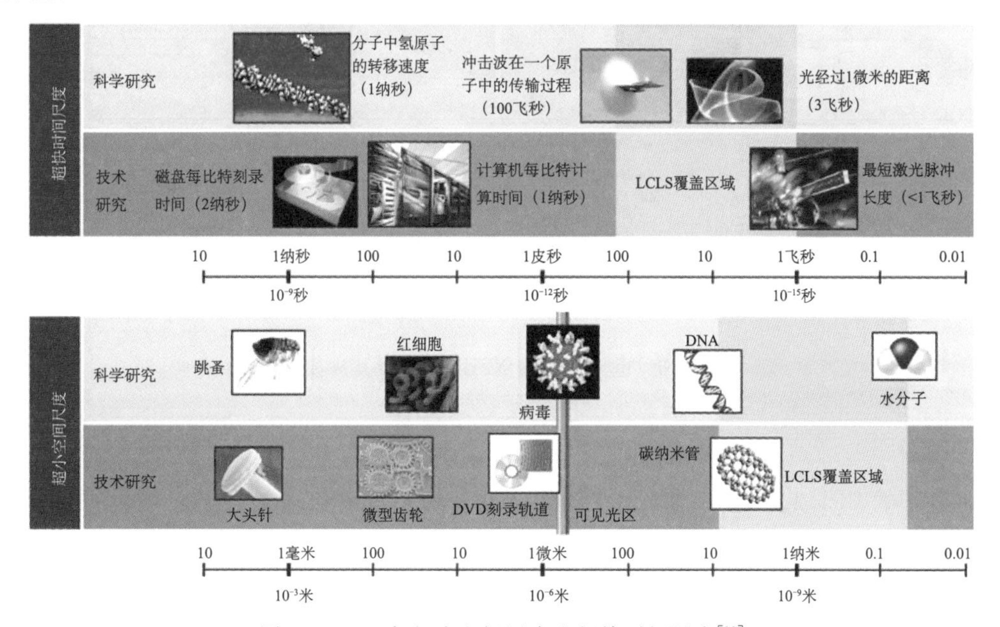

图 5 XFEL 与超小空间尺度和超快时间尺度[11]

二、国内外发展现状

1. 国际 XFEL 发展动态

随着美国 LCLS 的巨大成功，国际上加紧了 XFEL 装置的建设步伐。2011 年 6 月，日本理化研究所 SPring-8 中心的 SACLA 装置成功实现了 0.06 纳米的 SASE-FEL 出光，成为世界上波长最短的硬 X 射线激光[12]。2010 年，意大利建成了基于 HGHG 的高增益自由电子激光用户装置 FERMI，实现了 43 纳米的全相干自由电子激光输出，2013 年实现了 10.8 纳米的级联 HGHG 的 FEL 输出，测量到的最短波长谐波辐射达到 4.3 纳米。目前，FERMI 已向用户开放[13]。欧洲的 European XFEL 装置、瑞士保罗谢尔研究所（Paul Scherrer Institute，PSI）的 Swiss FEL 装置以及韩国的 PAL-XFEL 目前都已进入建设阶段。2013 年 7 月，美国能源部决定建设基于连续波超导加速器技术的高重频的 X 射线自由电子激光 LCLS-Ⅱ，以实现具有高平均亮度和 1 兆赫兹光脉冲重复频率的约 5000 电子伏 FEL 输出。上述这些 X 射线 FEL 装置都将于 2018 年前后投入使用。世界范围内 XFEL 装置及其规模如图 6 所示。

图 6　世界范围内 XFEL 装置及其规模

2. 我国 XFEL 发展历史与现状

我国的 FEL 起步于 20 世纪 80 年代中期。1993 年，红外波段的低增益振荡器型 FEL-北京自由电子激光（BFEL）建成并率先在亚洲实现饱和出光。我国的高增益 FEL 发展始于 20 世纪 90 年代末。经过多年的技术积累和艰苦努力，我国于 2009 年建成了国内首台高增益自由电子激光综合研究平台——上海深紫外自由电子激光试验装置（SDUV-FEL）。该装置于 2010 年在 HGHG 模式下成功达到饱和，随后成功实现了世界上首个 EEHG-FEL 的出光放大[14]，并完成了多项 FEL 运行模式实验和新原理探索研究[15]。这些研究为我国高增益 FEL 的发展打下了基础。目前，我国有两台高增益 FEL 大科学装置正在建设之中，分别是大连极紫外相干光源（DCLS）和上海 X 射线自由电子激光试验装置（SXFEL），它们都将于 2017 年出光。随后，SXFEL 还将升级成为一台具有特色的软 X 射线 FEL 用户装置，助力我国的前沿科学研究。除此之外，我国还在积极规划建设紧凑型硬 XFEL 装置，以及基于超导加速器的高重复频率硬 XFEL 装置。

三、XFEL 发展趋势与展望

XFEL 正处于快速发展阶段，预计到 2020 年，世界范围内将有 10 台 XFEL 装置投入用户实验。与此同时，科学家们还在进一步改善 XFEL 性能、减小装置规模和扩展 FEL 的应用领域。目前，高增益 FEL 的发展方向主要包括：利用采用外种子和自种子工作模式改善 XFEL 的时间相干性，以产生带宽更窄和谱亮度更高的辐射；产生阿秒级的超短 X 射线脉冲，以探索原子分子尺度的电子动力学行为；产生双光子能量的 X 射线脉冲，用于超快 X 射线泵浦-X 射线探针实验，探索物质的超快变化过程；产生极化可控的 XFEL，用于磁性材料与手性材料的特征研究[16~19]。

随着加速器技术的不断发展，更加紧凑经济的小型化 XFEL 装置已经成为重要的发展方向。例如，日本的 SACLA 采用了 C 波段高梯度加速管和短周期真空内波荡器技术，将装置总长缩短到了 750 米。瑞士的 Swiss FEL 采用低发射度电子枪、C 波段加速管和真空内波荡器技术，将装置总长控制在了约 715 米。中国科学院上海应用物理研究所提出的紧凑型硬 XFEL 计划将采用 X 波段高梯度加速结构进一步把装置规模减小到全长约 550 米。此外，国际上基于台面型激光等离子体尾场加速和介质激光加速的 XFEL 也是重要的研究热点，有望在不远的将来使 XFEL 的规模成倍减小[18~20]，以帮助 FEL 得到更广泛的应用。

XFEL 发展的另外一个重要方向是高重复频率。高重复频率 FEL 在进一步提高能量分辨率、提高实验效率等方面有重要意义。目前，采用超导加速技术可将 XFEL 的脉冲重复频率提高到 1 兆赫兹左右。基于超导直线加速器的 FEL 装置还可同时服务多个用户实验，如德国的 FLASH、欧盟的 European XFEL 及美国的 LCLS-Ⅱ 项目等。LCLS-Ⅱ 可同时为多个用户提供脉冲重复频率为 100 千赫兹的 XFEL 光束，这将大大提高 XFEL 装置的利用效率。

综上所述，XFEL 装置正在向着种子型、小型化和高重复频率的方向发展，多种新技术在不断涌现，以进一步改善 FEL 的时间相干性、提高光谱亮度和光谱纯度、获得更短的辐射脉冲、产生可调变的双光子能量脉冲和产生极化可控的 X 射线辐射脉冲等，为前沿科学研究提供更为有效的工具。XFEL 的发展也为 X 射线光学、X 射线探测器、X 射线束线与实验站、海量数据存储与处理以及 X 射线方法学带来了新的机遇与挑战。XFEL 的短波长和超快特性将成为研究原子分子尺度物质结构与动力学不可或缺的重要工具，它的科学应用将帮助人们进一步理解光与物质的相互作用机理，揭示物理、化学和生命科学中一些纷繁复杂现象背后的本质。

参考文献

[1] Pellegrini C. The history of X-ray free-electron lasers. The European Physical Journal H, 2012, 37(5): 659-708.

[2] McNeil B W J, Thompson N R. X-ray free-electron lasers. Nature Photonics, 2010, 4: 814-821.

[3] Wrulich A. Free electron lasers: An introduction. CERN Accelerator School, Zakopane, Poland, 1-13 October, 2006

[4] Ullrich J, Rudenko A, Moshammer R. Free-electron lasers: New avenues in molecular physics and photochemistry. Annual Review of Physical Chemistry, 2012, 63: 635-660.

[5] Ackermann W, Asova G, Ayvazyan V., et al, Operation of a free-electron laser from the extreme ultraviolet to the water window. Nature Photonics, 2007, 1: 336-342.

[6] Emma P, Akre R, Arthur J, et al. First lasing and operation of an Angstrom-wavelength free-electron laser. Nature photonics, 2010, 4: 176.

[7] Young L, Kanter E P, Krässig B, et al. Femtosecond electronic response of atoms to ultra-intense X-rays. Nature, 2010, 466: 56-61.

[8] Redecke L, Karol Nass, Daniel P, et al., Natively inhibited Trypanosoma brucei cathepsin B structure setermined by using an X-ray laser. Science, 2013, 339: 227.

[9] Öström H, Öberg H, Xin H, et al. Probing the transition state region in catalytic CO oxidation on Ru. Science, 2015, 347: 978.

[10] Kang Y Y, Zhou X E, et al. Crystal structure of rhodopsin bound to arrestin by femtosecond X-ray laser. Nature, 2015, 523: 561.

[11] https://portal. slac. stanford. edu/sites/lcls_public/aboutlcls/Pages/About-LCLS. aspx

[12] Ishikawa T, Hideki A, Asaka T, et al. A compact X-ray free-electron laser emitting in the sub-angstron region. Nature Photonics, 2012, 6: 540.

[13] Allaria E, Appio R, Badano L, et al. Highly coherent and stable pulses from the FERMI seeded free-electron laser in the extreme ultraviolet, Nature photonics, 2012, 6: 699); Allaria E, Castronovo D, Cinquegrana P, et al. Two-stage seeded soft-X-ray free-electron laser. Nature photonics,

2013,7:913.
[14] Zhao Z T, Wang D, Chen J H, et al. First lasing of an Echo-enabled harmonic generation FEL. Nature photonics,2012,6:360-363.
[15] Liu B,Li W B,Chen J H,et al. Demonstration of a widely-tunable and fully-coherent high-gain harmonic-generation free-electron laser. Physical Review ST-AB,2013,16:020704.
[16] 赵振堂,王东．种子型高增益自由电子激光研究进展．激光与光电子学进展,2013,50:080001.
[17] 赵振堂,王东,何建华．高增益自由电子激光与晶体学发展．现代物理知识,2014,5:31-35.
[18] Couprie M E,Loulergue A,Labat M,et al. Towards a free electron laser based on laser plasma accelerators. Journal of Physics B:Atomic,Molecular and Optical Physics,2014,47:234001.
[19] Huang Z. X-ray FEL R&Ds: Brighter, better and cheaper. Electron Laser Conference FEL 2015. Daejeon Korea,2015:7-9.
[20] Maier A R,Kirchen M K,Grüner F,et al. Brilliant light sources driven by laser-plasma accelerators// Jaeschke E,Khan S,Schneider R J,et al. Synchrotron Light Sources and Free-Electron Lasers:Accelerator Physics,Instrumentation and Science Applications. Berlin:Springer International Publishing,2014:1-22.

X-ray Free-electron Lasers: Status and Perspectives

Zhao Zhentang, Wang Dong, Chen Jianhui

X-rays are ideal probes for the structure of matter and life related phenomena. Since its discovery in 1895, X-ray has been broadly used in diverse disciplines, bringing significant scientific discoveries and technology innovations. More than 20 Nobel prizes that have been awarded for related work prove the significant impact of X-rays. X-ray free-electron laser (XFEL) holds great promises in producing X-rays with unprecedented properties of ultra-high intensity, ultra-short pulse duration, and nearly full coherence. The onset of XFEL enables a number of new experimental opportunities from single particle imaging based on the "diffraction before destruction" concept to nonlinear X-ray spectroscopy, time-resolved pump-probe dynamics, coherent scattering, to name a few. The epoch of shooting molecular movies has arrived. Since 2006, with the successful construction and operation of FLASH in Germany, LCLS in the US, FERMI in Italy, and SACLA in Japan, a series of breakthroughs in atomic, molecular, and optical physics, condensed matter physics, ultrafast chemistry and catalysis, high energy density physics, and structural biology, are emerging. These successes also encourage the constructions of new FEL projects, including European XFEL in Germany, SwissFEL in Switzerland, PAL-XFEL in Korea, and SXFEL in China. XFEL has become an indispensable tool for tackling the grand challenges that face the society by opening new exciting frontiers of science and solving burning scientific problems.

2.3 新型二维石墨炔碳材料研究进展

李玉良

（中国科学院化学研究所）

合成、分离新的不同维数碳材料是过去二三十年领域研究的焦点，科学家们先后发现了三维富勒烯、一维碳纳米管和二维石墨烯等新材料，二维碳材料是目前材料科学最为活跃的研究领域之一。碳具有 sp^3、sp^2和 sp 三种杂化态，通过不同杂化态可以形成多种碳的同素异形体，如通过 sp^3杂化可以形成金刚石，通过 sp^3与 sp^2杂化则可以形成碳纳米管、富勒烯和石墨烯等。1996 年的诺贝尔化学奖被授予了三位富勒烯的发现者。2004 年，英国曼切斯特大学的安德烈·海姆和康斯坦丁·诺沃肖洛夫获得了一个碳原子厚度的石墨烯，从而引起了二维材料研究的热潮。2010 年，单层石墨烯已经从实验室逐步走向产业化道路。这两位英国科学家也凭借这项基础工作获得了诺贝尔物理学奖。同年，中国科学院化学研究所有机固体实验室的研究人员，利用化学合成的方法制造出另一种全新的二维碳材料——石墨炔（图 1）[1]。石墨炔是第一个以 sp 和 sp^2杂化态形成的新的碳同素异形体，也是第一个通过化学合成的非天然的石墨炔系碳同素异形体。石墨炔是由 1，3-二炔键将苯环共轭连接形成的具有二维平面网络结

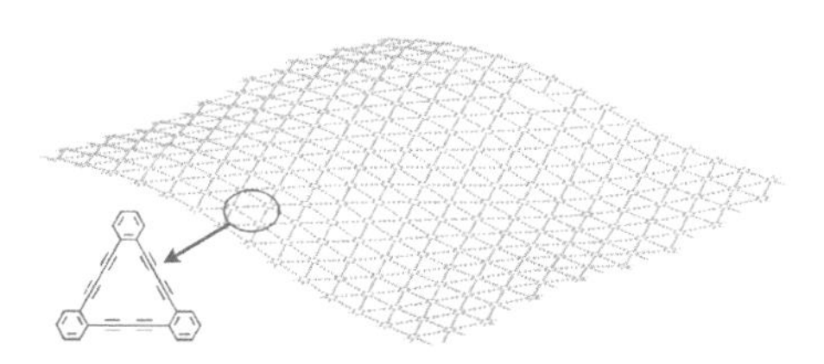

(a) 石墨炔的结构示意图

(b) 石墨炔的堆积示意图

图 1 一种全新的二维碳材料——石墨炔[1]

构的全碳分子，具有丰富的碳化学键，大的共轭体系、宽面间距、优良的化学稳定性和半导体性能。石墨炔特殊的电子结构和孔洞结构使其在信息技术、电子、能源、催化及光电等领域具有重要应用前景[2]。

大面积石墨炔薄膜自 2010 年被成功合成以来，引起了国际上不同领域研究组的高度关注和极大兴趣。理论界利用各种计算方法预测了石墨炔的结构、电子、力学性质，以及在电子、半导体、分离、储能等方面的潜在应用。科学家们研究了六角石墨炔的二维单原子层网络的平衡原子结构，预测的键长分别为 0.148～0.150 纳米的芳香键（即 sp^2）、0.146～0.148 纳米的单键和 0.118～0.119 纳米的三键（即 sp）。由于炔单元和苯环之间的弱偶联，相对于典型的单键和芳香键，这些单键缩短而芳香键有所扩展，这反映了 sp-和 sp^2-碳原子的杂化效果。而且，科学家还预测石墨炔具有低的生成能和高的热稳定性。研究发现，石墨炔 C—C 键可导致石墨炔在结构上的多变性大于石墨烯，从而有利于形成弯曲的纳米线、纳米管结构。第一性原理计算表明，石墨炔具有天然的带隙（图 2），而相比之下，石墨烯的带隙为零[3]。直接带隙的存在确立了石墨炔在光电子器件中的应用优势。石墨炔是在布里渊区（Brillouin zone）的 M 和 G

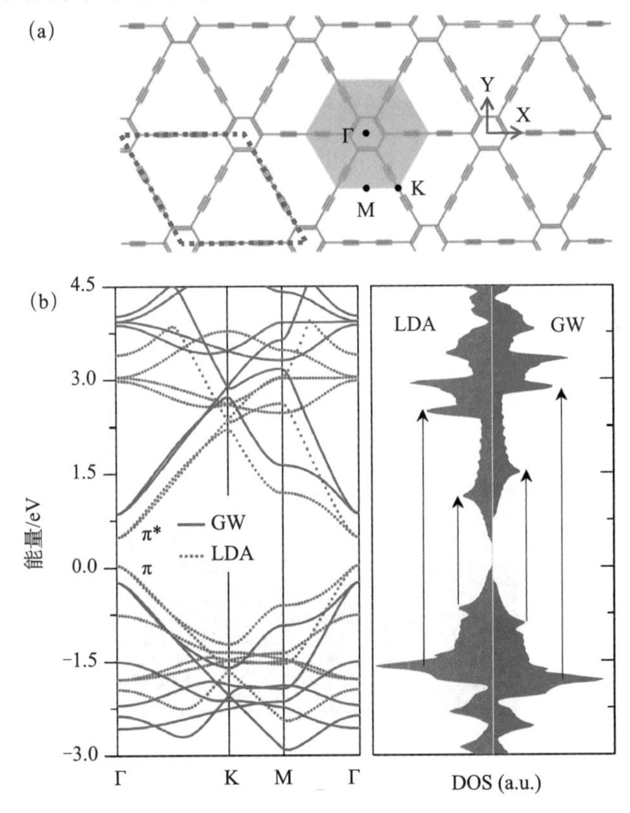

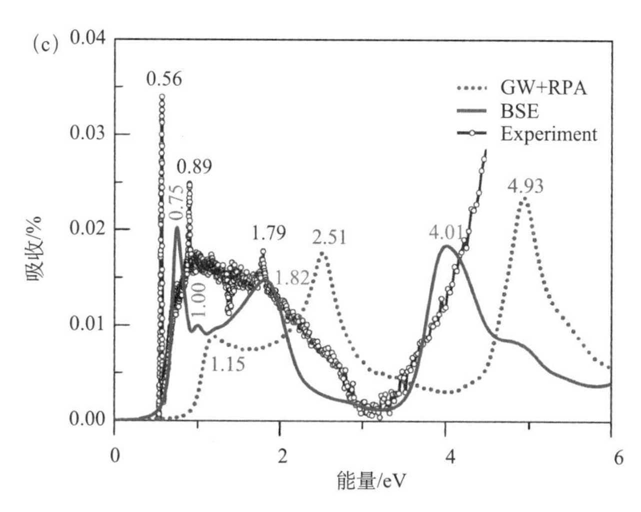

图 2 石墨炔的能带结构及光谱计算[3]

(a) 石墨二炔的几何结构，晶胞（红色虚线所示菱形），坐标系，及第一布里渊区（绿色六边形）；(b) 基于多体理论（GW）与局部密度近似（LDA）所获得的石墨二炔的能带结构和态密度（DOS）；(c) 石墨二炔的实验吸收光谱（蓝色圈）与多体理论 GW+RPA（绿色点线）及使用 Bethe-Salpeter 方程（BSE）（红色实线）计算获得的吸收光谱

点直接跃迁的半导体，最小带隙为 0.46～1.22 电子伏（eV），类似于硅，室温下单层石墨炔片的理论电子迁移率可达到 2×10^5 厘米^2/（伏・秒），而空穴迁移率也可达到 10^4 厘米^2/（伏・秒）。这一结果意味着石墨炔是目前硅基电子器件的重要和最直接的替代品。并且，石墨炔具有数种不同的二维结构，石墨炔在费米能级上下附近具有两个不同的狄拉克锥，这表示石墨炔为“自掺杂”，原本就具有电荷载子，因此能作为制作电子元件所需的优良半导体材料[4]。理论研究还发现，锯齿状边缘的石墨炔纳米带具有磁性，并且基态时每个边缘采取铁磁自旋排序，在边缘之间的采取相反的自旋方向，磁矩依赖于齿状边缘纳米带的宽度，是有前途的自旋电子学材料。

石墨炔具有丰富的孔洞结构，使其成为实现各种分离需求的理想分子筛。石墨炔具有周期性的三角形原子孔洞，具有面积约 6.3 埃^2（Å^2）① 的范德瓦耳斯开口。不同的石墨炔结构孔洞大小不同，是一天然的分子水平上高选择的分离材料，具有气体分离的潜在价值。它可作为合成气中（H_2、CH_4 和 CO 的混合物）分离 H_2 的超薄分离膜，是清洁能源方面——氢气提纯的潜在应用材料。石墨炔孔洞所形的“纳米网”能允许水分子无障碍渗透，并完全排斥盐离子通过，这一优越的特性使其成为实现海水

① 埃（Å），长度单位，1Å$=10^{-10}$米。

淡化的理想材料。

近几年，中国科学院化学研究所石墨炔研究团队持续开展了石墨炔的基础和应用研究，实现了大面积、规模化制备。同时引领了国际上众多科学家积极参与到该领域研究，推动了二维碳材料科学的发展，并为二维碳材料研究带来难得的机遇。研究人员与国内外科学家合作，发现其作为太阳能电池、锂离子电池、电容器、燃料电池材料，以及催化性能等方面具有优良性质和性能[2,5]。

目前已经实现了石墨炔薄膜的厚度可控，首次证实了石墨炔薄膜的层间距为0.365纳米（图3），少数层石墨炔薄膜厚度可以控制在15～500纳米[6]，也成功制备出石墨炔薄膜组成的纳米墙[7]。同时，石墨炔薄膜表现出良好的半导体性质，研究人员发现随着石墨炔厚度的减小，其电导率逐渐增加；首次测定了石墨炔薄膜空穴迁移率，证明了理论计算提出的高迁移率，其迁移率随着石墨炔薄膜厚度的增加逐渐下降。将石墨炔掺杂进杂化钙钛矿器件的电子传输层，不仅改善了界面材料的薄膜形态，而且更好地调控了界面特性，提升了器件的短路电流值，从而增加了器件的光电转换效率。用石墨炔与聚3-己基噻吩（P3HT）作为修饰材料构筑的钙钛矿太阳能电池，其光电转换效率提高了20%。石墨炔作为量子点太阳能电池的缓冲层，可大大提高硫化铅（PbS）量子点太阳能电池的效率，并可显著降低功函，高效促进量子点太阳能电池空穴输运的能力，从而显著提高量子点太阳能电池光电转换效率和稳定性。

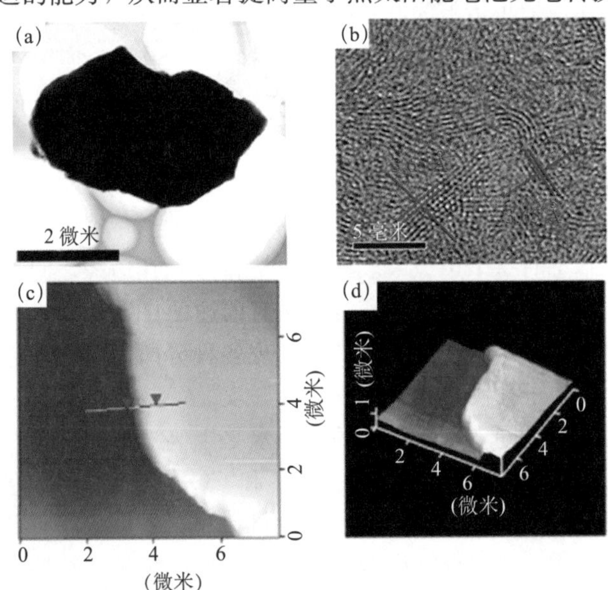

图3 石墨炔薄膜（厚540纳米）的透射电子显微镜[6]

（a）高分辨透射电子显微镜图；（b）层间距为0.365纳米；（c）形貌图；（d）轻敲模式3D高度AFM图像

石墨炔的原子排列方式导致了独特的三角形锂原子络合模式：每个孔可容纳三个位于对称点的锂原子，锂原子能轻易地连续扩散穿过石墨炔平面，从而导致锂原子很好地分散在单层石墨炔的两侧。凭借其相当高的迁移率和锂存储容量，石墨炔可作为一种高效的锂离子电池负极材料（图 4）[8]。据此，研究人员利用石墨炔薄膜作为锂离子电池负极材料获得了具有优良的倍率性能、大功率、大电流、长效的循环稳定性等特点的石墨炔基锂离子电池，其相关性能指标明显优于石墨、碳纳米管和石墨烯等碳材料，并具有优良的稳定性。石墨炔具有非常优异的电容器性能，电容高达 200 法/克，远高于其他碳材料并且具有优异的稳定性。其能量密度更是高达 100 瓦·时/千克，即使在 800 瓦/千克的功率密度下依然能达到 60 瓦·时/千克的能量密度，显示石墨炔电容器同时具备高功率密度和高能量密度，这是其他材料所不具备的。

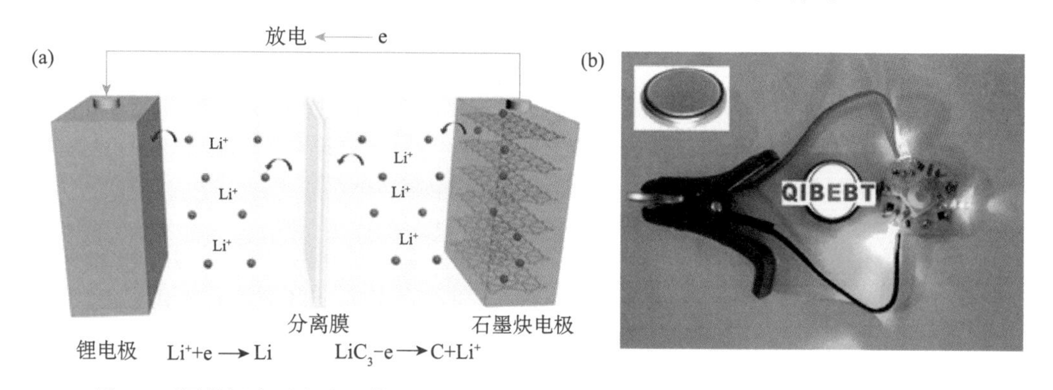

图 4 石墨炔锂离子电池工作原理（a）及石墨炔锂离子电池动发光二极管工作图（b）

石墨炔还可应用于催化领域，如石墨炔负载金属钯可高效催化还原 4-硝基苯酚[9]；氮掺杂石墨炔具有非常优异的氧还原电催化活性，其电催化活性可与用于碱性燃料电池氧还原的商业化铂/碳材料相当，但是比铂/碳催化剂具有更好的稳定性和对交叉效应的耐受性，有望实现对贵金属铂系催化剂的替代。石墨炔也被用于改善二氧化钛（TiO_2）的光催化性能。在电子结构、电荷分离及氧化能力方面，TiO_2(001)-石墨炔复合物比纯的 TiO_2(001) 或 TiO_2(001)-石墨烯复合物表现出更好的催化性能。石墨炔-氧化锌纳米复合材料在光催化领域也表现不俗[10]。因此，石墨炔将成为在光催化、电化学催化和光电应用方面的一个具有优越性质和性能的潜在材料。

不仅学术界，商业界也对石墨炔的应用充满了浓厚的兴趣。英国杂志《纳米技术》(*NanoTech*) 曾将石墨炔与石墨烯、硅烯共同列入未来最具潜力和商业价值的材料，可望在诸多领域得到广泛的应用，并将石墨炔单列一章专门做了市场分析。据该杂志报道，欧盟已将石墨炔相关研究列入下一个框架计划，美国、英国等也将其列入其政府计划。世界两大著名的商业信息公司——研究与市场（Research and Markets）

和日商环球讯息有限公司预测了 2019 年前全球纳米技术和材料商业市场，认为石墨炔是最具潜力的纳米材料之一。

石墨炔是第一个通过化学合成的碳的新同素异形体，它与通过物理方法制备及天然存在的石墨、富勒烯、碳管以及石墨烯等碳材料在制备、分离和加工上具有很大不同，因此有许多新的科学问题需要去理解、去认识，以更好地推动石墨炔研究的进步。目前，科研人员仍然在试图通过控制生长及物理剥离方法来获得石墨炔单层结构，实现原子相表征、单层石墨炔本征特性以及石墨炔功能化和化学修饰等，其大批量制备及工业化则尚待时日。我国应抓住机遇，加大对这一具有自主知识产权的新型碳材料的基础研究力度，应用基础与应用技术并重，为抢占下一代高端领先技术地位打好材料基础。

参考文献

[1] Li G X, Li Y L, Liu H B, et al. Architecture of graphdiyne nanoscale films. Chemical Communications, 2010, 46(19): 3256-3258.

[2] Li Y J, Xu L, Liu H B, et al. Graphdiyne and graphyne based materials: From theoretical predictions to practical construction. Chemical Society Reviews, 2014, (43): 2572-2586.

[3] Luo G F, Qian X M, Liu H B, et al. Quasiparticle energies and excitonic effects of the two-dimensional carbon allotrope graphdiyne: Theory and experiment. Physical Review B, 2011, 84: 075439.

[4] Malko D, Neiss C, Vines F, et al. Competition for graphene: Graphynes with direction-dependent dirac cones. Physical Review Letters, 2012, 108(8): 086804.

[5] Srinivasu K, Ghosh S K. Graphyne and graphdiyne: Promising materials for nanoelectronics and energy storage applications. The Journal of Physical Chemistry C, 2012, 116(9): 5951-5956.

[6] Qian X M, Liu H B, Huang C S, et al. Self-catalyzed growth of large-area nanofilms of two-dimensional carbon. Scientific Reports, 2015, (5): 7756.

[7] Zhou J Y, Gao X, Liu R, et al. Synthesis of graphdiyne nanowalls using acetylenic coupling reaction. Journal of the American Chemical Society, 2015, (137): 7596-7599.

[8] Huang C S, Zhang S L, Liu H B, et al. Graphdiyne for high capacity and long-life lithium storage. Nano Energy, 2015, (11): 481-489.

[9] Qi H T, Yu P, Wang Y X, et al. Graphdiyne oxides as excellent substrate for electroless deposition of Pd clusters with high catalytic activity. Journal of the American Chemical Society, 2015, (137): 5260-5263.

[10] Thangavel S, Krishnamoorthy K, Krishnaswamy V, et al. Graphdiyne-ZnO nanohybrids as an advanced photocatalytic material. The Journal of Physical Chemistry C, 2015, 119(38): 22057-22065.

Advances and Progresses of Novel Two Dimensional Graphdiyne Based Carbon Materials

Li Yuliang

The two-dimensional network structure of graphdiyne has high degrees of π-conjunction, wide spacing, excellent chemical stability, electrical, thermal and mechanical properties. The special electronic structure and pore structure of graphdiyne endow them with important potential applications and market prospects in information technology, electronics, energy, catalysis, and optoelectronics. Scientists from chemistry, physics, materials, electronics, microelectronics and semiconductors engaged in exploring these microconductor, microelectronics, optics, energy storage, catalysis and mechanical properties of these 2D carbon materials. This paper summarizes the progress of these 2D graphdiynes, with a focus on their applications in electronics, photovoltaics, energy storage and catalysis.

2.4 聚合物太阳电池的相关研究进展及未来挑战

侯剑辉

（中国科学院化学研究所）

相比于传统的晶硅（单晶硅和多晶硅）太阳电池，薄膜太阳电池在实现柔性化、轻质化、低成本制备方面具有显著的潜力，因此得到了广泛关注和迅速发展。具有本体异质结结构的聚合物太阳电池[1]是一种新型的薄膜太阳电池技术，这类电池具有简单的“三明治”夹层结构，其最基本器件由光伏活性层、透明导电电极和非透明金属电极三部分组成，由于组成其光伏活性层的p-型和n-型有机半导体中至少一种为有机聚合物，因此被称为聚合物太阳电池。有机聚合物具有良好的溶液可加工性，超高的消光系数和优良的柔韧性，从理论上来讲，聚合物太阳电池的光伏活性层可以通过廉价的溶液法制备成仅有100纳米左右厚度的薄膜，因此可以将其重量轻、柔性好、成本低的三大优势充分发挥。近十余年来，聚合物太阳电池研究得到全世界的广泛关注，已经连续多年成为热点研究领域，其光伏效率由初始的1%左右迅速提升到11%以上，已经初步展现出独特的应用潜力。

众所周知，功率转换效率（power conversion efficiency，简称光伏效率）是评价太阳电池最为直观也是最为重要的技术参数。在聚合物太阳电池的研究初期，绝大多数研究工作是围绕提升光伏效率而开展的。随着光伏效率的逐步提升，如何推动这项技术的产业化已经成为该领域的研究重点。作为一项具有明确应用目标的新技术，聚合物太阳电池的研究必须要解决其产业化进程中面临的挑战。从实用化的角度而言，聚合物太阳电池必须在三个要素方面满足产业化的要求，即：性能好、耐用性好、制造成本低（图1）。因此，如何从基础科学研究出发，解决上述三个方面的问题，已经成为聚合物太阳电池领域面临的重要挑战。随着该研究方向的逐步推进，上述三个方面面临的挑战已部分得到解决。以下本文作者将综合本人课题组及世界同行的工作，对上述三方面取得的进展和面临的挑战进行简要介绍。

光伏效率是评价太阳电池性能的重要参数之一。通过多种途径可以有效提升聚合物太阳电池的光伏效率，其主要方法包括：采用新型、高效光伏活性层材料增强光电

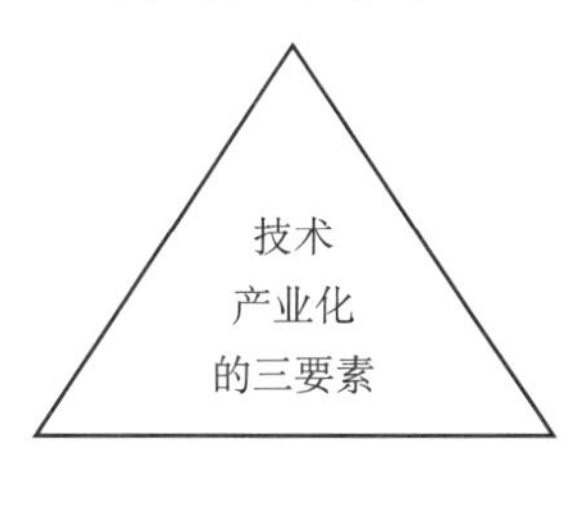

图 1　聚合物太阳电池产业化的三要素及具体要求

转换量子效率和/或降低光电转换过程的能量损耗；采用新型电极界面材料改善光生载流子的收集与传输；利用光学原理，调制整个电池中的光场分布；利用双层或多层电池结构增加对太阳光的利用效率；等等。

针对新型、高效光伏活性层材料的分子设计，发展了多种行之有效的调制 p-型共轭聚合物光伏性能的方法，聚合物光伏材料也由初始的聚对苯撑乙烯［（如可溶性聚对苯乙炔（MEH-PPV）］拓展到规整聚噻吩（如 rr-P3HT），然后进一步发展到具有推拉电子结构的窄带隙聚合物体系（D-A 共轭聚合物）。近年来，我国科研工作者在这一方面做出了突出的贡献，研究水平处于世界前列。例如，本文作者与李永舫研究员合作，提出并发展了具有二维共轭结构的苯并二噻吩（2D-BDT）聚合物体系，基于 2D-BDT 类聚合物已经在简单正向结构的光伏电池中获得 10.2%的光伏效率[2]，目前该方法已成为世界范围内广泛使用的聚合物光伏性能调制方法之一。

在聚合物太阳电池中，p-型聚合物需要与 n-型有机半导体配合使用，才能实现光电转换功能，因此，新型 n-型有机半导体对于光伏效率的提升也具有十分重要的意义。中国科学院化学研究所李永舫等设计了新型茚双取代富勒烯衍生物（ICBA）[3]，有效提升了基于聚合物太阳电池的输出电压，这是近年来在富勒烯类 n-型光伏材料中取得的最重要进展之一。近年来，研究工作者由于认识到富勒烯衍生物具有吸收光谱差、能级调制较为困难，以及制备方法较为繁琐等缺陷，逐渐将目光转向非富勒烯型 n-型有机光伏材料。随着对分子设计水平的提高，众多 n-型有机光伏材料被设计出来。近来，北京大学占肖卫发展了基于吲哒省与氰基茚酮的新型 n-型光伏材料（ITIC）[4]，取得了与富勒烯类衍生物类似的光伏效率（6.8%）。

非富勒烯受体虽然在分子能级和吸收光谱调制方面具有显著优势，但是相比于具有三维共轭结构的富勒烯衍生物，采用其制备的光伏电池对 p-型聚合物半导体的要求更加严格。基于对 2D-BDT 类聚合物的积累，本文作者课题组采用一种名为 PBDB-T

的聚合物与ITIC匹配，制备了光伏效率高达11.2%的非富勒烯型聚合物太阳电池，该结果得到中国计量院和台湾光焱科技公司两家具有资质机构的认证，是目前聚合物太阳电池领域取得的最高结果（图2）。

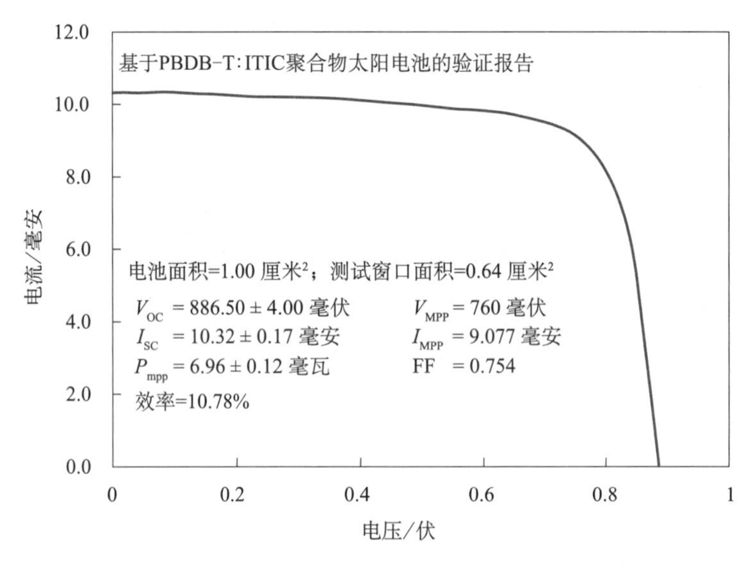

图2　基于PBDB-T：ITIC的非富勒烯聚合物太阳电池效率验证报告

叠层结构的聚合物太阳电池虽然制备工艺复杂，但是对于推动光伏效率具有十分重要的意义。实现高性能叠层电池需要在电池制备技术方面具有丰富的积累，在较早的一段时间内美国黑格（Heeger）和杨（Yang）为代表的团队在叠层电池中屡次获得光伏效率上的突破，如：黑格等率先在叠层聚合物太阳电池中实现了超过6%的效率[5]，杨等人率先将叠层电池效率推进到10%以上[6]。近年来，我国华南理工大学黄飞课题组、浙江大学陈红征课题组、中国科学院化学研究所本文作者的课题组等等，均采用各自的新材料或新方法实现了11%左右的光伏效率。这充分证明我国在叠层电池制备方面已经占据较为突出的位置。

如图1所示，除光伏效率之外，柔性与重量也是评价聚合物太阳电池性能的重要参数。目前国内外多个团队已经在提高柔性和降低重量方面开展了大量工作。例如，奥地利的研究人员制备了单位面积质量为4克/米²的超轻聚合物太阳电池[7]。该电池具有极为优良的柔性，但是其效率仍比较低。需要明确指出的是，聚合物太阳电池的光伏效率很难超越目前的硅晶或无机薄膜电池。如何扩大聚合物太阳电池在柔性和重量方面的优势，是提升其竞争力的关键因素。因此，在保持高效率的前提下，如何充分体现柔性和轻质的独特优势，将是提升聚合物太阳电池领域面临的重要问题。除了光伏活性层材料之外，高导电性、高透光率的超薄透明导电基板将为解决该问题提供重要的契机。

聚合物太阳电池的耐用性是广受关注的一个问题。相比于传统的晶硅太阳电池，聚合物太阳电池的衰减机制较为复杂，主要可包括两个方面：关键材料在光、热、水、氧等环境因素下的化学稳定性问题；光电活性层共混薄膜的聚集态结构及电池多个界面之间的稳定性问题。目前提高聚合物太阳电池稳定性的基本方法有两类：一是优化封装工艺实现对水氧的隔绝；二是从材料本身入手，直接制备对环境不敏感的电池。这两种方法相辅相成、互为补充，但是后者是从事基础科学研究的人员更加关心的问题。例如，为了解决共混薄膜的热致相分离现象，台湾交通大学的许千树等采用可交联的材料制备薄膜，制备了可在150℃下保持良好稳定性的聚合物太阳电池[8]；采用对水氧不敏感的电极界面材料（如氧化锌、三氧化钼、PFN等）取代常用的酸性界面材料或活泼金属电极，可以有效避免电极界面材料吸潮或氧化导致的电池效率衰减。在最近的工作中，笔者课题组采用几种对水氧不敏感的界面层材料以及较为稳定的活性层材料制备叠层电池[9]，经过封装处理后，该电池在室温条件下放置15 000小时仍可以保持原有效率的70%以上（图3）。需要指出的是，用于评价聚合物太阳电池的稳定性尚无完善的标准，进一步的研究稳定性需要参照晶硅电池的T80或T60标准来完成，但据本文作者所知，目前尚无严格采用上述两种标准的结果报道。

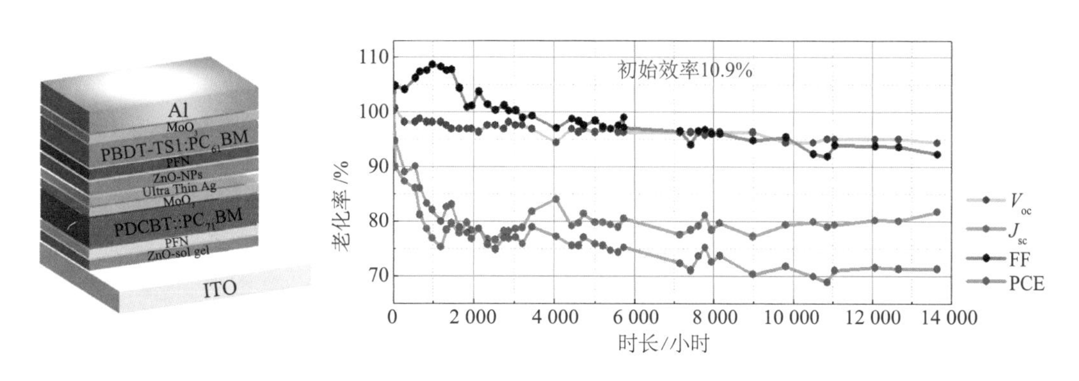

图3 叠层电池放置15 000小时过程中的性能衰减曲线

聚合物太阳电池成本的降低需要从两方面入手。其一是降低原材料成本。例如，由于有机光伏材料种类繁多，可以尽量选用合成路线较短的材料、缩短材料的合成路线、提高合成产率，等等。其二是降低电池制备工艺成本。例如，可以发展对制备工艺要求不严格的材料体系制备电池，提高电池的成品率，同时降低对设备精密度的要求，减少潜在的设备成本；也可发展采用绿色溶剂加工的材料体系制备电池，以降低生产工艺的环保成本。上述方法目前均有典型的成功范例，且已取得较为突出的结果。例如：本文作者课题组于2014年报道采用聚合物PBDTTT-TS1制备的效率为10.2%的电池，该电池制备过程中需要用到高毒性的氯苯做加工溶剂，故存在严重的环保问题；近来，我们采用低毒性、可降解的甲基苯甲醚替代氯苯，同样可以实现9.7%的光伏效率[10]。显然，这种低毒性溶剂的使用会大大减少未来实际应用中的环保问题。

总体而言，作为一个快速发展中的新技术，聚合物电池产业化进程所面临的三个主要挑战中的各个分支问题均可以找到较为成功解决的范例，因此可以十分乐观地说，该技术已经表现出独具特色的应用前景。在未来的研究中，如果可以在一个聚合物太阳电池中一揽子解决全部的三大挑战，这项技术也就真正迈入了产业化的门槛。新材料将是打开这一大门的钥匙，获得这一把钥匙需要整合广大同行的知识和创造力。

参考文献

[1] Yu G, Gao J, Hummelen J C, et al. Polymer photovoltaic cells: Enhanced efficiencies via a network of internal donor-acceptor heterojunctions. Science, 1995, 270: 1789.

[2] Zhang S, Long Y, Zhao W, et al. Realizing over 10% efficiency in polymer solar cell by device optimization. Science China Chemistry, 2015, 58: 248.

[3] He Y, Chen H Y, Hou J, et al. Indene-C(60) bisadduct: A new acceptor for high-performance polymer solar cells. Journal of the American Chemical Society, 2010, 132: 1377.

[4] Lin Y, Wang J, Zhang Z, et al. An electron acceptor challenging fullerenes for efficient polymer solar cells. Advanced Materials, 2015, 27: 1170.

[5] Kim J Y, Lee K, Coates N E, et al. Efficient tandem polymer solar cells fabricated by all-solution processing. Science, 2007, 317: 222-225.

[6] You J, Dou L, Yoshimura K, et al. A polymer tandem solar cell with 10.6% power conversion efficiency. Nature Communications, 2013, 4: 1446.

[7] Kaltenbrunner M, White M S, Glowacki E D, et al. Ultrathin and lightweight organic solar cells with high flexibility. Nature Communications, 2012, 3: 770.

[8] Cheng Y J, Hsieh C H, Li P J, et al. Morphological stabilization by in situ polymerization of fullerene derivatives leading to efficient, thermally stable organic photovoltaics. Advanced Functional Materials, 2011, 21: 1723.

[9] Zheng Z, Zhang S, Zhang M, et al. Highly efficient tandem polymer solar Cells with a photovoltaic response in the visible light range. Advanced Materials, 2015, 27: 1189.

[10] Zhang H, Yao H, Zhao W, et al. High-efficiency polymer solar cells enabled by environment-friendly single-solvent processing. Advanced Energy Materials, 2015, DOI: 10.1002/aenm.201502177.

Challenges and Recent Progress of Polymer Solar Cells

Hou Jianhui

Solution-processed bulk heterojunction (BHJ) polymer solar cells (PSCs) have exhibited great potentials for making large area and flexible solar panels through low-cost solution coating techniques. From the aspect of practical application, PSCs should possess three key properties, i. e. high performance, good stability and low cost. With rapid progress in material science and device engineering, the state-of-art power conversion efficiencies (PCEs) of PSCs have surpassed over 11%, and more and more efforts have been devoted to develop roll-to-toll methods to fabricate large area and flexible PSCs. By employing photoactive and electrode materials with good stability, PCEs of PSCs can be kept at high level after over 15000 hours storage. In this article, I tried to make a brief report about recent progresses and future challenges of the aforementioned three key properties in the filed of polymer solar cells.

2.5 锂空气电池技术研究进展与展望

徐吉静[1] 张新波[1] 李 泓[2]

（1. 中国科学院长春应用化学研究所；2. 中国科学院物理研究所）

二次电池材料及关键技术，是《国家中长期科学和技术发展规划纲要（2006—2020 年）》中明确规划为国家重点发展的前沿技术，对我国能源、交通、信息和国防等领域的高速发展和相关战略新兴产业的形成与发展具有重大战略意义。锂空气电池是继锂离子电池之后的一种全新的高比能二次电池体系，其理论能量密度高达 3600 瓦·时/千克[1]（高于锂离子电池 10 倍以上），其实际全包装能量密度有望超过 600 瓦·时/千克，接近汽油在内燃机中燃烧所提供的能量密度 700 瓦·时/千克（图 1）。正因为在能量密度上的显著优势，锂空气电池被世界上主要发达国家认定为可替代汽油内燃机的下一代储/供能系统。

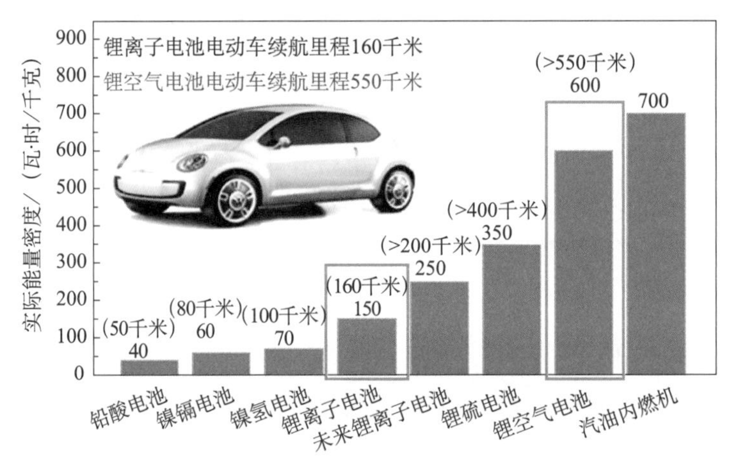

图 1 多种储能器件的实际能量密度和电动车续航里程[1]

一、国际研究进展

国际上关于锂空气电池的报道不断涌现，英国、美国、日本、德国和韩国等正在大力研究锂空气电池。然而，无论是用于电动汽车还是电网储能，锂空气电池都需要经历很长的研发过程。锂空气电池中的正负极材料、电解质、氧化还原催化剂和防水透氧膜等，以及电极反应机理、电池的构造等方面，还存在许多发展空间。随着时间的推移，研究者对锂空气电池的研究也更深、更细。

早期的研究主要致力于提高电池的表观性能（容量、循环寿命和能量利用效率等），在电解质、碳材料框架及催化剂等方面都取得了长足进展，电池的放电性能、循环性能、能量利用效率等得到了很大的改善。英国圣安德鲁斯大学（University of St Andrews），通过在碳空气正极中添加锰氧化物，降低了电池充电电压，验证了催化剂在提高锂空气电池能量利用效率方面的作用[2]。英国斯特拉斯克莱德大学（University of Strathclyde）研制出多孔碳气凝胶正极，在锂空气电池中容量达到 1290 毫安·时/克。美国麻省理工学院制备的纳米态贵金属合金催化剂能使锂空气电池充电电压平台低于 3.6 伏，充放电能量转换效率提高到 77%。加拿大西安大略大学（University of Western Ontario）、美国太平洋西北国家实验室（Pacific Northwest National Laboratory）分别将新型石墨烯作为锂空气电池的空气正极材料，所制备的石墨烯具有多级孔道结构，提高了空气正极的传质能力和反应活性面积，大幅提高了电池的容量，最高放电容量可达 15 000 毫安·时/克。

锂空气电池的近期研究主要致力于解决电池的稳定性和解析其反应机制，同时，这一时期电池的性能也取得了突破性的进展。从 2011 年开始，英国圣安德鲁斯大学研究发现，锂空气电池早期使用的碳酸酯类、醚类、腈类电解液在超氧根的环境中均发生严重的自身分解，不能支撑电池反应的稳定进行。至此，锂空气电池最前沿的研究工作都转向了如何实现电池的稳定运行。同年，相对稳定的乙二醇二甲醚、二甲基亚砜、酰胺类和离子液体类电解液相继被应用在锂空气电池领域，锂空气电池的性能得到大幅提高，但至今本领域仍没有发现完全稳定的电解液[3,4]。2013 年，英国圣安德鲁斯大学研究进一步发现，传统的碳空气正极在充电电位高于 3.5 伏时不稳定，在超氧根存在的环境中生成副反应产物碳酸锂，覆盖于电极孔道内导致电极失活。由此，锂空气电池空气正极的研究迅速转向了探索非碳材料和对碳材料表面进行保护两个方向[5]。美国阿贡国家实验室（Argonne National Laboratory）利用原子层沉积方法将纳米氧化铝岛状颗粒生长在空气正极碳材料的缺陷位上，有效保护了碳材料表面的活性点位。日本产业技术综合研究所（AIST）在碳材料表面包覆了一层氧化物保护层，避免了碳正极和过氧化锂的直接接触，以提高碳正极的化学稳定性。另一方面，圣安德鲁斯大学研发出一种稳定的碳化钛非碳正极材料，该正极在 100 次充放电循环后容量保持率达到 98%以上，副反应低于 1%，这是目前最稳定的锂空气电池体系。最近，剑桥大学利用氧气中含有的水蒸气，并使用碘化锂作为氧化还原中间体，研发了一种基于氢氧化锂循环的锂空气电池，电池展现出一个超高的比容量、卓越的能量效率和优异的可逆性[6]。

同时，在锂空气电池应用研究方面，美国、日本、韩国等发达国家政府和具有雄厚实力的企业均投入大量的研发力量和研究热情。日本新能源产业技术综合开发机构（NEDO）于 2012 年启动“革新型蓄电池先端科学基础研究”项目，计划在 7 年的时间内投入210亿日元，研究包括锂空气电池在内的新一代高比能量电池体系。美国能源部投入1.2亿美元，依托阿贡国家实验室成立储能研究联合中心，旨在通过5年的研发时间，将二次电池的能量密度提升到现有技术的5倍。日本丰田公司作为电动车领域的巨头，成立了“电池研究部”与“电池科技开发部”重点开发锂空气电池。该公司于2013年1月底与德国宝马公司签署长期合作协议，联合开发锂空气电池系统。美国IBM公司早在2009年开始启动“Battery 500计划”（图2），拟通过锂空气电池的研发将电动车续航里程提升到500英里（800千米）。

二、国内发展动态

国内锂空气电池基础研究起步稍晚于国外，但通过近几年的努力取得了丰硕的成果。中国科学院上海硅酸盐研究所研究人员针对电池的循环寿命问题，率先采用垂直定向碳纳米管作为空气电极，实现了关键反应产物放电成核、长大以及充电溶解演变过程的可视化，揭示了空气电极上放电产物的可逆生成和分解是保证电池反复循环的核心，由副反应导致的碳酸盐的累积是电池循环容量衰减的主要因素。中国科学院青岛生物能源与过程研究所针对目前锂空气电池循环寿命短等问题，设计合成了具有双效催化性能的三元氮化物材料，构建了基于该材料的介孔纳米阴极，大大提高了锂空气电池在深度放电时的循环寿命。厦门大学研究人员针对当时基于碳纳米管正极的锂空气电池容量小和倍率低等问题，利用氯化碳纳米管，设计合成了碳纳米管多孔空气正极材料，大大提高了锂空气电池的倍率性能和能量密度。中国科学院长春应用化学研究所研制出纳米多孔空气正极，该电极特殊的表面化学性质有效调控了放电产物的沉积行为和形貌，大幅提高了电池的稳定性。基于该空气正极的锂空气电池体系放电比容量达到17 000毫安·时/克，实现了205次可逆循环[7]。中国科学院物理研究所研究人员采用醚类电解液/科琴黑正极体系，实现了锂二氧化碳电池的可逆循环，并证明了碳酸锂是这两种电池体系中主要的放电产物，为锂空气电池在实际空气中运行提供了可能。复旦大学研究人员研发了一种碘化锂和3-羟基丙腈的有机无机复合物（Li-IHPN），作为锂空气电池固态电解质，发展了一种可以在空气中稳定循环的全固态锂空气电池，提高了锂空气电池的容量和安全性[8]。

国内锂空气电池应用研究起步于2011年，目前参与此项研究的科研单位和研究成果还非常少。2011年，中国科学院长春应用化学研究所研究团队通过对电池材料及电芯结构优化，开发出国内首例具有自主知识产权的锂空气电池组，进一步攻克锂空气电池各电池材料之间的匹配、锂空气电池的结构设计、锂空气电池的一致性和安全性等核心技术难题。2013年，在中国科学院战略性先导科技专项重点支持下，该团队采用纳米孔道结构金属氧化物/碳复合材料为正极、表面修饰锂金属做负极，配合自主研发的空气管理系统，研制出5安·时和51安·时系列容量的锂空气电池单体。团队研制的额定容量5安·时的全封装锂空气电池单体室温质量能量密度达到526瓦·时/千克，额定容量51安·时的锂空气电池模块，经过第三方测试，能量密度达360瓦·时/千克。这一方面的研究，此前国际上从未有过报道，是我国完全原创的成果（图2）。同时，为了解决传统锂空气电池封装复杂的难题，该团队开创性地发展了柔性锂空气电池的研究方向，开发出一系列新型锂空气电池体系，如可弯曲锂空气电池、折叠型锂空气电池、可穿戴锂空气电池等[9]，引领了该行业柔性器件的发展。至今，该团队已开发4代电池器件产品，为我国的锂空气电池产业化提供了成功的案例和实验积累。

图2 中国科学院战略先导专项研发的新型锂空气电池组

图片来源：中国科学院长春应用化学研究所

三、挑战与展望

锂空气电池在能量密度、成本等方面具有独特的优势，是一种对环境友好的新型锂电池体系，在可再生能源储存和电动汽车等领域展现出较好的应用前景。目前对该领域的研究也取得了一定的进展，但其基础性研究还不够充分，对其机理研究还不深入，电池的功率性能、循环性能和稳定性能与实用化的需求还存在较大差距，未来还需要在催化剂选择、放电机理、多孔碳空气电极、电解液、透气膜、防水膜，甚至负极锂等方面做更为深入的研究。同时，为了能长期在空气中运行，发展基于固体电解质的锂空气电池应该是未来长远发展的目标和方向。只有这样，才能真正使锂空气电池能够达到它的理论比容量，才能更好地发挥他相比于其他化学电源的优势。幸运的是，现在人们对锂空气电池的研究兴趣迅速增长，锂空气电池的发展也将会迅速进入快车道。相信在将来，随着锂空气电池安全、腐蚀问题及相关材料设计和制备问题的不断解决，必将在多个领域发挥其极高比能量的巨大优势。

参考文献

[1] Bruce P G, Freunberger S A, Hardwick L J, et al. Li-O_2 and Li-S batteries with high energy stor-

age. Nature Materials,2012,(11):19-29.

[2] Ogasawara T, Débart A, Holzapfel M, et al. Rechargeable Li_2O_2 electrode for lithium batteries. Journal of the American Chemical Society,2006,(128):1390-1393.

[3] Freunberger S A,Chen Y,Drewett N E,et al. The lithium-oxygen battery with ether-based electrolytes. Angewandte Chemie International Edition,2011,(50):8609-8613.

[4] Freunberger S A,Chen Y,Peng Z,et al. Reactions in the rechargeable lithium-O_2 battery with alkyl carbonate electrolytes. Journal of the American Chemical Society,2011,(33):8040-8047.

[5] Zhai D,Wang H H,Yang J,et al. Disproportionation in Li-O_2 batteries based on a large surface area carbon cathode. Journal of the American Chemical Society,2013,135(41):15364-15372.

[6] Liu T, Leskes M,Yu W,et al. Cycling Li-O_2 batteries via LiOH formation and decomposition. Science, 2015,350:530.

[7] Xu J J,Wang Z L,Xu D,et al. Tailoring deposition and morphology of discharge products towards high-rate and long-life lithium-oxygen batteries. Nature Communications,2013,(4):2438.

[8] Liu F C,Shadike Z,Wang X F, et al. A novel small-molecule compound of lithium iodine and 3-hydroxypropionitride as a solid-state electrolyte for lithium-air batteries. Inorganic Chemistry, 2016,55:6504.

[9] Liu Q C,Xu J J,Xu D,et al. Flexible lithium-oxygen battery based on a recoverable cathode. Nature Communications,2015,6:7892.

Advances and Prospects of Lithium-Air Batteries Research

Xu Jijing, Zhang Xinbo, Li Hong

The pressing demand on the electronic vehicles with long driving range on a single charge has necessitated the development of next generation high energy density batteries. Rechargeable aprotic lithium-oxygen (Li-O_2) batteries have attracted intensive interest because of their high theoretical energy density (3,600 Wh · kg^{-1}), and they significantly outperform state-of-the-art Li-ion batteries, and are thought of a promising alternative to gasoline. However, to make it practical for commercial applications, many critical issues must be surmounted, including low round-trip efficiency and poor cycling stability, which are intimately connected to the problems resulted from electrode and electrolyte degradation during cycling. Encouragingly, great achievements have been obtained during the past years in terms of relatively stable electrolyte, cathode as well as protected or stabilized lithium anode. Especially, for the first time, Li-O_2 batteries pack with an energy density over 500 Wh · kg^{-1} has been successfully developed in Changchun institute of Applied Chemistry, Chinese Academy of Sciences.

2.6 肿瘤免疫治疗研究前沿进展与展望

刘 洋 曹雪涛

（中国医学科学院；北京协和医学院）

一、免疫治疗的概述

免疫治疗（immunotherapy）是指利用免疫学原理，针对疾病的发生机制，人为地干预或调整机体的免疫功能以达到治疗疾病目的所采取的治疗措施[1]。免疫治疗的研究历史可追溯到100多年之前，人们尝试过利用多种方法调动或者增强免疫功能以治疗疾病。其中，首位诺贝尔生理学或医学奖的获得者德国科学家冯・贝林（Emil von Behring）发现从血清中可分离出能中和破伤风和白喉杆菌毒素的物质，用于治疗白喉细菌引发的各类疾病非常有效，后来该物质被明确为抗体。

肿瘤免疫治疗（cancer immunotherapy）是指通过激发或增强人体自身免疫功能来对抗癌症的治疗方法。根据能否促进机体主动产生抗肿瘤免疫应答，将肿瘤免疫治疗分为主动免疫治疗与被动免疫治疗，前者如肿瘤疫苗（tumor vaccines），后者主要包括抗体疗法（antibody therapy）、基于细胞的免疫治疗（cell-based immunotherapy）和细胞因子疗法（cytokine therapy）等[1]。由于恶性肿瘤无限制生长、浸润与转移，以往采用的手术、化疗、放疗三大常规治疗方法往往不能完全切除或彻底杀灭肿瘤细胞，尤其是对晚期肿瘤不能奏效，难以控制肿瘤转移或复发。免疫治疗则具有独特优势：一是可以通过重建人体免疫系统及增强机体免疫力，特异性杀伤肿瘤细胞，避免损伤其他组织系统，保护患者机体平衡；二是具有显著临床治疗效果，并能够显著抑制肿瘤转移，阻止肿瘤进展，降低肿瘤复发率；三是能有效解决患者对化疗不敏感等难题，增强传统疗法的疗效。因此，免疫治疗成为继手术、放疗、化疗之后的第四类肿瘤治疗方法，目前已被成功在临床上用于治疗前列腺癌、黑色素瘤、淋巴瘤、乳腺癌、肺癌等多种癌症，显著提高了患者的生存质量[2]。

癌症是严重威胁人类生命健康的主要疾病之一，世界卫生组织（WHO）发表的最新《全球癌症报告》[3]显示：2012年全球癌症患者和死亡病例都在继续增加，新增癌症病例有近一半在亚洲，而中国新增癌症病例高居亚洲第一位。在肝癌、食管癌、胃癌和肺癌 4 种恶性肿瘤中，中国新增病例和死亡人数均居世界首位。因此，我国应加强肿瘤免疫治疗的研究，探索抗肿瘤免疫应答机制，研制肿瘤免疫诊断与治疗新策略，并积极做好癌症防治工作，尽快遏制我国癌症上升势头，保护和增进人民群众身体健康。

二、肿瘤免疫治疗研究进展与现状

肿瘤免疫治疗研究经历了一个多世纪的探索与发展。100 多年前，美国外科医生科莱（W. Coley）发现应用链球菌和金黄色葡萄球菌毒素能够控制某些肿瘤的生长，首次提出免疫抗癌理论并付诸实践。之后，科学家证实卡介苗能够刺激免疫反应并将其用于治疗膀胱癌。20 世纪 70～80 年代，科学家又相继开展了对肿瘤抗体治疗及细胞因子治疗手段的探索，并开发了免疫细胞过继回输、肿瘤疫苗和基因治疗等方法。近年来，肿瘤免疫治疗在基础研究方面取得了一系列重要进展，更在临床试验中展示出令人振奋的结果，其中，以免疫卡点阻断法（immune checkpoint blockade）和嵌合抗原受体修饰的 T 细胞疗法（CAR-T）最受瞩目。

免疫卡点是存在于免疫细胞表面用于防止免疫系统过度激活的负性免疫调节分子，主要包括细胞毒性 T 淋巴细胞抗原 4（CTLA-4）、程序性死亡受体 1（PD-1）及其配体 PD-L1。当它们在细胞表面表达时，就会给免疫系统发出“刹车”信号。肿瘤细胞会利用此释放一些信号分子来“刹住”机体免疫系统抗肿瘤作用。20 世纪 80 年代末，人们在 T 细胞上发现一种叫做 CTLA-4 的受体。随后，美国得克萨斯大学 MD. 安德森免疫学学院癌症中心（University of Texas MD Anderson Cancer Center）主任埃里森（J. Allison）发现这种受体会抑制 T 细胞介导的免疫攻击，并在结肠癌模型小鼠上证明了阻断 CTLA-4 可恢复 T 细胞攻击肿瘤细胞的能力，使肿瘤消退。由此，埃里森提出了免疫卡点阻断方案，即通过阻断 CTLA-4 来促进抗肿瘤的免疫应答，并将癌症免疫疗法推向了临床。2010 年，一项大型的临床Ⅲ期试验结果显示，通过人源化单克隆抗体 Ipilimumab 阻断 CTLA-4 可以改善晚期黑色素瘤患者的总体生存情况并具有一定安全性。美国食品和药物管理局（FDA）于 2011 年批准 Ipilimumab 上市，用于治疗晚期转移性黑色素瘤。目前，研究者正在开展 CTLA-4 阻断方法治疗其他类型癌症（如非小细胞肺癌、前列腺癌、肾癌和卵巢癌）的临床试验[4]。另一“免疫卡点”PD-1 是由日本研究人员在将要死亡的 T 细胞上发现，它的表达标志着 T 细胞的死亡，随后发现 PD-1 具有免疫抑制作用。同样，通过特定抗体阻断免疫抑制性 PD-1/PD-L1 信号通路，可以增强 T 细胞的抗肿瘤免疫应答以杀伤癌细胞，具有治疗多种类型肿瘤的潜力。由于抗 PD-1 抗体在治疗恶性黑色素瘤和肺癌临床试验中取得了成功，美国 FDA 于 2015 年批准抗 PD-1 抗体药物 Nivolumab 用于临床治疗非小细胞肺癌[5]。目前 PD-1/PD-L1 免疫疗法方兴未艾。

肿瘤细胞免疫治疗的热点包括过继性免疫细胞回输治疗（adoptive cell transfer）和 CAR-T 疗法。过继性免疫细胞回输治疗是将自体/同种异体免疫细胞分离，在体外诱导特异性细胞的激活和扩增，然后再回输给患者，促使其在体内发挥杀伤肿瘤细胞的作用。有研究显示，晚期黑色素瘤患者术后通过过继性 T 细胞回输治疗后病情出现明显改善，一些患者体内激发了较强抗肿瘤免疫应答。然而这一策略具有一定限制性，多数患者不能从体内有效分离出肿瘤抗原特异性淋巴细胞。为了克服这些问题，研究人员开发了嵌合抗原受体（chimeric antigen receptor，CAR）。2010 年，美国国家癌症研究中心（NCI）的罗森博格（S. Rosenberg）报道了 CAR-T 免疫疗法，即在过继性 T 细胞回输基础上，通过整合嵌合抗原受体基因修饰的 T 细胞，使其特异性识别肿瘤相关抗原，引起 T 细胞激活和增殖，从而有效杀伤肿瘤细胞。CAR-T 技术的本质是通过基因修饰手段快速获得具有肿瘤杀伤能力的 T 细胞。随后，美国宾夕法尼亚大学 Abramson 癌症中心主任朱恩（Carl June）领导的团队使用了一种靶向 B 细胞表面受体 CD19 的 CAR 细胞（被称为 CTL019）治疗白血病患者，获得了巨大成功。2014 年 7 月，美国 FDA 授予 CTL019 个体化 CAR-T 癌症免疫疗法突破性药物认证，并希望借此推动这种疗法的研究。目前人们已经设计了多种 CAR，治疗包括慢性淋巴细胞白血病（CLL）在内的多种癌症[6]。

肿瘤疫苗主要包括肿瘤细胞疫苗、蛋白分子瘤苗、以树突细胞（dendritic cell，DC）为基础的疫苗，以及核酸疫苗等。其中，DC 疫苗在肿瘤免疫治疗的临床研究中取得了突破性的进展。DC 疫苗是将体外培养的负载肿瘤抗原的 DC 导入体内，这些 DC 通过抗原提呈功能及分泌细胞因子调节肿瘤抗原特异性 T 细胞增殖活化，并进一步促进自然杀伤（NK）细胞活化，介导肿瘤杀伤。我国首个自主研发的肿瘤 DC 疫苗是自 2002 年开始进入临床试验，由医学免疫学国家重点实验室主任曹雪涛带领的团队研制的抗原致敏的人树突细胞疫苗（APDC），其与化疗序贯性联合应用治疗晚期转移性结肠癌患者的Ⅱ期临床试验取得了令人振奋的结果，目前已被我国国家食品药品监督管理局（CFDA）批准进入治疗晚期大肠癌的Ⅲ期临床试验。此外，2006 年6 月，美国 FDA 正式批准美国默克公司生产的人乳头瘤病毒（HPV）疫苗 Gardasil 作为宫颈癌疫苗上市，2010 年 4 月美国 Dendreon 公司生产的 Provenge 疫苗被美国 FDA 批准正式上市用于治疗前列腺癌患者[7]。

除此之外，细胞因子、免疫增强剂等免疫治疗方法也已应用于肿瘤治疗。肿瘤免疫治疗研究上取得的重大突破，有力证明了免疫疗法在癌症治疗上的可行性与独特优势，更为未来人类克服肿瘤增强了信心。然而，这一领域也存在一定问题和挑战：我们对一些临床免疫治疗结果背后的基础科学及作用机理了解较少，例如，最新的研究结果表明人体肠道分布的微生物菌群能够影响肿瘤免疫治疗效果；目前尚缺少标准化的免疫治疗效果评价体系；此外，免疫治疗也存在局限性，临床上只有一部分癌症患者对免疫治疗有反应，且免疫治疗也只对个别类型的肿瘤起效[8]。对此，我们可以通过制定有效的肿瘤免疫治疗策略来提高治疗效果，包括：肿瘤的个体化免疫治疗与联合治疗。前者是根据癌症患者生物学/基因组学和药物遗传学等特点，针对不同靶点采用特异性药物和最佳的方案进行免疫治疗的方法。联合治疗则可通过免疫疗法与传统疗法联合使用，或者不同免疫疗法配合使用，来增强肿瘤治疗效应。

三、肿瘤免疫治疗研究展望与建议

随着人们对机体抗肿瘤免疫应答及肿瘤免疫逃逸机制认识的不断深入，肿瘤免疫治疗的基础与转化研究取得了显著进展，更在临床试验中展现出良好的治疗效果。2013年，《科学》杂志将肿瘤免疫治疗评为年度十大科技突破之首；2015年，《自然》、《科学》、《细胞》三大国际顶尖杂志又分别推出肿瘤免疫治疗特刊，总结介绍该领域近期的重要研究进展，预示着肿瘤免疫治疗仍将是未来国际热点研究领域。

近年来，我国在肿瘤治疗研究课题项目上的投入逐渐增长，免疫治疗领域也取得了重要发展。我国免疫学研究整体水平的不断攀升为肿瘤免疫治疗的研究增添动力。但与国际肿瘤免疫学与免疫治疗发展状况相比，我国在该领域的研究面临一些不足与挑战，表现为：亮点不亮，高度不高，“山多峰少”。具体体现在以下方面。

（1）原创性的肿瘤免疫与免疫治疗研究技术体系太少。

（2）肿瘤免疫治疗的临床应用尚不规范。

（3）针对肿瘤免疫治疗开展的多中心、大规模临床研究太少，导致不能产生国际业界权威性的临床数据。

（4）具备国际影响力的肿瘤免疫治疗研究项目与产品极少。

（5）尚缺乏受到或者有可能受到国际同行认可的突破性学术观点和原创性学术思想。

（6）很少能够开创让国际同行追踪的新研究方向与新研究领域的工作。

(7) 很少有我国学者首先发现而令国际同行追随的"明星免疫治疗分子"或者"明星免疫治疗细胞"。

面对我国医疗卫生事业发展和国民健康维护的紧迫实际需求，我国肿瘤免疫治疗研究的理论创新与实际应用水平尚需进一步提高。因此，我们应准确把握未来肿瘤免疫治疗研究的发展趋势，精心选择，主动跟进，努力赶超。以长远的眼光，加强肿瘤免疫治疗理论与技术体系的建设；以创新的思维，加强肿瘤免疫治疗新方法和新产品的研制；以实用的举措，加强肿瘤免疫治疗大规模、规范性、标准化的临床研究和实践的开展。同时，在结合我国癌症发病特征基础上，明确我国肿瘤免疫治疗研究主攻方向和突破口，力争缩小与国际相关领域差距，形成我国医药健康领域的比较优势。

2015年1月20日，美国总统奥巴马宣布启动"精准医学计划"(Precision Medicine Initiative)，以推动个体化医疗的发展，并希望以此"引领一个医学新时代"。在美国提出的这项精准医疗计划中，恶性肿瘤的精准医疗是"重中之重"，美国国立卫生研究院（NIH）下设的国家癌症研究所（NCI）接受了重点资助以开展解码肿瘤基因及开发精准治疗研究。精准医疗作为一种全新的医学概念与医疗模式，本质上是一种更为精确的个体化医疗，非常适用于恶性肿瘤的临床治疗。我国拥有丰富的临床资源优势，我们可以通过建立良好的临床标本库及病人资料的共享机制，开展精准肿瘤医学（precision oncology)，这不仅将推动我国肿瘤免疫治疗的发展，也会对我国基础转化与临床医学的整体发展具有重要支撑意义。精准肿瘤医学的研究思路可设计为：信息采集分析及技术平台研究，大数据分析发现生物标志物，应用于个体与人群(的癌症分型与个体化用药)。第一步，信息采集分析及技术平台研究，建设大规模癌症患者及健康人群队列及相关生物标本库，全方位采集多组学数据、社会人口学数据、环境数据。基于大数据和循证医学的肿瘤信息学研究以及精准防控技术平台及防控模式研究，来构建便于共享和数据交换的大型肿瘤数据库系统。第二步，大数据分析发现生物标志物，并进行肿瘤分子标志物验证及产品开发研究，为肿瘤筛查、干预、诊疗过程中的精准医学研究提供支撑。第三步，应用于个体与人群，通过对高危人群个体化精准预防研究，结合分子影像学和病理学的精准诊断研究以及精准治疗研究，实现癌症的分型与个体化用药。这其中，可靠的数据资源，循证医疗与循证防控，以及疾病防控效率最佳化是实现肿瘤免疫治疗精准诊断、防治与管理的关键因素。

除了以上几点，关于我国肿瘤免疫治疗研究，还有以下几方面建议。

(1) 加强国际合作与交流，逐步建立符合国际标准的国家级肿瘤免疫治疗研究中心，培养专业化的人才队伍，建立统一的临床评价体系与标准，开展免疫治疗基础研究与临床试验。

（2）充分发挥我国临床资源优势，优化资源配置，进一步提升医学科技水平，加大对免疫治疗研究科研经费的投入。

（3）注重跨学科合作，与基因组学、蛋白质组学、表观组学、代谢组学、系统生物学等前沿学科紧密结合。

（4）重点关注肿瘤免疫学关键与前沿的基础科学领域研究，例如，明确机体抗肿瘤免疫应答机制，关注肿瘤微环境以及肿瘤转移前微环境，揭示肿瘤免疫逃逸、免疫抑制机制，包括肿瘤基因变异与肠道微生物对免疫治疗效果的影响，等等。

综上所述，随着科研人员对肿瘤免疫学理论与免疫治疗新方法探索的不断深入，肿瘤免疫治疗研究取得了突破性发展。面对未来，中国亟须加大对肿瘤免疫治疗的创新研究，尽快缩小中国与国际间在免疫治疗研发和应用上的差距，满足我国癌症患者对免疫治疗药物和有效治疗方案的需求。这不仅仅需要医学界的努力，更依赖于政府、医药监管部门、医药企业等各界的紧密合作。可以预见，在不久的将来免疫疗法将迎来巨大飞跃，为人类克服肿瘤、提高生命质量、促进国家医药卫生与健康事业发展做出重要贡献。

参考文献

[1] 曹雪涛．免疫学前沿进展．第3版．北京：人民卫生出版社，2014.

[2] Dougan M, Dranoff G. Immune therapy for cancer. Annual Review of Immunology, 2009, 27: 83-117.

[3] Stewart B, Wild C. World Cancer Report 2014. Lyon, France: International Agency for Research on Cancer. World Health Organization. 2014.

[4] Larkin J, Chiarion-Sileni V, Gonzalez R, et al. Combined Nivolumab and Ipilimumab or monotherapy in untreated melanoma. The New England Journal of Medicine, 2015, 373(1): 23-34.

[5] Twyman-Saint Victor C, Rech A J, Maity A, et al. Radiation and dual checkpoint blockade activate non-redundant immune mechanisms in cancer. Nature, 2015, 520(7547): 373-377.

[6] Rosenberg S A, Restifo N P. Adoptive cell transfer as personalized immunotherapy for human cancer. Science, 2015, 348(6230): 62-68.

[7] Sabado R L, Bhardwaj N. Cancer immunotherapy: Dendritic-cell vaccines on the move. Nature, 2015, 519(7543): 300-301.

[8] Liu Y, Cao X. Organotropic metastasis: Role of tumor exosomes. Cell Research, 2016, 26(2): 149-150.

The Current and Future of Cancer Immunotherapy

Liu Yang, Cao Xuetao

Immunotherapy is an approach that stimulates immune system to enhance their immune activity for the treatment of disease. Cancer immunotherapy can be classified into active immunotherapy and passive immunotherapy, which including tumor vaccines, antibody therapy, cell-based immunotherapy, cytokine therapy, and so on. Cancer immunotherapy is more efficacious and less toxic than traditional therapeutics of cancer. In recent years, great advances have been made in the basic research and clinical application of cancer immunotherapy. The research hotspots in this field include immune checkpoint blockade, CAR-T adoptive cell therapy, and dendritic cell vaccine. Here we review the advances in cancer immunotherapy, outline future directions for the development of novel therapeutic strategies of cancer.

2.7 常见精神障碍的分子遗传学研究进展

张于亚楠[1,2] 岳伟华[1,2]

(1. 北京大学第六医院/精神卫生研究所；
2. 国家精神心理疾病临床医学研究中心暨卫生部精神卫生学重点实验室（北京大学))

精神障碍作为重大的人口健康问题，在全球范围内引起广泛关注。随着神经科学基础研究迅猛发展，神经影像学、分子遗传学、神经生理学和神经心理学等的研究也取得了不同进展。现将我国常见精神障碍的主要遗传学研究进展简述如下。

一、精神分裂症的遗传学研究进展

精神分裂症是一种常见的重大精神障碍，临床表现幻觉妄想、淡漠退缩、认知功能损害等，致残率高，疾病负担沉重。精神分裂症的发病机制目前尚未明确。遗传因素在发病过程中发挥重要作用，遗传度约 80%[1]，分子遗传学的发现可能为该病的预防、诊断和治疗研究提供重要线索。

近年来，研究者提出精神分裂症的多因子病因模式，包括常见疾病-常见变异(common variants)、常见疾病-罕见变异（rare variants）和混合模式假说。精神分裂症的遗传风险由常见变异和罕见变异组成，常见变异致病效应较小，罕见变异效应较大[2]。

随着全基因组单核苷酸多态性（single nucleotide polymorphism，SNP）芯片的广泛应用，全基因组关联研究已成为寻找精神分裂症等复杂疾病易感基因的重要策略。引起诸多关注的是，精神病基因组联盟（Psychiatric Genomics Consortium，PGC）对 36 989 例精神分裂症患者和 113 075 名健康对照进行全基因组关联研究(genome-wide association study，GWAS）分析，发现了 108 个独立的精神分裂症易感位点[3]。PGC 的该项研究拥有迄今精神分裂症 GWAS 最大的样本量，为精神分裂症的分子遗传机制提供了许多重要线索。例如，PGC 研究发现潜在的抗精神病药物作用靶点，如多巴胺-D2（DRD2）和代谢型谷氨酸受体 3（GRM3）基因。此外，PGC 研究发现的易感基因主要参与谷氨酸能通路、神经系统钙离子信号通路、突触可塑性、神经系统离子通道和神经发育通路。近期，布罗德研究所史丹利精神疾病研究中心（Broad Institute Stanley Center for Psychiatric Research）等的研究人员采用65 000名被试的遗传数据进行分析，发现位于6号染色体短臂、参与“突触修剪”功能（消除神经元之间的连接）的补体4（C4）基因导致精神分裂症的风险显著增加[4]。

通路分析（pathway-based analysis）是利用全基因组中单个SNP与复杂疾病关联程度计算出对应基因与疾病的关联性，将全基因组基因注释到生物学通路中后，采用不同的数学模型计算每条通路与疾病关联性。中国科学院昆明动物研究所研究团队等[5]利用遗传关联信息网（genetic association information network，GAIN）的精神分裂症GWAS数据进行通路分析，发现了谷氨酸代谢通路、转化生长因子（TGF-β）信号通路、肿瘤坏死因子受体通路、雌雄激素代谢通路。

随着全基因组研究的深入和数据积累，目前利用GWAS数据检验不同疾病之间的遗传机制的共性成为常见的研究手段，主要分为SNP水平和多位点水平。在SNP水平，主要寻找与多个疾病或性状显著关联的SNP。中国科学院和云南省动物模型与人类疾病机理重点实验室[6]利用欧洲多个样本的精神分裂症GWAS数据进行meta分析，发现*SLC39A8*基因上多个风险SNP（risk SNP），进一步研究发现风险SNP rs13107325与多种疾病和性状显著关联，如高血压、肥胖、体重指数（body mass index，BMI）高、能量摄取多等。在多位点水平，在全基因组水平选取一组与疾病或性状相关的风险SNP，从而计算疾病或性状之间的遗传关联，目前常用的方法有连锁不平衡回归（LD score regression）、多基因遗传风险分析（ploygenic risk score）。希尔（Hill）等[7]利用连锁不平衡回归方法，对精神障碍、儿童和老年认知、受教育程度的GWAS数据进行分析，结果发现精神分裂症与老年认知存在着遗传关联（$r_g=-0.231$，$p=3.81\times10^{-12}$），而与儿童时期认知（$r_g=-0.044$，$p=0.443$）、受教育程度（$r_g=0.06$，$p=0.093$）并无遗传关联。该结果提示，对年龄相关的认知功能衰退具有保护作用的遗传变异与精神分裂症存在显著的遗传关联，也为达尔文学说负性选择（negative selection）没有筛选掉精神分裂症风险SNP提供了线索。

拷贝数变异（copy number variation，CNV）研究也是近年来基因组学研究热点，22q11.21是目前最为熟知的精神分裂症相关拷贝数变异，它代表22号染色体长臂上1.5～3Mb缺失，22q11.21缺失在精神分裂症患者的患病率为0.3%，该区域基因大多数在脑中表达，其中编码儿茶酚氧位甲基转移酶（catechol-Omethyl transferase，COMT）、脯氨酸脱氢酶（PRODH）的基因，*ZDHHC8*和*DGCR8*基因功能受损或者缺失，会造成分子/细胞功能改变，神经环路损害，神经系统变化，最终会造成行为和认知功能的异常[8]。

DNA 甲基化是表观遗传学修饰的主要机制之一，近年来许多研究者根据表观遗传修饰假说研究精神分裂症的甲基化修饰情况。2016 年，贾菲（Jaffe）等[9]选取 335 名正常对照和 191 例精神分裂症患者尸脑的前额叶皮层组织进行全基因组甲基化研究，结果发现精神分裂症 GWAS 发现的风险 SNP 中，大约有 1/4 会影响大脑发育时期的甲基化修饰程度。研究表明，表观调控机制尤其是甲基化修饰在精神分裂症发病机制中起到重要作用。

二、抑郁症的遗传学研究进展

抑郁症又称抑郁障碍，是心境障碍的主要类型，临床上主要表现为情绪低落、思维迟缓、意志活动减退、认知功能损害等。抑郁症所致疾病负担沉重，占全球疾病伤残调整生命年（disability-adjusted life year，DALYs）的 42.5%，是导致非致命性疾病残疾的主要原因[10]。

科里（Kohli）等[11]采用 GWAS 发现编码脑源性神经营养因子（brain-derived neurotrophic factor，BDNF）的基因 rs1545843 多态性位点在欧洲和非裔美国人群样本中均与抑郁症显著关联，且风险等位基因 A 携带者脑内海马体积显著下降。CONVERGE 协作组等[12]对 5303 名中国汉族女性抑郁症患者及 5337 名对照进行低通量 DNA 测序分析，发现 *SIRT1* 及 *LHPP* 基因多态性与抑郁症显著关联。*SIRT1* 参与编码去乙酰化酶（sirtuins），该酶主要功能包括促进轴突伸长、神经突发生和树突分支、调控突触可塑性、参与记忆形成等。连锁分析发现 *LHPP* 与编码 5-羟色胺 1A 受体（5-hydroxytryptamine receptor 1A，HTR1A）的基因的交互作用与抑郁症的发生关联。该研究也进一步验证了之前 Neff 等[13]利用连锁分析策略和测序技术在犹他人群中发现 *LHPP* 多态性位点与抑郁症关联的结论。

2015 年，人格遗传研究联盟（Genetics of Personality Consortium）对 27 个队列 63 000名被试进行人格维度 GWAS 分析，发现 *MAGI1* 基因存在一个 GWAS 水平显著关联位点，该基因曾被报道与双相情感障碍和精神分裂症关联；进一步采用多基因风险评分（polygenic risk score，PRS）方法，在独立 GWAS 样本中验证，发现神经质相关的风险基因型可以显著地预测重度抑郁[14]。

至今文献重复性相对较好的抑郁症易感基因有编码色氨酸羟化酶-2（tryptophan hydroxylase 2，TPH2）、5-羟色胺转运体（solute carrier family 6，member 4，SLC6A4）、COMT、BDNF 等的基因。德国抑郁症患者中 *SLC6A4* 基因 S 等位基因频率显著增高[15]。高加索人群 *SLC6A4* 基因型 L 等位基因可以预测抗抑郁药物缓解作用[16]。

在对抑郁症易感基因的功能探索中发现，青少年期抑郁症的产生是由于体内糖皮质激素浓度过高，导致多巴胺能神经元的酪氨酸羟化酶（tyrosine hydroxylase，TH）基因发生表观遗传学改变，而当给予糖皮质激素受体抑制剂之后，小鼠抑郁样行为得到缓解，多巴胺的水平也恢复正常。该研究提示青少年期应激的表观遗传调控与抑郁症存在某种关联[17]。

近年来，药物遗传学研究进展，尤其是基于抗抑郁序贯疗法（sequenced treatment alternatives to relieve depression，STAR*D）等临床试验样本的后续药物基因组学研究，为抑郁症提供了潜在的新型治疗靶点，已获得文献支持相对较多的选择性5-羟色胺再摄取抑制剂（selective serotonin reuptake inhibitors，SSRIs）治疗效应易感基因有 *SLC6A4*，*HTR2A*，单胺氧化酶 A 基因（*MAOA*），*BDNF*，G 蛋白 β3 亚单位（*GNB3*），色氨酸羟化酶 2（*TPH2*），CYP 酶（*CYP2D6*，*CYP2C19*），ATP 结合盒 B 亚家族成员 1 转运蛋白（*ABCB1*）等[18]；如 *SLC6A4* 基因 LPR 多态性 L 等位基因携带者 SSRIs 疗效较好；抗抑郁剂疗效与副反应受 CYP 酶基因分型的显著影响。

三、双相情感障碍的遗传学研究进展

双相情感障碍是常见的精神类疾病，一般指既有符合症状学诊断标准的躁狂或轻躁狂发作，又有抑郁发作的一类心境障碍。躁狂发作时，表现为情感高涨、言语增多、活动增多；而抑郁发作时则出现情绪低落、思维缓慢、活动减少等症状。研究表明该病具有复杂的遗传结构，遗传度在 60%～80%[19]；与精神分裂症和重度抑郁症具有一些相似的临床特征，存在一定的共发性及共同的遗传因素。

中国科学院昆明动物研究所的研究团队开展的遗传影像学研究发现，*CREB1*（CAMP-response element binding protein）基因的 rs6785 多态性位点与双相情感障碍显著关联，其风险等位基因与海马体积下降及左侧海马功能活性降低有关；进一步研究发现双相情感障碍患者淋巴细胞系及前额皮层叶 *CREB1* 的 mRNA 表达水平下降也与 rs6785 风险等位基因关联显著[20]。

默滕斯（Mertens）等的研究发现，相比正常个体而言，双相障碍患者的脑细胞对于刺激更加敏感。研究者从 6 名患者机体中收集皮肤细胞后重编程使其成为干细胞再发育成神经元。与健康个体进行对比发现，正常情况下神经元会被刺激所激活并且产生反应，而患者机体收集到的细胞甚至不需要刺激就发生强烈反应；在锂盐溶液中，对锂盐治疗反应较好的患者机体细胞兴奋性明显减弱，对锂盐治疗无效的患者机体细胞依然表现出高度活性[21]。

近年来全基因组研究不断深入，通过对超过 24 000 个病例和对照的 GWAS 分析，在 5 个染色体区域分离出 56 个显著相关的 SNP 位点，包括之前已经报告过的风险基因 *ANK3*、*ODZ4*、*TRANK1*，同时识别出两个新的双相情感障碍遗传风险变异体：腺苷酸环化酶 2（*ADCY2*，5p15.31）和 *MIR2113* 与 *POU3F2*（6q16.1）之间的区域。前者被预测对 ADCY2 蛋白（参与神经传输）会产生损害性影响，后者可能影响信息处理速度[22]。

四、强迫症的遗传学研究进展

强迫症（obsessive-compulsive disorder，OCD）属于焦虑障碍的一种类型，是一组以强迫思维和强迫行为为主要临床表现的精神障碍，一些毫无意义或违背自己意愿的想法或冲动反反复复侵入患者的日常生活。其终生患病率为 1%～3%[23]。世界卫生组织（WHO）的全球疾病调查中发现，强迫症已成为 15～44 岁中青年人群中造成疾病负担最重的 20 种疾病之一。

既往的研究提示强迫症可能与特殊蛋白引发的突触功能异常有关。近年研究者发现，一种存在于神经元膜间名为 Slitrk 的蛋白，可以与突触前白细胞常见的抗原相关受体蛋白酪氨酸磷酸酶（LAR-RPTPs）相互作用形成一种蛋白复合物；Slitrk 也参与突触形成的起始阶段，可以平衡神经元的兴奋信号及抑制信号。该研究为理解因突触黏附分子异常而引发的诸如强迫症等疾病的发病机制提供了很好的研究基础[24]。

通过对 1065 个家系（包括 1406 个强迫症患者）和基于人群的样本进行 SNP 水平和基因水平的综合分析发现，最小的 p 值出现在 9 号染色体酪氨酸磷酸酶 PTPδ（*PTPRD*）基因附近（SNP rs4401971，$p=4.13\times10^{-7}$）。突触前 PTPRD 可以促进谷氨酸突触的分化，并与 *SLITRK3* 基因相互作用，共同选择性调节抑制性神经递质 γ-氨基丁酸（GABA）能突触的生长。*PTPRD* 基因缺陷小鼠表现出学习与记忆功能损伤，与强迫症患者症状类似。之前报道过的 OCD 相关基因 *DLGAP1* 和红藻氨酸离子能谷氨酸受体 2（*GRIK2*）得到一定验证，研究也提示了更多可能与 OCD 相关的基因[25]。

总之，随着分子遗传学技术的飞速发展，近年来常见精神障碍的遗传学研究取得了巨大进展，而不同精神障碍之间重叠的及特异性的遗传变异也受到一定关注，如 PGC 相关研究发现，孤独症谱系障碍、注意缺陷/多动障碍、双相障碍、抑郁症及精神分裂症 GWAS 数据 meta 分析，与神经元钙离子通道基因 *CACNA1C* 和

CACNB 2 关联；且精神分裂症与双相障碍之间的遗传重叠程度为15%，与抑郁症之间为9%，与孤独症之间为3%；双相障碍与抑郁症之间的遗传重叠程度为10%[26,27]。未来针对多种精神障碍开展GWAS后续数据挖掘与验证分析可能是重要的研究方向之一。

参考文献

[1] Sullivan P F，Kendler K S，Neale M C. Schizophrenia as a complex trait：Evidence from a meta-analysis of twin studies. Archives of General Psychiatry，2003，60（12）：1187-1192.

[2] Rodriguez-Murillo L，Gogos J A，Karayiorgou M. The genetic architecture of schizophrenia：New mutations and emerging paradigms. Annual Review of Medicine，2012，63：63-80.

[3] Elodie D，Ripke S，Neale B M，et al. Biological insights from 108 schizophrenia-associated genetic loci. Nature，2014，511（7510）：421-427.

[4] Sekar A，Bialas A R，de Rivera H，et al. Schizophrenia risk from complex variation of complement component 4. Nature，2016，530（7589）：177-183.

[5] Jia P，Wang L，Meltzer H Y，et al. Common variants conferring risk of schizophrenia：A pathway analysis of GWAS data. Schizophrenia Research，2010，122（1-3）：38-42.

[6] Li M，Wu D D，Yao Y G，et al. Recent positive selection drives the expansion of a schizophrenia risk nonsynonymous variant at SLC39A8 in Europeans. Schizophrenia Bulletin，2016，42（1）：178-190.

[7] Hill W D，Davies G，Liewald D C，et al. Age-dependent pleiotropy between general cognitive function and major psychiatric disorders. Biological Psychiatry，2015，4：S0006-3223（15）007 32-5.

[8] Terwisscha A F，Bakker S C，Haren N E，et al. Genetic schizophrenia risk variants jointly modulate total brain and white matter volume. Biological Psychiatry，2013，73（6）：525-531.

[9] Jaffe A E，Gao Y，Deep-Soboslay A，et al. Mapping DNA methylation across development，genotype and schizophrenia in the human frontal cortex. Nature Neuroscience，2016，19（1）：40-47.

[10] Whiteford H A，Degenhardt L，Rehm J，et al. Global burden of disease attributable to mental and substance use disorders：findings from the Global Burden of Disease Study 2010. Lancet，2013，382（9904）：1575-1586.

[11] Kohli M A，Lucae S，Saemann P G，et al. The neuronal transporter gene SLC6A15 confers risk to major depression. Neuron，2011，70（2）：252-265.

[12] CONVERGE consortium. Sparse whole-genome sequencing identifies two loci for major depressive disorder. Nature，2015，523（7562）：588-591.

[13] Neff C D，Abkevich V，Packer J C，et al. Evidence for HTR1A and LHPP as interacting genetic risk factors in major depression. Molecular Psychiatry，2009，14（6）：621-630.

[14] de Moor M H，van den Berg S M，Verweij K J，et al. Meta-analysis of genome-wide association studies for neuroticism，and the polygenic association with major depressive disorder. JAMA Psychiatry，2015，72 (7)：642-650.

[15] Hoefgen B，Schulze T G，Ohlraun S，et al. The power of sample size and homogenous sampling：association between the 5-HTTLPR serotonin transporter polymorphism and major depressive disorder. Biological Psychiatry，2005，57 (3)：247-251.

[16] Porcelli S，Fabbri C，Serretti A. Meta-analysis of serotonin transporter gene promoter polymorphism (5-HTTLPR) association with antidepressant efficacy. European Neuropsychopharmacology，2012，22 (4)：239-258.

[17] Niwa M，Jaaro-Peled H，Tankou S，et al. Adolescent stress-induced epigenetic control of dopaminergic neurons via glucocorticoids. Science，2013，339 (6117)：335-339.

[18] Fabbri C，Serretti A. Pharmacogenetics of major depressive disorder：top genes and pathways toward clinical applications. Current Psychiatry Reports，2015，17 (7)：50.

[19] Nöhen M M，Nieratschker V，Cichon S，et al. New findings in the genetics of major psychoses. Dialogues in Clinical Neuroscience，2010，12 (1)：85-93.

[20] Li M，Luo X J，Rietschel M，et al. Allelic differences between Europeans and Chinese for CREB1 SNPs and their implications in gene expression regulation，hippocampal structure and function，and bipolar disorder susceptibility. Molecular Psychiatry，2014，19 (4)：452-461.

[21] Mertens J，Wang Q W，Kim Y，et al. Differential responses to lithium in hyperexcitable neurons from patients with bipolar disorder. Nature，2015，527 (7576)：95-99.

[22] Muhleisen T W，Leber M，Schulze T G，et al. Genome-wide association study reveals two new risk loci for bipolar disorder. Nature Communications，2014，5：3339.

[23] Ruscio A M，Stein D J，Chiu W T，et al. The epidemiology of obsessive-compulsive disorder in the National Comorbidity Survey Replication. Molecular Psychiatry，2010，15 (1)：53-63.

[24] Um J W，Kim K H，Park B S，et al. Structural basis for LAR-RPTP/Slitrk complex-mediated synaptic adhesion. Nature Communications，2014，5：5423.

[25] Mattheisen M，Samuels J F，Wang Y，et al. Genome-wide association study in obsessive-compulsive disorder：Results from the OCGAS. Molecular Psychiatry，2015，20 (3)：337-344.

[26] Cross-Disorder Group of the Psychiatric Genomics Consortium，Lee S H，Ripke S，et al. Genetic relationship between five psychiatric disorders estimated from genome-wide SNPs. Nature Genetics，2013，45 (9)：984-994.

[27] Cristino A S，Williams S M，Hawi Z，et al. Neurodevelopmental and neuropsychiatric disorders represent an interconnected molecular system. Molecular Psychiatry，2014，19 (3)：294-301.

Progress of Genetic Research on Common Psychiatric Disorders

Zhang Yuyanan, *Yue Weihua*

Psychiatric disorders have become an important issue in the field of life sciences. The rapid development of genomics, neuroimaging and bioinformatics have greatly promoted the study of brain function and mechanism of mental illness, which provides a strong support to exploration of life and prevention and treatment of major mental disorders. In recent years, by using the SNP array and deep sequencing technologies, a great quantity of risk genes of schizophrenia, depression, bipolar disorder, obsessive-compulsive disorders were identified, therefore providing more valuable insights into their genetic architecture and laying the foundation for clinical application. In the future, learning to integrate the results obtained by different research methods using additional tools may lead to better explanation to the genetic mechanism of mental disorders.

2.8 近期青藏高原冰川变化及其影响

姚檀栋[1,2] 杨 威[1,2] 余武生[1,2] 高 杨[1,2]
郭学军[1] 杨晓新[1,2] 赵华标[1,2] 徐柏青[1,2] 蒲健辰[3]

（1. 中国科学院青藏高原研究所；
2. 中国科学院青藏高原地球科学卓越创新中心；
3. 中国科学院寒区旱区环境与工程研究所）

2015年，中国科学院文献情报中心与汤森路透集团通过对2009～2014年文献聚类分析，遴选出“地球科学Top10热点前沿”，区域和全球冰川物质变化与气候水文响应名列其中，反映出国际学术界对于冰川变化研究的关注。以青藏高原为主体的第三极地区是除南北极和格陵兰之外中低纬度最大的冰川富集区。青藏高原冰川消融与退缩不仅影响冰川融水径流变化，而且与高原湖泊水位上升、冰川灾害（冰碛湖溃决、冰川泥石流等）发生频率增加等具有紧密的联系，从而对区域社会和经济造成潜在的威胁。因此，关于青藏高原冰川变化及其影响成为国内外学术界关注的焦点，近期在该领域取得了重要的研究进展。

一、青藏高原冰川末端与面积变化

冰川对于气候变化的响应最直观地体现在末端的前进与后退上。实地观测资料显示：20世纪90年代以来青藏高原冰川退缩幅度正在加剧，但存在着明显的区域差异。通过对兴都库什—喀喇昆仑—喜马拉雅山（HKKH）地区200多条冰川末端变化资料（主要为中国境外）的研究，发现除喀喇昆仑山地区少量冰川稳定或前进外，其他地区的冰川处于不断后退之中[1]。卫星遥感研究也发现HKKH的喀喇昆仑山地区有超过50%的冰川处于末端前进或稳定状态，而季风影响的喜马拉雅山地区65%的冰川末端在后退[2]。通过分析青藏高原（主要为中国境内）82条冰川的末端变化[3]，发现55条冰川处于退缩状态，27条冰川处于稳定或前进状态；藏东南地区冰川退缩速率最大，其次为念青唐古拉山和喜马拉雅山，东帕米尔高原、喀喇昆仑山及西昆仑山地区有一定数量的冰川处于稳定或前进状态［图1(a)］。总结上述研究发现，近期青藏高原大部分冰川末端处于后退状态，从空间上来看，喜马拉雅山及藏东南地区冰川末端退缩幅度最大，帕米尔及喀喇昆仑山地区有一定数量的冰川处于稳定或前进状态，同时表面碎屑物覆盖与否可能会极大地影响冰川消融与动力过程，从而影响冰川末端变化。

此外，冰川面积变化也可以直观地反映出冰川对于气候变化的响应。在 HKKH 地区，通过分析超过 6000 条冰川（总面积大于 2 万平方千米）1962～2009 年的面积变化数据，发现冰川面积总体呈萎缩状态，面积减少率介于 0.09％/年～0.91％/年[1]。在青藏高原（主要为中国境内），通过分析总面积约 1.2 万平方千米冰川在 20 世纪 70 年代到 21 世纪初的面积变化数据［图 1(b)］，发现整个青藏高原冰川在过去的 30 年间面积减少了约 9.2％，空间上西昆仑地区冰川面积变化幅度最小（平均值约为－0.07％/年），而藏东南及喜马拉雅山地区变化速度最大（分别达到－0.57％/年和－0.42％/年）。

二、青藏高原冰川储量变化

冰川储量变化直接代表了冰川水资源的变化。传统的冰量变化观测方法是在冰川表面不同位置布设观测点，进行定期系统的积累和消融观测，从而计算得到整个冰川表面的物质收支平衡（简称物质平衡）。正物质平衡代表冰量增加，负物质平衡代表冰量减小。通过系统综合青藏高原现有的物质平衡资料[3]，发现冰量损失呈现明显的空间模态，从喜马拉雅山向高原腹地减小，最小值出现在帕米尔—西昆仑一带，甚至出现微弱的正物质平衡［图 1(c)］。从时间尺度来看，青藏高原冰川呈现 20 世纪 90 年代以来加速亏损的趋势［图 1(d)、(e)］。青藏高原监测时间最长和最连续的小冬克玛底冰川 1989～2010 年平均物质平衡为－0.24 米/年，2000～2010 年平均物质亏损量为 1989～1999 年平均值的 3 倍。虽然代表性冰川连续观测可以准确得到冰川表面收入与支出的年际波动，但是这种实地观测耗费大量的人力物力，且由于冰川环境及交通限制，大部分监测冰川为面积小于 2 平方千米的小冰川，存在空间代表性问题及观测时段较短的局限。

近些年来一些新的对地遥感观测技术（如 ICESat、GRACE 等）在大范围冰量变化估算研究方面取得了重要进展。虽然不同方法获得的冰量变化绝对值还存在着较大的差异，但遥感手段揭示的冰川空间变化与实地观测呈现一致的空间变化模态。实地监测与遥感结果均发现近期藏东南及喜马拉雅山西段冰川亏损幅度最大，而帕米尔—喀喇昆仑—西昆仑山地区呈现微弱的冰量增加[3,4]。综合现有资料可以看出，在全球气候变化的大背景下，季风影响下的喜马拉雅山地区和西风控制下的帕米尔－喀喇昆仑山地区冰川存在不同变化模态。

虽然青藏高原近期冰川变化空间格局有了相对清晰的认识，但总的变化量等还存在着很大的不确定性。如利用GRACE重力卫星资料反演的青藏高原及其周边冰量变化为－47±12（10^9吨/年）[5]，而一些学者利用相同资料得出的结果仅为－4±20（10^9吨/年）[6]，两者相差高达一个数量级；利用ICESat计算整个HKKH地区冰量损失为12.8±3.5（10^9吨/年）[4]，而GRACE重力卫星计算损失量仅为5±3（10^9吨/年）[6]。此外，一些结果甚至与实地观测严重不符。例如，GRACE重力卫星结果显示2003～2010年祁连山及高原腹地冰量增加[6]，该结果与实地观测的冰川亏损、冰川萎缩相违背[3]。以上争议一方面说明对地观测技术在青藏高原冰川变化研究方面还存在很大的改进空间，另一方面突显出地面实测资料的匮乏，亟须开展多种手段的交叉验证研究。

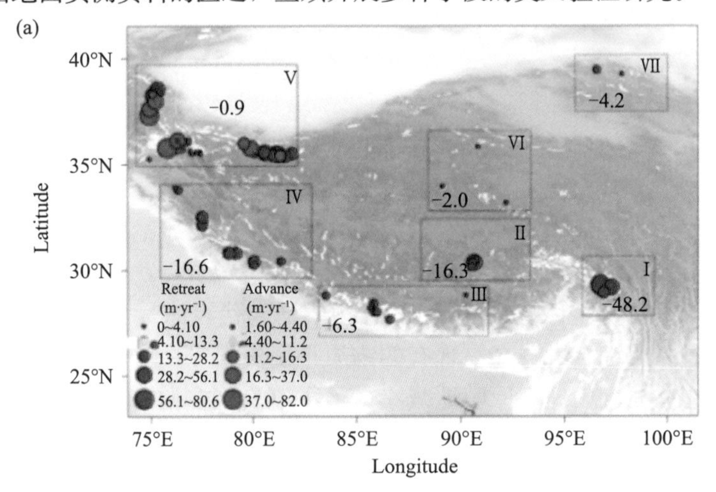

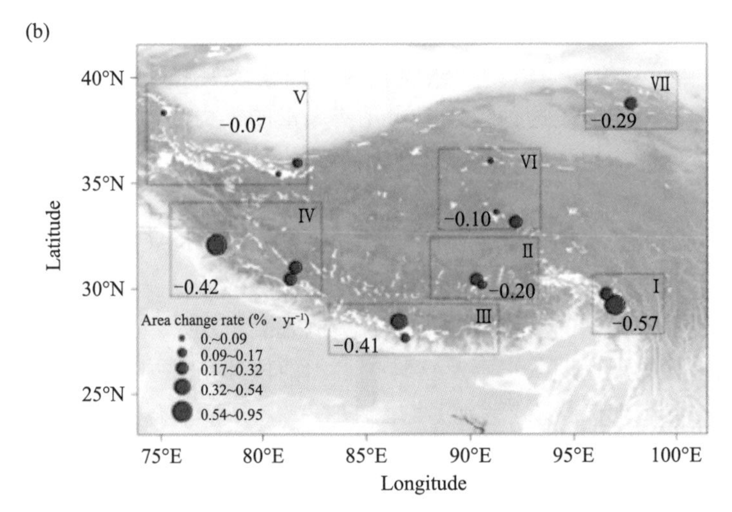

(c)

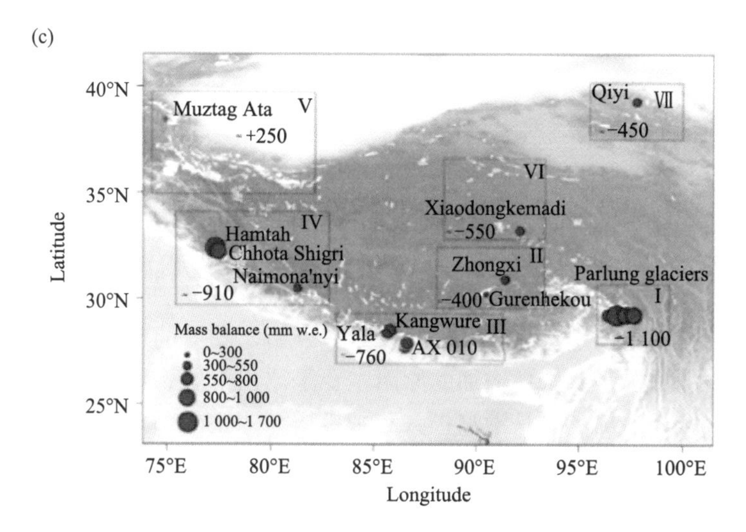

(d)

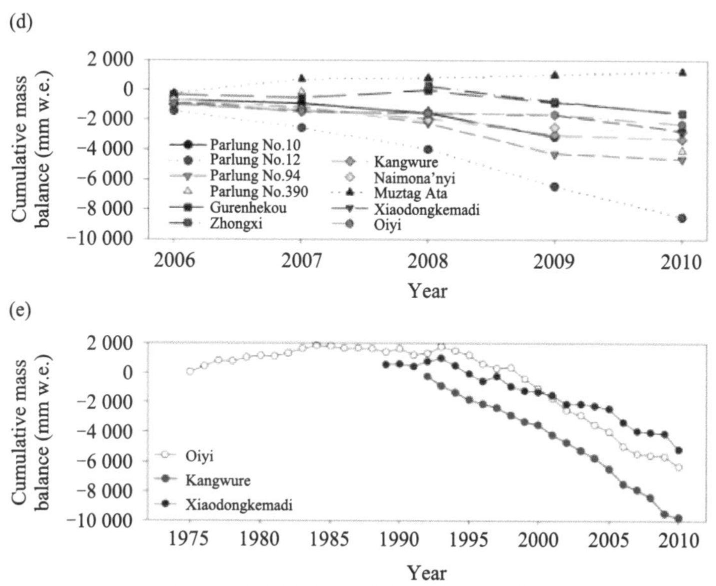

图 1 青藏高原冰川变化的三模态[3]

(a) 冰川长度变化模态；(b) 冰川面积变化模态；(c) 冰川物质损失模态；(d)、(e) 冰川物质损失变化的时间特征

Latitude：纬度；Longitude：经度；Retreat（m·yr^{-1}）：末端后退（米/年）；Advance（m·yr^{-1}）：末端前进（米/年）；Area change rate（%·yr^{-1}）：面积变化率（%/年）；Mass balance（mm w. e.）：物质平衡（毫米水当量）；Cumulative mass balance（mm w. e.）：累积物质平衡（毫米水当量）；Year：年份；Qiyi：七一冰川；Kangwure：抗物热冰川；Xiaodongkemadi：小冬克玛底冰川；Muztag Ata：慕士塔格冰川；Naimona'nyi：纳木那尼冰川；Zhongxi：中习冰川；Gurenhekou：古仁河口冰川；Parlung No. 10，12，94，390：帕隆 10 号，12 号，94 号，390 号冰川；AX010、Hamtah、Chhota Shigri 为尼泊尔和印度境内的三条冰川

三、青藏高原冰川变化对区域水循环的影响

近期青藏高原冰川的快速变化已经对湖泊、径流等水文过程产生了重要的影响。1990～2010年，青藏高原面积大于1平方公里的湖泊数量由1070个增加到1236个，总面积由3.97万平方千米扩张到4.74万平方千米。20世纪90年代以前，青藏高原湖泊的数量和面积较为稳定；从20世纪90年代开始，湖泊的数量和面积均呈现显著增加。青藏高原湖泊扩张和水量增加的原因主要是冰川消融、降水增加和蒸发减少等因素。在有些区域，冰川消融是湖泊扩张和水量增加的主导因素。例如，青藏高原南部有冰川融水补给的纳木错，通过对水量变化的定量分析发现，冰川融水对湖泊补给增量的贡献率达到53%，凸现出以冰川融水补给为主的湖泊水位上涨幅度要更为显著。而这种过程会导致草地淹没，对当地生态与环境及农牧民的生活造成严重影响。

同时，近年来冰川退缩及冰量损失也影响了发源于青藏高原的河流径流的变化，加大了以冰川融水补给为主的河流的不稳定性。从长远过程看，如果冰川持续退缩，冰川融水将会随着冰川面积减少而减少，以冰川融水补给为主的河流会受到严重影响。通过模型模拟，研究发现在未来气候变化情景下，冰川融水补给对印度河和雅鲁藏布江至关重要，可能影响下游接近6亿人口的用水安全[7]。

此外，随着冰川退缩加剧，一些与冰川消融相关的地质灾害发生频率也逐渐增加，如近期冰湖溃决和泥石流滑坡等山地灾害更加频繁；冰川退缩将造成冰川旅游资源恶化、草地退化、水资源变化等问题。这些问题都会严重影响青藏高原环境自我调节能力，从而影响经济与环境的协调发展。

四、青藏高原冰川变化的机制分析

虽然近期青藏高原冰川变化研究取得了长足的进展，但导致这种空间变化的内在机制还存在很大的争论。一些学者认为表碛覆盖对于喜马拉雅地区冰川消融和运动速度的影响，进而会影响冰川变化格局[2]。而一些研究则发现喜马拉雅冰川表碛覆盖区与非表碛覆盖区的冰量损失没有明显的差别，强调需要对表碛覆盖作用重新认识与评估[4]。此外，近期研究显示高原两大环流的变化与青藏高原冰川空间变化存在密切联系，印度季风的减弱可能导致喜马拉雅山地区冰川损失幅度加剧，而帕米尔及喀喇昆仑山地区冰川稳定或正物质平衡则在一定程度上归因于近期西风降水的增强[3]。由于青藏高原受到不同大气环流的影响且气候区多样，加之高原地形复杂及冰川性质差

异，关于青藏高原冰川变化的机制解释还存在着诸多不确定性。

总体来讲，通过近年来大量的实地观测与研究，关于青藏高原冰川变化的空间格局已经有了较为清晰的认识，但是在冰川变化总量、冰川变化驱动机制及冰川变化影响方面还存在着很大的不确定性，有待进一步深入研究。因此需要在不同气候区开展综合的高海拔大气-冰川-径流观测与模型模拟工作，同时要注重开展与周边国家合作研究，从而提升不同区域冰川变化机制及影响方面的认识水平。

参考文献

[1] Bolch T, Kulkarni A, Kääb A, et al. The state and fate of Himalayan glaciers. Science, 2012, 336(6079): 310-310.

[2] Scherler D, Bookhagen B, Strecker M R. Spatially variable response of Himalayan glaciers to climate change affected by debris cover. Nature Geoscience, 2011, 4(3): 156-159.

[3] Yao T, Thompson L, Yang W, et al. Different glacier status with atmospheric circulations in Tibetan Plateau and surroundings. Nature Climate Change, 2012, 2(9): 663-667.

[4] Kääb A, Berthier E, Nuth C, et al. Contrasting patterns of early twenty-first-century glacier mass change in the Himalayas. Nature, 2012, 488(7412): 495-498.

[5] Matsuo K, Heki K. Time-variable ice loss in Asian high mountains from satellite gravimetry. Earth and Planetary Science Letters, 2010, 290(1): 30-36.

[6] Jacob T, Wahr J, Pfeffer W T, et al. Recent contributions of glaciers and ice caps to sea level rise. Nature, 2012, 482(7386): 514-518.

[7] Immerzeel W W, Van Beek L P, Bierkens M F. Climate change will affect the Asian water towers. Science, 2010, 328(5984): 1382-1385.

The Status of Glacier Changes on the Tibetan Plateau

Yao Tandong, Yang Wei, Yu Wusheng, Gao Yang, Guo Xuejun, Yang Xiaoxin, Zhao Huabiao, Xu Baiqing, Pu Jianchen

The Tibetan Plateau and surroundings contains the largest number of glaciers outside the pole regions. Glacier changes on the Tibetan Plateau are becoming a focus of public and scientific debate. With the help of in-situ measurements and remote sensing methods, the knowledge on spatial pattern of glacier changes was significantly improved in recent years. Recent studies evidenced that under the background of climate warming, most of glaciers on the Tibetan Plateau retreated and loss mass, but a certain of larger glaciers kept stability or slight mass gain in the Karakoram, Pamir and western Kunlun. The most intensive shrinkage concentrated in the Himalayas with the greatest glacier area shrinkage and the most negative mass balance. The rapid glacier changes on the Tibetan Plateau have significant impact on the hydrological process (e. g. lake, runoff). Although the spatial behavior of glacier changes on the Tibetan Plateau is gradually clear, the poor understanding of the absolute amount of mass loss, the debating mechanisms and the uncertainty of hydrological influence indicate the continuation and extension of intensive researches on climate, cryosphere and their impacts.

2.9 中微子振荡：新物理的突破口

——2015 年诺贝尔物理学奖评述

曹 俊
（中国科学院高能物理研究所）

因“发现中微子振荡，证明中微子有质量”，日本物理学家梶田隆章（Takaaki Kajita）和加拿大物理学家阿瑟·麦克唐纳（Arthur McDonald）分享了 2015 年度的诺贝尔物理学奖（图 1）。中微子是组成物质世界的最基本的粒子之一，在粒子物理的理论体系——标准模型中，它的质量为零。1998 年，梶田隆章领导的超级神冈（Super-K）实验组宣布，发现了大气中微子振荡的确凿证据[1]。2002 年，麦克唐纳领导的萨德伯里中微子实验（SNO）证实了太阳中微子振荡现象[2,3]。这两个实验揭示出中微子具有质量，超出了我们对自然的理解，打开了通向新物理的大门。

梶田隆章

阿瑟·麦克唐纳

图 1 2015 年度诺贝尔物理学奖两位获奖人

为解释贝塔放射性中观察到的电子连续能谱，泡利（Wolfgang E. Pauli）于 1930 年提出存在一种未知的粒子——中微子。根据贝塔衰变的实验现象，这种未知粒子应该是电中性的，极不活跃，且质量为零或小到难以察觉。莱因斯（F. Reines）和柯万（C. L. Cowan）在 1956 年探测到了反应堆释放出的电子反中微子，莱因斯获得了 1995 年诺贝尔物理学奖。第二种中微子——μ 中微子，由莱德曼（L. M. Lederman）、施瓦茨（M. Schwartz）、施泰因贝格尔（J. Steinberger）通过第一个加速器中微子实验于

1962 年发现，他们获得了 1988 年诺贝尔奖。20 世纪 70 年代发展起来的标准模型预言总共存在的三种中微子（或者说三种“味道”的中微子），最后一种中微子——τ 中微子一直到 2000 年才被发现。

20 世纪五六十年代，蓬蒂科万（B. Pontecorvo）、牧（Z. Maki）、中川（M. Nakagawa）、坂田（S. Sakata）等人提出，如果中微子存在微小的质量，并且味道和质量本征态存在混合的话，中微子可以出现振荡现象，即一种中微子能在飞行中变成另一种。中微子振荡的迹象最早出现 70 年代，布鲁克海汶国家实验室的戴维斯（R. Davis）最先发现测量到的太阳中微子的个数比理论预言的少，仅为 1/3。80 年代发现大气中微子也比预期少。用中微子振荡来解释这两个现象的话，起初在理论上和实验上都遇到了麻烦，因此未被广泛接受，直到此次获得诺贝尔奖的两个实验给出了无可争议的证据。

太阳中微子是太阳内部的核聚变产生的电子中微子。太阳标准模型能够比较精确地预言太阳中微子的流强[4]。戴维斯首次探测到太阳中微子，确证了太阳的能量源泉是核聚变反应，获得了 2002 年诺贝尔物理学奖。然而，他和后来的几个实验都发现，观察到的太阳中微子流强仅为太阳模型预言的 30%～50%，被称为“太阳中微子丢失之谜”。中微子振荡是一个很可能的解释：一部分太阳中微子变成了其他种类的、无法被探测器看到中微子。但这种解释刚开始并没有得到广泛的接受。首先，不同的实验看到了不同的丢失比例，与振荡理论不符；其次，由于不同地点产生的太阳中微子振荡距离不同，平均后丢失比例不可能超过 50%；最后，太阳中微子实验技术复杂，其探测效率受到怀疑。太阳中微子问题持续了 30 年之久。

1985 年，加利福尼亚大学的华人物理学家陈华森提出了一个巧妙的方法[5]，采用重水同时探测三种中微子，这样就可以知道太阳中微子是真的丢了，还是通过振荡变成了其他中微子。以前的实验都只能探测一种中微子。采用这种办法，加拿大建造了萨德伯里中微子观测站进行实验，1999 年开始运行。它从核电公司借了 1000 吨价值约 100 亿人民币的重水，置于直径 12 米的有机玻璃容器内，用 9456 个光电倍增管探测中微子在重水中反应发出的光信号。萨德伯里中微子观测实验发现电子中微子确实丢失了，与以前实验的结果一致；但中微子总数与太阳模型预言的一致，证实太阳发出的电子中微子确实变成了其他种类的中微子。

同时，理论上也有了新发现。美国物理学家沃芬斯坦（L. Wolfenstein）注意到电子中微子在物质中会受到电子的散射，将改变中微子的振荡效应[6]。后来苏联的米赫耶夫和斯米尔诺夫将这个想法用于解释太阳中微子问题[7]，人们才意识到，以前认为中微子在从太阳飞到地球的过程中发生振荡的看法是完全错误的。对能量比较高的中微子，振荡发生在太阳内，飞出太阳后就不再振荡了，这样振荡几率就可以超过一半；而能量比较低的太阳中微子物质效应比较小，飞离太阳后还可以发生振荡。这样可以精确地解释为何不同实验看到不同的结果，因为它们的能量范围不同。

事实上，首先给出中微子振荡确凿证据的是大气中微子实验。20 世纪 80 年代，日本小柴昌俊领导的神冈实验和美国莱因斯领导的 IMB 实验开始寻找质子衰变。由高能宇宙线在地球大气中产生的 μ 中微子和电子中微子是它们的重要本底，得到了仔细的研究。1988 年，29 岁的梶田隆章与他的两位导师小柴昌俊和户冢洋二，发现 μ 中微子比预期少，而电子中微子与预期一致。同样的现象也被 IMB 实验看到，被称为“大气中微子反常”。

神冈实验和 IMB 实验在 1987 年首次探测到了来自超新星的中微子，为中微子驱动超新星爆炸的理论提供了强有力的支持。小柴昌俊因此与发现太阳中微子的戴维斯分享了 2002 年诺贝尔物理学奖。同时，因为这个重大成果，3000 吨的神冈实验得以升级成 5 万吨的超级神冈实验，于 1996 年开始运行。两年后，利用高精度的大气中微子数据，梶田隆章发现了中微子振荡。

超级神冈探测器由 5 万吨纯净水和 13 000 个光电倍增管组成。μ 中微子和电子中微子分别产生 μ 中微子和电子，可以通过它们在水中产生光子的不同分布来区别。超级神冈实验证实了神冈实验发现的 μ 中微子丢失现象，同时，大量的数据也允许它精确地给出了丢失比例随中微子飞行距离的变化关系，这个关键特征给出了中微子振荡的确凿证据。

除了太阳和大气中微子实验，中微子振荡现象也在 2002 年和 2003 年得到了反应堆中微子实验 KamLAND[8] 和加速器中微子实验 K2K[9] 的证实。

中微子振荡由 6 个参数描述。太阳和反应堆中微子实验测量了其中的两个，大气和加速器中微子实验测量了另两个，未知的包括混合角 θ_{13}、CP 破坏相角，还有大气振荡参数中的 Δm^2_{32} 的符号（又称为中微子质量顺序，即第 2 种中微子和第 3 种中微子哪个更重的）。CP 破坏相角可能导致正反中微子振荡的不对称，很可能与宇宙起源中的反物质消失之谜相关。质量顺序与中微子质量产生机制有关，也决定了另一类极为重要的中微子实验——无中微子双贝塔实验的前景。混合角 θ_{13} 则决定 CP 破坏与质量顺序的可观测效应的大小。

2012 年，我国大亚湾中微子实验发现了除大气与太阳中微子振荡外的第三种振荡模式，并发现其振荡振幅出乎意料的大[10,11]，为下一代中微子实验测量质量顺序和 CP 破坏相角铺平了道路。大亚湾实验计划运行至 2020 年，将测量精度从首次发现时的 20％提高到 3％。

为测量余下的两个中微子振荡参数——质量顺序和 CP 破坏相角，多个新的实验已被批准或计划，包括中国的江门实验（已批准）、印度的 INO 实验（已批准）、美国的 DUNE 实验（已批准），日本超超级神冈实验、韩国 RENO-50 实验、美国在南极的 PINGU 实验，以及法国在地中海的 ORCA 实验。

江门中微子实验于 2008 年提出设想，2013 年得到批准，将在广东江门开平市建设一个 2 万吨液体闪烁体探测器，位于地下 700 米，距阳江核电站和台山核电站 53 千米。江门实验计划 2020 年开始运行，将在 6 年内确定中微子质量顺序至 3～4 倍标准偏差，精确测量三个振荡参数到好于 1%的精度，并研究超新星中微子、太阳中微子、地球中微子、寻找暗物质和质子衰变等[12,13]。韩国 RENO-50 实验与江门实验非常类似。

在新的大气中微子实验中，PINGU 和 ORCA 将测量质量顺序到 3～4 倍标准偏差，计划在 2020 年左右投入运行。INO 已批准但精度较差。百万吨级的超超级神冈实验（Hyper-K）计划 2025 年投入运行，与 PINGU 和 ORCA 灵敏度相似。

与物质-反物质不对称相关的 CP 破坏一般通过加速器实验来研究，通过改变聚焦磁场，可以选择中微子或反中微子，从而研究它们振荡性质的不对称性。DUNE 和利用超超级神冈探测器的 T2HK 实验可以在大部分参数空间确定 CP 破坏非零到 3 倍标准偏差。

中微子振荡是近期成果丰硕的研究方向，但中微子还有更多的未知问题，包括中微子是否为自己的反粒子，中微子的绝对质量是多少，是否存在超过三种的中微子等重大科学问题。中微子也是一种新的天文观测工具，在研究天体内部过程（如超新星爆发、太阳模型）上具有独一无二的优势，也有可能解决高能宇宙线起源的百年之谜。

未来一二十年，我们将能建立中微子振荡的完整图像，给出宇宙中反物质消失之谜的线索。精确的测量也将检验中微子混合矩阵的幺正性到 1%精度，有可能给出新物理的迹象。中微子研究将会有更多重要的发现，也必将改变人类对物质世界基本规律的认识。

参考文献

[1] Fukuda Y, et al. Evidence for oscillation of atmospheric neutrinos. Physical Review Letters, 1998, 81: 1562.

[2] Ahmad Q R, et al. Measurement of the rate of $\nu_e+d\rightarrow p+p+e^-$ interactions produced by ^{8}B solar neutrinos at the Sudbury Neutrino Observatory. Physical Review Letters, 2001, 87: 071301.

[3] Ahmad Q R, et al. Direct Evidence for neutrino flavor transformation from neutral-current interactions in the sudbury neutrino observatory. Physical Review Letters, 2002, 89: 011301.

[4] Bahcall J N, Serenelli A M, Basu S. New solar opacities, abundances, helioseismology, and neutrino

fluxes. The Astrophysical Journal, 2005, 621: 85.
[5] Chen H H. Direct approach to resolve the solar neutrino problem. Physical Review Letters, 1985, 55: 1534.
[6] Wolfenstein L. Neutrino oscillation in matter. Physics Review, 1978, D17: 2369.
[7] Mikheyev S P, Smirnov A Yu. Resonance amplification of oscillations in matter and spectroscopy of solar neutrinos. Soviet Journal of Nuclear Physics, 1985, 42: 913.
[8] Eguchi, K, et al. First results from KamLAND: Evidence for reactor anti-neutrino disappearance. Physical Review Letters, 2003, 190: 021802.
[9] Ahn M H, et al. Measurement of neutrino oscillation by the K2K experiment. Physical Review, 2006, D74: 072003.
[10] An F P, et al. Observation of electron-antineutrino disappearance at Daya Bay. Physical Review Letters, 2012, 108: 171803.
[11] An F P, et al. Improved measurement of electron antineutrino disappearance at Daya Bay. Chinese Physics C, 2013, 37: 011001.
[12] An F P, et al. JUNO conceptual design report. arXiv: 1508. 07166.
[13] An F P, et al. Neutrino phyiscs with JUNO. Journal of Physics G: Nuclear and Particle Physics, 2016, 43: 030401.

Neutrino Oscillation: A Gateway to New Physics
——Commentary on the 2015 Nobel Prize in Physics

Cao Jun

The 2015 Nobel Prize in Physics was awarded to Takaaki Kajita from Japan and Arthur B. McDonald from Canada, "for the discovery of neutrino oscillations, which shows that neutrinos have mass". This paper reviewed the history of neutrino studies, especially the discovery of the neutrino oscillation made by the experiments led by the two Nobel Pirze laureats. Recent progresses and prospects on neutrino oscillation are also briefed.

2.10 DNA 修复与基因组稳定性

——2015 年诺贝尔化学奖评述

孔道春

（北京大学生命科学学院）

2015 年诺贝尔化学奖授予三位从事 DNA（脱氧核糖核酸）损伤修复的科学家-托马斯·林达尔（Tomas Lindahl）、阿齐兹·桑贾尔（Aziz Sancar）和保罗·莫德里奇（Paul Modrich），以表彰他们在 DNA 损伤修复研究中所做出的重大科学贡献(图 1)。他们三人各自发现了一条 DNA 损伤修复途径，即碱基切除修复、核苷酸切除修复和碱基错配修复。他们的工作极大地推动了我们对细胞是如何维持其遗传物质稳定性机制的理解。

托马斯·林达尔

保罗·莫德里奇

阿齐兹·桑贾尔

图 1　2015 年度诺贝尔化学奖三位获奖者

DNA 是能独立生存的所有生命体的遗传物质，它决定着一个生命体的性状。如果 DNA 化学分子发生改变，这个生命体的性状就会受到影响并发生改变，它决定着一个生命体的生长发育、寿命，以及衰老病死。DNA 是细胞里唯一一个能修复损伤的生物分子，这个特性有着其化学分子结构基础。DNA 的基本组成单位是核苷酸。核苷酸由三类化学分子组成，分别是：碱基、2'-脱氧戊糖和磷酸基团。DNA 的碱基有 4 种，所以可以形成 4 种核苷酸，分别是脱氧腺嘌呤核苷酸（腺苷酸，dAMP）、脱氧鸟嘌呤核苷酸（鸟苷酸，dGMP）、脱氧胞嘧啶核苷酸（胞苷酸，dCMP）、脱氧胸腺嘧啶核苷酸（胸苷酸，dTMP）。碱基与 2'-脱氧戊糖相连形成核苷，核苷通过它的

2'-脱氧戊糖与磷酸结合生成核苷酸。核苷酸通过磷酸基团与2'-脱氧戊糖之间的磷酸酯键连接起来形成DNA分子。DNA分子一般非常长，一条长链DNA可以由10^8个以上的核苷酸组成。DNA分子之所以受到损伤能被修复，是因为它是两条DNA单链通过反向平行配对组成一条双链。碱基之间是dA—dT、dG—dC配对。如果一条链上的DNA受到损伤，可通过另一条链上的信息来修复损伤的DNA链。

DNA是一个化学分子，自然会发生改变；并且，它是一个非常大的化学分子，所以可以改变的地方及概率会非常大。引起DNA分子改变的原因有三大类：①自我衰变：主要是水解引起的，包括脱碱基、脱氨基、DNA断裂等；②化学反应：细胞内外源的一些活性化合物或代谢产物与DNA上的碱基发生反应，导致碱基发生改变，改变的碱基会影响下一轮的DNA复制，最终导致遗传信息发生改变；③物理因素：如紫外线、X射线、γ射线等，这些射线会导致DNA断裂、碱基改变等。我们人体里的每一个细胞，每天大约有2～10次DNA断裂及上百万次的其他DNA损伤。如果没有有效的DNA损伤修复，我们的细胞或个体根本活不了多长时间。幸运的是，经过亿万年的进化，细胞已经进化出非常有效的多条DNA损伤修复途径。托马斯·林达尔、阿齐兹·桑贾尔和保罗·莫德里奇就是因为他们各自发现了一条DNA损伤修复途径，获得了2015年诺贝尔化学奖。下文对这三条DNA损伤修复途径作简单评述。

1. 碱基切除修复（托马斯·林达尔发现）

1972年，托马斯发现嘌呤碱基与2'-脱氧戊糖之间的糖苷键以非常容易检测到的速率断开[1]，造成DNA链上产生没有碱基的位点。他进一步发现一些被化学修饰的碱基，如氧化的、烷基化的、脱氨基的碱基，通过酶解或水解，也会从DNA链上脱落下来。这样，DNA链上会产生许多没有碱基的位点。这些位点，如果不被修复，在下一轮DNA复制中，就会出错误，导致基因组不稳定，进而导致细胞病变或死亡。发现这条修复途径的一个突破点是托马斯发现了尿嘧啶脱氧核糖糖苷酶（Uracil DNA glycosylase）[2]。尿嘧啶不是DNA的正常碱基，尿嘧啶脱氧核糖是由胞嘧啶脱氧核糖脱氨基产生的。那么细胞是如何从DNA上去掉尿嘧啶脱氧核糖的呢。正是因为托马斯首次发现了尿嘧啶脱氧核糖糖苷酶，碱基切除修复途径被发现。然后，在之后20年里，通过托马斯和其他许多人的工作，发现了多个糖苷酶和参与此修复途径的其他酶，这条DNA损伤修复途径的分子机理才被基本阐明。

2. 核苷酸切除修复（阿齐兹·桑贾尔发现）

UV能导致许多类型DNA损伤，其中一种是生成胸腺嘧啶二聚体。阿齐兹发现了一种酶，叫DNA光解酶（DNA photolyase）[3,4]，该酶能直接反转胸腺嘧啶二聚体成为正常的碱基。另外，阿齐兹还发现 Uvr 蛋白/酶（UvrA、UvrB、UvrC）[5]。这些 Uvr 蛋白/酶，通过核苷酸切除的方法，能修复一些损伤的碱基。所以，核苷酸切除修复是细胞广泛存在的一条 DNA 损伤修复途径，它在维持基因组稳定性中起着重要作用。

3. 碱基错配修复（保罗·莫德里奇）

在 DNA 复制过程中，经常会发生碱基插入错误导致碱基错配。在两条 DNA 链里，碱基 A 应该和碱基 T 配对，碱基 G 应该和碱基 T 配对。但如果不是这样配对，就是碱基错配，如 A∶C 或 G∶T 配对。碱基错配需要修复，保罗在碱基错配修复方面的主要贡献是他用生化方法，阐明了 MutS、MutL、MutH 和其他一些酶在识别错配碱基及随后修复过程中的基本分子机制[6,7]。碱基错配修复的存在，能提高 DNA 复制准确性大约三个数量级。

上面简要介绍了三条 DNA 修复途径。这三条 DNA 修复途径在维持细胞基因组稳定性方面是极其重要的，而且是必需的。比如，如果核苷酸切除修复出问题，我们的皮肤就很容易被太阳光灼伤，并且非常容易得皮肤癌；没有碱基错配修复，人非常容易得结肠癌。发现这三条 DNA 修复途径，并进一步阐明其分子作用机理，开创了 DNA 损伤修复研究，确实是 DNA 代谢研究的重要发现，极大地推动了我们对细胞维持基因组稳定性机制的理解。这些工作被授予诺贝尔化学奖，当之无愧。但是，由于每个诺贝尔奖只能授予最多三个人，这大大限制了一些其他科学工作者得到诺贝尔奖的机会，即使这些人同样作出了重要贡献。双链 DNA 断裂应该是最严重的一种 DNA 损伤，其修复机制非常复杂，很多科学家在阐明此生物事件研究中做出过重要贡献，但他们很难被授予诺贝尔奖，因为在双链 DNA 断裂修复中做出过重要贡献的人数已远超过三个人。同样，DNA 复制的分子机制更为复杂，此事件的生物学意义更重要，或者可以说是最重要的。从原核生物到真核生物，在 DNA 复制领域里做出过重大贡献的，至少超过十个人。如果这些人被授予诺贝尔奖，也是当之无愧的，但由于人数限制，他们可能永远也得不到诺贝尔奖。现在看起来，越是重大的生物学事件，越不是两三个人就能阐明其全部分子机制的。这样，真正重大生物学事件的基础研究，如 DNA 复制研究，往往不能授予诺贝尔奖。

在 DNA 代谢领域，不管是在人力上、在研究领域的覆盖面上，还是在科学研究的水平上，我国在过去 10 年中的进步非常明显。在 DNA 复制、DNA 重组、DNA 损伤应答与修复、基因组稳定性的维持等领域，10 年前我国研究力量非常薄弱。虽然现在我们在研究的人力上，跟美国相比还是有较大的差距，大约要到 8～10 年后，才能总体赶上美国水平。但是，在 DNA 代谢研究的一些方面，我们应该是已经与世界并驾齐驱甚至是引领世界的。例如，在 DNA 复制、重组、双链 DNA 断裂修复、细胞周期检验点（checkpoint）调控、DNA复制叉稳定性等领域的一些方面，我们做出了非常出色的工作。在DNA代谢与基因组稳定性研究领域，我们仍处在早期阶段，在未来20年，激动人心的重要发现会不断地出现。将来，下面几个方面的研究，预期将会有大的突破。

（1）真核细胞DNA复制叉突破或跨越核小体（包括异染色质区）的机制。

（2）真核细胞DNA复制叉里的生化反应机制。

（3）细胞稳定停顿DNA复制叉的机制。

（4）一些新类型的DNA损伤修复途径的发现；不同类型DNA损伤应答的信号转导及反馈机制；组蛋白修饰与DNA代谢的相互关系。

（5）细胞内DNA代谢途径之间的网络关系。

（6）染色体DNA在细胞核里的安排机制及染色体的精细结构。

（7）染色体在M期的压缩机制。

（8）细胞内染色体DNA高效、定向、专一的改造方法的建立，这个改造的对象包括胚胎细胞及体细胞。本文作者认为基因组DNA定向改造的时代应该很快就降临了，它对人类的影响，可能没有任何其他事情能与之相比。

上面8个方面的研究在DNA代谢研究中处在中心地位，正是我们目前全力以赴、有可能取得突破性进展的领域。有一些问题，如染色体在M期的压缩机制，是一个超过100年的问题，这个问题有可能在下面10年会取得突破性进展。染色体DNA在细胞核里的安排机制及染色体的精细结构，也是一个极其快速发展的领域，在下面10年，也会有重要突破。细胞内染色体DNA高效、定向、专一的改造，在方法上应该会有许多改进，包括对CRISPR-Cas9方法的改进。也可能会发明新的方法，但其基本原理应该与CRISPR-Cas9类似。

本文作者对我国科技政策提出一些建议。第一，要切实增加基础研究的投入水平。中国科技的进一步发展，也需要有高水平的基础研究来支撑。经费投入需要从现在的5%左右，逐步提高到科技发达国家通行的15%～20%。第二，建设世界一流大学和一流学科。现在与将来，中国即将并终将成为真正的科技大国与科技强国，没有一批世界一流的大学和一流学科，显然是不行的，与中国应有的国际地位不相符。第三，要培育世界一流学术期刊。培育形成世界一流的学术期刊，也是彰显科技强国的重要标志之一。第四，要重视杰出优秀人才的选拔培养，尤其是对我国培养的科技人才的选拔。

参考文献

[1] Lindahl T, Nyberg B. Rate of depurination of native deoxyribonucleic acid. Biochemistry, 1972, 11: 3610-3618.

[2] Lindahl T. Instability and decay of the primary structure of DNA. Nature, 1993, 362: 709-715.

[3] Sancar A, Rupert C S. Cloning of the phr gene and amplification of photolyase in Escherichia coli. Gene, 1978, 4: 295-308.

[4] Sancar G B, Jorns M S, Payne G, et al. Action mechanism of Escherichia coli DNA photolyase. III. Photolysis of the enzyme-substrate complex and the absolute action spectrum. Journal of Biological Chemistry, 1987, 262: 492-498.

[5] Sancar A. DNA excision repair. Annual Review of Biochemistry, 1996, 65: 43-81.

[6] Lahue R S, Au K G, Modrich P. DNA mismatch correction in a defined system. Science, 1989, 245: 160-164.

[7] Kadyrov F A, Dzantiev L, Constantin N, et al. Endonucleolytic function of MutLalpha in human mismatch repair. Cell, 2006, 126: 297-308.

DNA Repair and Genomic Stability
——Commentary on the 2015 Novel Prize in Chemistry

Kong Daochun

The 2015 Nobel Prize in chemistry was awarded to Tomas Lindahl, Aziz Sancar and Paul Modrich for their discoveries of three pathways of DNA lesion repair: base excision repair, nucleotide excision repair and mismatch repair, and their pioneering work profoundly advances our understanding of DNA lesion repair and the mechanisms of maintenancing genomic integrity. The studies by the three Nobel laureates are also elegantly complemented by the work on other types of DNA lesion repair, such as the repair of double-stranded DNA breaks and repair of ribonucleotide inserted into DNA. DNA repair is one aspect of DNA metabolism. Our knowledge in understanding genomic DNA and its metabolism is also greatly advanced by the extensive studies of DNA replication, DNA recombination, checkpoint control, epigenetics, and replication fork stabilization. In the next decade, more exciting discoveries will come up about our own genetic material-DNA, and the application resulting from genomic DNA studies will be surely unlimited.

2.11 抗击寄生虫病的里程碑

——2015 年诺贝尔生理学或医学奖评述

刘 满 俞 强
（中国科学院上海药物研究所）

荣获 2015 年诺贝尔生理学或医学奖的三位科学家分别是日本北里大学（Kitasato University）的退休教授大村智（Satoshi Ōmura）、美国德鲁大学（Drew University）的退休研究员美籍爱尔兰人威廉·坎贝尔（William C. Campbell）和中国中医科学院的教授屠呦呦（图 1）。大村智和坎贝尔在 1978 年共同发现了治疗淋巴丝虫病（Wuchereria bancrofti）和河盲症（Oncocerca volvulus）的阿维菌素（Avermectin）；屠呦呦在 1972 年发现了治疗疟疾的青蒿素（Artemicinin）。这两个药在全球抗击寄生虫病的进程中发挥了重大作用。因此三位科学家得到了 2015 年度的诺贝尔生理学或医学奖的表彰。

大村智

威廉·坎贝尔

屠呦呦

图 1　2015 年度诺贝尔生理学或医学奖三位获奖者

一、寄生虫病——人类的灾难

人体寄生虫是以人作为宿主的寄生虫，当其生长或繁殖损害到机体时，人体表现出明显的临床症状或病理变化，即寄生虫病。寄生虫病分布广泛，尤其是在非洲和亚洲的发展中国家，由于地理气候温湿、经济和卫生条件的相对落后，寄生虫病的流行情况十分严重，每年全球有数十亿人的生命健康受到寄生虫病的威胁。因而，寄生虫病一直是全球关注的公共卫生问题。世界卫生组织（WHO）建议重点防治的 6 个主要热带病中有 5 个是寄生虫病，其中就包含阿维菌素针对的丝虫病和青蒿素针对的疟疾。

淋巴丝虫病造成急性淋巴管炎和淋巴结炎，后期由于淋巴管长期阻塞导致象皮肿。目前感染淋巴丝虫的人数约为 1 亿，半数患者因病致残。而感染盘尾丝虫的人数也接近 1 亿，感染后会发展出慢性角膜炎，最终导致双目失明，因此又称河盲症。

疟疾（俗称打摆子、寒热病）是由蚊虫传播的疟原虫感染所致。患者主要表现为周期性全身发冷、发热、高烧、多汗、呕吐、头痛，最后出现贫血和脾大，严重时出现脑损伤和死亡。全球每年疟疾的发病人数高达 2 亿，因之死亡的人数高达百万。

二、阿维菌素——大村智与坎贝尔的发现

日本科学家大村智生于 1935 年，是一个微生物学家兼化学家。他运用独特的技术，原创建立了大规模培养、分析、筛选、鉴定菌株的方法。1974 年，他从土壤样本中成功分筛出新的链霉菌菌株（即后来的阿维链霉菌 Streptomyces avermectinius），深入分析其生物活性，从中发现了全新的抗寄生虫活性物质，命名为阿维菌素[1]（图 2）。

图 2　大村智从土壤中发现和培养的阿维链霉菌

图片来源：诺贝尔奖网站，www. nobelprize. org

坎贝尔教授是一个生物学家和寄生虫学家，美籍爱尔兰人。1957～1990 年，他在美国默沙东公司（Merck Sharp & Dohme）任职。他带领科研团队与大村智通力合作，全面筛选评定了阿维菌素的抗寄生虫活性[2]。之后，默沙东公司以阿维菌素为改造起点，半合成了活性更高的伊维菌素（Ivermectin），就此成为治疗淋巴丝虫病和盘尾丝虫病的特效药[3,4]（图 3）。

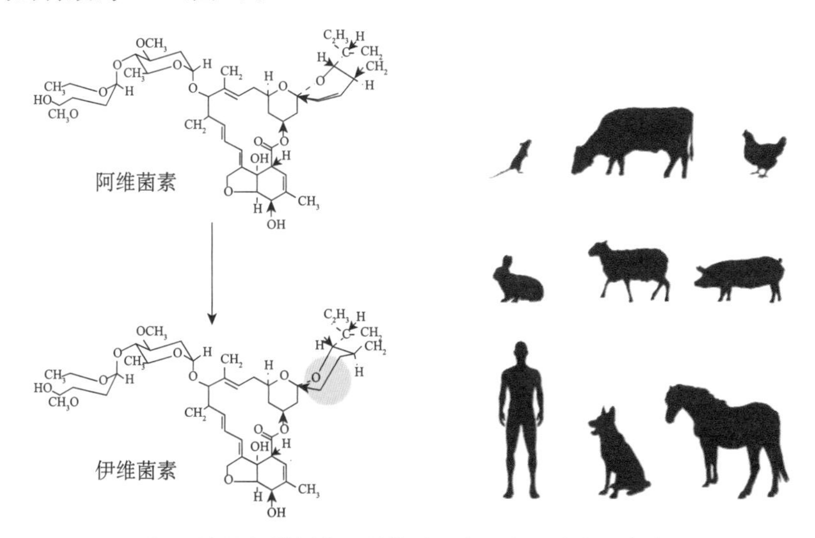

图 3　坎贝尔教授发现的能杀死寄生虫和治疗河盲症和象皮肿的阿维菌素及其衍生物伊维菌素

图片来源：诺贝尔奖网站，www. nobelprize. org

阿维菌素是一个十六元大环内酯，它靶向谷氨酸门控氯离子通道，该通道主要分布在线虫类、昆虫类的神经和肌肉细胞，部分分布于哺乳动物的中枢神经系统，而哺乳动物存在血脑屏障，所以该药对哺乳动物影响极小。研究表明，在低浓度下，药物就可增强谷氨酸对该通道的作用，阻断神经和肌肉细胞的电传导，造成神经肌肉系统的瘫痪，从而麻痹并杀死寄生虫。

阿维菌素的发现是一个完美的科研合作。大村智作为阿维菌素的发现者获得诺贝尔奖理所应当，而坎贝尔则发现了阿维菌素的生物活性并在接下来的工作中对其作为广谱驱虫剂的使用做出了重要贡献，也有足够的理由分享这一最高科学荣誉。

三、青蒿素——屠呦呦的贡献

中国中医科学院的药学家屠呦呦是 2015 年诺贝尔生理学或医学奖的第三位获得者。她于 1930 年生于浙江宁波，1951 年考入北京大学，毕业后在中国中医研究院

（2005 年更名为中国中医科学院）工作，现为中国中医科学院首席研究员、青蒿素研究开发中心主任。

1969 年，屠呦呦领导团队采用现代科学的方法开展了抗疟疾中药的研究。她受东晋葛洪《肘后备急方》中“青蒿一握，水一升渍，绞取汁，尽服之”的启迪，在低温条件下从青蒿的乙醚提取物中发现了能够治疗疟疾的活性物质，从中成功提取到了有效单体化合物的无色晶体，将其命名为青蒿素[5]。之后，她和中国科学院上海有机化学研究所和生物物理研究所的学者合作确定了青蒿素的结构[6~8]（图 4）。

青蒿素是一个倍半萜烯内酯，其结构特征是一个过氧基团 C—O—O—C，该基团被认为是青蒿素活性的结构基础。青蒿素的作用机理目前尚不完全清楚，有证据显示，当疟原虫感染人的红细胞时，血红素的铁会还原青蒿素中的过氧键随之产生活性氧自由基，氧自由基作用于疟原虫的膜系结构，破坏其泡膜、核膜和质膜，对疟原虫的细胞结构及功能造成破坏，从而杀死疟原虫。由于本身生物利用度较低，青蒿素并没有成为一个有效的治疗疟疾的药物。而它的结构改造物——双氢青蒿素和蒿甲醚等则是目前应用广泛、更为有效的抗疟疾药。

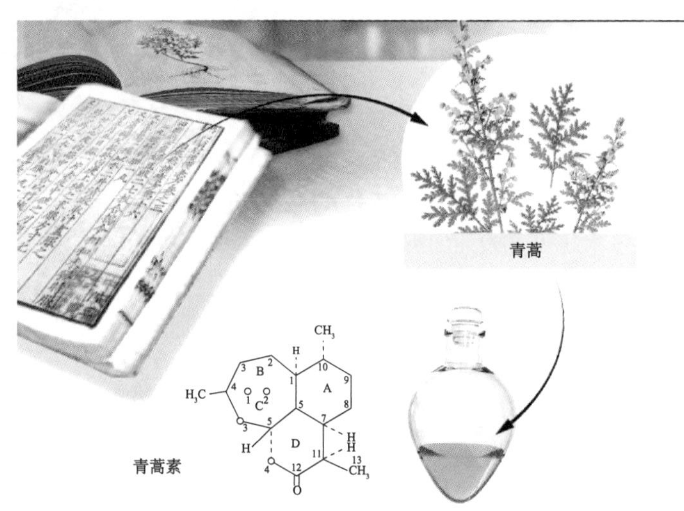

图 4　屠呦呦从中草药青蒿中发现能治疗疟疾的青蒿素

图片来源：诺贝尔奖网站，www. nobelprize. org

四、抗寄生虫病药的历史

人类自诞生以来就饱受致病生物的侵扰，其中之一的寄生虫对人类健康造成了巨大威胁。因此，人们一直在寻找治疗寄生虫病的良药。两千多年前，中国《神农本草经》就记载了30多种驱虫药物，而芜荑、茱萸、石榴根等驱虫药至今仍在使用。17世纪在南美洲秘鲁的西班牙人和当地人发现金鸡纳树皮能治疗疟疾，直到1817年，法国科学家成功从中分离得到抗疟的有效单体金鸡纳碱，即奎宁（Quinine）。在接下来的近两个世纪中，奎宁成为防治疟疾的主要药物，并和后来人工合成的磺胺类药物在治疗寄生虫病中起到了重要的作用。但是，这些药物的疗效对于控制寄生虫疾病远远不够。直到20世纪70年代，获得2015年度诺贝尔奖的三位科学家发现的两个药：阿维菌素和青蒿素才彻底改变了这种状况。所以说，阿维菌素和青蒿素的发现是人类抗击寄生虫病史中的里程碑。

五、抗寄生虫病药的未来

如今距离阿维菌素和青蒿素的发现已过去近半个世纪。虽然抗寄生虫药物在历史上取得了巨大的成功，但与治疗其他疾病的药物相比，抗寄生虫药物品种仍然有限。至今仍有些寄生虫无有效治疗药物。在现有药物中，有的口服效果差，有的毒性大，有的幼虫对药物敏感性差。更为重要的是普遍存在抗药性问题。因此，发现和开发新的抗寄生虫药已成为防治寄生虫病战略的必需。解决高效、低毒、广谱和抗药性问题将是今后抗寄生虫病药物发展的方向。同时，阿维菌素和青蒿素的发现像大多数已知的药物一样再次提示我们大自然是一个丰富的生物活性物质资源，坚持不懈地运用各种新的思路和开发新的技术对大自然进行多方面的深入的探索将永远是一条开发新药的有效途径。

随着基础研究对寄生虫生物学、生物化学和病理学的进一步的深入理解，随着高通量、高内涵、计算机虚拟筛选等现代药物开发技术的引进和应用，抗寄生虫药物的研发进入了新的时代。2015年的诺贝尔生理学或医学奖奖给了两个抗寄生虫药将会进一步推动新的、更安全高效的抗寄生虫药物的出现。

参考文献

[1] Burg R W, Miller B M, Baker E E, et al. Avermectins, new family of potent anthelmintic agents: Producing organism and fermentation. Antimicrobial Agents and Chemotherapy, 1979, 15(3): 361-367.

[2] Miller T W, Chaiet L, Cole D J, et al. Avermectins, new family of potent anthelmintic agents: Isolation and chromatographic properties. Antimicrobial Agents and Chemotherapy, 1979, 15(3): 368-371.

[3] Egerton J R, Ostlind D A, Blair L S, et al. Avermectins, new family of potent anthelmintic agents: Efficacy of the B1a component. Antimicrobial Agents and Chemotherapy, 1979, 15(3): 372-378.

[4] Albers-Schonberg G, Arison B H, Chabala J C, et al. Avermectins. Structure Determination. Journal of the American Chemical Society, 1981, 103: 4216-4221.

[5] 青蒿素结构研究协作组．一种新型的倍半萜内酯——青蒿素．科学通报，1977，(3)：142.

[6] 刘静明，倪慕云，樊菊芬，屠呦呦，等．青蒿素(Arteannuin)的结构和反应．化学学报，1979，37(2)：129-142.

[7] 青蒿研究协作组．抗疟新药青蒿素的研究．药学通报，1979，14(2)：49-53.

[8] 中国科学院生物物理研究所青蒿素协作组．青蒿素的晶体结构及其绝对构型．中国科学，1979，(11)：1114-1128.

[9] Meshnick S R, Thomas A, Ranz A, et al. Artemisinin (qinghaosu): The role of intracellular hemin in its mechanism of antimalarial action. Molecular and Biochemical Parasitology, 1991, 49(2): 181-189.

[10] O'Neill P M, Barton V E, Ward S A. The molecular mechanism of action of artemisinin—the debate continues. Molecules, 2010, 15(3): 1705-1721.

[11] 李英，虞佩琳，陈一心，等．青蒿素类似物的研究——Ⅰ、还原青蒿素的醚类、羧酸酯类及碳酸酯类衍生物的合成．药学学报，1981，06：429-439.

[12] Barrett M P, Croft S L. 2014. Emerging paradigms in anti-infective drug design. Parasitology, 141: 1-7.

The Milestone of Anti-Parasitic Disease
——Commentary on the 2015 Nobel Prize in Physiology or Medicine

Liu Man , Yu Qiang

Parasitic diseases are severe threats to human's life and health. Majority of the world population are facing with threats from various parasitic infections and millions of people died of infectious diseases every year. The 2015 Nobel Prize in Physiology or Medicine was awarded to three scientists, Satoshi Ōmura, William C. Campbell and Youyou Tu, because of their discoveries of two anti-parasitic disease drugs 40 years ago, the anti-River Blindness and Lymphatic Filariasis drug Avermectin and the anti-Malaria drug Artemisinin, which revolutionized the treatment for the diseases and changed the lives of millions who are afflicted by the diseases. Their discoveries made great contributions to conquer the major global health problem.

第三章

2015年中国科研代表性成果

Representative Achievements of Chinese Scientific Research in 2015

3.1　逻辑系统的代数状态空间理论

程代展　齐洪胜　刘　挺

（中国科学院数学与系统科学研究院系统科学研究所）

自然界的演化过程大致分为两类：一类是动力学形式的，如天体运动、化学过程、温度变化等；另一类是逻辑形式的，如博弈、军事决策、计算机演算等。前者可以用微分方程、差分方程等成熟的数学方法进行建模与控制设计，而后者则缺乏有效的数学工具。

从历史上看，由物理规律或化学规律等得到的系统都属第一类过程，因此，它们被广泛而深入地研究过。只是在近几十年，逻辑系统（二值逻辑系统即布尔网络）才变得重要起来。逻辑系统的来源主要有两个：①计算机科学。钱学森、宋健在英文专著《工程控制论》（*Engineering Cybernetics*）一书[1]的第17章对此作了详细而精辟的论述："随着科学技术的飞速发展，动力学控制理论已不能完全满足客观实践的需要。""现代控制系统的一个新的特点是它必须具有逻辑判断的能力。""随着计算机技术和理论研究的发展，现已初步形成一门逻辑控制理论。"②系统生物学。雅各布（Francois Jacob）和莫诺（Jacques Monod）在20世纪60年代初发现，任何细胞都包含着调节基因，这些基因像开关一样，能打开或关闭其他基因，从而形成遗传回路。这一发现使他们获得了1965年诺贝尔生理学或医学奖。基于这个发现，考夫曼(S. Kauffman)提出了布尔网络这一概念用以刻画细胞中的基因调控网络。此后，布尔网络研究发展迅速，成为系统生物学研究的一个重要工具[2]。从生物学角度探讨布尔网络的控制问题出现得比较晚，北野（H. Kitano）在其发表在《自然》上的文章中提到："系统生物学的一个主要任务是发展复杂生物系统的控制理论。发展这样一种控制理论不仅从理论角度看是有意义的，而且从实践的观点看是重要的。"[3]由此可见，研究逻辑动态系统是时代的要求，是科技发展的必然。

由于缺少合适的数学工具，此前，逻辑控制系统的"一种统一的理论模型还没有形成"[1]。

自2008年年初开始，本文作者利用自己原创的矩阵半张量积为工具，给出了逻辑动态系统的代数状态空间的描述方法。这个方法的关键点是将逻辑系统转化为用矩阵描述的离散时间系统。这使得经典的数学工具，如矩阵论、离散时间控制系统理论等，可以方便地应用到逻辑系统的研究中去。在这个平台下，本文作者研究逻辑动态系统的分析和控制问题，得到很大成功，阶段研究成果形成专著[4]。这本书首次给出了逻辑控制系统的一个较完整的理论体系。

美国电子电气工程师协会控制系统学会（IEEE CSS）2015 年主席、意大利教授沃尔策（M. E. Valcher）指出："近年，程（代展）和他的合作者发展了一套处理布尔网络与布尔控制网络的代数框架。他们的研究成果形成了专著[4]，在那里研究了布尔网络从稳定、镇定到能控性、干扰解耦、最优控制等大量问题。并且，他们激发了这一领域瞄准更深刻的专门控制问题的研究。"[5]

目前，逻辑控制系统的代数状态空间方法已经成为国际控制领域一个不可忽视的新方向。不仅逻辑系统的代数状态空间理论的研究在不断发展充实，包括：①逻辑动态系统的拓扑结构[6]以及状态空间结构[7]；②逻辑控制系统的控制理论[8]。而且，它正被用到相关领域的理论研究中去。例如，①生物系统与生命科学[9]；②博弈论[10]；③图论与队型控制[11]；④线路设计与故障检测[12]；⑤模糊控制[13]；⑥有限自动机与符号动力学[14]；⑦编码理论与算法实现[15]；⑧网络查询与遥操作[16]；等等方面。

除理论研究外，矩阵半张量积及代数状态空间方法也在一些工程设计中得到初步应用。例如，清华大学卢强院士、梅生伟教授等将半张量积方法用于电力系统，成果显著，被电力系统专家程时杰院士称为"一个里程碑式的工作成果"[17]（图 1)；日本上智大学先进动力系统实验室申铁龙教授研究组利用逻辑系统的代数状态空间方法控制混合动力机车，实物仿真达到减排 6%、省油 3.75%的良好效果[18]（图 2)。

有关逻辑控制系统理论的研究，特别是矩阵半张量积及基于矩阵半张量积的代数状态空间方法得到了国内外同行的肯定，引起许多后续研究。本文作者关于布尔网络能控、能观性的论文[19]获得国际自动控制联合会（IFAC）颁发的其旗舰杂志《自动化》(*Automatica*) 2008～2010 理论/方法最佳论文奖。该论文是至今唯一完全由华人学者完成的获奖论文。本文作者的工作"逻辑动态系统控制的代数状态空间方法"于 2014 年获国家自然科学奖二等奖，这是程代展研究员第二次以第一完成人身份获此奖项，他也因该项工作获得了 2015 年中国科学院杰出科技成就奖（个人)。

这是一个由中国人开创和引领的新方向，它正吸引越来越多的国际和国内学者的投入参与。

半张量积方法在电力系统中的应用

稳定域对系统稳定分析至关重要，由于电力系统的复杂非线性特性，传统方法得到的边界过于保守或冒进，严重制约系统输电能力。基于半张量积方法，实现了电力系统稳定域边界的自生成，实现电力系统安全稳定运行裕度的快速准确估计。

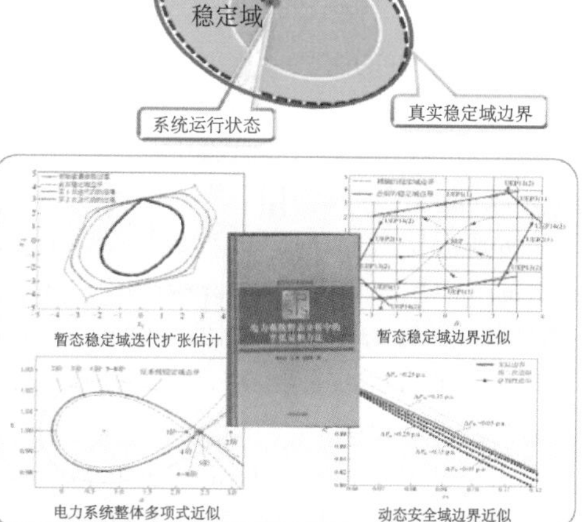

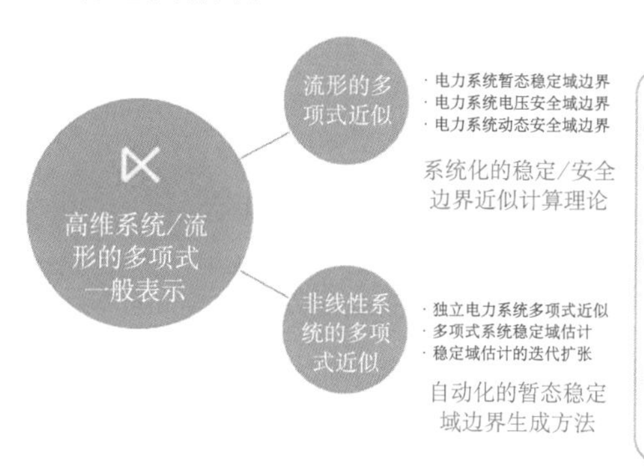

图 1　半张量积应用于电力系统[17]

（a）日本上智大学先进动力系统实验室研究设备　（b）丰田 $V6$ 汽油引擎与发电机系统

图 2　混合动力机车控制[18]

参考文献

[1] Tsien H S,Song J. Engineering Cybernetics,3rd eds. Beijing:Science Press,2011.

[2] Kauffman S. Metabolic stability and epigenesis in randomly constructed genetic nets. Journal of Theoretical Biology,1969,22(3):437-467.

[3] Kitano H. Computational systems biology. Nature,2002,420(6912):206-210.

[4] Cheng D, Qi H, Li Z. Analysis and Control of Boolean Networks: A Semi-tensor Product Approach. London:Springer,2011.

[5] Fornasini E, Valcher M E. Observability, reconstructibility and state observers of Boolean control networks. IEEE Transactions on Automatic Control,2013,58:1390-1401.

[6] Cheng D, Qi H. A linear representation of dynamics of Boolean networks. IEEE Transactions on Automatic Control,2010,55:225-2258.

[7] Cheng D,Qi H. State space analysis of Boolean networks. IEEE Transactions on Neural Networks, 2010,21:584-594.

[8] Laschov D,Margaliot M. Controllability of Boolean control networks via the Perron- Frobenius theory. Automatica,2012,48(6):1218-1223.

[9] Zhao Y,Kim J,Filippone M. Aggregation algorithm towards large-scale boolean network analysis. IEEE Transactions on Automatic Control,2013,58:1976-1985.

[10] Cheng D. On finite potential games. Automatica,2014,50(7):1793-1801.

[11] Wang Y,Zhang C,Liu Z. A matrix approach to graph maximum stable set and coloring problems with application to multi-agent systems. Automatica,2012,48(7):1227-1236.

[12] Li H,Wang Y. Boolean derivative calculation with application to fault detection of combinational circuits via the semi-tensor product method. Automatica,2012,48(4):688-693.

[13] Feng J,Lv H,Cheng D. Multiple fuzzy relation and its application to coupled fuzzy control. Asian Journal of Control,2013,15(5):1313-1324.

[14] Hochma G, Margaliot M, Fornasini E, et al. Symbolic dynamics of Boolean control networks. Automatica,2013,49(8):2525-2530.

[15] Zhong J,Lin D. A new linearization method for nonlinear feedback shift registers. Journal of Computer and System Sciences,2015,81(4):783-796.

[16] Liu Z,Wang Y. An inquiry method of transit network based on semi-tensor product. Complex Syst Complex Sci, 2013,10(1):341-349.

[17] Mei S,Liu F,Xue A. Transient Analysis of Power Systems via Semi-Tensor Product. Beijing: Thinghua University Press,2010.

[18] Wu Y,Shen T. An algebraic expression of finite horizon optimal control algorithm for stochastic logical dynamical systems. Systems & Control Letters,2015,82:108-114.

[19] Cheng D,Qi H. Controllability and observability of boolean control networks. Automatica,2009, 45(7):1659-1667.

The Algebraic State Space Theory of Logical Systems

Cheng Daizhan, Qi Hongsheng, Liu Ting

The study of logical dynamic systems is the demand of the era and the inevitability of the development of science and technology. Some main results obtained recently in the logical dynamic systems and their control theory include the algebraic state space approach, structure analysis and control design of logical dynamic systems. Recently, it has been applied to biological systems and life sciences, game theory, circuit design and fault diagnosis, fuzzy control, finite state automata and symbolic dynamics, graph theory and formation control, etc. Moreover, it has been applied to some engineering design problems such as power systems, hybrid vehicles etc.

3.2 发现宇宙早期黑洞质量最大的超亮类星体

吴学兵

（北京大学）

类星体是 1963 年被发现的一类特殊天体[1]。它们因看起来为“类似恒星的天体”而得名，但实际上却是银河系外能量巨大的遥远天体，其中心是猛烈吞噬周围物质的质量在千万倍太阳质量以上的超大质量黑洞[2]。这些黑洞虽然自身不发光，但其强大的引力导致周围物质在快速落向黑洞的过程中以彼此间类似“摩擦生热”的方式释放出巨大的能量，这使得类星体成为宇宙中最耀眼的天体（图 1）。目前，天文学家们通过大型巡天已经发现了 30 多万颗类星体，但距离超过 127 亿光年（即红移大于 6）的类星体只有 40 个左右[3]。由于类星体的红移（即观测到的谱线波长比静止波长要长）是由于宇宙膨胀导致的，所以距离遥远的高红移类星体其实存在于宇宙的早期。通过对高红移类星体的研究，我们可以追溯早期宇宙的结构和演化。然而，由于高红移类星体距离太过遥远，虽然它们自身辐射出的能量巨大，但在地球上看起来的亮度却并不亮，因此被发现的数目较少。

图 1　遥远宇宙中拥有巨型黑洞的类星体示意图

图片来源：李兆聿（上海天文台）制作，背景图片来源于 NASA/JPL-Caltech 和 Misti Mountain Observatory

利用中国科学院云南天文台的 2.4 米光学望远镜，北京大学吴学兵领导的团队在 2015 年宣布首先发现了一颗距离地球 128 亿光年（红移为 6.3）、发光强度是太阳的 430 万亿倍、中心黑洞质量为 120 亿太阳质量的超亮类星体，这是目前已知的宇宙早期发光最亮、中心黑洞质量最大的类星体。这一研究成果得到了国外 4 台大型光学和红外望远镜观测的证实，作为封面推荐论文之一发表在 2015 年 2 月 26 日出版的国际顶级科学期刊《自然》上[4]。该杂志为此作了题为“井喷式快速成长的年轻黑洞”（*Young Black Hole had Monstrous Growth Spurt*）的新闻发布，并邀请德国马普研究院天文研究所专家在同期杂志的新闻与评述（*News & Views*）中撰写题为“年轻宇宙里的巨兽”（*A Giant in the Young Universe*）专文介绍了这一发现[5]。该类星体是世界上唯一一颗利用 2 米口径的望远镜发现的红移 6 以上的遥远类星体。著名天文学家、中国科学院国家天文台陈建生院士认为这一工作“基于中国的中小天文设备发现了迄今遥远宇宙中的最亮天体，可喜可贺”。这一发现在世界上引起了很大反响，已被国内外数百家新闻媒体，包括美国有线电视新闻网（CNN）、《华盛顿邮报》、《时代周刊》、发现频道、《科学美国人》，英国路透社和《卫报》，德国《明镜周刊》，中国中央电视台、新华社、《人民日报》、《光明日报》等，作为重要新闻进行了报道。该发现被美国《发现》(*Discover*) 杂志评为 2015 年 100 个顶级科学发现（top 100 stories）之一；论文被英国 Altmetric 网站评为 2015 年最受媒体和公众关注的 100 篇顶级科学论文（top 100 articles）之一；成果入选了 2015 年度“中国科学十大进展”和 2015 年度“中国高等学校十大科技进展”。

近年来，吴学兵领导的研究团队发展了一套基于光学和红外波段天文测光数据选取红移大于 5 的类星体候选体的有效方法，并利用多个望远镜的光谱观测发现了几十个高红移类星体[6]，其中最高红移的是一颗名为 SDSS J0100+2802、红移为 6.3 的类星体（图 2)。利用观测到的光谱数据，他们估计出该类星体的光度（即发光本领）超过太阳光度的 430 万亿倍，比目前已知的距离最远（离地球 130 亿光年）的类星体还亮 7 倍。其中心的黑洞质量达到了 120 亿倍太阳质量，使得它成为目前已知的高红移类星体中光度最高、黑洞质量最大的类星体。该发现证实在宇宙年龄只有 9 亿年时，就已经形成质量为 120 亿太阳质量的黑洞。这支持了在宇宙早期黑洞比星系增长得更快的观点，对目前的黑洞形成和增长理论，以及黑洞和星系共同演化理论都提出了严重的挑战。同时，在高红移处具有极大亮度的该类星体就像遥远夜空中一盏最明亮的灯塔，为未来利用它研究早期宇宙中黑洞和星系的形成和演化提供了一个特别的实验室，这是之前无法利用其他相对暗很多的类星体和星系做到的。该团队正利用包括“哈勃”太空望远镜在内的多台国际大型天文望远镜对这一特殊的遥远类星体进行仔细的后续观测，期待揭晓更多与之相关的科学奥秘。

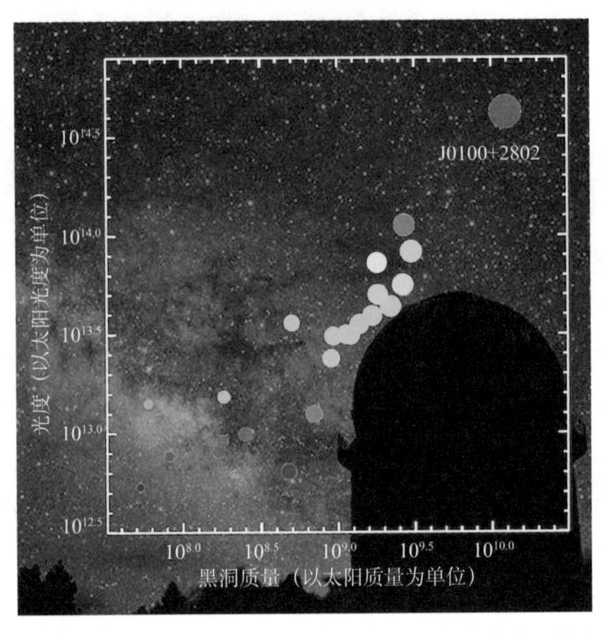

图 2　吴学兵团队发现的类星体 SDSS J0100＋2802 是已知的黑洞质量和光度最大的遥远类星体

图片来源：李兆聿（上海天文台）制作，背景图片是丽江 2.4 米望远镜圆顶及其天空，由中国科学院云南天文台提供

参考文献

[1] Schmidt M. 3C 273 : A star-like object with large red-shift. Nature, 1963, 197: 1040-1040.

[2] Lynden-Bell D. Galactic nuclei as collapsed old quasars. Nature, 1969, 223: 690-694.

[3] 江林华，吴学兵，王然，等．高红移类星体的观测．科学通报，2015，60：2387-2395.

[4] Wu X B, Wang F, Fan X, et al. An ultraluminous quasar with a twelve-billion-solar-mass black hole at redshift 6.30. Nature, 2015, 518: 512-515.

[5] Venemans B. Cosmology: A giant in the young Universe. Nature, 2015, 518: 490-491.

[6] Wang F, Wu X B, Fan X, et al. A survey of luminous high-redshift quasars with SDSS and WISE. I. Target selection and optical spectroscopy. Astrophysical Journal, 2016, 819: 24-38.

Discovery of an Ultra-Luminous Quasar with the most Massive Black Hole in the Early Universe

Wu Xuebing

Quasars are the most powerful objects in the Universe. Their huge power comes from the gravitational energy of matters being accreted onto the supermassive black holes. Because of their high luminosities, they can be observed even at huge distance and are important tools for us to study the early Universe. So far, about 40 quasars with redshifts greater than 6 have been discovered. Each quasar contains a black hole with a mass of about one billion solar masses. The existence of such black holes when the Universe was less than 1 billion years old presents substantial challenges to theories of the formation and growth of black holes and the coevolution of black holes and galaxies. Here we report the discovery of an ultra-luminous quasar, SDSS J010013.02+280225.8, at redshift 6.30, based on the first optical spectrum obtained with a 2.4m telescope in Lijiang, China and the subsequent spectroscopy on other 3 telescopes abroad. It has an optical and near-infrared luminosity a few times greater than those of previously known quasars at redshift beyond 6. We estimate that the black hole in this quasar has a mass of 12 billion solar masses, making it to be the most luminous quasar with the most massive black hole in the early Universe. Its existence, when the Universe was 900 million years after the Big Bang, presents further challenges to the current theories about the black hole growth and galaxy evolution in the early Universe. In addition, with the largest luminosity at high redshift, this quasar, like the brightest lighthouse in the dark, is extremely helpful for us to probe the structure of the early Universe.

3.3 外尔半金属及外尔费米子的理论预言与实验发现

翁红明[1,2] 戴 希[1,2] 方 忠[1,2]

(1. 中国科学院物理研究所，北京凝聚态物理国家实验室；
2. 量子物质科学协同创新中心)

1928年，狄拉克（P. Dirac）提出了描述相对论粒子的狄拉克方程。1929年德国科学家外尔（H. Weyl）进一步指出，当质量为零时，狄拉克方程描述的是一对重叠在一起的具有相反手性的全新粒子，这就是外尔费米子[1]。科学家们相信外尔费米子是构成粒子世界的基石，然而80多年过去了，人们并没有发现任何基本粒子符合外尔费米子的特征。中微子曾经被认为是外尔费米子，但是后来发现中微子其实是有质量的，因而不是外尔费米子。

近年来，凝聚态物理领域的快速发展，尤其是关于拓扑电子态的研究，为发现外尔费米子提供了新的思路。2003年，中国科学院物理研究所方忠及其合作者，在研究反常霍尔效应的本质时，首次发现晶体材料的动量空间中可以存在“磁单极”——外尔费米子的原型[2]。这种外尔费米子可以以“准粒子”的形式存在于特殊的晶体材料——“外尔半金属”中。量子场论的相关研究表明，在特定的情况下，这种外尔费米子的“左手”和“右手”对称性可以被打破，出现所谓的“手性反常”[3]，从而可以极大地降低电子输运过程中的能耗，为实现低能耗的电子器件带来了全新的原理和希望。

寻找外尔半金属材料是一个极具挑战性的科学问题，也是该领域国际竞争的焦点之一。2011年，南京大学万贤刚、美国加利福尼亚大学戴维斯分校的谢尔盖·萨夫拉索夫（Sergey Savrasov）及加利福尼亚大学伯克利分校的阿什温·维什瓦纳特（Ashvin Vishwanath）从理论上提出具有烧绿石结构的$Y_2Ir_2O_7$材料在某种磁序下，其电子结构可能处于外尔半金属态。他们进一步指出，这种凝聚态材料中的外尔费米子，还具有一个奇异特性，即在表面上出现不闭合的费米面——“费米弧”[4]。同年，中国科学院物理研究所方忠、戴希、翁红明等理论预言：铁磁性的$HgCr_2Se_4$也是这样的磁性外尔半金属[5]。这两种材料的提出，在国际上掀起了外尔半金属的研究热潮。

但对于实验研究来说，前面提到的两类材料都是磁性材料，不可避免地存在磁畴，从而使得许多外尔半金属的重要特性，如手性反常和费米弧等，很难在实验上被观测到。寻找非磁性的外尔半金属材料，成为该领域发展的关键。

突破来自于无“质量”电子态的实现。中国科学院物理研究所方忠、戴希、翁红明及合作者于 2012 年和 2013 年从理论上预言 Na_3Bi[6] 和 Cd_3As_2[7] 是狄拉克半金属，其低能激发就是无质量的狄拉克费米子——相当于两个重叠的具有不同手性的外尔费米子。2014 年，他们跟实验组合作，在 Na_3Bi[8] 和 Cd_3As_2[9] 中观测到了三维狄拉克锥，证实了理论预言。这是世界上首次发现“三维石墨烯”，向实现真正分离的“手性”电子迈出了关键的一步。随后，众多的实验和理论工作迅速开展，形成了当前凝聚态领域的另一个研究热点，这也使得电子能带结构的拓扑分类真正从绝缘体推广到了金属体系。

2014 年，该研究团队首次预言[10] 在 TaAs、TaP、NbAs 和 NbP 等材料体系中可打破中心对称的保护，实现两种“手性”电子的分离（图 1）。这一系列材料能自然合成，无需进行掺杂、加压等细致繁复的调控，更利于开展实验研究。这一结果立刻引起了实验物理学家的重视。中国科学院物理研究所的陈根富小组和北京大学贾爽小组几乎同时制备出了具有原子级平整表面的大块 TaAs 晶体，随后中国科学院物理研究所丁洪、钱天等利用上海同步辐射光源的“梦之线”，得到了外尔半金属材料的角分辨光电子能谱，直接观测到了表面的费米弧，使得外尔费米子在理论预言 80 多年后第一次展现在科学家面前[11]。与此同时，普林斯顿大学的哈桑研究小组与我国北京大学贾爽小组合作[12]，利用后者提供的样品，也通过角分辨光电子能谱证实了外尔费米子的存在。中国科学院物理研究所的陈根富小组[13] 和北京大学的贾爽小组[14] 又几乎同时发现了可能由手性反常导致的纵向负磁阻信号。中国科学院物理研究所丁洪、钱天等进一步直接观测到了三维外尔锥[15]（图 2）及表面费米弧上的自旋-动量分布等[16]。上海科技大学的陈宇林小组，证实了在 TaP 和 NbP 等材料中外尔费米子的存在[17]。另外，麻省理工学院的 Lu 等人在光子晶体中也观测到外尔锥，得到玻色系统中的外尔准粒子[18]。

这一系列研究成果引起了学术界的广泛关注。《自然》、《自然·物理学》（*Nature Physics*）、《自然·材料学》（*Nature Materials*）和《物理》（*Physics*）等期刊通过研究热点、编者按、评述等栏目介绍发现外尔费米子的重要意义。2015 年年底，外尔费米子的发现被英国物理学会的《物理世界》（*Physical World*）评为 2015 年度十大突破之一，同时被美国物理学会的《物理》期刊评为“2015 年八大亮点研究工作”之一。

具有手性外尔费米子的半金属有可能实现低能耗的电子传输，有望解决当前电子器件小型化和多功能化所面临的能耗问题，同时外尔费米子受到拓扑保护，也可以用来实现高容错的拓扑量子计算。

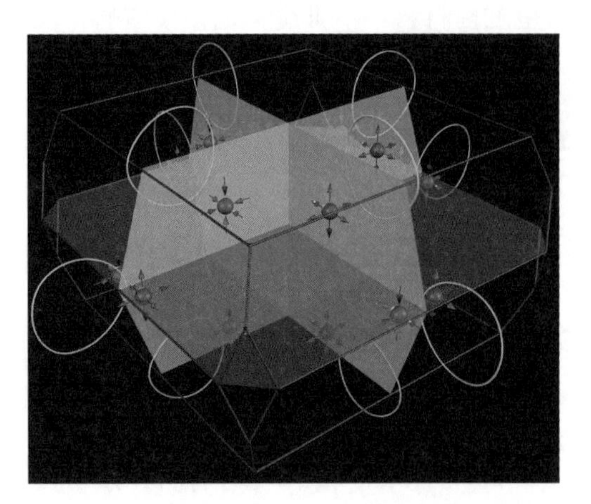

图 1　外尔费米子在 TaAs 晶体的倒空间分布

红蓝色小球代表不同“手性”的外尔费米子

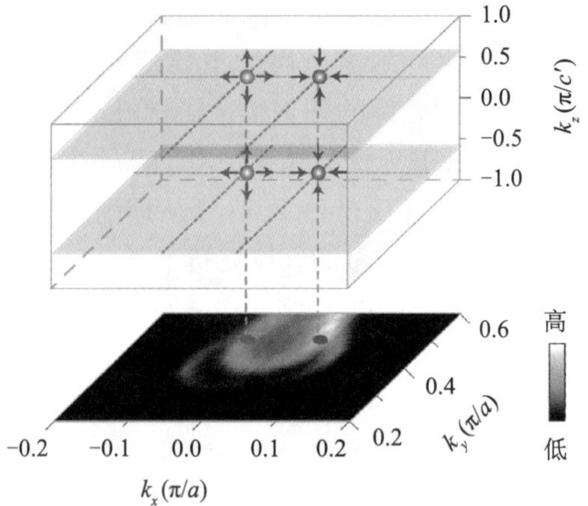

图 2　在外尔半金属 TaAs 表面上观测到的费米弧

费米弧（下图）连接 TaAs 体内外尔费米子（上图）的红蓝小球在表面上的投影

参考文献

［1］Weyl H. Electron and gravitation. Zeitsch rift für Physik,1929,56:330.

［2］Fang Z,Nagaosa N,Takahashi K S,et al. The anomalous hall effect and magnetic monopoles in momentum space. Science,2003,302:92.

［3］Nielsen H B,Ninomiya M. The Adler-Bell-Jackiw anomaly and Weyl fermions in a crystal. Physics Letters B,1983,130:389.

［4］Wan X,Turner,A M,Vishwanath A,et al. Topological semimetal and Fermi-Arc surface states in the electronic structure of Pyrochlore Iridates. Physical Review B,2011,83:205101.

［5］Xu G, Weng H, Wang Z, et al. Chern semimetal and the quantized anomalous hall effect in $HgCr_2Se_4$. Physical Review Letters,2011,107:186806.

［6］Wang Z,Sun Y,Chen X Q,et al. Dirac semimetal and topological phase transitions in A_3Bi (A=Na,K,Rb). Physical Review B,2012,85:195320.

［7］Wang Z, Weng H, Wu Q, et al. Three dimensional dirac semimetal and quantum transport in Cd_3As_2. Physical Review B,2013,88:125427.

［8］Liu Z K,Zhou B,Zhang Y,et al. Discovery of a three-dimensional topological dirac semimetal, Na_3Bi. Science,2014,343:864.

［9］Liu Z K,Jiang J,Zhou B,et al. A Stable three-dimensional topological dirac semimetal Cd_3As_2. Nature Materials,2014,13:677.

［10］Weng H,Fang C,Fang Z,et al. Weyl semimetal phase in noncentrosymmetric transition-metal monophosphides. Physical Review X,2015,5:011029.

［11］Lv B Q,Weng H,Fu B B,et al. Experimental discovery of Weyl semimetal TaAs. Physical Review

X,2015,5:031013.

[12] Xu S Y,Belopolski I,Alidoust N,et al. Discovery of a Weyl fermion semimetal and topological fermi arcs. Science,2015,349:617.

[13] Huang X,Zhao L,Long Y,et al. Observation of the chiral anomaly induced negative magneto-resistance in 3D Weyl semi-metal TaAs. Physical Review X,2015,5:031023.

[14] Zhang C,Xu S Y,Belopolski I,et al. Observation of the Adler-Bell-Jackiw chiral anomaly in a Weyl semimetal. arXiv:1503. 02630.

[15] Lv B Q,Xu N,Weng H,et al. Observation of Weyl nodes in TaAs. Nature Physics,2015,11:724.

[16] Lv B Q,Muff S,Qian T,et al. Observation of Fermi arc spin texture in TaAs. Physical Review Letters,2015,115:217601.

[17] Yang L,Liu Z,Sun Y,et al. Weyl semimetal phase in the non-centrosymmetric compound TaAs. Nature Physics,2015,11:728.

[18] Lu L,Wang Z,Ye D,et al. Experimental observation of Weyl points. Science,2015,349:622-624.

Theoretical Prediction and Experimental Discovery of Weyl Semimetal and Weyl Fermion

Weng Hongming, Dai Xi, Fang Zhong

Weyl fermion, proposed in 1929 as a new massless particle with chirality, had remained elusive until recently it was discovered as a quasiparticle of electronic states in a special crystal, called as Weyl semimetal. The Weyl semimetal of TaAs family was firstly predicted through theoretical calculation and later on the Weyl fermions inside them were spotted by angle resolved photon emission spectra technique. The discovery of Weyl fermion will open a new field in condensed matter physics and bring potential applications in low-power-consumption devices and error-tolerant topological quantum computation.

3.4 丰质子核^{22}Mg和^{23}Al的双质子发射实验测量

马余刚 方德清

(中国科学院上海应用物理研究所)

放射性是原子核的一个重要特性，是指不稳定原子核自发地放出射线而衰变形成稳定原子核的现象。人们对原子核放射性的研究可以追溯到100多年前。1896年，法国物理学家贝克勒尔（A. H. Becquerel）首先发现了铀原子核的天然放射性。该发现意义深远，它使人们对物质的微观结构有了新的认识，并由此打开了原子核物理学的大门。不稳定原子核常见的衰变方式有α、β、γ衰变等。质子或双质子发射是60多年前理论核物理学家预言在质子滴线附近的原子核中可能存在的奇特衰变方式[1]，即原子核通过发射一个或两个质子的方式进行衰变。单质子发射在1982年就有实验报道[2]，到目前已有比较深入的研究。双质子发射由于是在极端丰质子核中才存在的极其稀有的过程，这一预言直到10多年前才在实验上被明确证实[3~5]。双质子发射涉及一个核芯和两个质子，发射方式比单个粒子的发射过程要复杂得多，因此研究起来更加困难。双质子发射的机制可大致分为三种[6]。第一种为级联发射［图1(a)］，初态核先发射一个质子到中间共振态，然后再发射一个质子到末态；第二种为直接三体发射［图1(b)］，即核芯与两个质子同时碎裂，除末态相互作用外没有任何关联的两个质子被发射出来；第三种为双质子同时发射［图1(c)］，也称为^{2}He集团发射，两个强关联的质子形成一个准束缚的^{1}S态被发射出来，然后再分开成两个质子。第一种方式基本上是两次级联的单质子发射，后面两种方式才是人们感兴趣的双质子发射。由于发射出的两个质子间的动量和角度关联包含了核子波函数的具体形态及核子间的相

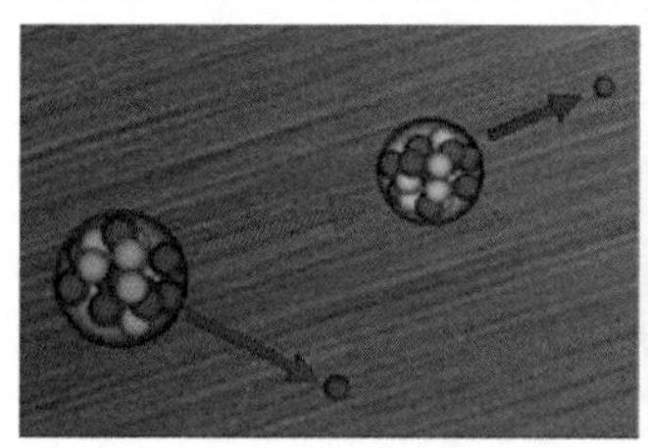
(a) 级联发射

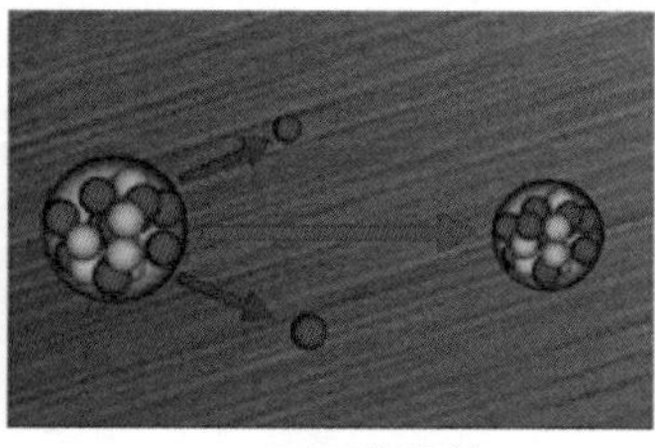
(b) 三体发射

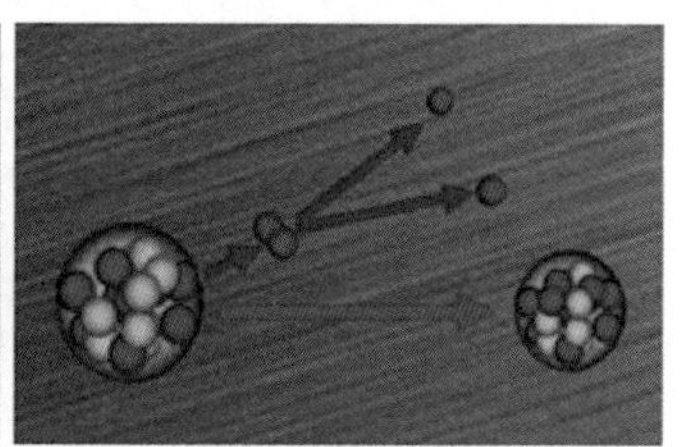
(c) ^{2}He集团发射

图1 双质子发射的不同机制

互作用等信息，因而对核结构的研究具有非常重要的科学意义。到目前为止发现的双质子发射核为数不多，这给双质子衰变的研究带来了很大的限制。为了进一步开展这方面的研究，目前世界上各大国家实验室都在努力发现更多的双质子发射核，并对双质子衰变的机制进行深入系统的实验及理论研究[7～12]。

另一方面，研究双质子发射对核天体物理也具有重要意义。双质子发射过程与天体核演化中的（2p，γ）和（γ，2p）过程密切相关[13]，对研究元素合成过程中等待点原子核的特性十分重要。丰质子核^{22}Mg 和^{23}Al 的结构与反应对理解天体核反应中的 NeNa，NaMg，NeNa 等元素循环过程十分关键[14]。近 10 年来，中国科学院上海应用物理研究所重离子核反应组利用兰州重离子加速器国家实验室的放射性束流装置及国外的加速器装置开展了多次实验测量，对^{23}Al 和^{22}Mg 等丰质子核的结构特性进行了深入系统的研究，得到了^{23}Al 等核存在奇特性质的实验证据[15,16]。

为进一步探索^{23}Al 和^{22}Mg 等丰质子核的结构及反应特性，中国科学院上海应用物理研究所马余刚课题组与合作者，在日本理化学研究所加速器装置的 RIPS 次级束流线上开展了丰质子核^{23}Al 与^{22}Mg 激发态的双质子发射实验研究[16]。能量约为 55 *A* 兆电子伏的次级束流^{23}Al 与^{22}Mg 是通过重离子加速器提供的 135 *A* 兆电子伏 ^{28}Si 束打铍（^{9}Be）靶发生碎裂反应产生的，再通过 RIPS 次级束流线的磁铁参数设置选择得到纯度较高的^{23}Al 与^{22}Mg。^{23}Al 与^{22}Mg 束流在反应靶室打碳（^{12}C）靶被激发到特定的激发态，然后发生双质子衰变。实验中探测器阵列同时测量到了衰变的余核及两个质子。如图 2 所示，余核通过紧跟靶后的两层硅微条阵列及三层方硅阵列探测器测量，发射出的质子通过硅微条阵列探测器及后面由三层闪烁体探测器组成的阵列探测，实验测量中记录下的信号数量达 200 多路。通过反应靶（^{12}C）前后的探测器信号，处于激发态的^{23}Al、^{22}Mg 发生双质子衰变的三体过程可以被完全探测和鉴别，即完整的运动学重构。基于细致复杂的数据分析，得到了^{23}Al 与^{22}Mg 衰变发射的两个质子的相对动量、相对角度，并通过余核及两个质子的三体系统重构得出^{23}Al 与^{22}Mg 衰变时的激发能。通过双质子发射理论模拟结果跟实验数据的比较分析，发现奇 Z 核^{23}Al 不同激发能态的双质子衰变基本为三体衰变或级联发射。国际上曾有实验发现偶 Z 核^{22}Mg 的 14.044 兆电子伏激发态存在双质子衰变现象[17,18]，但由于统计太低无法确定其发射机制；本次实验结果发现并确定^{22}Mg 在 14.044 兆电子伏激发态附近存在约 30%的^{2}He 集团发射机制，另有约 70%的概率为三体或级联发射，如图 3 所示。而低激发态^{22}Mg 的双质子衰变机制基本为三体衰变或级联发射。我们通过实验测量首次定量地确定了^{22}Mg 的 14.044 兆电子伏激发态的双质子发射机制，这对双质子发射现象特征和规律的研究具有重要意义。同时这些研究对核结构模型和理论的发展以及核天体物理都具有重要的科学意义，对我国在放射性核束物理研究领域的发展将起到一定的推动作用。该实验结果已在国际多个会议上作邀请报告，发表后已被国际核数据表收录[19]。

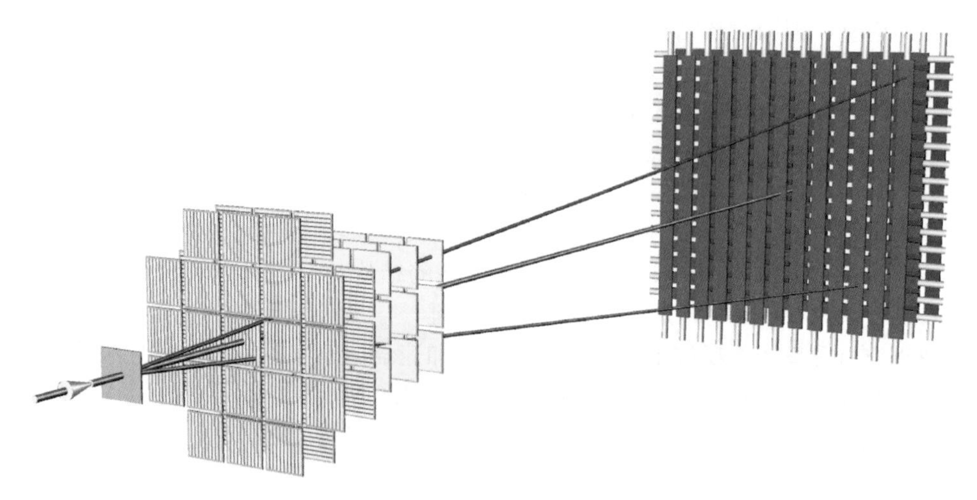

图 2　实验探测器布局示意图

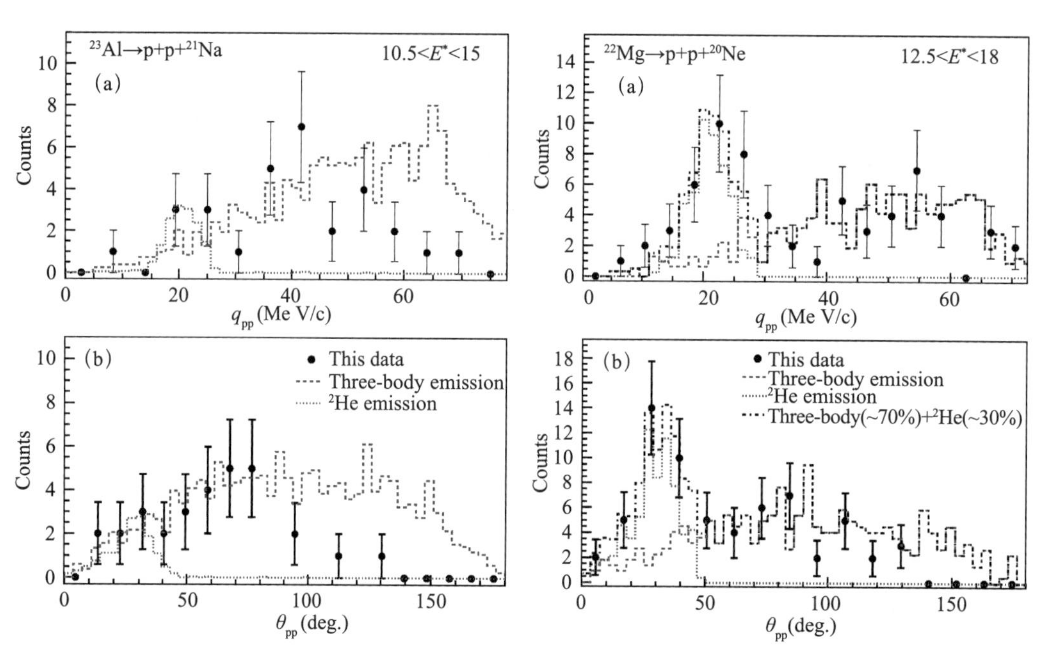

图 3　激发态^{23}Al（左图）、^{22}Mg（右图）原子核发射的两个质子相对动量（a）和相对角度（b）[17]

Counts：计数；MeV/c：兆电子伏/光速；deg.：度；This data：本实验数据；

Three-body emission：三体发射；^{2}He emission：^{2}He 集团发射；

Three-body（～70％）＋^{2}He（～30％）：三体发射（约 70％）＋^{2}He 集团发射（约 30％）

参考文献

[1] Goldansky V I. On neutron-deficient isotopes of light nuclei and the phenomena of proton and two-proton radioactivity. Nuclear Physics,1960,19:482-495.

[2] Hofmann S,et al. Proton radioactivity of ^{151}Lu. Zeitschrift für Physik,1982,305:111-115

[3] Giovinazzo J,et al. Two-proton radioactivity of ^{45}Fe. Physical Review Letters,2002,89:102501.

[4] Blank B,et al. First observation of ^{54}Zn and its decay by two-proton emission. Physical Review Letters,2005,94:232501.

[5] Mukha I G,et al. Proton-proton correlations observed in two-proton radioactivity of ^{94}Ag. Nature, 2006,439:298-302.

[6] Blank B,Ploszajczak M. Two-proton radioactivity. Reports on Progress in Physics,2008,71:046301.

[7] Kryger R A,et al. Two-proton emission from the ground state of ^{12}O. Physical Review Letters, 1995,74:860.

[8] Gomez del Campo J,et al. Decay of a resonance in ^{18}Ne by the simultaneous emission of two protons. Physical Review Letters,2001,86:43.

[9] Raciti G,et al. Experimental evidence of ^{2}He decay from ^{18}Ne excited states. Physical Review Letters,2008,100 :192503

[10] Lin C J,et al. Experimental study of two-proton correlated emission from ^{29}S excited states. Physical Review C,2009,80:014310.

[11] Egorova I A,et al. ,Democratic decay of ^{6}Be exposed by correlations. Physical Review Letters, 2012,109:202502.

[12] Wimmer K,et al. Correlations in intermediate energy two-proton removal reactions. Physical Review Letters,2012,109:20250.

[13] Fisker J L,Thielemann F K,Wiescher M. The nuclear reaction waiting points:^{22}Mg,^{26}Si,^{30}S,and ^{34}Ar and bolometrically double-peaked type I X-ray bursts. The Astrophysical Journal,2004,608: L61-L64.

[14] Seweryniak D,et al. Level structure of ^{22}Mg:Implications for the ^{21}Na (p,γ)^{22}Mg astrophysical reaction rate and for the ^{22}Mg mass. Physical Review Letters,2005,94:032501.

[15] Cai X Z,et al. Existence of a proton halo in ^{23}Al and its significance. Physical Review C,2002,65: 024610.

[16] Fang D Q,et al. Examining the exotic structure of the proton-rich nucleus ^{23}Al. Physical Review C,2007,76:031601(R).

[17] Ma Y G,Fang D Q,Sun X Y,et al. Different mechanism of two-proton emission from proton-rich nuclei ^{23}Al and ^{22}Mg. Physics Letters B,2015,743:306-309.

[18] Cable M D,et al. Discovery of beta-delayed two-proton radioactivity:^{22}Al. Physical Review Letters,1983,50:404-406.

[19] Shamsuzzoha B M. Nuclear data sheets for A = 22. Nuclear Data Sheets,2015,127:69-190.

Experimental Studies of Two-Proton Emission from Proton-Rich Nuclei ^{22}Mg and ^{23}Al

Ma Yugang, Fang Deqing

Two-proton emission is of significance for the study of nuclear interaction, wave function of nucleon and nuclear structure, it has become one of the most important subjects in radioactive beam physics facilities in the world. However, experimental investigation on this decay mode is still very limited so far. In this work, measurements on two-proton relative momentum and opening angle from the decay channels of ^{23}Al→p+p+^{21}Na and ^{22}Mg→p+p+^{20}Ne has been performed for the excited nuclei of ^{22}Mg and ^{23}Al. The results show that peaks around 20MeV/c for two-proton relative momentum and 30 for opening angle are clearly observed for the even-Z ^{22}Mg nucleus at excitation energies around the 14.044MeV state, which can be explained by a correlated two-proton emission, i.e. a component of ^{2}He-like emission. While for the odd-Z proton-rich nucleus ^{23}Al, the above peaks are almost absent which indicate the sequential decay or three-body breakup mechanisms for two protons is overwhelmingly dominant.

3.5 铁电材料中通量全闭合畴结构的发现

马秀良

（中国科学院金属研究所）

铁电存储器具有功耗小、读写速度快、寿命长与抗辐照能力强等优点。但是这种存储单元受到尺寸效应与击穿电压等设计因素的影响，不能做到非常小的存储单元，从而很难达到高密度存储的需求。长期以来，科学家们一直在设想一种基于通量闭合结构的铁电存储单元，因为这种存储单元在理论上可以集成于纳米尺度的铁电材料阵列中，从而大大增加铁电存储器的存储密度[1,2]。虽然众多科学家经历了近30年的探索，通量全闭合结构在铁电材料中却一直没有得到实验证实。其主要困难在于铁电材料中通量全闭合结构的形成必然导致巨大的晶格应变[1]。如何突破铁电极化与晶格应变的相互制约，实现极化反转与晶格应变的有效调控，获得有望用于超高密度信息存储的结构单元，是当今铁电材料领域面临的一个重大基础性科学难题[2]。

中国科学院金属研究所马秀良研究员、朱银莲研究员和唐云龙博士等人组成的研究团队长期致力于低维功能材料基础科学问题的电子显微学研究，经过多年的学术积累并与国内外相关科学家合作，在解决上述重大科学难题方面近来取得突破。他们提出一种克服铁电材料自发应变的新的设计思想：既然铁电材料自身的巨大铁电自发应变限制了自身形成极化通量全闭合结构，那么能不能通过引入外加应变来克服铁电材料自身的晶格畸变？他们的实验结果证实答案是肯定的[3]。

基于上述设计思想，他们利用脉冲激光沉积方法，在钪酸盐衬底上制备出一系列不同厚度的 $PbTiO_3$ 铁电多层薄膜；利用具有原子尺度分辨能力的像差校正电子显微术，不仅发现通量全闭合畴结构及其新奇的原子构型图谱，而且观察到由顺时针和逆时针闭合结构交替排列所构成的大尺度周期性阵列（图1）。在此基础上，他们揭示出周期性闭合结构的形成规律，发现在一定的薄膜厚度范围内由通量闭合结构构成的周期性阵列的周期大小与薄膜厚度之间成比值约为 $\sqrt{2}$ 的线性关系（图2）；推导出闭合结构核心处超大的应变梯度（10^9/米），以及整个闭合结构中 10^6/米的巨大长程弹性应变梯度；计算出闭合结构核心处目前最高量级弯电常数（10^{-10} 米^3/库仑）（图3）。

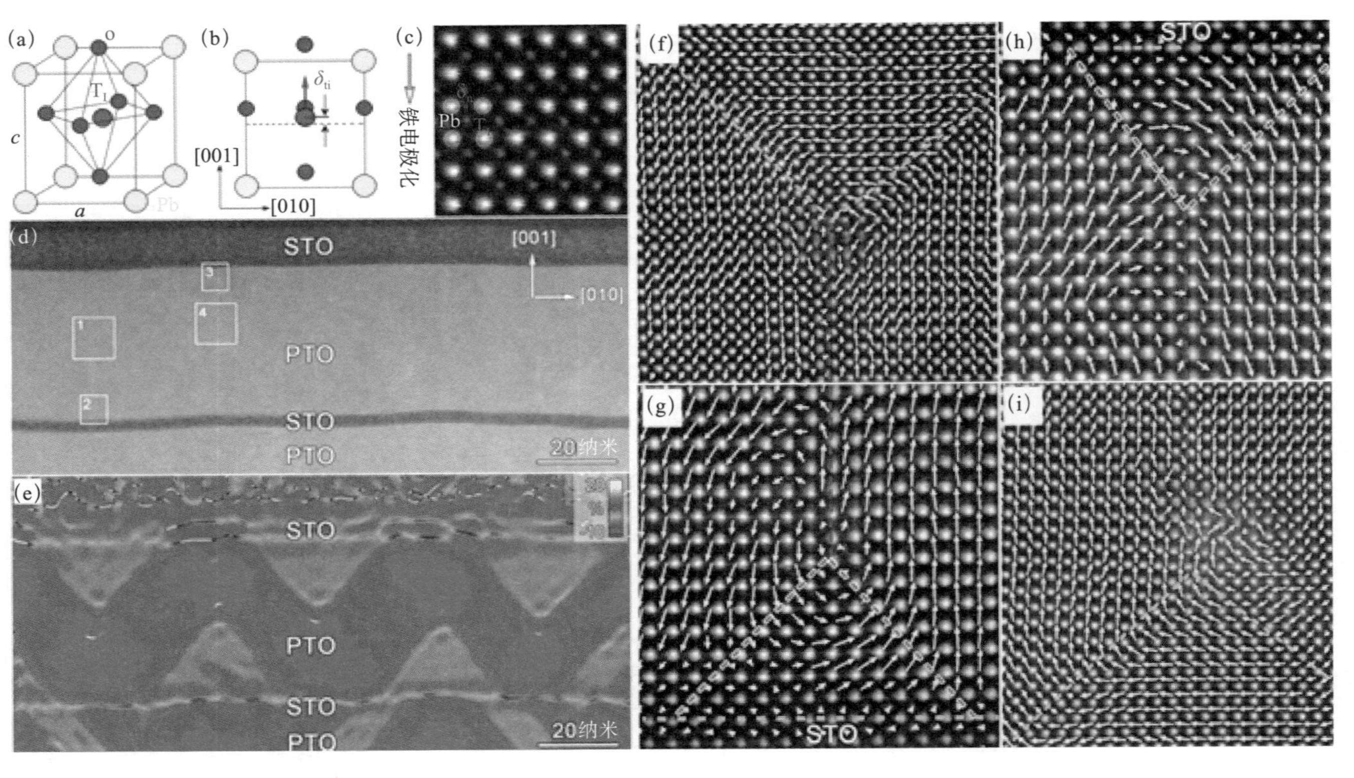

图1 $PbTiO_3$铁电薄膜中周期性排列的通量全闭合畴结构[3]

PTO: PbTiO3，即钛酸铅；STO: SrTiO3，即钛酸锶

（a）和（b）是铁电$PbTiO_3$晶体的结构示意图；（c）典型$PbTiO_3$晶体沿[100]方向的原子分辨高角环形暗场（HAADF）像，可由离子位移（δ_{ti}）判断相应的自发极化取向（P_s）；（d）应变调控下$PbTiO_3/SrTiO_3$多层结构的HAADF像；（e）基于显微图像的几何相位（GPA）应变分析，c畴的空间分布成正弦曲线特征。（f）~（i）4个图是周期性闭合结构核心附近的原子结构图谱。所有单胞中的离子位移矢量组合在一起构成具有顺时针和逆时针特征的两种通量全闭合结构。这两种闭合结构在薄膜中交替排列构成大尺度的周期性阵列

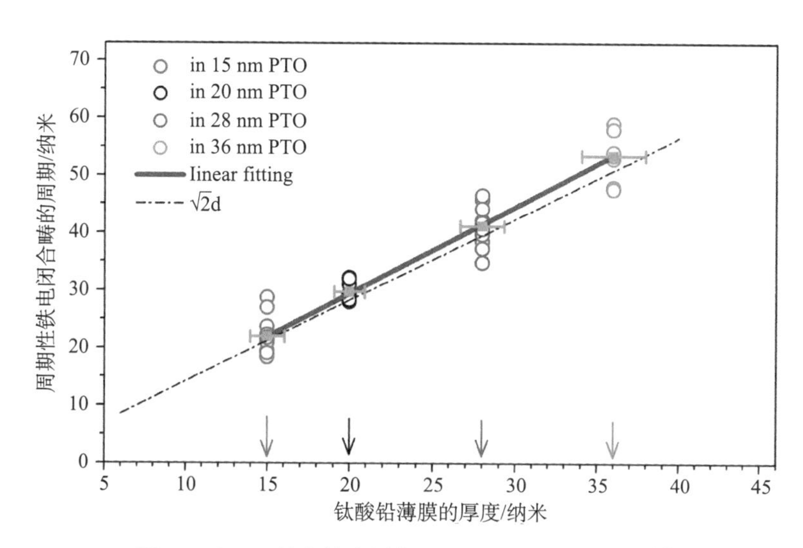

图 2　$PbTiO_3$ 铁电体中周期性闭合结构的形成规律[3]

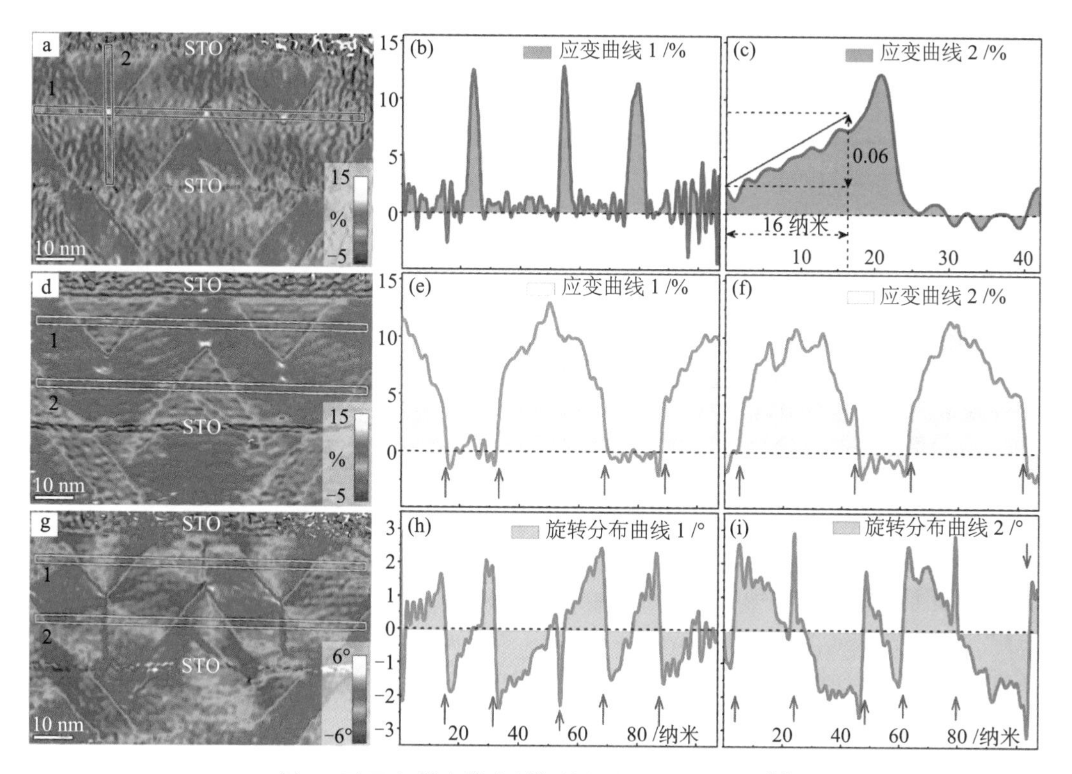

图 3　$PbTiO_3$ 铁电体中周期性相错对的应变分析[3]

2015 年 4 月 16 日，美国《科学》周刊率先通过“*Science Express*”在线发表了该项研究成果，并在 2015 年 5 月 1 日正式刊出。

中国科学院金属研究所叶恒强院士认为：“在铁电材料中发现全闭合畴结构以及相关畴阵列，在两方面体现了在前沿领域的突破。其一是多铁材料的通量全闭合结构，可能带来高密度的信息存储功能，而且这种存储耗能低，是解决超高集成度微电子芯片的高耗能的潜在途径。这种闭合结构的实验发现，意义重大。其二是这类结构是用具有亚埃分辨能力的像差校正电子显微术以直观的形式呈现出来的，开拓了人们的视野，是科学家认识自然规律的有力表征手段。”

该项工作改变了之前探求通量闭合铁电畴结构的研究思路，进一步完善了通过失配应变调制铁电材料畴结构和物理特性的重要性和有效性，解决了铁电领域畴壁组态方面数十年来悬而未决的重大基础性科学难题，为与铁磁材料类比的结构特性增添了新的实质性内容。铁电材料中通量全闭合结构以及核心处巨大弯电效应的发现将把铁电薄膜器件的设计和研发推向一个新的高度，为探索基于铁电材料的高密度信息存储器提供了新途径。同时，该项工作证实了巨大的弹性应变梯度可以通过多层膜的形式保存下来，实现相关物理性能的连续调控，为新型梯度功能材料的设计提供了新思路。另外，在解决该科学问题的过程中，他们也探索出了一套行之有效的提取铁电畴应变分布的电子显微学方法，将广泛用于铁电纳米器件的应变与畴组态分析[4,5]。

参考文献

[1] Srolovitz D J, Scott J F. Clock-model description of incommensurate ferroelectric films and of nematic-liquid-crystal films. Physical Review B, 1986, 34: 1815-1819.

[2] Naumov I I, Bellaiche L, Fu H. Unusual phase transitions in ferroelectric nanodisks and nanorods. Nature, 2004, 432: 737-740.

[3] Tang Y L, Zhu Y L, Ma X L, et al. Observation of a periodic array of flux-closure quadrants in strained ferroelectric $PbTiO_3$ films. Science, 2015, 348: 547-551.

[4] Tang Y L, Zhu Y L, Ma X L. On the benefit of aberration-corrected HAADF-STEM for strain determination and its application to tailoring ferroelectric domain patterns. Ultramicroscopy, 2016, 160: 57-63.

[5] Wang W Y, Tang Y L, Zhu Y L, et al. Atomic level one-dimensional structural modulations at the negatively charged domain walls in $BiFeO_3$ films. Advanced Materials Interfaces, 2015, DOI: 10. 1002/admi. 201500024.

Discovery of Full Flux-closures in Ferroelectrics

Ma Xiuliang

Nanoscale ferroelectrics are expected to exhibit various exotic domain configurations, such as the full flux-closure pattern well-known in ferromagnetic materials. Here we observe not only the atomic morphology of the flux-closure quadrant but also a periodic array of flux-closures in ferroelectric $PbTiO_3$ films, mediated by tensile strain on a $GdScO_3$ substrate. Using aberration-corrected scanning transmission electron microscopy, we directly visualize an alternating array of clockwise and counter-clockwise flux-closures, whose periodicity depends on the $PbTiO_3$ film thickness. In the vicinity of the core, the strain is sufficient to rupture the lattice, with strain gradients up to 10^9/m. The results provide a new similarity between ferroelectric and ferromagnet, and extend the potential of employing epitaxial strain for modulating ferroelectric domain patterns. Designs based on controllable ferroelectric closure-quadrants could be fabricated for investigating their dynamics and flexoelectric responses, and in turn assist future development of nanoscale ferroelectric devices such as high-density memories and high-performance energy-harvesting devices.

3.6 科学家实现多自由度量子体系隐形传态

汪喜林 刘乃乐 陆朝阳 潘建伟

（1. 中国科学技术大学合肥微尺度物质科学国家实验室；
2. 中国科学技术大学近代物理系；
3. 量子信息与量子科技前沿协同创新中心）

量子隐形传态（quantum teleportation）[1]在概念上非常类似于科幻小说中的“星际旅行”，可以利用量子纠缠把量子态传输到遥远地点，而无需传输载体本身。量子隐形传态作为量子信息处理的基本单元，在量子通信和量子计算网络中发挥着至关重要的作用。1997年，国际上首次报道了单一自由度量子隐形传态的实验验证[2]。此后，作为国际学术界量子信息实验领域的重要研究热点，量子隐形传态又先后在包括如冷原子、离子阱、超导、量子点、金刚石色芯等诸多物理系统中得以实现。

然而，迄今所有的实验实现都存在着一个根本性的局限，即只能传输单个自由度的量子状态，而真正的量子物理体系自然地拥有多种自由度的性质，即使是一个最简单的基本粒子（如单光子），其性质也包括波长、动量、自旋、轨道角动量，等等。多自由度的量子隐形传态作为发展可拓展量子计算和量子网络技术的必经途径，成为近20年来量子信息基础研究领域的一个巨大挑战。

面对挑战，本文作者选取单光子自旋和轨道角动量作为研究对象，开展多自由度量子体系隐形传态的实验研究。自旋角动量即光子的偏振，可以利用波片、极化片和分束器等线性光学元件非常便捷地调控，相关技术已经非常成熟[3]。近年来的研究表明，具有螺旋位相［$\exp(il\phi)$，其中ϕ为极坐标下的方位角，l为拓扑荷，可以取值为任意整数］的光学涡旋中的每个光子携带$l\hbar$的轨道角动量（orbital angular momentum，OAM）。从1992年被发现至今，OAM已经在包括量子信息、量子光学、生物光子学、光学成像和非线性光学等众多科学领域得到了广泛应用，已经发展成为光子另外一个非常重要的自由度[4]。

单个自由度量子隐形传态的实现有两个必要条件：①高亮度纠缠源；②贝尔态（Bell states）测量，即把单个自由度编码的4个贝尔态中的某一个与另外3个区分开来，对于光子极化而言，通常可由分束器或者极化分束器来实现贝尔态测量[5]。当面临多个自由度的量子隐形传态时，这两个条件会变得异常苛刻：①高亮度自旋-轨道超纠缠源，即两个光子在自旋和轨道两个自由度均各自纠缠；②超纠缠贝尔态测量，即要把 16 个自旋-轨道超纠缠贝尔态中的某一个和另外 15 个区分开来。

要想满足以上两个条件非常具有挑战性，特别是后者，美国知名量子光学专家、美国光学学会伍德奖获得者保罗·奎特（Paul Kwiat）教授曾有理论研究表明，仅利用线性光学元件无法实现超纠缠贝尔态测量[6]。因此，必须首先在理论上取得突破，制定出超纠缠贝尔态测量的方案，才有可能进一步开展多自由度量子隐形传态的实验研究。经过深入钻研，本文作者发现借助于单光子非破坏测量可以实现超纠缠贝尔态测量。于是，本文作者设计了如图 1（b）所示的实现自旋-轨道角动量多自由度超纠缠贝尔态测量的新方案，其中，单光子非破坏测量技术是通过 OAM 自由度的量子隐形传态实现的，借助了一对 OAM 纠缠源。在此基础上，进一步提出了如图 1（a）所示的多自由度体系量子隐形传态的方案。

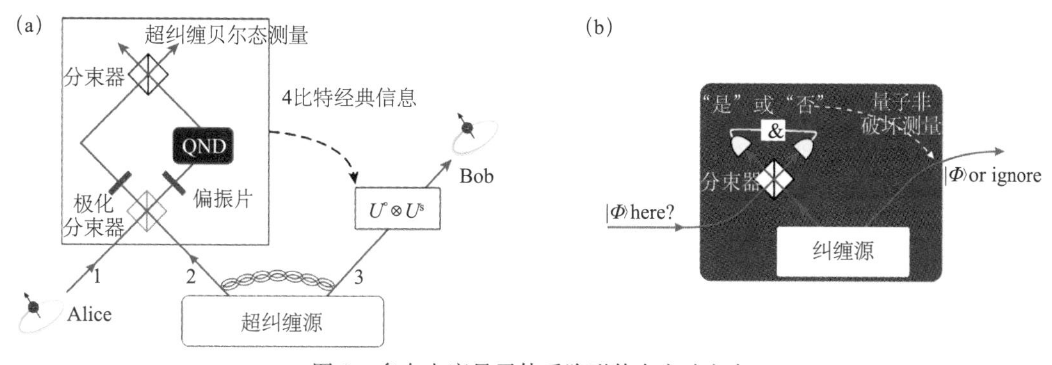

图 1　多自由度量子体系隐形传态实验方案

（a）Alice 要将编码在光子 1 上的自旋-轨道角动量复合量子态传输给 Bob，为此，Alice 和 Bob 需要事先共享一对超纠缠光子对 2-3，接着 Alice 对光子 1 和 2 进行超纠缠贝尔态测量，将测量结果以 4 比特形式通过经典信道告知 Bob，根据接受到的来自 Alice 的经典信息，Bob 对光子 3 进行合适的双自由度幺正操作，便可将光子 3 转换为原先光子 1 的量子态，从而实现量子隐形传态。$U^{o}\otimes U^{s}$ 自旋及轨道角动量单比特幺正变化。（b）借助于一对 OAM 纠缠光子对实现的单光子非破坏测量，当入射一个光子，分束器后两个探测器会被同时触发，产生两体符合，从而预报出射处有一个光子并且其量子态与入射光子相同（借助于单自由度量子隐形传态实现），当没有光子入射时，分束器后的两个探测器无法被产生两体符合，从而预示着出射口没有光子输出。$|\Phi\rangle$ here?：待判定的输入态；$|\Phi\rangle$ or ignore：如果输入态是需要的量子态 $|\Phi\rangle$，则可以产生正确的符合计数，否则将无法产生所需符合计数，于是可以由此后选择出所需要的量子态 $|\Phi\rangle$

以上方案涉及 6 个光子的 OAM 干涉，以往国际上对于 OAM 的调控仅仅局限于 2 光子水平，原因在于 OAM 测量效率过低。因此，要想实验实现此方案，首先必须提高 OAM 测量效率。借鉴于经典光学中对于 OAM 的调控技术，我们发展了高效 OAM 测量技术，获得了高亮度的自旋-轨道角动量超纠缠源。此外，本文作者还发展了 OAM 双通道测量技术，构造出类似于极化比特中极化分束器功能的干涉仪，能够同时测量 OAM 正交量子比特，进一步提高了整个实验的效率。在此基础上，搭建了如图 2 所示的 6 光子 11 量子比特的自旋-轨道角动量纠缠实验平台。

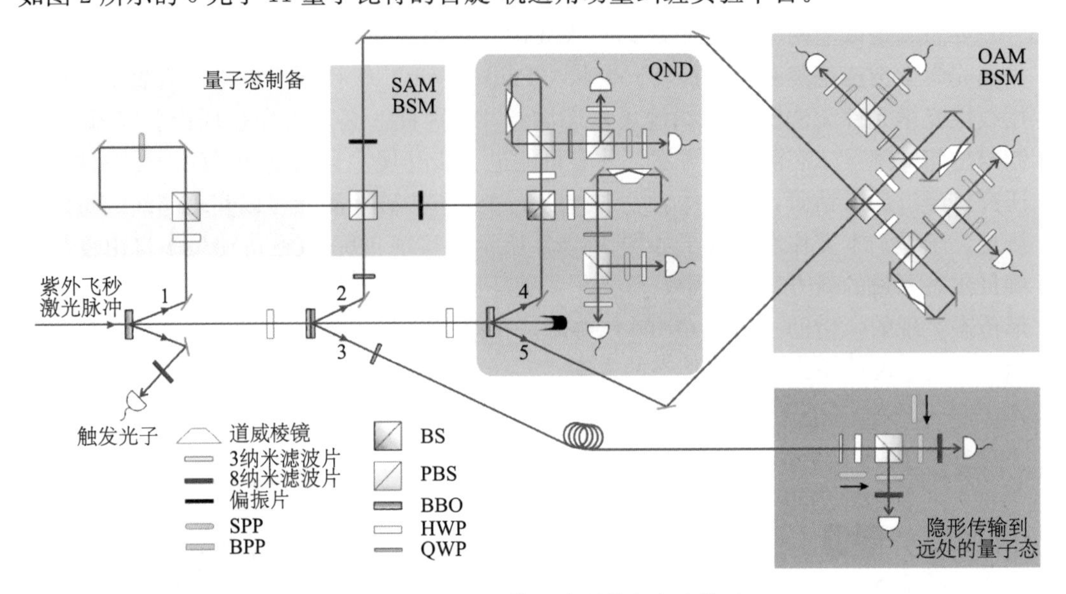

图 2　多自由度量子体系隐形传态实验装置

紫外飞秒激光脉冲被聚焦在 3 块 BBO 晶体上，产生 3 对光子 1-t，2-3，4-5，第 1 对光子，t 被用作触发光子 1，光子 1 用来制备拟传输的自旋-轨道角动量复合量子态，第 2 对光子 2-3 是自旋-轨道角动量超纠缠源，第 3 对光子 4-5 是轨道角动量纠缠源。超纠缠贝尔态测量分 3 步完成自旋角动量贝尔态测量、单光子非破坏测量和轨道角动量贝尔态测量。Bob 处接收到的复合量子态在自旋和轨道角动量两个自由度分别进行测量，其中自旋角动量的测量通过偏振分束器、1/4 波片和 1/2 波片组合完成，轨道角动量的测量通过螺旋位相板或二元位相板以及单模光纤完成

SAM BSM：spin angular momentum Bell state measurement，自旋角动量贝尔态测量；QND：quantum non-demolition，量子态非破坏测量；OAM BSM：arbital angular momentum Bell state measurement，轨道角动量贝尔态测量；SPP：spiral phase plate，螺旋位相片；BPP：binary phase plate：二元位相片；BS：beam splitter，分束器；PBS：polarization beam splitter，偏振分束器；BBO：偏硼酸钡晶体；HWP：half-wave plate，半波片；QWP：1uarter-wave plate，1/4 波片

为了验证实验装置的可行性，本文作者共传输了 5 个量子态，$|\varphi\rangle_A = |0\rangle^s|0\rangle^o$，$|\varphi\rangle_B = |1\rangle^s|1\rangle^o$，$|\varphi\rangle_C = (|0\rangle^s + |1\rangle^s)(|0\rangle^o + |1\rangle^o)/2$，$|\varphi\rangle_D = (|0\rangle^s + i|1\rangle^s)(|0\rangle^o + i|1\rangle^o)/2$，$|\varphi\rangle_E = (|0\rangle^s|0\rangle^o + |1\rangle^s|1\rangle^o)/\sqrt{2}$，其中 $|0\rangle^s$ 和 $|1\rangle^s$ 表示自旋角动量自由度的两个量子比特：分别由水平线偏振态和竖直线偏振态编码；$|0\rangle^o$ 和 $|1\rangle^o$ 表示轨道角动量自由度的两个量子比特，由一阶模式两个 OAM 量子态编码，对应的每个光子携带的 OAM 为 $\pm\hbar$。这 5 个量子态可以划分为三大类：第一类是 $|\varphi\rangle_A$ 和 $|\varphi\rangle_B$，为自旋-轨道角动量计算基矢的直积态；第二类是 $|\varphi\rangle_C$ 和 $|\varphi\rangle_D$，为计算基

矢叠加态的直积；第三类是 $|\varphi\rangle_E$ ，为自旋-轨道角动量杂化纠缠态。

通过 Bob 处测量接受到的量子态的保真度来分析实验结果，实验测得 $|\varphi\rangle_A$ ，$|\varphi\rangle_B$ ，$|\varphi\rangle_C$ ，$|\varphi\rangle_D$ 和 $|\varphi\rangle_E$ 的保真度分别是 0.68 ± 0.04 ，0.66 ± 0.04 ，0.62 ± 0.04 ，0.63 ± 0.04 和 0.57 ± 0.02 ，均大于 0.4 这一经典极限[7]，并且对于纠缠态 $|\varphi\rangle_E$ ，其保真度也大于 0.5 这一两体纠缠保真度的下限要求[8]。这些结果表明，成功实现了单光子自旋-轨道角动量双自由度的量子隐形传态。

2015 年 2 月 26 日，《自然》杂志以封面标题的形式发表了这一研究成果[5]。这项工作打破了国际学术界从 1997 年以来只能传输基本粒子单一自由度的局限，为发展可扩展的量子计算和量子网络技术奠定了坚实的基础。国际量子光学专家沃尔夫冈·蒂特尔（Wolfgang Tittel）教授在《自然》杂志同期“新闻与视角”（*News and Views*）栏目撰文评论：“该实验实现为理解和展示量子物理的一个最深远和最令人费解的预言迈出了重要的一步，并可以作为未来量子网络的一个强大的基本单元”[9]。2015 年底，该成果被英国物理学会（Institute of Physics）新闻网站《物理世界》（*Physics World*）评为“2015 年度国际物理学十大突破之榜首”（Breakthrough of the Year）；2016 年 1 月，该成果入选了由两院院士评选的“2015 中国十大科技进展新闻”；2016 年 2 月，该成果入选科技部评选的“2015 年度中国科学十大进展”。

参考文献

[1] Bennett C H, Brassard G, Crépeauet C, et al. Teleporting an unknown quantum state via dual classical and Einstein-Podolsky-Rosen channels. Physical Review Letters, 1993, 70: 1895-1899.

[2] Bouwmeester D, Pan J W, Mattle K, et al. Experimental quantum teleportation. Nature, 1997, 390: 575-579.

[3] Pan J W, Chen Z B, Lu C Y, et al. Multiphoton entanglement and interferometry. Rev. Mod. Phys., 2012, 84: 777-838.

[4] Yao A M, Padgett M J. Orbital angular momentum: origins, behavior and applications. Advances in Optics and Photonics, 2011, 3: 161-204.

[5] Wang X L, Cai X D, Su Z E, et al. Quantum teleportation of multiple degrees of freedom of a single photon. Nature, 2015, 518: 516-519.

[6] Wei T C, Barreiro J T, Kwiat P G. Hyperentangled Bell-state analysis. Physical Review A, 2007, 75: 060305(R).

[7] Hayashi A, Hashimoto T, Horibe M. Reexamination of optimal quantum state estimation of pure states. Physical Review A, 2005, 72: 032325.

[8] Gühne O, Toth G. Entanglement detection. Physics Reports, 2009, 474: 1-75.

[9] Wolfgang T. Quantum physics: Teleportation for two. Nature, 2015, 518: 491-492.

Quantum Teleportation of Multiple Degrees of Freedom of a Single Photon

Wang Xilin, Liu Naile, Lu Chaoyang, Pan Jianwei

Quantum teleportation provides a "disembodied" way to transfer quantum states from one object to another at a distant location, assisted by priorly shared entangled states and a classical communication channel. In addition to its fundamental interest, teleportation has been recognized as an important element in long-distance quantum communication, distributed quantum networks and measurement-based quantum computation. There have been numerous demonstrations of teleportation in different physical systems. Yet, all the previous experiments were limited to teleportation of one degree of freedom (DoF) only. A fundamental open challenge is to simultaneously teleport multiple DoFs, which is necessary to fully describe a quantum particle, thereby truly teleporting it intactly. Here, we demonstrate quantum teleportation of the composite quantum states of a single photon encoded in both the spin and orbital angular momentum. Our work moves a step toward teleportation of more complex quantum systems, and demonstrates an enhanced capability for scalable quantum technologies.

3.7　二维超导中量子格里菲思奇异性的发现

王　健
（北京大学物理学院量子材料科学中心；量子物质科学协同创新中心）

物质的物相和相变是物理学领域最重要的科学问题之一，相关研究曾多次获得诺贝尔奖。40 多年前，罗伯特·格里菲思（Robert B. Griffiths）从理论上预测，无序效应会定性地改变物相和相变临界点的行为，特别是临界点的动力学临界指数将趋于无穷大，这种现象被称作格里菲思奇异性[1]。随着时间推移，这一预测现已拓展到量子相变形成了量子格里菲思奇异性理论。所谓量子相变，是指在绝对零度下系统处于量子基态时随着参数变化而发生的相变。然而实验上要直接观测到动力学临界指数的发散行为，即量子格里菲思奇异性，非常困难。超导体作为一种重要的量子物质和物相，其量子相变与量子临界点现象已得到学术界的广泛关注，但直到最近仍未在超导中发现量子格里菲思奇异性行为。

二维超导体，因其中量子涨落或热力学涨落带来的诸多新奇现象，以及在无耗散或低耗散的电子学方面的潜在应用价值，已成为超导领域的重要研究方向。2015 年美国凝聚态物理最高奖——奥利弗·巴克利（Oliver E. Buckley）奖颁发给四位物理学家，以表彰他们在二维超导体系中发现超导-绝缘体相变现象，该相变被认为是量子相变的范例。超导-绝缘体相变早在 20 多年前就被报道，随后研究者发现了性质类似的超导-金属相变，但如今仍有不少实验或理论相互间有所冲突和争议[2]。对于二维超导中磁场调制的超导-绝缘体（或金属）相变，早期发现不同温度下电阻随磁场的响应曲线会交于一点，该点被称为量子临界点，对应的临界指数可以从不同温度下电阻-磁场曲线的标度行为得到，这个临界指数与样品的细节无关是一个确定的数值。

2015 年，本文作者与马旭村研究员、薛其坤院士等合作，首次发现了一种新的二维超导相：在 GaN（0001）表面上外延生长的两个原子层厚（0.556 纳米）的晶体 Ga 薄膜，其原子结构、原子间距与所有 Ga 的体相都不同。通过原位扫描隧道谱的探测以及非原位的电输运和磁化率测量，发现两层 Ga 薄膜具有约 5.4 开尔文（K）的超导转变温度，是 Ga 体材料稳定相的超导转变温度的 5 倍，是一种新的二维超导体（图 1）。相关文章以编辑推荐的形式发表在《物理评论快报》（*Physical Review Letters*）上[3]。

在前期发现的基础上，本文作者与马旭村研究员、谢心澄院士、林熙研究员、薛

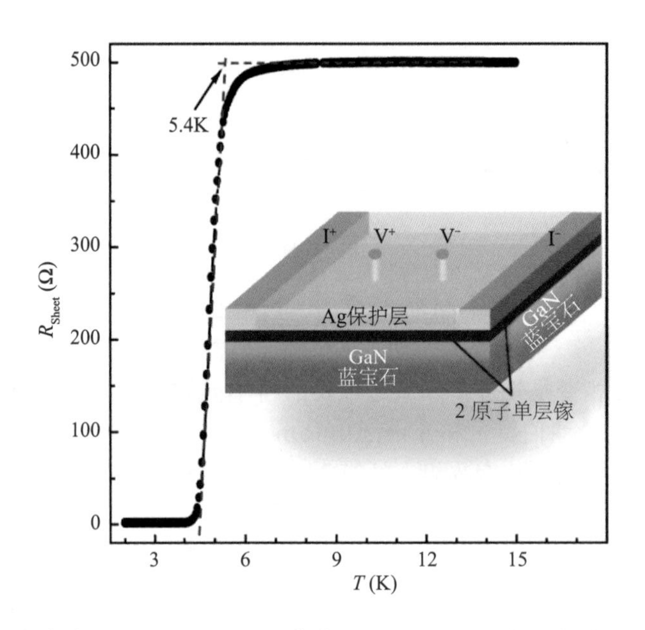

图1 电阻随温度的变化关系显示两原子层 Ga 薄膜的 T_c 为 5.4 K。插图为样品电输运测量示意图[3]

其坤院士、刘海文博士、王煲研究员等人组成研究团队，在三个原子层厚的 Ga 薄膜中发现了二维超导特性和超导-金属相变行为。实验中的 Ga 超薄膜是通过分子束外延生长在氮化镓（GaN）衬底上，并采用 100 纳米量级厚度的无定形硅作为覆盖层进行保护。通过最低到 25 毫开（电子温度）的极低温精密测量发现，Ga 超导薄膜中超导-金属相变对应的临界点不是以前报道的一个临界点，而随着温度变化形成了一条临界线。相应的临界指数在临界线上连续变化，在趋近零温量子临界点时会发散，而不是通常认知的固定值（图 2）。因此，传统的超导量子相变理论无法解释该实验结果。分析表明该相变正是理论上预测已久的量子格里菲思奇异性。这是首次在低维体系以及超导体系中发现和证实量子格里菲思奇异性，并且有可能是对超导-金属相变的具有普适性的物理解释。图 3 是量子格里菲思奇异性影响下的二维超导体的相图。这项工作不仅是发现了一种新的量子相变，而且对超导（包括高温超导）等量子材料体系中量子临界行为的理解提供了新的思路。因其重要性，相关文章于 2015 年 10 月 15 日被选入《科学快讯》（*Science Express*）提前在线发表，并于 2015 年 10 月 30 日正式发表在《科学》上[4]。《科学》同期的前瞻性（perspective）文章以“*Randomness rules*”为题重点评论和介绍了这一工作[5]。最近，本文作者与其合作者在不同的二维超导体系也观测到了类似现象，进一步证实了这种量子格里菲思奇异性存在的普适性，为无序影响下的物质的量子相变开拓了新的研究方向。

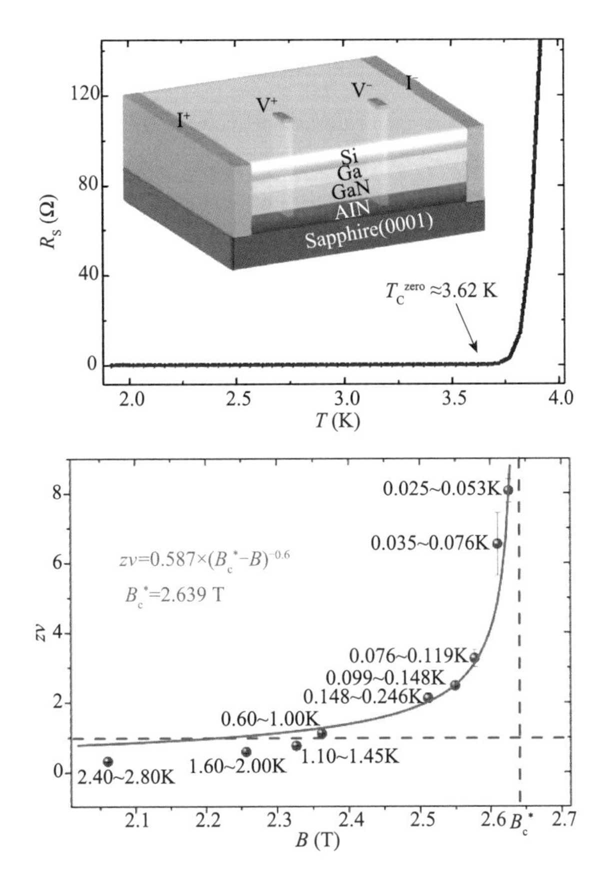

图 2 三个原子层厚的 Ga 薄膜超导与临界指数在靠近量子相变点（绝对零度）时的发散行为[4]

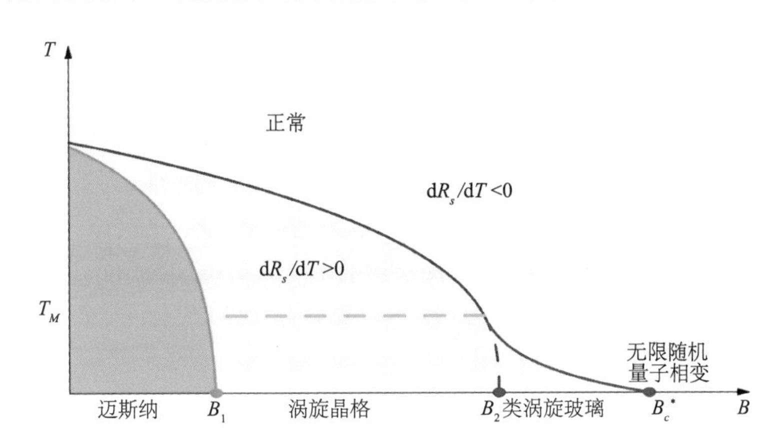

图 3 量子格里菲思奇异性影响下的二维超导体相图[4]

参考文献

[1] Griffiths R B. Nonanalytic behavior above the critical point in a random ising ferromagnet. Physical Review Letters, 1969, 23: 17-19.

[2] Goldman A M. Superconductor-insulator transitions. International Journal of Modern Physics B, 2010, 24: 4081-4101.

[3] Zhang H M, Sun Y, Li W, et al. Detection of a superconducting phase in a two-atom layer of hexagonal Ga film grown on semiconducting GaN(0001). Physical Review Letters, 2015, 114: 107003.

[4] Xing Y, Zhang H M, Fu H L, et al. Quantum Griffiths singularity of superconductor-metal transition in Ga thin films. Science, 2015, 350: 542-545.

[5] Markovic N. Randomness rules. Science, 2015, 350: 509.

Discovery of Quantum Griffiths Singularity in Two-Dimensional Superconductors

Wang Jian

More than 40 years ago, Robert B. Griffiths predicted that phase transitions could be dramatically changed by disorder effect and in particular the dynamical critical exponent could diverge. Nowadays the prediction has been applied to quantum phase transitions and developed into the theory of "quantum Griffiths singularity". Nevertheless, the major signature of the theory, the divergence of dynamical critical exponent, is very difficult to observe in experiments. Recently, we studied three monolayer thick Ga films in ultralow temperature regime, in which two-dimensional (2D) superconductivity and superconductor to metal transition were detected. Furthermore, when approaching the zero temperature quantum critical point, we found the divergence of the dynamical critical exponent, which is the first observation of quantum Griffiths singularity in 2D superconductors. The superconductor-metal quantum phase transition in the 2D superconducting system with disorder could thus be explained by the theory of quantum Griffiths singularity.

3.8　硫醇分子的生物学功能认知取得重要进展
——两个小分子硫醇通过代谢偶联主导林可霉素的生物合成

赵群飞　王　敏　刘　文

（中国科学院上海有机化学研究所，生命有机化学国家重点实验室）

小分子硫醇是一类含巯基的有机化合物，广泛存在于所有真核和原核生物体系中，在维持细胞体内的稳态方面至关重要。它们不仅可以通过调节硫醇与二硫醚的比例来维持细胞体内氧化还原平衡，还能够作为还原性辅因子或直接底物参与细胞的解毒途径。小分子硫醇家族成员多样，但在不同的生物体内其分布存在形式不一。其中，辅酶A广泛分布于所有真核原核生物中，作为酰基载体可参与多种重要生化反应，如三羧酸循环、脂肪酸代谢等。而其他小分子硫醇大多只存在于一些特定生物体内，例如，谷胱甘肽为真核生物与革兰氏阴性菌中最广泛存在的主要小分子硫醇；放线硫醇（mycothiol，MSH）则是革兰氏阳性放线菌中所特有的半胱氨酸-假二糖结构硫醇；麦角硫因（ergothioneine，EGT）是由真菌和分枝杆菌产生，并能通过同化吸收存在于人和动植物体内的一种组氨酸类似物硫醇。另外，还有一些比较少见的硫醇近年来也有所报道，如锥虫和利什曼虫属中的锥虫胱甘肽（trypanothione）、芽孢杆菌中的杆菌硫醇（bacillithiol）及产甲烷古细菌中的辅酶M和辅酶B等。尽管这些不同小分子硫醇结构迥异，但过去的大多研究表明，它们主要在生物体内扮演与氧化还原相关的保护性角色[1~3]（图1）。

林可霉素是一种含硫的林可酰胺类抗生素，在临床上被长期广泛应用于治疗革兰阳性菌引起的感染。但对于其生物合成机制尤其是硫的来源和上载机制，一直都不清楚。本文作者研究小组在对林可霉素生物合成机制研究中，发现其基因簇中存在一个编码放线硫醇解毒蛋白（Mca）的相关基因。为了解该蛋白在林可霉素生物合成中的真实功能，研究小组对放线硫醇的功能展开了深入研究，确证其为硫元素供体参与林可霉素的生物合成。同时，研究小组发现另一种小分子硫醇麦角硫因也参与其中，起到分子骨架组装的载体作用。通过一系列的体内体外实验，我们最终阐明林可霉素的生物合成是在这两个小分子硫醇相互配合且精确有序地指导下完成的。麦角硫因作为硫载体介导了八碳糖单元的活化、转移和修饰；而放线硫醇则在与麦角硫因发生硫醇交换后成为硫元素的供体[4]（图2）。

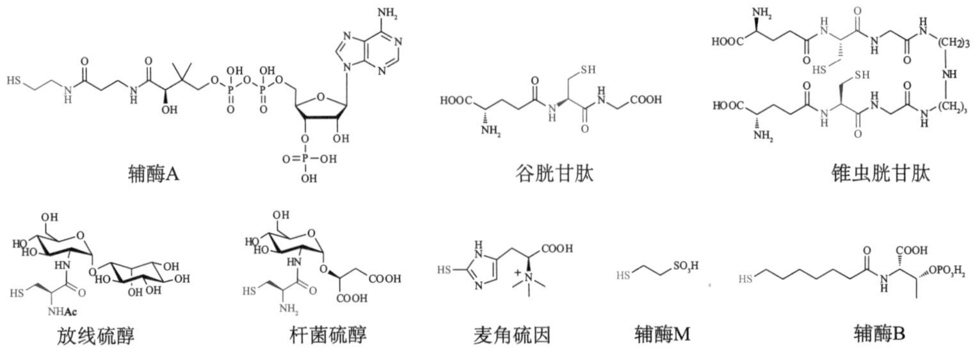

辅酶A　谷胱甘肽　锥虫胱甘肽

放线硫醇　杆菌硫醇　麦角硫因　辅酶M　辅酶B

图 1　生物体内的代表性小分子硫醇[5]

红色表示其硫醇来源于半胱氨酸，蓝色表示硫醇来源目前未知

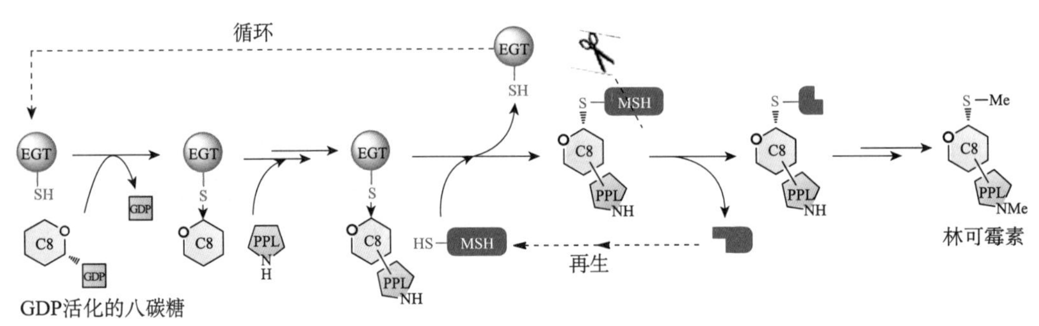

图 2　两个小分子硫醇指导参与的林可霉素的生物合成途径[4]

麦角硫因（EGT）作为硫载体介导分子的组装；而放线硫醇（MSH）则在与麦角硫因发生硫醇交换后成为林可霉素中硫元素的供体

GDP：鸟嘌呤二磷酸；C8：八碳糖；PPL：正丙基脯氨酸；S：硫；N：氮；Me：甲基

作为位居碳、氢、氧、氮和磷之后的第六大元素，硫元素为生命所必需并广泛存在于各种生物体系中，但是人们对其引入活性功能分子的生化机制还知之甚少[6]。小分子硫醇通过两个罕见的 *S*-糖苷化反应主导了林可霉素的生物合成，这一进程不但成为了麦角硫因参与生化反应的首个范例，而且代表了一种放线硫醇依赖的硫元素引入的新模式。更重要的是，这一发现显然突破了对小分子硫醇生物学功能的现有认知：小分子硫醇不但可以充当广为人知的“保护性”角色，而且可以前所未有地扮演“建设性”的角色用于指导和参与活性功能分子的体内组装[5]。

另外，通过对目前已测序基因组中基因功能分析扫描，本文作者所在的研究小组发现了大量与放线硫醇和麦角硫因代谢偶联相关的同源基因，其中大部分的功能尚未解析。以 *DinB*-2（与硫醇相关）超家族为例，这类蛋白由偶联小分子硫醇的保守功能域和一个或多个未知功能的结构域以不同组织结构排列组合而成[7]，可能参与了生物体内各种复杂多样的生物化学过程。该家族成员众多，广泛分布于多种微生物基因组中（如芽孢杆菌、放线菌等）；将来对该家族蛋白功能的研究将会促使更多小分子硫醇依赖反应的发现，同时进一步丰富我们对与小分子硫醇功能和相关生命现象基本规律的认识。

上述研究成果于 2015 年 2 月在国际著名学术期刊《自然》上发表。在同期《自然》杂志的《新闻与展望》栏目，新墨西哥大学的生物化学家查尔斯（Charles E. Melançon Ⅲ）教授发表专文评述，以“扑朔迷离的硫元素来源解开了”为题充分肯定了小分子硫醇生物学功能认知方面的重大突破[8]。对于该研究的重要意义，东京大学的阿部郁朗（Ikuro Abe）教授（F1000Prime 2015，doi：10.3410/f.725320497.7933503602）和耶鲁大学的克劳福德（Jason Crawford）教授（F1000Prime 2015，doi：10.3410/f.725320497.7933503765）等亦撰文予以高度评价。

参考文献

[1] Fahey R C. Glutathione analogs in prokaryotes. Biochimica et Biophysica Acta,2013. 1830:3182-3198.

[2] Hand C E,Honek J F. Biological chemistry of naturally occurring thiols of microbial and marine origin. Journal of Natural Products,2005,68:293-308.

[3] Van Laer K,Hamilton C J,Messens J. Low-molecular-weight thiols in thiol-disulfideexchange. Antioxidants & Redox Signaling,2013,18:1642-1653.

[4] Ma M,Lohman J R,Liu T,et al. C-S bond cleavage by a polyketide synthase domain. Proc Natl Acad Sci USA 2015,112:9-64.

[5] Zhao Q,Wang M,Xu D,et al. Metabolic coupling of two small-molecule thiols programs the biosynthesis of lincomycin A. Nature,2015,518:115-119.

[6] Wang M,Zhao Q,Liu W. The versatile low-molecular-weight thiols:Beyond cell protection. Bioessays,2015,37:1262-1267.

[7] Newton G L,Leung S S,Wakabayashi J I,et al. The DinB superfamily includes novel mycothiol,bacillithiol,and glutathione S-transferases. Biochemistry,2011,50:10751-10760.

[8] Melançon C E. Biochemistry:Elusive source of sulfur unraveled. Nature,2015,518:45-46.

Progress in Understanding the Biological Functions of Small-Molecule Thiols: Their Metabolic Coupling Programs the Biosynthesis of Lincomycin A

Zhao Qunfei, Wang Min, Liu Wen

Low-molecular-weight thiols in organisms are well known for their redox-relevant role in protection against various endogenous and exogenous stresses. We have recently reported that the unprecedented coupling of two bacterial thiols, mycothiol (MSH) and ergothioneine (EGT), has a constructive role in the biosynthesis of lincomycin A, a sulfur-containing lincosamide antibiotic that has been widely used for half a century to treat Gram-positive bacterial infections. EGT acts as a carrier to template the molecular assembly, and MSH is the sulfur donor for lincomycin maturation after thiol exchange. These thiols function through two unusual S-glycosylations that program lincosamide transfer, activation and modification, providing the first paradigm for EGT-associated biochemical processes and for the poorly understood MSH-dependent biotransformations, a newly described model that is potentially common in the incorporation of sulfur. The findings reported here represent a key step towards elucidating the biochemical mechanisms of numerous MSH and EGT-dependent but poorly understood proteins and exploring new features of thiols with regard to their currently unknown associated biochemical processes.

3.9　为绿色能源求解：人工合成光合作用水裂解催化中心

张纯喜

（中国科学院化学研究所光化学实验室）

光合作用是植物利用太阳能将水和二氧化碳转换为碳水化合物并释放出氧气的过程，是地球上最大规模的能量转换和物质转换过程。它为包括人类在内的几乎所有生物提供了赖以生存的环境、能量和物质基础。光合水裂解反应是整个光合作用的起点，发生在光合生物的光系统Ⅱ水裂解催化中心。光合生物水裂解催化中心是目前人类所知唯一的一个在常温、常压下能够高效、安全将水裂解，放出氧气获得电子和质子的生物催化剂。对该生物催化剂的结构和催化机理的研究不仅具有重要的科学价值，同时也具有潜在的应用价值。如果能够借鉴该生物催化剂的结构和催化原理，制备高效、廉价的人工光合作用水裂解催化剂，实现人工光驱动水裂解，产生清洁能源（电能或氢能），则可从根本上解决人类社会所面临的能源危机和环境污染问题。

经过生物学家和晶体学家长期不懈的努力，光合作用水裂解催化中心的基本结构最近终于被日本研究小组揭示［图1(a)］[1]。其核心是由4个锰离子和1个钙离子通过5个氧桥连接成一个不对称的Mn_4CaO_5簇合物。在簇合物的外围由6个羧基和1个咪唑环及4个水分子提供配体。水裂解过程涉及该生物催化中心的5种中间态（S_n，$n=0\sim4$）［图1(b)］，但目前人们只知道其最稳定状态（S_1态）的结构，其他状态的结构仍然未知。图1所示的光合作用水裂解催化中心的结构为化学合成人工水裂解催化剂提供了重要的蓝图。

如何在实验室人工合成这一自然界经过30多亿年进化才形成的生物水裂解催化中心是一个极具挑战性的重大科学难题。需要解决一系列的问题[2]，例如：①如何将Ca^{2+}离子镶嵌在Mn簇中？②如何模拟生物配体环境？③如何合成不对称Mn_4Ca骨架结构？④如何在化学体系稳定高氧化性的簇合物？生物水裂解催化中心的氧化-还原电位高达0.8～1.0伏特，能否在化学体系中稳定如此高氧化性的Mn簇合物尚完

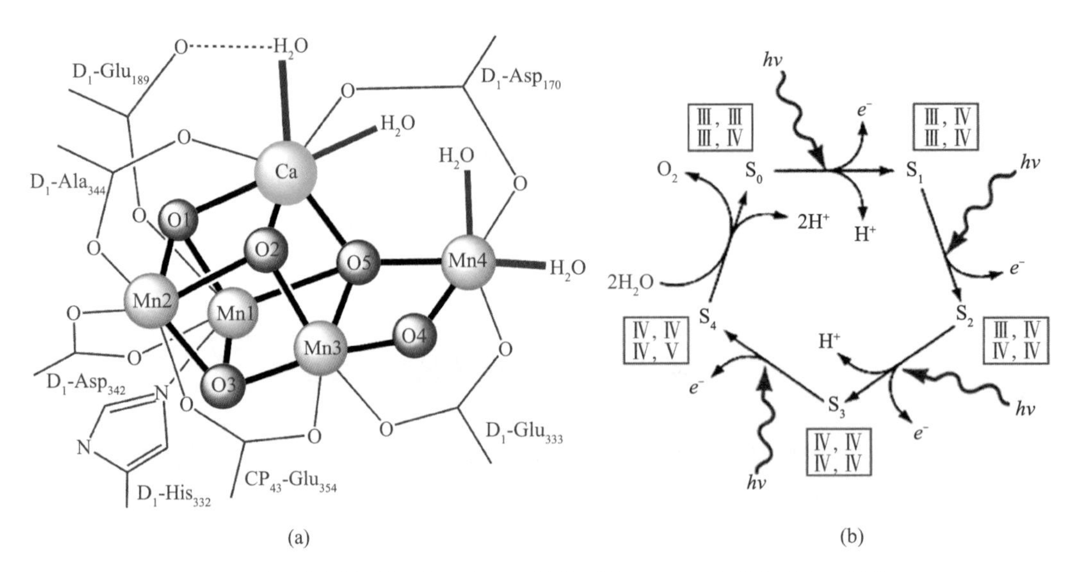

图 1　光合作用水裂解催化中心的结构示意图（a）和催化反应（b）[1]

全未知。正是由于这些问题的存在，尽管国际上很多研究小组尝试人工合成这一生物催化剂，但均没有取得成功。

本文作者自 1997 年以来一直从事光合作用水裂解催化中心的结构和催化机理研究，于 1999 年基于理论分析首次提出催化中心关键辅基 Ca 离子通过 3 个氧桥和 2 个羧基与 Mn 簇结合的结构模型[3]；2007 年基于电子顺磁共振探测水裂解中间体的实验工作首次提出强氢键调控水裂解的机理模型[4]。这些观点被 2011 年日本研究小组报道的高分辨率光系统Ⅱ的晶体结构所证实[1]。近年，本文作者基于这些对生物水裂解催化中心的研究基础，开展系列人工模拟光合作用研究，先后克服了 Ca/Sr 离子难以与 Mn 簇结合[5]和难以在高价 Mn 簇中引入生物配体的问题[6]。最近首次成功合成得到人工不对称的 Mn_4Ca 簇合物。人工 Mn_4Ca 簇合物的核心骨架结构和配体环境均与光合作用水裂解催化中心类似，其 4 个 Mn 离子的价态与生物水裂解催化中心完全一样，其氧化-还原特性、电子顺磁特性及化学反应特性方面也均与生物水裂解催化剂类似，并同样具有催化水裂解的催化功能（图 2）[7]。

上述工作被同行称为是人工光合作用研究的一个里程碑，对研究自然光合作用水裂解中心的结构和催化机理具有重要的参考价值，同时可能对今后制备廉价、高效的人工水裂解催化剂有重要的科学意义和应用价值，并有望为人类利用太阳能和水产生清洁能源开辟新途径[8~11]。如果该研究方向和研究人员能得到有效资助，有望能够在人工光合作用这一前沿领域取得新的原创性成果。

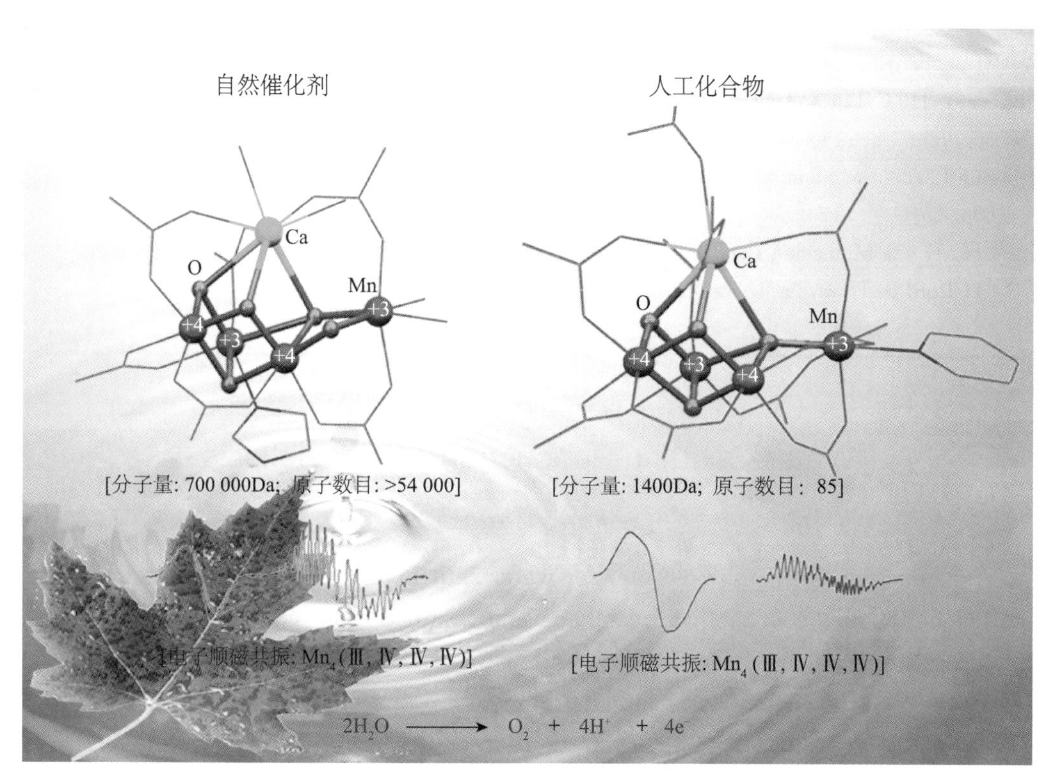

图2 自然和人工光合作用水裂解催化中心的结构和性能比较[2,7]

参考文献

[1] Umena Y, Kawakami K, Shen J R, et al. Crystal structure of oxygen-evolving photosystem Ⅱ at a resolution of 1.9Å. Nature, 2011, 73: 55-60.

[2] Zhang C. The first artificial Mn_4 Ca-cluster mimicking the oxygen-evolving center in photosystem Ⅱ. Science China Life Sciences, 2015, 58: 816-817.

[3] Zhang C, Pan J, Li L, et al. New structure model of oxygen-evolving center and mechanism for oxygen evolution in photosynthesis. Chinese Science Bulletin, 1999, 44: 2209-2215.

[4] Zhang C. Low-barrier hydrogen bond plays key role in active photosystem Ⅱ-a new model for photosynthetic water oxidation. Biochimica et Biophysica Acta, 2007, 1767: 493-499.

[5] Chen C, Zhang C, Dong H, et al. A synthetic model for the oxygen-evolving complex in Sr^{2+}-containing photosystem Ⅱ. Chemical Communications, 2014, 50: 9263-9265.

[6] Chen C, Zhang C, Dong H, et al. Artificial synthetic Mn^{IV} Ca-oxido complexes mimic the oxygen-evolving complex in photosystem Ⅱ. Dalton Transactions, 2015, 44: 4431-4435.

[7] Zhang C, Chen C, Dong H, et al. A synthetic Mn_4Ca-cluster mimicking the oxygen-evolving center of photosynthesis. Science, 2015, 348: 690-693.
[8] Yu Y, Hu C, Liu X, et al. Synthetic model of the oxygen-evolving center: photosystem II under the spotlight. ChemBioChem, 2015, 16: 1981-1983.
[9] Sun L. A closer mimic of the oxygen evolution complex of photosystem Ⅱ. Science, 2015, 348: 635-636.
[10] Hurtley S. Mimicking the oxygen evolution center. Science, 2015, 348: 645.
[11] Halford B. Toward a better photosynthesis mimic. C&EN, 2015, 93(19): 27.

Solve for Clean Energy: Mimic the Catalytic Center for Water-Splitting Reaction in Photosynthesis

Zhang Chunxi

Mimicking the catalytic center for water splitting in photosynthesis to prepare efficient and low-cost artificial catalysts and produce clean energy (electricity or hydrogen energy) by using sun light and water, has been considered to be an ideal way to solve the energy crisis and environmental pollution of our society. Based on nearly 20 years research on the catalytic center for water splitting in photosynthesis, we succeeded to synthesize the first artificial Mn_4Ca-cluster in laboratory recently. This artificial Mn_4Ca-cluster has very similar structure and properties as that of the natural catalyst for water splitting in photosynthesis. This work has been published on Science on May 8, 2015. This work has been considered to be a breakthrough in artificial photosynthesis, and make a key step forward solving for clean energy through photo water-splitting process of artificial photosynthesis.

3.10 表面分子分形结构研究进展

吴 凯[1] 王永锋[2]

(1. 北京大学化学与分子工程学院，分子动态与稳态结构国家重点实验室，北京分子科学国家实验室；
2. 北京大学信息科学技术学院电子学系，纳米器件物理与化学教育部重点实验室)

分形，通常被定义为“一个粗糙或零碎的几何形状，可以分为数个部分，并且每一部分都（至少近似地）是整体缩小后的形状”[1]。小到雪花，大到土星环，天然分形结构或分形元素广泛存在于自然界中，可谓无所不在。基于其特殊的数学和美学意义，一直以来，分形结构受到艺术、数学、自然科学、工程学等多学科多领域的广泛关注，被认为是人类认识自然的一扇窗户。在化学领域，人们在过去的几十年里始终致力于通过化学合成手段制备各类分子分形结构体，但由于合成手段等种种制约，只能零散地得到少数具有分形特征的大分子或分子碎片[2~4]，很长一段时间内无法实现高级别、无缺陷的分子分形结构的制备。

谢尔宾斯基三角形是波兰数学家谢尔宾斯基（Wacław Sierpiński）于1915年提出的一种典型的分形结构原型，可以被视为由一个大三角形出发、不断去掉中央倒三角并将原三角形分割为三个小三角而成［参见图1右侧（a）行］。理论预言，这种形式的分子结构有非常奇特的力学、电学、磁学和光学等方面的功能[5]。本文作者设计了一系列折线形、端基对位取代的二溴代多联苯分子（B4PB，化学结构详见图1左侧）作为组装前驱体，利用分子间协同的环形卤键和氢键作用，在金属银Ag（111）表面成功构筑了一系列无缺陷的分子谢尔宾斯基三角分形结构，并利用超高真空低温扫描隧道显微镜（STM）对其进行了亚分子水平的详细表征。图1右侧（b）行所示为实验中分子组装得到的一系列谢尔宾斯基三角分形结构，与（a）行中不同级数的谢尔宾斯基三角分形结构模型一一对应。图中 n 代表谢尔宾斯基三角分形结构的级数；（b）行图形中的数字代表构成该谢尔宾斯基三角分形结构的分子总数目；最下排的数字标尺标示了实际尺寸。我们通过盒计数（box-counting）法测量了该类分形结构的豪斯多夫（Hausdorff）维数为1.68，与谢尔宾斯基三角分形结构的理论值（1.59）

相符。这一系列分子分形结构符合谢尔宾斯基三角分形结构的典型特征和递推迭代规律，表现出完美的自相似性，结构参数有着简洁的数学表达。此外，我们还对此类分子分形结构的实验构筑提供了具体的指导原则。基于该原则，利用分子间氢键/配位键作用构筑得到的谢尔宾斯基三角分形结构随后也相继实现[6,7]，相关性质研究也正在加速进行中。

这一研究工作为国际上首次实现了通过分子自组装在固体表面构筑一系列无缺陷的新型分子分形结构，为分子分形结构的理性预测及可控构筑提供了新的方法和思路，并为分子分形体的性质研究奠定了基础。该研究成果于 2015 年 3 月作为封面文章发表于《自然・化学》（*Nature Chemistry*）杂志，同时刊发的还有美国印第安纳大学史蒂芬 L. 泰特（Steven L. Tait）教授应邀为该工作撰写的专题评述。文中对该研究给予了高度的评价："该工作成功将前驱体设计、动力学控制与缺陷自修复等元素有机结合在一起，获得了如此美妙的结构，实在是超分子化学领域一项振奋人心的发现，这也将为后人设计、研究和调控复杂分子体系提供新的方法和思路。"[8]

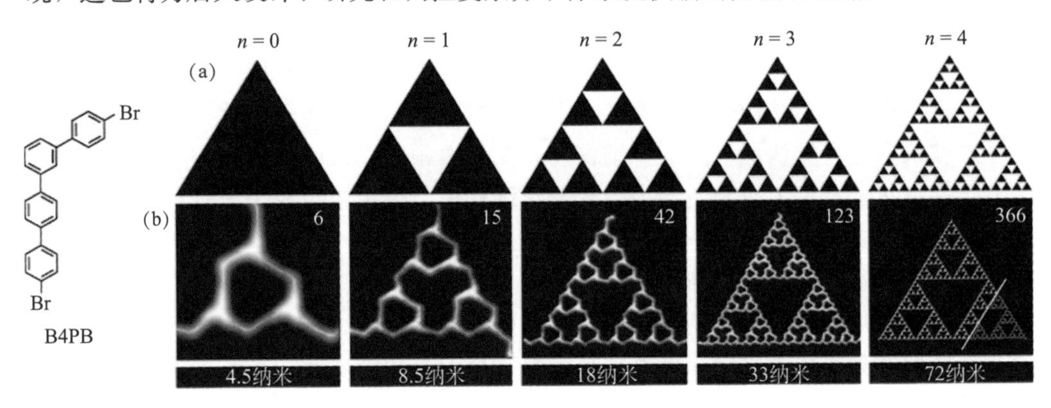

图 1　B4PB 分子（左）通过自组装形成的一系列分子分形结构（右）

参考文献

[1] Mandelbrot B B. The Fractal Geometry of nature. New York: W H Freeman and Company, 1982.

[2] Sugiura K, Tanaka H, Matsumoto T, et al. A mandala-patterned bandanna-shaped porphyrin oligomer, $C_{1244}H_{1350}N_{84}Ni_{20}O_{88}$, having a unique size and geometry. Chemistry Letters, 1999, 28: 1193-1194.

[3] Newkome G R, Wang P, Moorefield C N, et al. Nanoassembly of a fractal polymer: A molecular "Sierpinski hexagonal gasket". Science, 2006, 312: 1782-1785.

[4] Sarkar R, Guo K, Moorefield C N, et al. One-step multicomponent self-assembly of a first-generation Sierpiński triangle: From fractal design to chemical reality. Angewandte Chemie International

Edition,2014,53:12182-12185.

[5] Wang A, Zhao M. Intrinsic half-metallicity in fractal carbon nitride honeycomb lattices. Physical Chemistry Chemical Physics,2015. 17(34):21837-21844.

[6] Li N,Zhang X,Gu G C,et al. Sierpiński—triangle fractal crystals with the C3v point group. Chinese Chemical Letters,2015,26(10):1198-1202.

[7] Zhang X,Li N,Gu G C,et al. Controlling molecular growth between fractals and crystals on surfaces. ACS Nano,2015,9(12):11909-11915.

[8] Tait S L. Self-assembling Sierpiński triangles. Nature Chemistry,2015,7(5):370-371.

Assembling Molecular Sierpiński Triangle Fractals

Wu Kai, Wang Yongfeng

Fractals, being "exactly the same at every scale or nearly the same at different scales" as defined by Benoit B. Mandelbrot, are complicated yet fascinating patterns that are important in aesthetics, mathematics, science and engineering. Extended molecular fractals formed by the self-assembly of small-molecule components have long been pursued but not achieved before. To tackle the challenge, two aromatic bromo compounds, 4,4′′-dibromo-1,1′:3′,1′′-terphenyl and 4,4′′′-dibromo-1,1′:3′,1′′:4′′,1′′′-quaterphenyl (B4PB), were designed and synthesized to serve as building blocks. The formation of synergistic halogen and hydrogen bonds between these molecules is the driving force to assemble a whole series of defect-free molecular fractals, specifically Sierpiński triangles, on a Ag (111) surface below 80 K. Several critical guidelines that govern the preparation of the molecular Sierpiński triangles were scrutinized experimentally and revealed explicitly. Later soon, this new strategy was applied to successfully prepare and explore planar molecular fractals based on hydrogen bonds or metal-ligand coordination at surfaces.

3.11 环内过氧桥键生物合成获得重要进展
——α-酮戊二酸依赖的单核非血红素铁酶催化的环内过氧桥键的形成

张立新

（中国科学院微生物研究所，中国科学院病原微生物与免疫学重点实验室）

自然界中含有过氧桥键的化合物具有多种生物活性，包括抗感染、抗肿瘤及抗心律失常等，在人类健康史上发挥了非常重要的作用[1]。并且，环内过氧化物也是很多重要活性反应的中间体[2,3]。包含过氧桥键的化合物中最具代表性的青蒿素已经作为抗疟疾药物应用于临床接近 40 年。我国学者屠呦呦教授也因发现青蒿素而分享获得 2015 年诺贝尔生理学或医学奖。历经 12 年，花费 1 亿美元的艰辛研究，美国加利福尼亚大学伯克利分校的杰伊·柯斯林（J. Keasling）教授最终应用合成生物学技术成功地在转基因酵母菌中生产出用于青蒿素合成的前体青蒿酸，在利用酵母菌生产青蒿素方面取得突破性和革命性进展[5]。但是催化青蒿酸形成青蒿素的环内过氧键合酶却一直没有找到，成为一道世界难题。因此，从青蒿酸到青蒿素的转化仍然依靠化学方法，经过四步反应，最终产率只有 50%左右。

本文作者所在的研究团队大胆猜测催化这类反应的环内过氧键合酶元件可能来源于黄花蒿共生的真菌中，试图从自主构建的海洋微生物天然产物库中发现这类含有过氧桥键的化合物及其相应的催化酶。通过与“973”计划项目海外团队成员美国波士顿大学刘平华教授课题组和得克萨斯大学奥斯汀分校张燕教授课题组密切合作，从几株曲霉和青霉菌种中分离出具有抗感染等多种生物活性的含过氧桥键萜类吲哚生物碱震颤真菌毒素（verruculogen），解析了该化合物中的过氧桥键是由一个依赖α-酮戊二酸（α-ketoglutaric acid，α-KG）的单核非血红素酶 FtmOx1（烟曲霉毒素加氧酶 1）催化合成[4~6]，首次报道了 FtmOx1 的晶体结构，以及 FtmOx1 分别与 α-KG 和底物烟曲霉毒素 B（fumitremorgen B）的共晶体结构[7]。

FtmOx1 由两个组氨酸和一个含羧基的氨基酸（H129、H205、D131）组成三联体，作为铁中心的蛋白配体。在 FtmOx1·α-KG 复合物中，α-KG 在远端以双齿的形式与铁配位［图 1(a)］。其中 α-KG 的 1-羧基与远端的 H205 成反式构型，与大多数酶近端组氨酸成反式构型不同［图 1（b）中牛磺酸氧化酶 TauD 与近端组氨酸成反式］。在 FtmOx1・α-KG 二元复合物中，剩余的水配体（潜在的氧气结合位点）完全被第 224 位的酪氨酸残基（Y224）遮蔽［图 1（a）］。基于这两种二元复合物的结构信息，本文作者所在的研究团队建立了一个 FtmOx1・α-KG・烟曲霉毒素 B 的模型，其中 Y224 将底物烟曲霉毒素 B 与金属中心隔开［图 1（d）］，由此推测 Y224 在过氧桥键合成中具有关键作用。

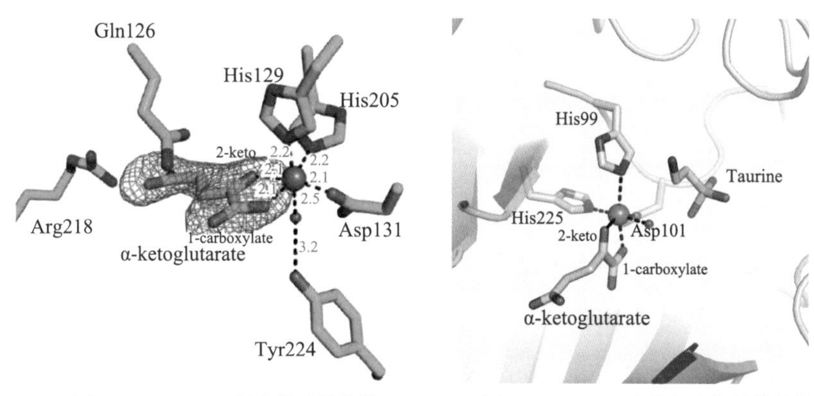

（a）FtmOx1-α-KG复合物晶体结构　　（b）TauD-α-KG-底物复合物晶体结构

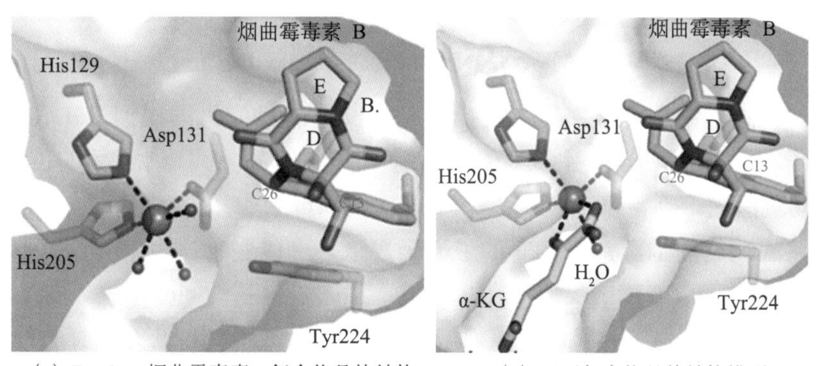

（c）FtmOx1-烟曲霉毒素 B复合物晶体结构　　（d）三元复合物晶体结构模型

图 1　FtmOx1 和牛磺酸氧化酶（TauD）及与底物复合物晶体结构和模型[7]

为了理解 FtmOx1 这种构型的作用，尤其是 Y224 在环内过氧键形成中的作用，通过生化方法表征了野生型、224 位酪氨酸被苯丙氨酸（Y224F）和丙氨酸（Y224A）取代的 FtmOx1 的反应产物。野生型 FtmOx1 反应中生成了两种产物，震颤真菌毒素（2）和 13 位羟基的氧化产物（3）［图 2(a)］。然而，对于 Y224F 和 Y224A 取代的 FtmOx1，产生的主要是去烷基化产物（6 和 7）［图 2（b）］，并形成了少量含环内过氧键的产物。表明 Y224 在 FtmOx1 形成环内过氧键的反应中起重要作用。

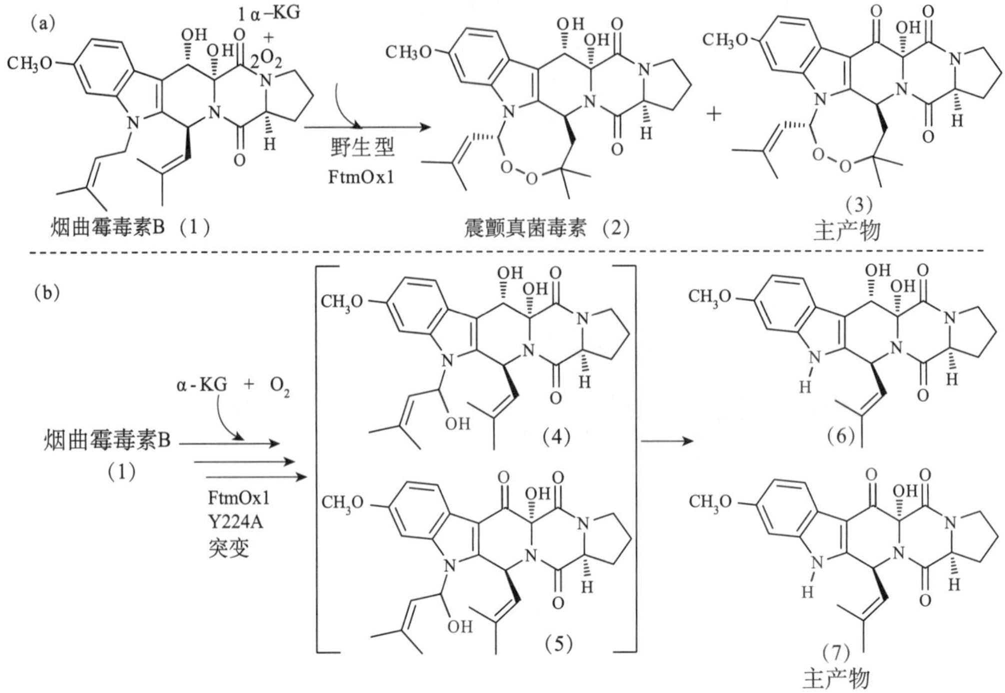

图 2　FtmOx1 及其突变体酶反应产物的化学结构[7]

为了解释这些结果，本文作者提出了 FtmOx1 的反应机理模型。在底物结合后，第一个分子的 O_2 被激活，产生铁氧（$Fe^{IV}=O$）中间体，由于 O_2 激活的位点被 Y224 阻断，底物无法被 $Fe^{IV}=O$ 直接氧化。$Fe^{IV}=O$ 将 Y224 氧化为酪氨酸自由基（C，图 3），然后将底物烟曲霉毒素 B C26 的氢原子拔除，形成底物自由基（E，图 3）。中间体 E 接着与另一个戊二烯链反应，在 C26 上产生碳自由基的同时产生环内过氧键（F，图 3），F 将 Y224 重新氧化，形成酪氨酸自由基。从 G 开始（图 3），有两种可能的反应途径。首先反应过程中一旦形成酪氨酸自由基，可以催化多轮环内过氧键形成。其次 FtmOx1 中化合物 3 的产生指向了另一种可能，化合物 2 到 3 氧化产生的两个电子将 Fe^{3+} 和酪氨酸自由基还原到 A，从而产生 13 位羟基的氧化产物。我们也通过停流光学吸收光谱法和冷冻淬灭电子顺磁共振光谱（EPR）研究了 FtmOx1 的反应，实验结果证实了 FtmOx1 反应中存在自由基中间体。

阐明这一特别的环内过氧桥键的生物合成新机制为发现催化青蒿酸形成青蒿素的环内过氧键合酶向前迈进了一大步，使得用细胞工厂生产含有过氧桥键的药物成为可能。进一步研究其酶学机制，将为含有过氧桥键的萜类吲哚生物碱的广泛应用奠定科学和应用基础。该研究得到了国家杰出青年科学基金和 973 计划项目的资助。

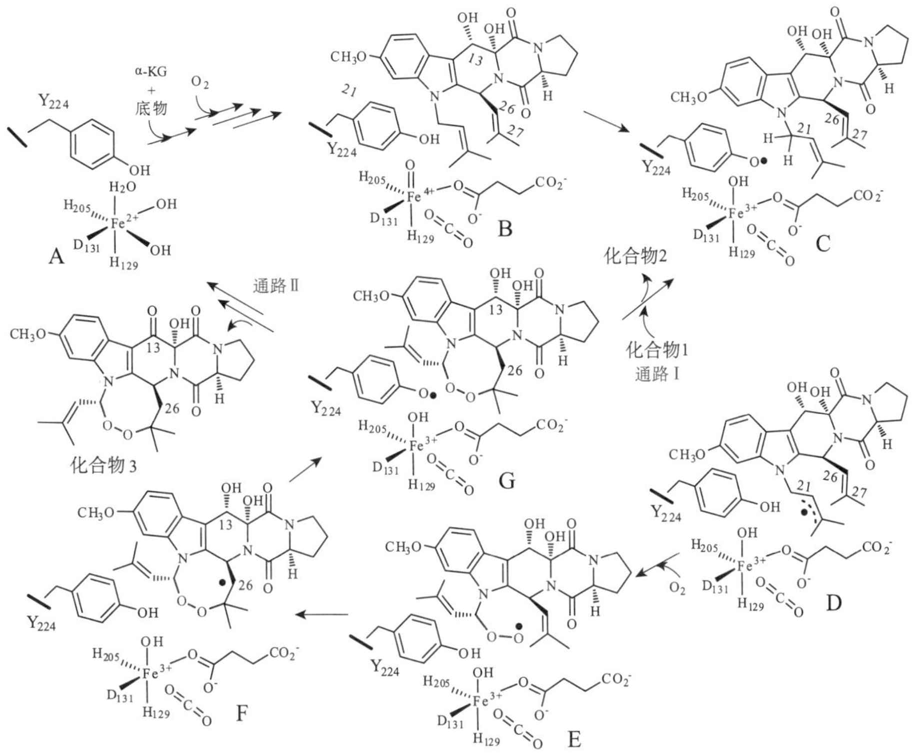

图 3　FtmOx1 催化环内过氧桥键形成机理[7]

参考文献

[1] Dembitsky V M. Bioactive peroxides as potential therapeutic agents. European Journal of Medicinal Chemistry, 2008, 43(2): 223-251.

[2] Steiner R A, Janssen H J, Roversi P, et al. Structural basis for cofactor-independent dioxygenation of N-heteroaromatic compounds at the α/β-hydrolase fold. Proc Natl Acad Sci USA, 2010, 107(2): 657-662.

[3] Thierbach S, Bui N, Zapp J, et al. Substrate-assisted O_2 activation in a cofactor-independent dioxygenase. Chemistry & Biology, 2014, 21(2): 217-225.

[4] Grundmann A, Li S M. Overproduction, purification and characterization of FtmPT1, a brevianamide F prenyltransferase from *Aspergillus fumigatus*. Microbiology, 2005, 151(Pt7): 2199-2207.

[5] Steffan N, Grundmann A, Afiyatullov S, et al. FtmOx1, a non-heme Fe(Ⅱ) and α-ketoglutarate-dependent dioxygenase, catalyses the endoperoxide formation of verruculogen in *Aspergillus fumiga-*

tus. Organic & Biomolecular Chemistry, 2009, 7(19): 4082-4087.
[6] Kato N, Suzuki H, Takagi H, et al. Gene disruption and biochemical characterization of verruculogen synthase of *Aspergillus fumigatus*. ChemBioChem, 2011, 12(5): 711-714.
[7] Yan W, Song H, Song F, et al. 2015. Endoperoxide formation catalyzed by FtmOx1, an α-ketoglutarate-dependent mononuclear non-heme iron Enzyme. Nature, 527: 539-543.

Endoperoxide Formation by an α-Ketoglutarate Dependent Mononuclear Non-Haem Iron Enzyme

Zhang Lixin

Many peroxy-containing secondary metabolites have been isolated and shown to provide beneficial effects to human health. Yet, the mechanisms of most endoperoxide biosyntheses are not well understood. Although endoperoxides have been suggested as key reaction intermediates in several cases, the only wellcharacterized endoperoxide biosynthetic enzyme is prostaglandin H synthase, a haem-containing enzyme. Fumitremorgin B endoperoxidase (FtmOx1) from *Aspergillus fumigatus* is the first reported α-ketoglutarate-dependent mononuclear non-haem iron enzyme that can catalyse an endoperoxide formation reaction. To elucidate the mechanistic details for this unique chemical transformation, we reported the X-ray crystal structures of FtmOx1 and the binary complexes it forms with either the co-substrate (α-ketoglutarate) or the substrate (fumitremorgin B). Uniquely, after α-ketoglutarate has bound to the mononuclear iron centre in a bidentate fashion, the remaining open site for oxygen binding and activation is shielded from the substrate or the solvent by a tyrosine residue (Y224). Upon replacing Y224 with alanine or phenylalanine, the FtmOx1 catalysis diverts from endoperoxide formation to the more commonly observed hydroxylation. Subsequent characterizations by a combination of stopped-flow optical absorption spectroscopy and freeze-quench electron paramagnetic resonance spectroscopy support the presence of transient radical species in FtmOx1 catalysis. Our results help to unravel the novel mechanism for this endoperoxide formation reaction.

3.12 解析细胞炎性坏死的关键分子机制

石建金 邵 峰

（北京生命科学研究所）

程序化细胞死亡（programmed cell death）是指由细胞内部生化反应控制的、受其他信号或基因调控的、细胞通过“自杀”而死亡的现象。程序化细胞死亡广泛发生在多细胞生命体的胚胎发育、生长和衰老的各个阶段，并与多种疾病（如癌症、感染性疾病、心脑血管疾病和神经退行性疾病等）的发生和发展密切相关[1]。目前发现的程序化细胞死亡主要有三种形式：细胞凋亡（apoptosis）、细胞程序性坏死（necroptosis）和细胞炎性坏死（pyroptosis，又称为细胞焦亡）。

目前已知细胞炎性坏死由炎症性半胱天冬酶（包括 caspase-1/4/5/11 等）介导[2]。半胱天冬酶属于内切蛋白酶，是一类蛋白质“剪刀”，可以切割其他蛋白质底物。当细胞发生炎性坏死时，细胞会发生裂解并释放几乎所有的细胞内容物，最终激活剧烈的炎症反应（症状包括发热、红肿、疼痛等）。细胞炎性坏死是人体非常重要的免疫防御反应，在对抗病原体感染过程中发挥重要的作用。而当细胞炎性坏死过度发生时，会引起人类多种疾病，如败血症、多种自身免疫病（如家族性地中海热）和代谢性疾病等。败血症是由感染引发的全身性的炎症反应引起的。每年全球有数百万人因败血症而死亡，但到目前为止，我们仍然没有任何治疗败血症的药物。另外，最近的研究表明，艾滋病病毒（HIV）感染可以引发 $CD4^+$ T 细胞大量发生细胞炎性坏死，进而导致了免疫系统的缺陷并引发艾滋病[3]。尽管细胞炎性坏死与人类疾病和健康都息息相关，但是长期以来人们对炎症性半胱天冬酶如何引发细胞炎性坏死的机制仍然一无所知。

为了回答这一问题，在过去的 6 年中，本文作者所在研究团队在体外建立了高效诱导细胞炎性坏死的实验体系并完成了多个针对细胞性坏死的遗传筛选。遗憾的是，这些筛选都未能找到细胞炎性坏死中发挥最关键作用的蛋白。直到 2015 年，通过使用基于 CRISPR/Cas9 基因组编辑技术针对基因组近 2 万个基因的筛选，最终发现一个名为 Gasdermin D（GSDMD）的功能未知的蛋白在细胞炎性坏死中发挥重要作用。生物化学和细胞生物学研究表明，GSDMD 蛋白是所有炎症性半胱天冬酶的共同底物，其切割对于炎症性半胱天冬酶激活细胞炎性坏死既是必要的又是充分的（图 1）。GSDMD 属于一个名为 Gasdermin 的蛋白家族，在人类，该蛋白家族还包括 GSDMA、

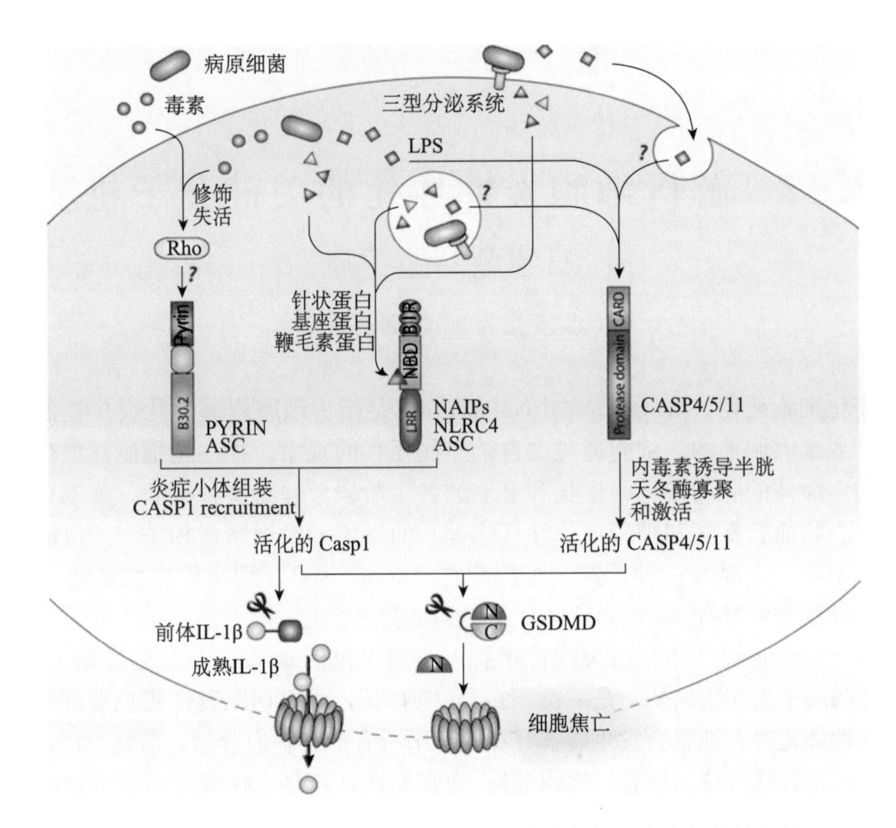

图 1　GSDMD 蛋白在半胱天冬酶诱导细胞炎性坏死中发挥关键作用

图中显示 caspase-1 可以被两个不同的经典炎症小体（PYRIN 和 NAIP/NLRC4）在响应不同的细菌感染信号所激活，而 caspase-4/5/11 则直接结合细菌的内毒素分子进而被活化。活化后的 caspase-1 和 caspase-4/5/11 都是通过切割 GSDMD 蛋白，释放出其 N 端的活性片段从而引发细胞膜破裂和细胞炎性坏死的发生

GSDMB、GSDMC、DFNA5、DFNB59 等。这些蛋白都可以引发与细胞炎性坏死类似的细胞死亡。人类 *DFNA5* 基因和小鼠 *Gsdma3* 基因（人类 *GSDMA* 的一个同源基因）的突变分别可以导致人类非综合征性耳聋和小鼠脱毛及皮肤发炎等疾病。在细胞中表达这些突变体蛋白都可以引发细胞死亡，这提示这些疾病可能是由过度的细胞炎性坏死导致的。有趣的是，这些蛋白都不能被炎症性半胱天冬酶切割而激活，暗示它们可能对其他的信号做出响应，最终引发细胞死亡。

该项研究首次发现了一个所有炎症性半胱天冬酶的共同底物蛋白 GSDMD 并揭示了该蛋白引发细胞炎性坏死的分子机理，最终解决了一个在细胞死亡研究领域内存在了长达 30 年的重要科学问题。鉴于细胞炎性坏死在多种疾病发生和发展中的重要作用，针对全新药物靶点 GSDMD 设计的小分子抑制剂将可能为治疗败血症、自身免疫病和艾滋病等多种疾病提供全新的途径。此外，除了已知的三种程序化细胞死亡外，该项研究还显示存在多种全新形式的依赖其他 Gasdermin 蛋白的程序化细胞死亡，从而开辟了一个全新的细胞死亡和先天免疫的研究领域。研究清楚这些细胞死亡的发生的机理和生理功能，将可能有助于我们理解和治疗其他多种疾病。

该发现于 2015 年 10 月在国际著名期刊《自然》上以长文（article）形式发表。瑞士巴塞尔大学的伯洛兹（P. Broz）教授在同期杂志为该发现发表评论文章。他认为："发现 GSDMD 作为细胞炎性坏死的关键因子对于我们理解炎症性半胱天冬酶如何诱发细胞死亡是概念上的突破。研究清楚 GSDMD 介导的细胞炎性坏死的分子机制非常有可能为我们带来治疗炎性小体相关的炎症性疾病和代谢疾病的全新方案。"该发现同时入选了由科技部评选的"2015 年度中国科学十大进展"和由中国科协生命科学学会联合体评选的 2015 年度"中国生命科学领域十大进展"。

参考文献

[1] Peter M E. Programmed cell death: Apoptosis meets necrosis. Nature, 2011, 471: 310-312.
[2] McIlwain D R, Berger T, Mak T W. Caspase functions in cell death and disease. Cold Spring Harbor Perspectives in Biology, 2013, 5: a008656.
[3] Doitsh G, Galloway N L, Geng X, et al. Cell death by pyroptosis drives CD4 T-cell depletion in HIV-1 infection. Nature, 2014, 505: 509-514.

Revealing the Key Mechanism for Inflammatory Cell Death

Shi Jianjin, Shao Feng

Pyroptosis, a programmed lytic cell death, plays critical roles in clearing microbial infections and the development of a panel of diseases (such as sepsis and autoimmune diseases). Pyroptosis relies on the activation of inflammatory caspases. However, the underlying mechanism has been unknown. Through genome-wide genetic screens, we identified Gasdermin D (GSDMD) as a key determinant of pyroptosis. GSDMD is a common substrate for all the inflammatory caspases. The cleavage of GSDMD is both required and sufficient for pyroptosis. Furthermore, we found that other GSDMD-like Gasdermin proteins can also induce pyroptosis. This study provides an attractive new drug target for the treatment of sepsis and other autoimmune diseases and also opens a new field for studying cell death.

3.13 NAIP-NLRC4 炎症小体激活的分子机制

胡泽汗 柴继杰

（清华大学生命科学学院结构生物学中心；清华-北大生命科学联合中心）

病原微生物（包括细菌、真菌、病毒和寄生虫）的入侵严重威胁着人类健康。除了皮肤和黏膜组织作为物理屏障阻挡病原体入侵外，炎症反应等天然免疫反应是机体防御病原微生物入侵的第一道防线。炎症反应发生的基础是炎症小体（inflammasome）的形成。当病原微生物入侵时，位于机体细胞内的多种模式识别受体（pattern-recognition receptors）在识别特定的病原微生物成分或内源性危险信号后活化，进而招募并激活下游的接头蛋白和效应蛋白——炎性半胱天冬酶（人体中为caspase-1、caspase-4 和 caspase-5），形成一个庞大的多蛋白复合体，即炎症小体[1]。活化的炎性半胱天冬酶能将白细胞介素-1β 和白细胞介素-18 加工成熟并分泌，引发机体细胞发生坏死性凋亡（pyroptosis），从而诱导巨噬细胞和中性粒细胞等免疫细胞向被感染部位迁移，清除病原微生物，愈合伤口实现机体的稳态控制。然而，炎症反应的异常激活会引发严重的机体病变，目前发现多种疾病的发生（如关节炎等各种自身免疫性疾病、肥胖等各种代谢综合征、炎症性肠病及肿瘤）都与炎症反应的异常激活有着密切的关系[2]。因此，理解炎症反应激活的分子机制将会为相关疾病控制和治疗方法的发展提供推动作用。

根据模式识别受体的不同，目前已经发现多种类型的炎症小体，其中研究较为明确的有 NLRP1 炎症小体、NLRP3 炎症小体、NAIP-NLRC4 炎症小体、AIM2 炎症小体及最近发现的非典型炎症小体。NLRP1、NLRP3、NAIP 及 NLRC4 均属于 NOD 样受体（nucleotide-binding and oligomerization domain-like receptors）家族成员，具有保守的结构域组成。其中，NAIP-NLRC4 炎症小体在机体抵御多种兼性胞内菌（如鼠伤寒沙门菌、福氏志贺菌、嗜肺军团菌等）的入侵过程中发挥重要作用。小鼠中含有 7 种 NAIP 同源基因（分别是 *NAIP1*～*NAIP7*），而人类只有一种。正常情况下，NAIP 和 NLRC4 蛋白均以自抑制作用维持静息状态；当病原菌入侵机体细胞时，NAIP 蛋白能直接识别病原菌的鞭毛蛋白和Ⅲ型分泌系统等成分，并进一步激活 NLRC4；活化的 NLRC4 会发生自身多聚化并招募 caspase-1，形成炎症小体，产生一系列的免疫应答反应，但该激活过程的分子机制尚不明确。

2013 年，本文作者所在研究团队首次解析了小鼠 NLRC4 蛋白处于自抑制状态下的晶体结构，通过结构分析和生化实验揭示了该蛋白在正常情况下维持自抑制状态的分子机制，该项研究成果发表于国际著名学术期刊《科学》杂志上[3]。之后，研究团队与隋森芳院士研究组合作，展开对激活状态下 NAIP-NLRC4 炎症小体的结构和功能研究。经过多次的尝试，最终利用冷冻电镜（cryo-EM）方法解析了“PrgJ-NAIP2-NLRC4$^{\Delta CARD}$”复合物平均分辨率为 6.6 埃的三维结构（其中 PrgJ 为鼠伤寒沙门菌 III 型分泌系统的基座蛋白，能被 NAIP2 蛋白识别）[4]。该结构为 10～11 个 NAIP2/NLRC4 蛋白分子相互作用并聚合成一个盘状结构（图 1）。纳米金颗粒标记实验表明该盘状结构中，只有一个 NAIP2 蛋白分子，其余的均为 NLRC4 蛋白分子。

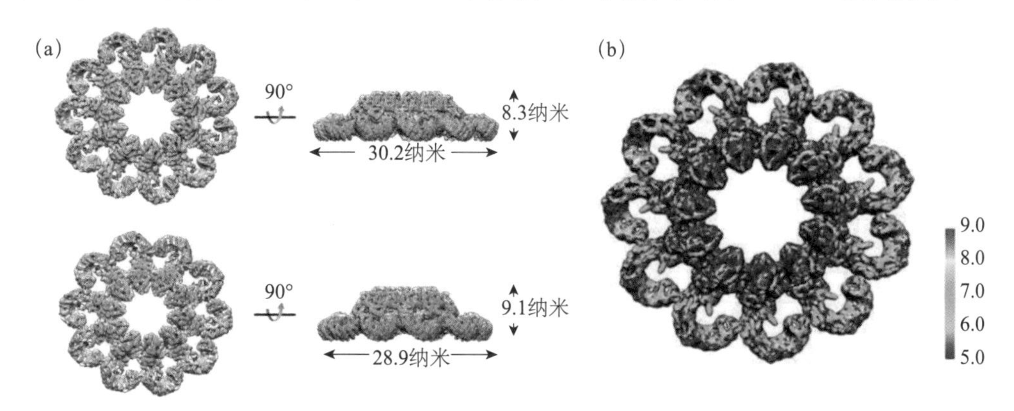

图 1　盘状结构的 PrgJ-NAIP2-NLRC4$^{\Delta CARD}$复合物

（a）PrgJ-NAIP2-NLRC4$^{\Delta CARD}$复合物的 11 聚体状态（上方）和 10 聚体状态（下方）的结构示意图；（b）11 聚体状态的 PrgJ-NAIP2-NLRC4$^{\Delta CARD}$复合物结构的局部分辨率示意图

在对该复合物样品的电镜观察中，本文作者所在研究团队还发现了部分未完全闭合的钩状结构。该钩状结构的电镜分析结果显示位于钩状结构一端的蛋白分子具有与其他蛋白分子不同的密度，提示该端点处的蛋白分子为 NAIP2。该钩状结构相当于“PrgJ-NAIP2-NLRC4”复合物组装过程的一个中间状态，表明“PrgJ-NAIP2-NLRC4”复合物的组装是一种具有方向性的梯次激活过程，结合了配体的 NAIP2 起始了这一激活过程。由于 NLRC4 蛋白并不结合配体，所以随后的 NLRC4 蛋白的激活仅依赖于上一个活化的 NLRC4 蛋白，因此 NLRC4 蛋白以一种类似于“多米诺骨牌”的方式自我激活并组装成寡聚体结构。

NLRC4 蛋白的“催化表面”和“受体表面”参与了该激活过程：第一个 NLRC4 蛋白的催化表面结合下一个 NLRC4 蛋白的受体表面，进而引起其构象发生改变，从而形成新的催化表面，进而结合和激活下一个 NLRC4 蛋白。序列比对结果显示，NAIP 蛋白和 NLRC4 蛋白的催化表面非常相似，关键氨基酸完全一致；而 NAIP 蛋白和 NLRC4 蛋白的受体表面则完全不同。因此，NAIP 蛋白运用了与 NLRC4 蛋白高度相似的催化表面起始了 NLRC4 蛋白的自我激活过程，其受体表面的不匹配性则保证了 NAIP-NLRC4 炎症小体中有且仅有一个 NAIP 蛋白。

以上所有的结构分析均得到了体外生化实验的验证，说明了 NLRC4 蛋白以类似于“多米诺骨牌”的方式自我激活并组装成寡聚体结构，结合了配体的 NAIP 蛋白作为“种子”起始了这一激活过程（图 2）。这种激活方式在该类蛋白的激活方式中还从未被发现，这不仅揭示了 NAIP 激活 NLRC4 的具体分子机制，更揭示了 NLRC4 的“自我放大”作用，这种作用机制保证了 NLRC4 蛋白对于危险信号具有更强的敏感性，为机体及时有效地启动免疫应答反应提供保障。此外，该研究结果也为研究其他类型的炎症小体的激活机制提供了借鉴意义。

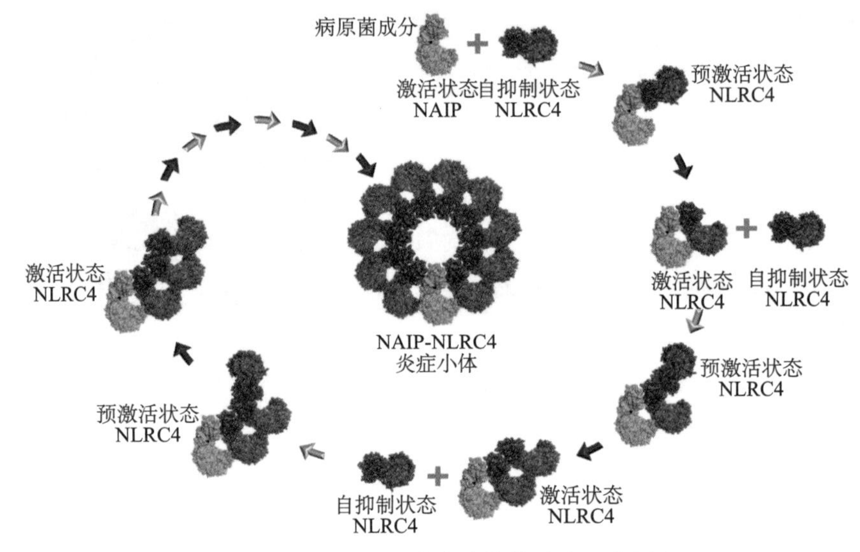

图 2　NAIP-NLRC4 炎症小体激活过程示意图

2015 年 10 月 23 日出版的国际著名期刊《科学》杂志以研究长文形式发表以上研究成果[4]。《科学》杂志在同一期还发表了一篇来自于美国凯斯西储大学（Case Western Reserve University）Tsan S. Xiao 教授的题为“组装死亡之轮”（*Assembling the wheel of death*）的评述文章[5]，介绍和分析了该项研究发现，并且展望了此项研究的重要性及其意义。该项研究成果发表后引起了广泛的关注，其中，《细胞研究》（*Cell Research*）杂志发表了题为“炎症小体之轮开始转动”（*Inflammasome assembly: The wheels are turning*）的特邀评论文章[6]，生物《化学趋势》（*Trends in Biochemical Sciences*）杂志发表了题为“NLR 天然免疫的里程碑”（*Rosetta stone of NLR innate immunity*）的特邀评论文章[7]。

参考文献

[1] Lamkanfi M, Dixit V M. Mechanisms and functions of inflammasomes. Cell, 2014, 157(5): 1013-1022.

[2] Davis B K, Wen H, Ting J P. The inflammasome NLRs in immunity, inflammation, and associated diseases. Annual Review of Immunology, 2011, 29: 707-735.

[3] Hu Z, Yan C, Liu P, et al. Crystal structure of NLRC4 reveals its autoinhibition mechanism. Science, 2013, 341(6142): 172-175.

[4] Hu Z, Zhou Q, Zhang C, et al. Structural and biochemical basis for induced self-propagation of NLRC4. Science, 2015, 350(6259): 399-404.

[5] Liu Z, Xiao T S. Assembling the wheel of death: A single ligand-activated protein triggers the assembly of an entire inflammasome. Science, 2015, 350(6259): 376.

[6] Broz P. Inflammasome assembly: The wheels are turning. Cell Research, 2015, 25: 1277-1278.

[7] Lechtenberg B C, Riedl S J. Rosetta stone of NLR innate immunity. Trends in Biochemical Sciences, 2016, 41(1): 6-8.

Structural Insights into the Activation Mechanism of NAIP-NLRC4 Inflammasome

Hu Zehan, Chai Jijie

The innate immune responses, such as inflammatory responses, constitute the first line of host defense. The NAIP-NLRC4 inflammasome plays a critical role in host defense against facultative intracellular pathogens. Upon recognition of bacterial pathogens, NAIP proteins induces the activation of NLRC4 followed by formation of NAIP-NLRC4 inflammasomes. Here we report the wheel-like structure of a NAIP2-NLRC4 complex determined by cryo-EM at 6.6 angstrom. Structural and biochemical studies reveal the NAIP-induced and self-propagated activation mechanism of NLRC4, a way similar to dominoes. Such an activation mechanism would endow hosts with high sensitivity and efficiency to danger signal, allowing quick response of hosts to invading pathogens.

3.14 CRISPR-Cas系统中外源DNA获取的结构基础和分子机制

王久宇 王艳丽

（中国科学院生物物理研究所，核酸生物学重点实验室）

中国科学院生物物理研究所核酸生物学重点实验室王艳丽研究组，利用X射线晶体学的方法，通过解析Cas1、Cas2与DNA复合物的晶体结构，揭示了CRISPR-Cas系统中外源DNA获取的结构基础和分子机制。该研究结果发表在2015年10月15日出版的《细胞》杂志上，并入选“2015 Cell Press中国年度论文”。

原核生物的基因组中成簇有规律的间隔短回文重复序列（CRISPR）及其辅助蛋白（Cas蛋白）一同构成CRISPR-Cas系统，于1987年在大肠杆菌K12菌株的基因组中首次被发现[1]。自此之后，在48%的细菌的基因组与95%的古菌的基因组中都检测到CRISPR的存在[2]。CRISPR阵列由完全相同的重复序列（repeat）和长度相近而序列不同的间隔序列（spacer）交替排列而成，其中间隔序列来自外源DNA[3,4]。

CRISPR-Cas系统作为一道重要的免疫屏障，使细菌和古菌等原核生物免受外界病毒（如噬菌体）的侵染。该免疫系统发挥作用分三步进行：首先，Cas1和Cas2组成核心蛋白复合物，将入侵宿主的外源DNA片段进行加工之后整合到位于基因组上CRISPR位点，这一过程被称为获取阶段[5]。其次，宿主表达相关的Cas蛋白，同时转录并加工产生成熟的crRNA，进一步组装形成干扰复合体。最后，当外源DNA再次入侵时，由crRNA介导的干扰复合体将其识别并降解。随着近年来研究的不断深入，CRISPR-Cas系统中一系列重要蛋白及复合物的结构逐渐被报道，人们对于crRNA的加工机制和干扰复合物的形成有了较为清晰的了解。然而，对于Cas1和Cas2如何获取外源DNA片段，仍知之甚少。因此，研究获取阶段的结构与分子机制有助于我们完善对CRISPR-Cas系统的认识。

研究人员通过解析Cas1-Cas2与多种DNA的复合物的晶体结构，证明外源DNA片段以一种两端分叉的构象被Cas1和Cas2组成的复合物所获取。在Cas1-Cas2-DNA的结构中，4个Cas1分子形成两个相同的二聚体分在左右两边，2个Cas2分子形成二聚体位于结构的中央，DNA分子双链部分平躺在Cas1-Cas2的表面，3′单链分别深入到 2 个 Cas1 分子内部。

通过对 Cas1-Cas2-DNA 复合物结构的分析，研究人员终于可以解释为何在大肠杆菌（*E. Coli*）中间隔序列的长度是 33 碱基对（bp）这一困惑已久的问题。在结构中，两个 Cas1a 分子的酪氨酸残基与 Cas2 二聚体共同构成卡尺模型，准确度量出 23 bp的 DNA 双链部分；DNA 的 3′单链部分，经由 Cas1 分子 Lys211、Tyr217 等氨基酸残基对前间区序列邻近基序（PAM）的互补序列（5′-CTT-3′）特异性识别，再由 His208、Glu141 和 Asp221 组成 Cas1 的活性中心，在两端分别切割留下 5nt，与之前的双链部分 23 bp 共同构成 33 bp 的获取片段（图 1）。

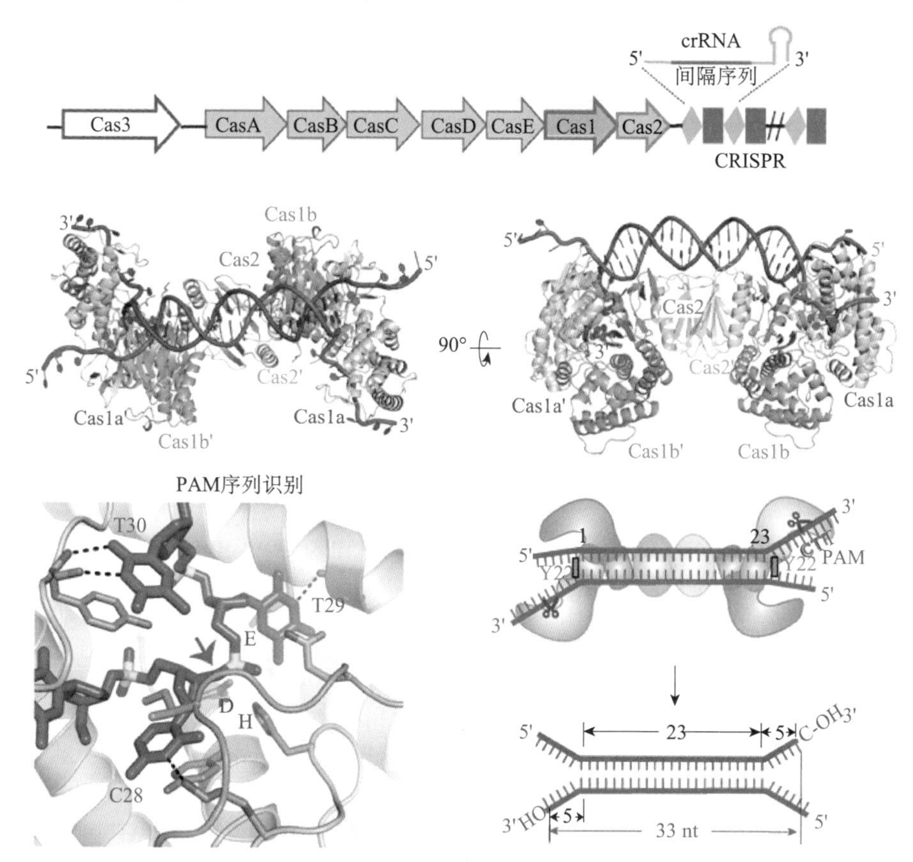

图 1　大肠杆菌 Cas1-Cas2 蛋白与具有双叉结构的间隔区前体 DNA 复合物的晶体结构
Cas1-Cas2 特异性的识别，并结合含有 PAM 互补序列 DNA，进而确定间隔区前体的长度
并将其插入到 CRISPR-Cas 位点

对不同结构进行比较后发现，由于结合底物 DNA，Cas1-Cas2 发生了明显的构象变化，该变化相当于蝴蝶飞舞时由“翅膀扬起”到“翅膀展平”的状态。最终，在 Cas1-

Cas2 的介导下，外源 DNA 通过“切割-粘贴”的机制插入到宿主的 CRISPR 位点。该研究通过结构和生化分析，揭示了 Cas1-Cas2 获取外源 DNA 片段的分子机制，阐明外源 DNA 片段的度量机理，为完整揭示原核生物 CRISPR-Cas 系统奠定了重要的理论基础。

参考文献

[1] Ishino Y, Shinagawa H, Makino K, et al. Nucleotide sequence of the iap gene, responsible for alkaline phosphatase isozyme conversion in Escherichia coli, and identification of the gene product. Journal of Bacteriology, 1987, 169: 5429-5433.

[2] Jore M, Brouns S, van der Oost J. RNA in defense: CRISPRs protect prokaryotes against mobile genetic elements. Cold Spring Harbor Perspectives in Biology, 2012, 4(6): 997-1001.

[3] Barrangou R, Fremaux C, Deveau H, et al. CRISPR provides acquired resistance against viruses in prokaryotes. Science, 2007, 315: 1709-1712.

[4] Brouns S, Jore M, Lundgren M, et al. Small CRISPR RNAs guide antiviral defense in prokaryotes. Science, 2008, 321: 960-964.

[5] Fineran P, Charpentier E. Memory of viral infections by CRISPR-Cas adaptive immune systems: acquisition of new information. Virology, 2012, 434: 202-209.

Structural and Mechanistic Basis of PAM-Dependent Spacer Acquisition in CRISPR-Cas Systems

Wang Jiuyu , Wang Yanli

Bacteria acquire memory of viral invaders by incorporating invasive DNA sequence elements into the host CRISPR locus, generating a new spacer within the CRISPR array. We report on the structures of Cas1-Cas2-dual-forked DNA complexes in an effort toward understanding how the protospacer is sampled prior to insertion into the CRISPR locus. Our study reveals a protospacer DNA comprising a 23-bp duplex bracketed by tyrosine residues, together with anchored flanking 3′ overhang segments. The PAM-complementary sequence in the 3′ overhang is recognized by the Cas1a catalytic subunits in a base-specific manner, and subsequent cleavage at positions 5 nt from the duplex boundary generates a 33-nt DNA intermediate that is incorporated into the CRISPR array via a cut-and-paste mechanism. Upon protospacer binding, Cas1-Cas2 undergoes a significant conformational change, generating a flat surface conducive to proper protospacer recognition. Here, our study provides important structure-based mechanistic insights into PAM-dependent spacer acquisition.

3.15 神经环路精确化的竞争机制
——钙黏蛋白/环连蛋白复合物介导树突棘的协同修剪与成熟

边文杰 于 翔

（中国科学院上海生命科学研究院神经科学研究所神经科学国家重点实验室，
中国科学院脑科学与智能技术卓越创新中心）

我们的大脑包含大约1000亿（10^{11}）个神经元，它们通过“突触”彼此相联形成精密的神经环路，进而构成一个复杂而庞大的神经网络。突触是神经元之间信息传递发生的位点。一个神经元通过突触接受来自其他神经元的输入信号（兴奋性或抑制性的），将其整合、处理，并通过轴突输出给下一级神经元。大脑中大多数的兴奋性突触(＞90％)位于神经元的树突上一种被称为“树突棘”的微小凸起结构上[1]。我国神经科学先驱张香桐先生在20世纪50年代的研究提出，树突棘具有重要的功能，负责了神经元兴奋性的精细调节[2]。后续大量研究证实，树突棘头部的大小与突触强度存在正相关性，而棘头和棘颈的形态变化对突触可塑性至关重要[3,4]。因此，作为神经元之间兴奋性突触传递重要的结构基础，树突棘的数目和形态变化是神经环路动态变化的直观体现。

脑中神经环路的联接状态并非一成不变，而是不断地在外界刺激的“调教”下进行修正、重塑。哺乳动物大脑中的神经元数目在出生以后基本保持恒定，而更为显著的变化体现为神经元之间相互联接的增多与改变[5,6]，即“神经环路布线”和“神经环路精确化”。这些神经环路的动态变化被认为对个体的感官分辨、运动技能、学习与记忆等至关重要，并且具有十分显著的发育依赖性[5,6]。近年的双光子活体成像研究发现，树突棘的数目在出生后早期急速增加，提示在幼年期的发育过程中神经元之间形成大量的突触联接[1,6]（图1）。有趣的是，在个体经由青春期逐渐进入成年期的过程中，树突棘的总数目反而显著减少，即已形成的联接会被“修剪”，使整个神经网络的联接更加精确[1,6]（图1）。这一“树突棘修剪”过程被认为是神经环路精确化的体现，对大脑的正常功能至关重要。孤独症、精神分裂症等发育性神经系统疾病的研究也提示树突棘修剪异常可能是这些疾病重要的病理改变[7]。然而，是什么分子机制调控了这一修剪过程，并在修剪过程中决定了树突棘的不同命运——被修剪掉或得以存活——尚不清楚。

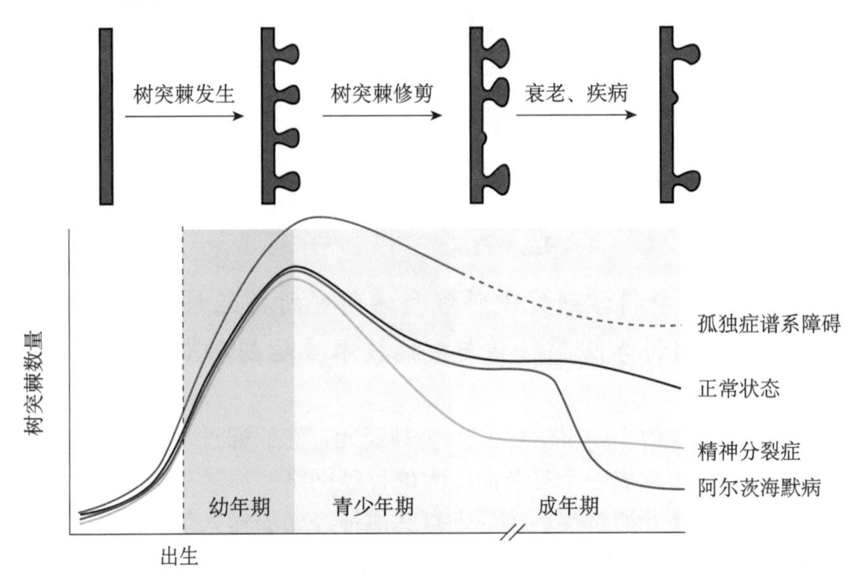

图 1　正常及各种发育性神经系统疾病状态下树突棘的动态变化

图片来源：根据参考文献［6］修改

小鼠的触须是一种非常发达的感觉器官，对觅食、探索、感知危险等都至关重要［图 2(a)］；触须所对应的大脑皮层代表区域是躯体感觉皮层桶状区（barrel field of the somatosensory cortex，S1BF）。本文作者研究团队发现，感觉皮层的树突棘修剪和成熟均受神经电活动的双向调控——通过丰富环境饲养增加小鼠的感觉刺激可同时加速这两个过程，而通过剪除触须剥夺其感觉输入则同时阻断两者的进行；进而推测，树突棘的修剪与成熟是由同一种竞争机制所介导：相邻的树突棘会竞争胞内的某种分子资源，获胜的树突棘得以存留下来并走向成熟，而失败的一方则接受被修剪的惩罚。

基于对多种转基因小鼠树突棘密度随发育变化的分析，本文作者研究团队发现一类突触定位的细胞黏附分子——钙黏蛋白/环连蛋白复合物——是介导树突棘间竞争的关键分子。通过对原代培养的神经元进行活细胞成像，本文作者研究团队发现在单个树突棘上局部富集钙黏蛋白（cadherin）/环连蛋白（catenin）复合物可以同时引起该树突棘的增大和相邻树突棘的缩小或消失。通过光遗传学手段激活单个树突棘并与相邻未激活的树突棘进行比较，发现了类似的树突棘命运分化：前者增大而后者被修剪，并且这一过程依赖于两个树突棘之间的物理距离和钙黏蛋白/环连蛋白在两个树突棘之间的重新分布，而不依赖于蛋白合成或降解。结合小鼠在体基因操作和定点病毒注射，在体验证了上述竞争模型。

该项研究结果［图 2(b)～(d)］[8]于 2015 年 8 月 13 日发表在国际学术期刊《细胞》(*Cell*) 上。2015 年 8 月 26 日在线出版的《自然·神经科学综述》(*Nature Reviews Neuroscience*) 对该工作进行了研究亮点介绍[9]。钙黏蛋白/环连蛋白复合物介导的树突棘之间的竞争机制为神经环路精确化的特异性提供了亚细胞和分子层面的解释，印证了那条“用之或弃之”的神经科学基本概念，拓展了对于神经环路精确化和大脑可塑性的理解。由于树突棘修剪与孤独症、精神分裂症等发育性神经精神疾病密切相关，阐明其分子机制对于解析这些疾病的发病机理和研发相关的干预措施有重要的意义。

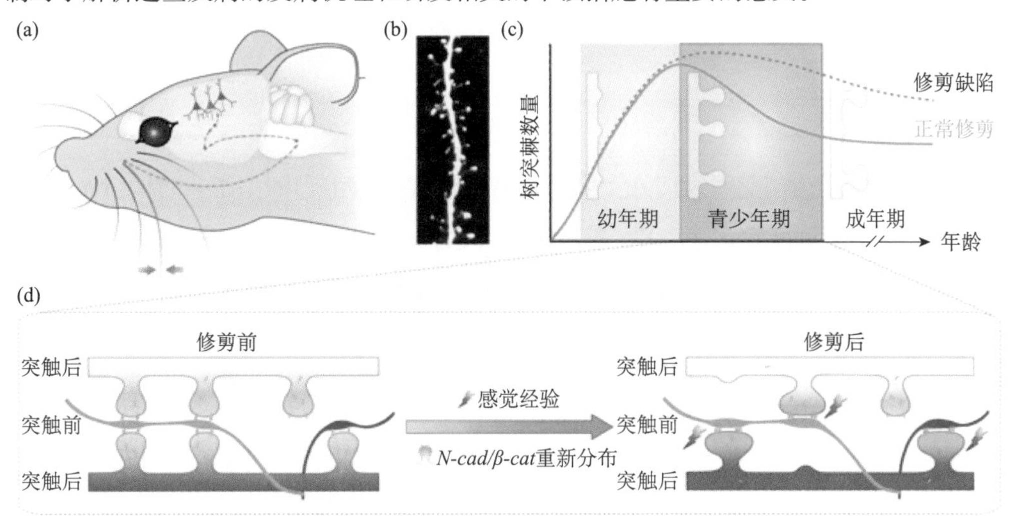

图 2　钙黏蛋白/环连蛋白复合物介导树突棘的协同修剪与成熟

(a) 小鼠触须接受到的感觉刺激传入到躯体感觉皮层神经元（虚线为其传导途径）；(b) 躯体感觉皮层桶状区域第 2/3 层锥体神经元的树突棘示例；(c) 躯体感觉皮层神经元树突棘数目在正常（绿色）和修剪缺陷（灰色）情况下随年龄变化的趋势；(d) 钙黏蛋白/环连蛋白复合物介导树突棘修剪的竞争模型：由感觉经验所带来的神经电活动增强导致相邻树突棘之间相互竞争胞内的钙黏蛋白/环连蛋白复合物，这一竞争导致后者在树突棘之间的重新分布：获得较多该复合物的树突棘得以存留、成熟，而失去该复合物的树突棘则被修剪

参考文献

［1］Bhatt D H, Zhang S, Gan W B. Dendritic spine dynamics. Annual Review of Physiology, 2009, 71: 261-82.

［2］Chang H T. Cortical neurons with particular reference to the apical dendrites. Cold Spring Harbor Symposia on Quantitative Biology, 1952, 17: 189-202.

[3] Yuste R. Electrical compartmentalization in dendritic spines. Annual Review of Neuroscience,2013, 36:429-449.

[4] Harris K M,Weinberg R J. Ultrastructure of synapses in the mammalian brain. Cold Spring Harbor Perspectives in Biology,2012,4(5):a005587.

[5] Huttenlocher P R. Neural plasticity:the effects of environment on the development of the cerebral corte//Kosslyn S M. Cambridge,Massachusetts:Harvard Unversity Press,2002:274.

[6] 边文杰,于翔. 树突棘的动态变化与调控机制. 生命科学,2015,27(3):294-305.

[7] Penzes P, Cahill M E, Jones K A, et al. Dendritic spine pathology in neuropsychiatric disorders. Nature Neuroscience,2011,14(3):285-293.

[8] Bian W J,Miao W Y,He S J,et al. Coordinated spine pruning and maturation mediated by inter-spine competition for Cadherin/Catenin complexes. Cell,2015,162(4):808-822.

[9] Whalley K. Neural development:A complex competition for spines. Nature Reviews Neuroscience, 2015,16(10):577.

A Competition-Based Mechanism for Neural Circuit Refinement: Cadherin/Catenin Complex Mediates Coordinated Spine Pruning and Maturation

Bian Wenjie, Yu Xiang

Dendritic spines are the postsynaptic sites of most excitatory synapses in the brain. In early postnatal life, spines are rapidly formed. However during the transition through adolescence, a significant amount of spines are actively pruned, a process reflecting the refinement of neural circuits and believed to be critical for normal brain function. Although the phenomenon of spine pruning has been extensively studied and defects of which have been implicated in developmental neurological disorders such as autism and schizophrenia, the underlying mechanism remains largely unknown. Our recent study found that in the mouse sensory cortex, the pruning and maturation of spines are coordinated via inter-spine competition for the cadherin/catenin cell adhesion complex. This cadherin/catenin-dependent and competition-based model provides specificity for concurrent spine pruning and maturation, and is critical to our understanding of the molecular mechanism underlying neural circuit refinement.

3.16 人类三维基因组学的研究进展及其精准医学意义

朱菊芬[1,2] 李国亮[3] 阮一骏[1,2,3]

(1. 美国康涅狄格州杰克逊基因组医学实验室;
2. 美国康涅狄格州康涅狄格大学健康中心遗传学和基因组科学系;
3. 武汉华中农业大学生命科学和技术学院和信息学院)

一、基因组结构和功能的联系

在自然界中，“结构决定功能”是一个普遍定律。在生物学中也不例外，例如，DNA 结构决定基因功能；蛋白质结构决定酶学功能。就人类全基因组而言，我们对其三维结构和功能的关系了解甚少。在人体细胞中，包含人类所有遗传密码的超过 30 亿个 DNA 碱基对组成了长达 2 米的基因组，然后被几千倍地压缩包裹在微米数量级的细胞核中。要维持人体细胞的基本功能，基因组在细胞核内必定拥有精细的三维构造，从而通过协同作用完成各种分子生物化学的反应过程。在正常的细胞周期和分化中，基因功能牵涉到微妙且精确的基因组三维结构的动态变化，而基因组结构具体又是怎样调控基因功能的呢？这个问题是我们现阶段密切关注且意义重大的科研热点。

二、研究三维基因组的方法

随着“人类基因组计划”的完成和“人类 DNA 调控元件百科计划全书”（ENCODE）的进行，以及越来越多的新基因和调控元件被发现，人类对基因组的认识已经不仅仅局限于线性的 DNA 序列了，而是延展到对基因组的三维结构及表观特征如染色质的相互作用等进行探索。现在人们知道，除了基因组的遗传密码，三维表观基因组特征也对基因调控发挥了极其重要的作用。例如，从 DNA 线性距离上来看，顺式作用元件增强子可以离所调控基因很近，也可以离得很远，因为增强子即使和其所调控基因线性距离很远，也能在转录因子的参与下被带到离目标基因很近的空间距离进行作用。这一新的认识对于未来的研究方向带来了深远的影响。因此，作为重点探索项目，美国国立卫生研究院（NIH）于2015年启动了三维和四维细胞核组学（3D/4D Nucleome）研究，计划在未来5年里投资1.2亿美元，系统地研究基因组在细胞核内部的三维空间结构（3D），及其在细胞分裂和发育过程中的四维动态变化（4D）。

对于基因组结构的研究，科学家们利用光学显微技术和DNA探针技术观察到了细胞分裂间期染色体的分布和构象及单个基因与基因之间的空间相对位置，并发现染色体或基因结构重组与细胞类型和疾病等相关[1]。然而，由于显微成像技术分辨率的限制，更详细的染色质结构是难以检测到的。之后，基于细胞核邻位连接技术[2]的染色体构象捕获（3C）技术[3]应运而生，从而可以精准地在分子水平上检测单个基因位点之间相互作用。随着新一代测序技术的高速发展，科学家们基于3C技术研发出了更加强大的新方法，用来研究染色质相互作用和基因组结构。其中，应用最广影响力最大的要属ChIA-PET[4]和Hi-C[5]。ChIA-PET和Hi-C都应用染色质邻近连接技术，并对连接的DNA片段进行测序分析，从而检测到全基因组范围的染色质相互作用及推断其空间距离，从而有可能模拟出基因组的三维空间构象。从操作上讲，虽然Hi-C操作较简单易行，但相比之下，在数据质量上ChIA-PET具有Hi-C所没有的绝对优势，如数据的高特异性、高分辨率以及数据的多面性和包容性，因此具有更广阔的应用前景。

三、ChIA-PET的优势和应用

ChIA-PET是包含了ChIP在内的高通量基因组测序技术，可以在基因组范围富集特定转录因子所介导的染色质相互作用和空间结构。目前利用ChIA-PET所研究的转录因子有CTCF[6]、RNAPII[7]、ER[8]、黏合素（cohesin）[9]、GR[10]和H3K4Me2[11]等。其中通用转录因子CTCF和RNAPII介导的染色质相互作用分别描绘了基因组的三维空间构象和基因转录结构上的机制，从而能够很好地阐述基因组空间结构和功能的关系。具体地说，CTCF被认为是“结构蛋白”[12]，是维持基因组基本结构必不可少的转录因子；而RNAPII直接参与了所有蛋白编码基因和许多非编码基因的转录表达，作用于维持基因的正常功能。

本文作者所在研究团队进一步发现，CTCF介导的染色质远程交互可以主导形成保守的染色质接触域（CTCF contact domain，CCD）[6]，这些CCD联合组成了基因组的基本结构，长度主要分布在100Kb～1Mb。在这些CCD中，有60％的两端CTCF模体（motif）是相向而对的，指向CCD的中心。另外，本文作者所在研究团队还第一次发现，有大量CCD两端的模体不是相向而对的，而是以串联的方式存在。这些CCD和基于Hi-C数据发现的拓扑结构域（Topology-associated domains）基本吻合，说明了在拓扑结构域中有CTCF的直接参与，形成染色质的空间结构。由CTCF确定的染色质拓扑结构可以是关闭的抑或是开放的。开放的染色质空间结构提供了基因转录所需要的物理空间，从而允许 RNAPII 和各种转录因子可以聚集在一起启动基因转录。这一现象阐明了一个染色质可能通过三维空间结构调节基因转录的机制。

研究表明，人类基因组中同源染色体之间等位基因的差别能导致不同的表型特征[13]，因此等位基因之间的遗传差异是如何影响基因组结构和基因表达的是一个非常值得研究的科学问题。利用 ChIA-PET 技术，结合已有的父本和母本的单核苷酸基因多态性（SNP）信息，能够对 CTCF 和 RNAPII 等转录因子所介导的染色质相互作用进行单倍体定相分析，从而推断出来自父本和母本的染色体结构和差异，以及由结构差异所导致的基因表达差异。通过进一步对 ChIA-PET 数据的定相分析，我们能够准确地知道 SNP 对染色质相互作用、基因组结构和基因调控的影响。更重要的是，一旦知道了疾病相关的 SNP 信息，就能将该疾病相关的基因组结构及基因转录表达解析出来，为疾病的预防和治疗提供精确的科学指导（图 1）。

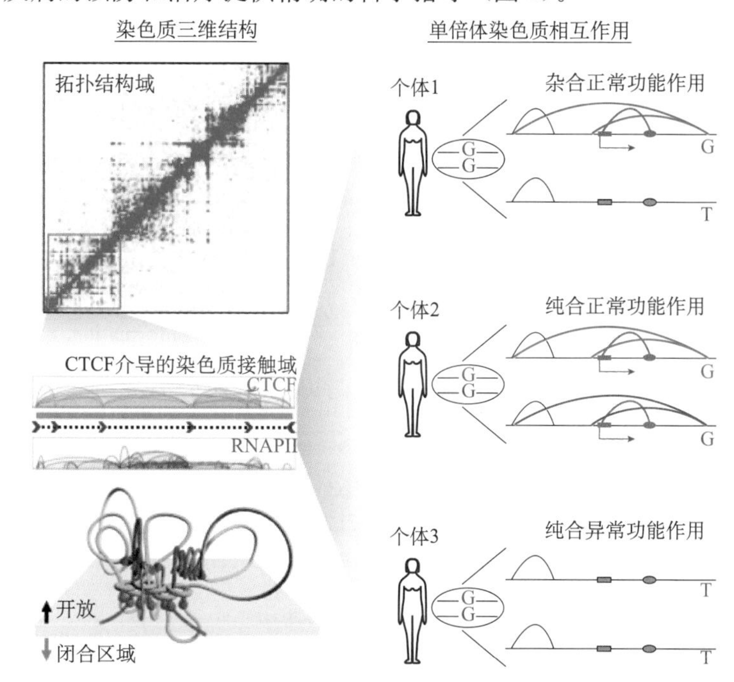

图 1　染色质三维结构和单倍体染色质相互作用[6]

ChIA-PET 可以用来解析染色质的高级结构和转录因子 CTCF 及 RNAPII 介导的详细染色质相互作用，并能达到单倍体特异和单核苷酸级别的分辨率。我们发现 CTCF 等转录因子的染色质作用位点聚集成焦点，主导维持组成性基因的空间结构，而 RNAPII 在该空间结构中进一步地介导染色质结构调控基因转录。单倍体变体在染色质结构、基因转录以及相关疾病发生中体现出等位效应。三维基因组模型揭示 CTCF 沿着染色体轴明确了染色质致密区域和开放区域的交界面，从而起到结构和功能的调控作用

四、三维基因组学和精准医学

2015年1月，美国总统奥巴马提出了将精准医学应用于癌症等疾病治疗的研究发展计划，把现代医学的研究推向了“精准”的新纪元。精准医学是将个体差异考虑在内，对疾病进行精确地临床检测，预防和治疗的医学手段[14]。随着近期人类基因组测序技术的高速发展和数据库的不断扩大，人类个体基因组测序和针对性地精确防治疾病成为了可能。特别是对人类基因组的认识从线性的基因组序列，到二维的基因间互作网络，再提升到基因组的三维空间结构和功能，使人们意识到基因组结构对基因调控和疾病发生的重要作用。作为最先进的三维基因组结构分析技术之一，ChIA-PET将对精准医学的发展应用贡献不可或缺的力量。如上所述，利用ChIA-PET的定相分析不但能够分辨等位基因的父母本来源和三维结构差异，更能解析出疾病相关的SNP及其介导的不正常的染色质结构，从而为人类个体疾病防治提供针对性极强的科学依据，这是其他技术所不能企及的。

参考文献

[1] Cremer T, Cremer M, Chromosome territories. Cold Spring Harbor Perspectives in Biology, 2010, 2: a003889, doi: 10.1101/cshperspect.a003889.

[2] Cullen K E, Kladde M P, Seyfred M A. Interaction between transcription regulatory regions of prolactin chromatin. Science, 1993, 261: 203-206.

[3] Dekker J, Rippe K, Dekker M, et al. Capturing chromosome conformation. Science, 2002, 295: 1306-1311.

[4] Fullwood M J, Wei C L, Liu E T, et al. Next-generation DNA sequencing of paired-end tags (PET) for transcriptome and genome analyses. Genome Research, 2009, 19: 521-532.

[5] Lieberman-Aiden E, van Berkum N L, Williams L, et al. Comprehensive mapping of long-range interactions reveals folding principles of the human genome. Science, 2009, 326: 289-293.

[6] Tang Z, Luo O J, Zheng M, et al. CTCF-mediated human 3D genome architecture reveals chromatin Topology for transcription. Cell, 2005, 163: 1611-1627.

[7] Li G, Ruan X, Auerback R K, et al. Extensive promoter-centered chromatin interactions provide a topological basis for transcription regulation. Cell, 2012, 148: 84-98.

[8] Fullwood M J, Liu M H, Pan Y F, et al. An oestrogen-receptor-alpha-bound human chromatin interactome. Nature, 2009, 462: 58-64.

[9] Heidari N, Phanstiel D H, He C, et al. Genome-wide map of regulatory interactions in the human genome. Genome Research, 2014, doi: 10.1101/gr.176586.114.

[10] Kuznetsova T, Wang S Y, Rao N A, et al. Glucocorticoid receptor and nuclear factor kappa-b affect

three-dimensional chromatin organization. Genome Biology, 2015, 16: 264.

[11] Chepelev I, Wei G, Wangsa D, et al. Characterization of genome-wide enhancer-promoter interactions reveals co-expression of interacting genes and modes of higher order chromatin organization. Cell Research, 2012, 22: 490-503.

[12] Ong C T, Corces V G. CTCF: An architectural protein bridging genome topology and function. Nature reviews. Genetics, 2014, 15: 234-246.

[13] McDaniell R, et al. Heritable individual-specific and allele-specific chromatin signatures in humans. Science, 2010, 328: 235-239.

[14] Collins F S, Varmus H. A new initiative on precision medicine. The New England Journal of Medicine, 2015, 372: 793-795.

3D Genomics and Precision Medicine

Zhu Jufen , Li Guoliang , Ruan Yijun

The study of 3D genome structure and gene function has become the hotspot in scientific research. Out of the limitation of DNA probing and microscopic technologies, expected high resolution could not be achieved in 3D genome study. Therefore, new technologies are highly required in this field. As the rapidly progressed next-generation sequencing technology, scientists have developed high throughput sequencing methods based on chromosome conformation capture (3C) technique to study 3D genome structure. The most effective and widely used ones are Hi-C and ChIA-PET. Especially, ChIA-PET harbors both advantages of ChIP and Hi-C, and becomes the very unique technology in 3D genome study. Using ChIA-PET, we could efficiently investigate the relationship of genome structure and function. Furthermore, with SNP data, we could implement haplotype-phasing analysis to identify disease-associated chromatin structure and gene regulation, which would provide strong scientific evidence for precision medicine and improve disease prevention and clinical cure to make a contribution to human health.

3.17 共生菌调控货物分拣促进共生

刘志华

（中国科学院生物物理研究所，感染与免疫院重点实验室）

越来越多的研究表明肠道中数以百亿计的细菌在我们的健康中发挥重要作用，因此改善肠道微环境有望成为防治代谢综合征、心血管疾病、自闭症等重大疾病的新策略。然而，肠道共生菌发挥什么样的具体作用？并且如何发挥这些作用？我们目前对这两个科学问题还知之甚少，对这两个问题进行解析成为了实现对肠道微环境有效干预的关键，也是目前国际生命科学与健康领域中备受关注的研究方向。

从出生开始，肠道经历着一个从无菌到有菌的转变，肠道中的细菌通过与肠道黏膜免疫组织不断的相互作用从而逐渐建立一个相对稳定的、高度复杂的、具有个体特异性的肠道微生物群（肠道微生态）。已有的研究表明，肠道微生物与宿主之间的相互作用是复杂多样的。肠道共生菌能够调控宿主的基因转录，促进肠道黏膜免疫器官的发育、成熟。肠道共生菌与宿主通过多种分子机制来实现这些调控。例如，宿主细胞直接识别肠道内共生菌来上调基因的表达[1]；或者肠道共生菌可以释放多糖类或酯类物质来调控宿主的免疫细胞[2,3]；或者肠道共生菌加工膳食中的复杂碳水化合物产生短链脂肪酸，对宿主免疫细胞进行调控[4]。这些具体分子机制的解析，加深了我们对肠道菌功能的理解，为改善肠道微环境提供了靶标。比如，试图通过补给细菌多糖类物质来改善肠道屏障功能，实现对自闭症的干预[5]。

肠道共生菌调控宿主生理活动的更多分子机制还有待发现。肠道中存在着一群潘氏细胞，它们向肠腔中分泌大量的抗菌肽等物质，在调控肠道菌群中发挥重要作用，而溶菌酶是由潘氏细胞分泌的一种重要的抗菌肽。本文作者所在研究团队发现肠道共生菌决定了抗菌物质溶菌酶在潘氏细胞内的命运：①成功通过货物分拣运送到细胞外，调控肠道菌群；②被错误分拣到溶酶体中降解。本文作者所在研究团队发现肠道共生菌通过释放其表面肽聚糖，活化潘氏细胞中的肽聚糖胞内受体 Nod2，活化的 Nod2 受体被招募到溶菌酶分泌囊泡表面，进而招募其下游分子 LRRK2 与 Rab2a 到溶菌酶分泌囊泡表面，Nod2-LRRK2-Rab2a 蛋白复合物在溶菌酶正常胞内分拣中发挥至关重要的作用，缺乏三者中的任何一个都导致溶菌酶错误分拣到溶酶体中降解。而在无菌条件下，Nod2、LRRK2 和 Rab2a 三个蛋白均不能定位于溶菌酶分泌囊泡，溶菌酶也同样被错误分拣到溶酶体中发生降解，导致肠道中缺乏溶菌酶。肠道中缺乏溶菌酶导致机体更易发生肠道感染。值得注意的是，人类编码 Nod2 和 LRRK2 蛋白的基因均与炎症性肠炎的发生相关，暗示了由 Nod2 和 LRRK2 参与的共生菌调控的货物分拣通路异常可能参与了炎症性肠炎的发生。

这项研究工作揭示了一种新型的共生菌与机体之间的互作关系，即肠道共生菌通过调控宿主细胞内的货物分拣来促进共生。这个工作首次发现共生菌可以通过有选择地调控胞内货物分拣的方式来调控机体的生理活动，促进共生的发生。胞内特异性货物分拣是机体细胞的重要生命活动，参与机体的多种生理活动，如激素分泌、神经活动等等。共生菌调控潘氏细胞内的特异性货物分拣是否具有普遍意义还有待更多研究。

2015 年 9 月国际著名学术期刊《自然・免疫学》（*Nature Immunology*）以杂志封面文章发表了以上研究成果，并同期刊登了国际知名免疫学家丹娜・菲尔伯特（Danna Philpott）对我们工作的评述。菲尔伯特博士对该项工作进行了介绍，分析了我们的发现，讨论了该项发现的科学意义，认为发现了肠道共生菌与宿主共生关系的一个范例。《自然・免疫学综述》（*Nature Reviews Immunology*）杂志编辑露西・伯德（Lucy Bird）博士在该刊的 *Research highlights* 中对该项研究成果进行了介绍，认为该工作揭示了肠道共生菌与机体共存的新机制。

参考文献

[1] Cash H L, Whitham C V, Behrendt C L, et al. Symbiotic bacteria direct expression of an intestinal bactericidal lectin. Science, 2006, 313: 1126-1130.

[2] Wang Q, McLoughlin R M, Cobb B A, et al. A bacterial carbohydrate links innate and adaptive responses through Toll-like receptor. The Journal of Experimental Medicine, 2006, 203: 2853-2863.

[3] An D, Oh S F, Olszak T, et al. Sphingolipids from a symbiotic microbe regulate homeostasis of host intestinal natural killer T cells. Cell, 2014, 156: 123-133.

[4] Atarashi K, Tanoue T, Shima T, et al. Induction of colonic regulatory T cells by indigenous Clostridium species. Science, 2011, 331: 337-341.

[5] Hsiao E Y, McBride S W, Hsien S, et al. Microbiota modulate behavioral and physiology abnor malities associated with neurodevelopmental disorders. Cell, 2013, 155: 1451-1463.

Intestinal Homeostasis and Health

Liu Zhihua

Proper host-microbe interactions are vital to host health. However, the mechanisms (apart from regulation of gene transcription) are often poorly understood, which represents a major challenge to understand the physiological impacts of symbiotic bacteria. Our research has uncovered a new phenomenon, and the underlying mechanism, by which intestinal commensals protect the host by directing a cargo-sorting event in Paneth cells. In germ-free mice, lysozyme in Paneth cells, instead of being secreted into the intestinal lumen, is mistargeted for lysosomal degradation. Normal sorting is restored by microbiota transplantation. Mechanistically we demonstrated that microbial products recruit Nod2, LRRK2 and Rab2a onto lysozyme-containing vesicles, which are required for lysozyme sorting. Our research provides the first example that external stimuli, such as microbiota, can alter cargo sorting, which will inspire more research into this avenue.

3.18 E3 泛素连接酶 Nrdp1 负向调节 $CD8^+T$ 细胞的活化

陈涛涌[1] 曹雪涛[1,2]

（1. 医学免疫学国家重点实验室暨第二军医大学免疫学研究所；
2. 中国医学科学院医学分子生物学国家重点实验室）

中国人民解放军第二军医大学医学免疫学国家重点实验室的陈涛涌课题组、中国医学科学院分子生物学国家重点实验室曹雪涛课题组和浙江大学、军事医学科学院的多个课题组合作，对 E3 泛素连接酶 Nrdp1 的免疫调控作用进行了深入研究，发现了 Nrdp1 负向调节 $CD8^+$ T 细胞的生物学功能，并揭示了 Nrdp1 通过介导蛋白激酶 Zap70 的泛素化修饰促进其去磷酸化的新颖分子调控机制。相关成果发表在 2015 年 12 月出版的《自然・免疫学》期刊上[1]，在免疫学领域引起强烈反响。

$CD8^+$ T 细胞通过其表面的 T 细胞受体（TCR）识别递呈的抗原表位，并且在共刺激分子的辅助下发生增殖和活化，然后再识别和杀死被胞内菌或者病毒感染的细胞及发生突变的肿瘤细胞，从而清除这些异常的细胞，对机体产生保护作用。然而在一些疾病状态下，如李斯特菌感染、结核杆菌感染、病毒感染和肿瘤等情况下，$CD8^+$ T 细胞的杀伤功能往往受到抑制，不能及时清除病变细胞；另一方面，$CD8^+$ T 细胞的过度活化则可能导致自身免疫性疾病（如类风湿性关节炎、糖尿病和多发性硬化症等）的发生。因此，$CD8^+$ T 细胞的活化调控机制研究是免疫学研究的重要领域之一，如何通过分子水平的调控实现 $CD8^+$ T 细胞的正常、适度和及时活化是免疫学的重要科学问题之一[2,3]。

Nrdp1（Neuregulin receptor degradation protein-1）是医学免疫学国家重点实验室于 1998 年通过大规模随机测序从人树突状细胞 cDNA 文库中自主发现的一个新的分子。前期，曹雪涛和陈涛涌课题小组研究发现 Nrdp1 在 TLRs 的信号传导过程中发挥重要作用，相关成果 2009 年 9 月发表在《自然・免疫学》杂志上[4]。那么 Nrdp1 是否亦在获得性免疫中发挥调控作用，国内外未见相关报道。由此，在前期研究的基础上，曹雪涛和陈涛涌课题组联合其他课题组又进行了 Nrdp1 在获得性免疫应答中的相关研究。

研究发现Nrdp1优势表达于初始CD8$^+$ T细胞，Nrdp1基因敲除（Nrdp1$^{-/-}$）后小鼠脾脏来源的初始CD8$^+$ T细胞的活化和增殖能力均增强，并且细胞因子IL-2和IFN-γ表达增强；RAG1$^{-/-}$免疫缺陷小鼠过继回输Nrdp1敲除的CD8$^+$ T细胞，发现Nrdp1$^{-/-}$CD8$^+$ T细胞能显著增强RAG1$^{-/-}$小鼠的抗感染能力，抑制肿瘤生长[1]。分子机制研究发现Nrdp1$^{-/-}$CD8$^+$ T细胞TCR信号通路活化明显，Zap70、Slp76、Lat、Vav等多种信号分子的磷酸化水平显著增加；蛋白质谱及免疫共沉淀实验提示，Nrdp1能够与Zap70和T细胞信号抑制分子Sts1/2结合；泛素化实验提示Nrdp1能介导Zap70发生K33偶联的多聚泛素化修饰，并促进Sts1/2与发生泛素化修饰的Zap70结合并介导Zap70的去磷酸化[1]。研究提示在CD8$^+$ T细胞活化过程中，Nrdp1能够与Zap70结合，并介导Zap70发生K33偶联的多聚泛素化修饰，促进Sts1/2与发生泛素化修饰的Zap70结合，通过Sts1/2的磷酸酶活性降低Zap70的磷酸化水平，进而负向调控TCR信号通路。

这项研究揭示了Nrdp1在CD8$^+$ T细胞免疫反应中发挥重要调控作用的新功能，并较深入研究了Nrdp1与Zap70和Sts1相互作用机制，丰富了TCR信号通路负向调节机制，具有重要的科学意义。研究的创新还在于发现了E3分子可以通过泛素化修饰蛋白激酶促进其去磷酸的改变，从而调节底物蛋白激酶的活性，揭示了泛素化修饰与磷酸化修饰这两种重要翻译后修饰形式之间的交叉调控。干预CD8$^+$ T细胞Nrdp1的表达可能作为一种细胞治疗手段应用于感染性疾病和肿瘤的治疗，具有重要的实际应用价值。

参考文献

[1] Yang M, Chen T, Li X, et al. K33-linked polyubiquitination of Zap70 by Nrdp1 controls CD8(+) T cell activation. Nature Immunology, 2015, 16: 1253-1262.

[2] Brownlie R J, Zamoyska R. T cell receptor signalling networks: branched, diversified and bounded. Nature Reviews Immunology, 2013, 13: 257-269.

[3] Acuto O, Di Bartolo V, Michel F. Tailoring T-cell receptor signals by proximal negative feedback mechanisms. Nature Reviews Immunology, 2008, 8: 699-712.

[4] Wang C, Chen T, Zhang J, et al. The E3 ubiquitin ligase Nrdp1 'preferentially' promotes TLR-mediated production of type I interferon. Nature Immunology, 2009, 10: 744-752.

K33-Linked Polyubiquitination of Zap70 by Nrdp1 Controls $CD8^+$ T Cell Activation

Chen Taoyong, Cao Xuetao

The key molecular mechanisms that control signaling via T cell antigen receptors (TCRs) remain to be fully elucidated. Here we found that Nrdp1, a ring finger-type E3 ligase, mediated Lys33 (K33)-linked polyubiquitination of the signaling kinase Zap70 and promoted the dephosphorylation of Zap70 by the acidic phosphatase-like proteins Sts1 and Sts2 and thereby terminated early TCR signaling in $CD8^+$ T cells. Nrdp1 deficiency significantly promoted the activation of naive $CD8^+$ T cells but not that of naive $CD4^+$ T cells after engagement of the TCR. Nrdp1 interacted with Zap70 and with Sts1 and Sts2 and connected K33 linkage of Zap70 to Sts1- and Sts2-mediated dephosphorylation. Our study suggests that Nrdp1 terminates early TCR signaling by inactivating Zap70 and provides new mechanistic insights into the non-proteolytic regulation of TCR signaling by E3 ligases.

3.19 植物气体激素乙烯作用的新机制

李文阳 马梦迪 郭红卫

（北京大学生命科学学院，蛋白质与植物基因研究国家重点实验室；
北大-清华生命科学联合中心）

乙烯是一种无色、无嗅的气体植物激素。植物自身可以产生乙烯，并用其调控诸如种子萌发、花与叶片的衰老和脱落、细胞的程序性死亡等生长发育过程，以及对环境胁迫的响应过程[1]。采摘后的果实会因产生大量的乙烯导致过熟从而大大缩短仓储期和货架期；不利天气因素和严重的病虫害会诱导农作物产生大量的乙烯进而导致早衰减产，这些都给农业生产带来很大的损失。

经过 20 多年的研究，人们鉴定到了模式植物拟南芥中乙烯信号转导过程中的一些关键调控组分，并在此基础上建立了一条自内质网膜定位的受体至细胞核内转录因子的线性信号转导通路的基本框架[2]。已知在该条通路中，EIN3（ethylene insensitive 3）和 EIL1（EIN3 Like1）是两个位于细胞核内的转录因子，它们调控了几乎全部乙烯响应基因的表达；且它们被两个 F-box 蛋白——EBF1（EIN3 Binding F-box 1）和 EBF2 所介导的 26S/泛素蛋白酶体途径而降解[1]。另外，EIN2（ethylene insensitive 2）是一个重要而功能未知的蛋白[2]。*ein2* 缺失突变体对乙烯完全不敏感，表明 EIN2 是乙烯信号通路中的核心正调控组分[3]。乙烯信号通路的一个关键机制是通过某种依赖 EIN2 的方式来稳定 EIN3/EIL1 蛋白[1~3]。

自 *EIN2* 基因于 1999 年被克隆以来，人们一直想知道定位于内质网膜的 EIN2 蛋白是如何调控乙烯信号转导的[2]。EIN2 蛋白的氨基端（即 N 端）含有 12 个跨膜结构域，将其锚定在内质网膜上；而羧基端（即 C 端）为亲水区，在植物中高度保守[3]。阿朗索（Alonso）等人[3]的研究发现在 *ein 2-5* 功能缺失突变体中过量表达 EIN2 的 C 端（即 CEND）使转基因植株具有组成型的乙烯反应，且不受外源施加乙烯的影响；而过量表达 EIN2 的 N 端的转基因植株对乙烯的反应没有明显改变，因此人们猜测 EIN2 的 N 端跨膜结构主要接受上游的信号，而 CEND 参与将乙烯信号向下游转导。2012 年，研究人员发现当细胞内存在大量乙烯时，EIN2 蛋白被激活且其羧基端（CEND）被蛋白酶切割，一部分 CEND 脱离内质网膜并进入细胞核通过某种方式激活 EIN3/EIL1[4]。

早在 2006 年，人们就发现了一个具有 5′→3′核酸外切酶活性的乙烯信号组分 EIN5（ethylene insensitive 5）[5]。*ein 5* 突变体具有乙烯不敏感表型，且该突变体中来自 *EBF1* 和 *EBF2* mRNA 的 3′UTR（3′ Un-translated region）的小片段水平升高[5]。受这一现象的启发，本文作者研究团队对 *EBF1/2* mRNA 3′UTR 的功能进行了进一步探究。首先将 *EBF1/2* 的 3′UTR 片段在野生型拟南芥 Col-0 中过表达，并发现所得到的转基因植株具有明显的乙烯不敏感表型。多聚核糖体分析（polysome profiling）等实验则表明，这一现象并非 *EBF1/2* 的转录水平变化造成，而是其翻译水平显著增强，导致了 EBF 蛋白水平明显升高和 EIN3 蛋白的降解。这个现象也暗示了 *EBF1/2* mRNA 自身的 3′UTR 可能对 *EBF1/2* mRNA 的翻译具有负调作用，而外源过表达的 3′UTR 片段则由于相互竞争而缓解了该作用。进一步，我们又发现乙烯信号可以作用在 *EBF1/2* mRNA 的 3′UTR 上而抑制 *EBF1/2* 的翻译过程[6]。

本文作者所在研究团队通过遗传分析发现，乙烯通过 3′UTR 对 *EBF1/2* mRNA 的翻译抑制作用依赖于上游组分受体和 EIN2，而不依赖于下游转录因子 EIN3/EIL1，表明 EIN2 是介导 *EBF1/2* mRNA 翻译抑制的必要组分[6]。亚细胞定位观察发现乙烯不仅诱导 EIN2 进入细胞核，还促进其在细胞质中形成随机分布的点状结构。根据这一线索，证明在施加乙烯后，*EBF1* 3′UTR 融合报告 RNA 也能在细胞质内形成点状结构分布，并且和 EIN2 形成的点状结构共定位。而在 *ein 2* 突变体中即使施加乙烯也不能诱导 3′UTR 形成点状结构。RNA 免疫沉淀（RNA immunoprecipitation，RNA-IP）实验进一步证明乙烯可以促进 EIN2 和 *EBF1* 3′UTR 在植物体内发生相互作用[6]。

为寻找 3′UTR 中介导翻译抑制过程的作用元件，该研究团队构建了双荧光 3′UTR 功能分析系统。结合序列分析和二级结构预测，发现在 *EBF1* 和 *EBF2* mRNA 的 3′UTR（长度分别为 643 nt 和 590 nt）中分别有 7 个和 5 个位于茎环结构的环上且能介导翻译抑制的 poly-uridylates 顺式作用元件（PolyU）。进一步敲除实验有力地证明了 *EBF1/2* mRNA 3′UTR 中的 PolyU 是响应 EIN2 介导乙烯信号所必需的重要作用元件[6]。

在真核生物中，蛋白的翻译调控通常由结合在 mRNA 5′UTR 或 3′UTR 区的调控因子所介导处理小体（processing body，P-body）是 mRNA 降解、翻译抑制等转录后调控的重要场所之一[6]。上文中提到的 EIN5 是 P-body 形成的标志蛋白 XRN1（5′-3′ exoribonuclease 1）的同源蛋白。该项实验结果显示乙烯诱导 *EBF1* 3′UTR、EIN2 与 EIN5 共定位于 P-body 中；且 EIN2 与 EIN5、UPF1（upstream open-reading frame 1）、PAB2［Poly（A）binding 2］、PAB4、PAB8 等多种 P-body 组分在体内发

生相互作用；而这些 P-body 组分基因的突变体则具乙烯不敏感表型。由此我们提出：乙烯能够促进 EIN2 CEND 与 *EBF1/2* mRNA 的 3′UTR 发生相互作用并招募 EIN5 等因子共定位在细胞质中的 P-body，进而抑制 *EBF1/2* 的翻译过程，使得 EBF1/2 蛋白水平下降而 EIN3/EIL1 得以积累，并最终激活乙烯反应（图 1）[6]。

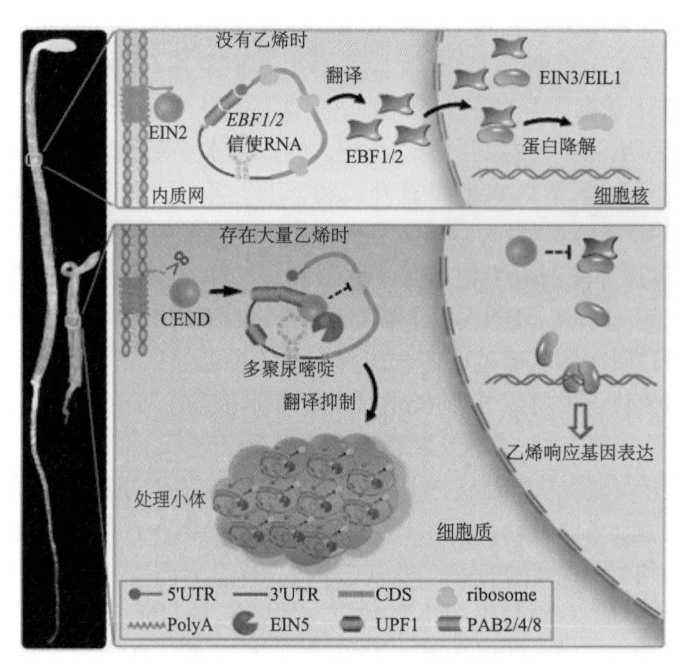

图 1　EIN2 蛋白所介导的乙烯信号转导通路

CEND：EIN2 蛋白的 C 端；5′UTR：5′非翻译区；3′UTR：3′非翻译区；CDS：编码区；ribosome：核糖体；PolyA：多聚腺嘌呤尾巴

该项研究发现了 EIN2 蛋白在细胞质中的一项新功能，并揭示了一条新的乙烯信号转导通路。同时，该研究成果在植物信号转导领域第一次表明 mRNA 的 3′UTR 像一个“感受器”感知上游信号并向下传递，对植物学的研究具有重要的启发意义。此项研究成果发表于国际权威期刊《细胞》杂志上[6]，该刊同期撰文专门评述[7]；同时，该研究成果还被《自然·植物》(*Nature Plants*)、《BMC-生物学》(*BMC-Biology*)、《植物科学前沿》(*Frontiers in Plant Science*)、《植物学报》、《科技日报》等多家国内外杂志、报刊关注报道。该研究成果具有重要的应用前景，可以利用 EIN2 CEND 对 *EBF1/2* mRNA 的 3′UTR 调控作用人为控制乙烯信号“打开”来抵御各种胁迫，也可以人为“关闭”乙烯信号来延迟果实的成熟和农作物的衰老，为农业生产实践服务。

参考文献

[1] Guo H, Ecker J R. The ethylene signaling pathway: New insights. Current Opinion in Plant Biology, 2004, 7(1): 40-49.

[2] Li W, Ma M, Guo H. Advances in the action of plant hormone ethylene. Scientia Sinica Vitae, 2013, 43(10): 854-863.

[3] Alonso J M, Hirayama T, Roman G, et al. EIN2, a bifunctional transducer of ethylene and stress responses in *Arabidopsis*. Science, 1999, 284(5423): 2148-2152.

[4] Ji Y, Guo H. From endoplasmic reticulum(ER) to nucleus: EIN2 bridges the gap in ethylene signaling. Molecular Plant, 2013, 6(1): 11-14.

[5] Olmedo G, Guo H, Gregory B D, et al. *ETHYLENE-INSENSITIVE5* encodes a 5′-->3′ exoribonuclease required for regulation of the EIN3-targeting F-box proteins EBF1/2. Proc Natl Acad Sci USA, 2006, 103(36): 13286-13293.

[6] Li W, Ma M, Feng Y, et al. EIN2-directed translational regulation of ethylene signaling in *Arabidopsis*. Cell, 2015, 163(3): 670-683.

[7] Salehin M, Estelle M. Ethylene prunes translation. Cell, 2015, 163(3): 543-544.

New Action Mode of Plant Gaseous Hormone Ethylene

Li Wenyang, Ma Mengdi, Guo Hongwei

Ethylene is a gaseous phytohormone that plays vital roles in plant growth and development. Previous studies uncovered EIN2 as an essential signal transducer linking ethylene perception on ER to transcriptional regulation in the nucleus through a "cleave and shuttle" model. In this study, we report another mechanism of EIN2-mediated ethylene signaling, whereby EIN2 imposes the translational repression of EBF1 and EBF2 mRNA. We find that the EBF1/2 3′ untranslated regions (3′UTRs) mediate EIN2-directed translational repression, and identify multiple poly-uridylates (PolyU) motifs as functional cis-elements of 3′ UTRs. Furthermore, we demonstrate that ethylene induces EIN2 to associate with 3′UTRs and target EBF1/2 mRNA to cytoplasmic processing-body (P-body) through interacting with multiple P-body factors, including EIN5 and PABs. Our study illustrates translational regulation as a key step in ethylene signaling, and presents mRNA 3′UTR functioning as a "signal transducer" to sense and relay cellular signaling in plants.

3.20 太平洋西边界流及其气候效应

吴立新 胡敦欣 林霄沛 陈朝晖 胡石建 王庆业 王 凡
（中国海洋大学）

西边界流是靠近全球各海盆西岸，能够穿过不同纬度输送巨大物质和热量的狭窄快速流动的洋流。在太平洋，西边界流包括在副热带海区的黑潮（Kuroshio）及东澳大利亚海流（EAC）和在热带海区的棉兰潜流（MC）及新几内亚沿岸潜流（NGCUC），上述西边界流对全球海洋环流和气候起重要的影响和调制作用。首先，副热带海区的西边界流如黑潮从低纬度向高纬度输送了大量热量和水汽，维持了全球的能量和热量平衡；其次，太平洋低纬度的西边界流经印尼贯通流（ITF）与热带印度洋联系在一起，成为全球热量输送带的重要分支并影响着热带暖池变化[1]；再次，太平洋的西边界流通过对热带暖池热量输送的改变及影响热带大气沃克环流，调整了厄尔尼诺和拉尼娜（ENSO）及印度洋偶极子（IOD）等这些全球最重要的气候年际变化现象，影响着包括东亚季风和印度季风变化及导致台风、洪水、干旱等一系列灾害事件的发生[2]；最后，EAC通过南大洋超级环流将太平洋、印度洋和大西洋联系在一起，为副热带太平洋影响全球气候提供了一条重要通道[3]。

由于太平洋西边界流的重要性，过去15年开展了一系列的观测和研究。特别是在一些国际计划项目，如由我国科学家主持的“西北太平洋海洋环流与气候试验计划”（NPOCE计划）[4]及“西南太平洋海洋环流与气候观测计划”[6]等项目的支持下，本文作者团队对太平洋西边界流的结构、动力学特征及其对全球变暖响应等方面取得了长足的进步。

一、太平洋西边界流结构

一系列的研究和观测发现，表层北赤道流在14°N左右分叉形成北向的Kuroshio和南向的MC，南赤道流也同样分叉形成EAC和巴布亚湾海流（GPC），但是这些西边界流具有复杂的三维结构并和整个太平洋环流系统联系在一起。南北半球分叉点的位置均随着深度加深而向北移动，同时在表层的强西边流之下，往往存在逆流。尤其是我们通过潜标观测证实了棉兰老潜流（MUC）的存在[7]，终结了关于这一逆流存在性的争论。南北半球的分叉点位置还随着风场的季节变化而移动，在各自半球的夏季分叉点均更靠近赤道，形成更强的南北赤道流及低纬度西边界流。

二、太平洋西边界流的变化

受气候系统变化的影响，太平洋的西边界流存在季节内、季节、年际、年代际和更长时间等多尺度变化[8~10]。但是受限于观测资料缺乏和复杂的多尺度相互作用，过去对西边界流的变化机制还存在很多不确定性。近年来的一系列观测研究，特别是本文作者研究团队工作发现 ENSO 对太平洋整个西边界流系统的年际变化有重要影响[11,12]。例如在厄尔尼诺年，南北赤道流分叉点会向极地运动，导致 MC 和 NGCUC 加强，而 Kuroshio 和 ITF 减弱，但是对 EAC 的影响不明显。西边界流受太平洋年代际变化（PDO）的影响与年际变化有所不同，20 世纪 90 年代后期 PDO 的冷位相引起北赤道流分叉点南移，但是 Kuroshio 和 MC 均加强，同时 EAC 显著向南延伸。同时 PDO 和 ENSO 的相互作用会引起西边界流对 ENSO 的响应存在年代际的调制，比如 PDO 引起的分叉点南移导致近年来 ENSO 引起的年际变化显著增强。

三、与气候相互作用

西边界流的热输送是中纬度海气相互作用的重要驱动力和热源。冬季黑潮输送大量热量并在中纬度释放到大气中，驱动了大气风暴并导致了海面强温度锋面及模态水的形成[13]；夏季黑潮的热输送虽然不如冬季强，对东亚季风、南海季风乃至澳洲季风仍然有重要的调制作用[14]。西边界流的热输送引起的海温异常可以持续很长时间，成为气候系统记忆效应的来源之一并维持了气候系统的低频变异。西边界流和 ITF 共同为全球热盐环流输运带提供热量，维持了全球热量收支。

四、过去的变化和未来预测

在过去的近一个世纪中，西边界流经历了显著的变化。本文作者研究团队系列工作揭示，在过去 100 多年中，全球副热带西边界流区均存在显著的增暖，形成所谓的“热斑”区，暗示着西边界流的增强和极向扩展[15]；在过去的 60 年中，北赤道流和南赤道流的分叉点均显著向南移动[16,17]，引起 Kuroshio 的增强，但是 EAC 没有显著的强度变化。上述变化与全球变暖及气候变化导致的风场变异有关。

基于 CMIP5 模式的集合预测，在 21 世纪后半叶，北半球的西边界流如 Kuroshio

和 MC，包括 ITF，均会减弱，而南半球的塔斯马尼亚海流和 NGCUC 则会增强，EAC 会继续向南延伸但是其最大输运没有变化[18]。

五、结论和讨论

尽管过去 15 年我们在太平洋西边界流的观测和研究方面取得了相当大的进展，但对于当前状态和未来可能的变化来说，几乎在所有方面都仍然存在很大的不确定性。在一个变化中的气候条件下实现区域物质收支平衡并对西边界流做出可靠预测，需要进一步加强模式、理论和观测的结合，并在技术方面取得重大进步。

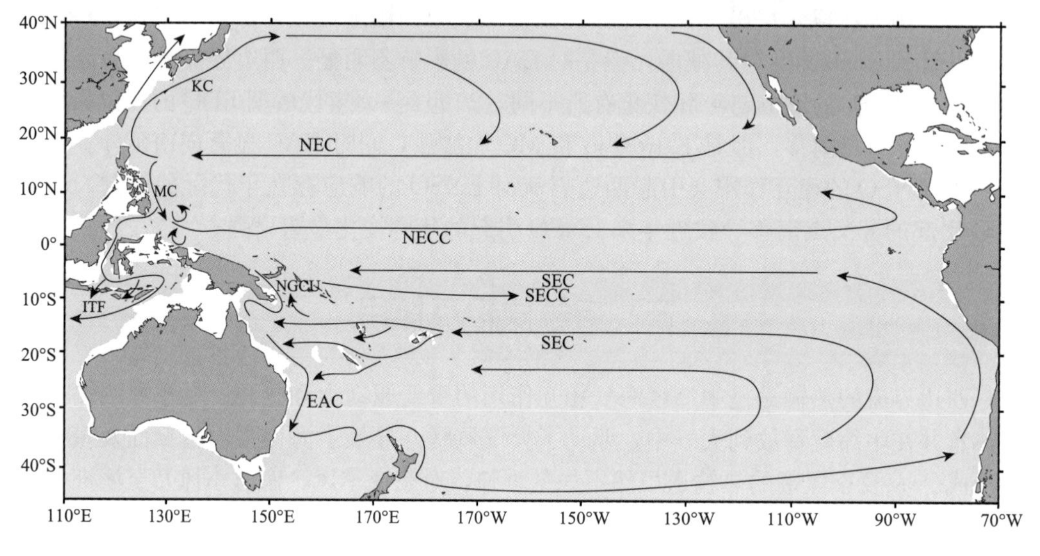

图 1　热带太平洋环流系统[19]

KC：黑潮；MC：棉兰潜流；NEC：北赤道流；ITF：印尼贯通流；NECC：北赤道逆流；NGCU：新几内亚沿岸潜流；SEC：南赤道流；SECC：南赤道逆流；EAC：东澳大利亚海流

参考文献

[1] Gordon A L. Interocean exchange of thermocline water. Journal of Geophysical Research, 1986: 91, 5037-5046.

[2] Cai W, et al. More extreme swings of the South Pacific convergence zone due to greenhouse warming. Nature, 2012, 488: 365-369.

[3] Ridgway K R, Dunn J R. Observational evidence for a Southern Hemisphere oceanic supergyre. Geophysical Research Letters, 2007, 34: L13612.

[4] Hu D,et al. Northwestern Pacific Ocean Circulation and Climate Experiment(NPOCE)Science/Implementation Plan. Beijing:Ocean Press,2011.

[5] Ganachaud A S,et al. The southwest Pacific Ocean circulation and climate experiment(SPICE). Journal of Geophysical Research,2014,119:2642-2657.

[6] Gordon A L,et al. The Indonesian Throughflow during 2004-2006 as observed by the INSTANT program. Dynamics of Atmospheres and Oceans,2010,50:115-128.

[7] Zhang L, Hu D, Hu S, et al. Mindanao current/undercurrent measured by a subsurface mooring. Journal of Geophysical Research:Oceans,2014,119:3617-3628.

[8] Wijffels S, Firing E, Toole J. The mean structure and variability of the Mindanao Current at 8N. Journal of Geophysical Research,1995,100:18421-18435.

[9] Qiu B,Chen S. Interannual-to-decadal variability in the bifurcation of the north equatorial current off the Philippines. Journal of Physical Oceanography,2010,40:2525-2538 .

[10] Wu C R. Interannual modulation of the Pacific Decadal Oscillation(PDO)on the low-latitude western North Pacific. Progress in Oceanography,2013,110:49-58.

[11] Kessler W S,Cravatte S. ENSO and short-term variability of the south equatorial current entering the Coral Sea. Journal of Physical Oceanography,2013,43:956-969.

[12] Kim Y,et al. Seasonal and interannual variations of the North Equatorial Current bifurcation in a high-resolution OGCM. Journal of Geophysical Research,2004,109:C03040.

[13] Kwon Y O,et al. Role of the Gulf Stream and Kuroshio-Oyashio systems in largescale atmosphere-ocean interaction:a review. Journal of Climate,2010,23:3249-3281.

[14] Huang R,Li W. Influence of the heat source anomaly over the tropical western Pacific on the subtropical high over East Asia and its physical mechanism. Chinese Journal of Atmospheric Sciences, 1988,14:95-107.

[15] Wu L,et al. Enhanced warming over the global subtropical western boundary current. Nature Climate Change,2012,2:161-166.

[16] Zhai F, Hu D, Wang Q, et al. Long-term trend of Pacific South Equatorial Current bifurcation. Geophysical Research Letters,2014,41:3172-3180.

[17] Chen Z, Wu L. Long-term change of the Pacific North Equatorial Current bifurcation in SODA. Journal of Geophysical Research,2012,117:C06016 .

[18] Sen Gupta A, Ganachaud A, McGregor S, et al. Drivers of the projected changes to the Pacific Ocean equatorial circulation. Geophysical Research Letters,2012,39:L09605.

[19] Hu D,Wu L,Cai W,et al. Pacific western boundary currents and their roles in climate. Nature, 2015,522:299-308.

Pacific Western Boundary Currents and Their Roles in Climate

Wu Lixin, Hu Dunxin, Lin Xiaopei, Chen Zhaohui, Hu Shijian, Wang Qingye, Wang Fan

Pacific Ocean western boundary currents and the interlinked equatorial Pacific circulation system were among the first currents of these types to be explored by pioneering oceanographers. The widely accepted but poorly quantified importance of these currents—in processes such as the El Ninō/Southern Oscillation, the Pacific Decadal Oscillation and the Indonesian Throughflow—has triggered renewed interest. Ongoing efforts are seeking to understand the heat and mass balances of the equatorial Pacific, and possible changes associated with greenhouse-gas-induced climate change. Only a concerted international effort will close the observational, theoretical and technical gaps currently limiting a robust answer to these elusive questions.

3.21　地球内核内的核

宋晓东

（武汉大学测绘学院；美国伊利诺伊大学地质系）

地球内部基本圈层结构包括地壳、上地幔、下地幔、外核和内核。然而，最近我们的研究发现地球的内核中还存在内核，其铁晶体排列和结构跟外内核完全不一样。相关结果发表在 2015 年 2 月 9 日出版的《自然·地球科学》（*Nature Geoscience*）杂志上[1]，引起国际地学领域强烈反响和世界各国媒体广泛关注。

地球形成初期在重力影响下分异成岩石性的地幔和以铁为主的地核。由于极高温，外核呈液态；但随着地球的冷却，在极高的压力下液态铁结晶逐渐形成地球中心的固态内核，到现今半径为 1220 千米，比月亮稍小些。外核的对流产生和维持了地球的磁场。外核产生的地磁场与导体内核的电磁作用使得固体内核在液态外核中相对固体地幔差速旋转[2]。由于地球的不可入，地震产生的地震波是传统上研究地球深部的主要手段。

利用强地震产生的穿过内核的地震波，前人研究表明地球固态内核有很强的地震波各向异性（当地震波在内核中传播时，它的速度随传播和震动方向变化），这通常认为是由于内核铁晶体的优势定向排列造成的。过去的所有研究均认为内核的各向异性可以近似为轴对称模型，而其快轴方向平行于地球自转轴（南北向）。然而，由于强震往往只分布在板块边界，通过内核的地震波在位置和方向上都有限。本文作者研究团队通过分析全球宽频带地震台阵的大地震尾波自相关，发现地球内核的中心部分的各向异性快轴是两端分别穿过西半球的中美洲与东半球的东南亚的靠近赤道面方向的一条轴线，这与内核外部的南北快轴方向近乎垂直。

本文作者研究团队使用的是一种新的噪声相干技术。相对常规的地震产生的地震波信号，利用大地震之后的“回音”（即震后地球内部多次反射或散射的后续尾波）。人们通常扔掉或过滤掉这种尾波噪声或者无时不在的地球环境噪声（主要来自海洋撞击海岸和海底）。然而，通过对长时间记录的互相关运算，叠加增强噪声中两个台站之间的微弱但相关的信号可以提取台站之间传播的波（格林函数）。这种噪声相干技术源于物理学对超声波离散场的研究，但过去十年在地震学对地球表层岩石圈结构成像的研究起了革命性的作用。

本文作者研究团队通过对单个台站记录的全球大地震（七级以上）尾波进行自相

关，然后将同一地震台阵内的各单台自相关函数叠加起来，成功提取出从台阵出发穿过内核中心再从此台阵对极点反射回到台阵以及在内核下表面反射的两个震相。这是国际上首次观测到这种波，即使从最大的地震的振动中也观测不到。在系统性分析处理了分布全球的57个台阵所记录的1992～2012年20年数据，我们首次发现地球内核最中心部分（半径约为内核一半的“内内核”）有着近赤道面的各向异性快轴方向，这与内核外部（“外内核”）南北向快轴有着近乎垂直的差异（图1）。另外内内核所展示的各向异性形式也与外内核有着很大差异。这就意味着内核可能含不同铁相并且固态内核的结晶和演化经历过完全不一样的过程。

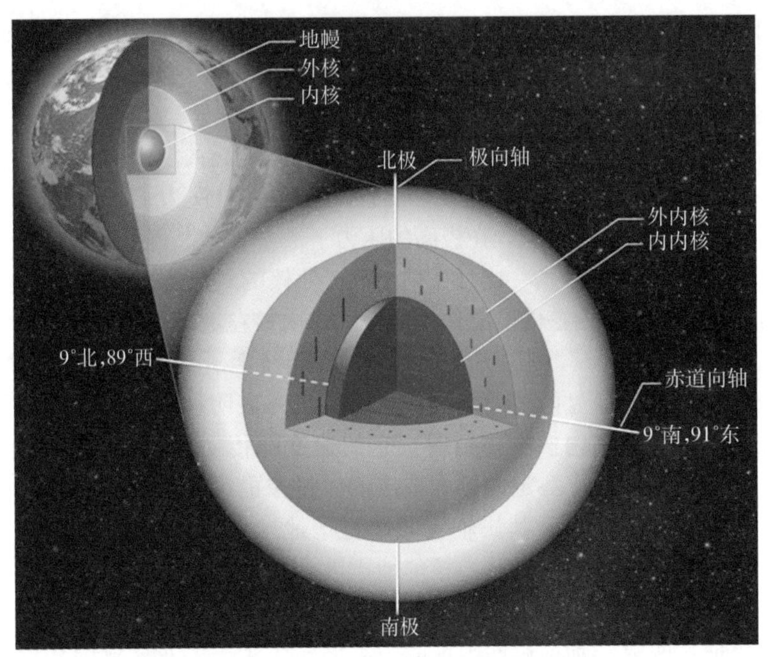

图1　地球内部结构示意图（不是实际比例）

该项研究发现地球内核包括最中心的内内核（红色）和外内核（橘色），内内核中晶体排列快轴方向（线条）靠近赤道面，与外内核南北向的快轴有着近乎垂直的差异

资料来源：宋晓东和 Lachina Publishing Services 制作

该项成果为人类认识地球最中心的组成、结构和演化过程提供崭新的信息。根据古地磁的观测，内核增长到现在的大小有超过10亿年之久[3]，因而如树的年轮能告诉我们它的生长环境和变化，内核在地球中心记录和保留了地球很长的地质历史、状态和可能的地质事件。通过取得其更清晰的图像，人们试图揭示内核（及地球）如何演化，与外核产生的地磁场如何作用，以及与地幔对流可能的相互作用。造成内核很强的各向异

性和晶体有序排列的原因仍不清楚，内内核的各向异性形态以及强度与外内核的差异也许代表了固态内核的形成和演化过程，因此，该项发现可能提供关于内核历史的线索：其年龄，热力学过程以及可能的早期对流事件。这一发现仍然需要进一步证实。内核既远又小、地球最中心就更难采样。该项研究成果利用大地震之后全球存在的尾波“噪声”，无需特定地方的震源，极大克服传统方法中地震在空间分布上的限制，提供前所未有的采样覆盖，为探索地球深部的奥秘提供新的强有力的手段。

该项研究是南京大学和美国伊利诺伊大学合作研究的成果，由原南京大学地球科学与工程学院“千人计划”获得者宋晓东教授团队完成，受到中国自然科学基金重点项目资助。

参考文献

[1] Wang T, Song X D, Xia H H. Equatorial anisotropy in the inner part of Earth's inner core from autocorrelation of earthquake coda. Nature Geoscience, 2015, DOI: 10. 1038/ngeo2354.

[2] Song X D, Richards P G. Seismological evidence for differential rotation of the Earth's inner core. Nature, 1996, 382: 221-224.

[3] Biggin A J, Piispa E J, Pesonen L J, et al., Paleomagnetic field intensity variations suggest Mesoproterozoic inner-core nucleation. Nature, 2015, 526: 245-248.

The Core Within the Earth's Inner Core

Song Xiaodong

This report summarizes our recent discovery on the Earth's inner-inner core and provides a background of the study. The Earth's solid inner core exhibits strong anisotropy, with wave velocity dependent on the direction of propagation due to the preferential alignment of iron crystals. The anisotropic structure offer clues into the formation and dynamics of the inner core. Previous anisotropy models of the inner core have assumed a cylindrical anisotropy in which the symmetry axis is parallel to the Earth's spin axis. Here we used a new noise interferometry method and systematically analyzed 20 years of earthquake coda data recorded by global broadband seismic arrays. We found that seismic anisotropy in the innermost inner core that has a fast axis near the equatorial plane, in contrast to the north-south alignment of anisotropy in the outer inner core. The different orientations and forms of anisotropy may represent a shift in the evolution of the inner core.

3.22 海洋驱动下冰架的变薄可加剧南极冰架的崩解和退缩

程 晓 刘 岩 惠凤鸣

（北京师范大学，全球变化与地球系统科学研究院）

南极冰盖的浮动部分（“冰架”）发挥着稳定内陆冰流的作用，本质上决定了南极对全球海平面上升的贡献。利用卫星图像，本文作者首次测量围绕整个南极海岸线所有面积大于1平方千米的冰山，并评估所有冰架的“健康”状态。研究显示：南极一些大的冰架正在扩张，而许多小的冰架正在退缩消失。本文作者发现由高崩解率导致范围退缩的冰架同时经历着由底部消融导致的厚度变薄，这揭示冰架的命运可能超出前人的预估，对海洋强迫更为敏感。

该项研究打破了前人对冰架崩解率估算的平衡假设，通过对2005～2011年南极所有面积超过10平方千米冰架、尺度大于1平方千米的崩解事件面积的观测，同时结合冰厚度测量，对真实的冰架崩解率进行了估算。所谓冰架的平衡状态即假设冰架范围不随时间发生变化，以此假设为基础，狄泊德（Depoorter）等[1]和瑞纽（Rignot）等[2]2013年分别在《科学》和《自然》上发布了平衡状态下南极的冰架崩解率估算结果（1089±139 Gt/a①和1321±144 Gt/a），但这种计算不可避免地低估了退缩冰架的崩解量，而高估了扩展冰架的崩解量，无法反映真实气候变化下冰架崩解的变化及对气候变化的响应。通过对2005～2011年的实际观测结果与平衡假设下的结果的比较（图1），证实平衡状态下的崩解假设是无效的。如图1所示，2005～2011年，除了2009～2010年，其他年份实际崩解率均小于平衡状态下的崩解率［图1(b)］，尤其是处于正物质平衡的冰架［图1(c)］其崩解率仅占平衡状态下的13%，而处于负物质平衡的冰架已显示出大于平衡状态下崩解率的趋势［图1(d)］。

① Gt/a为10亿吨/年。

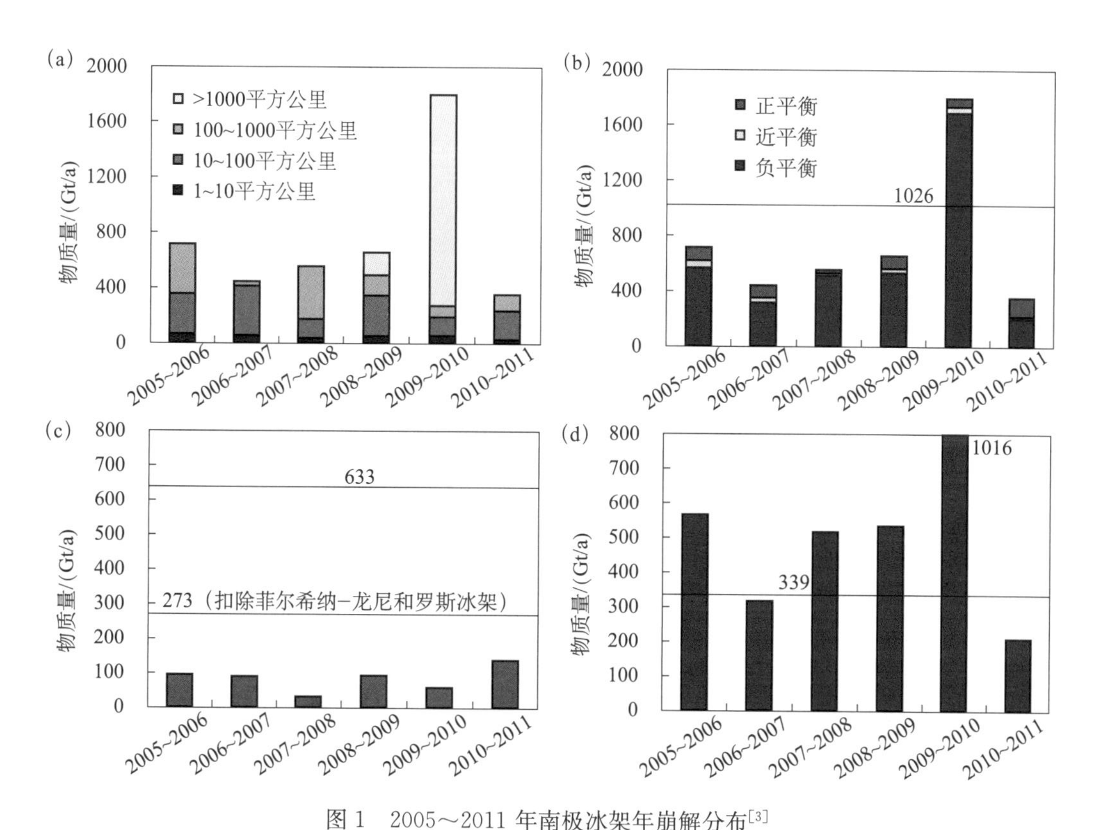

图 1　2005～2011 年南极冰架年崩解分布[3]

(a) 不同尺度；(b) 不同平衡状态；(c) 正物质平衡状态下的崩解；(d) 负物质平衡状态下的崩解；(b)、(c)、(d) 中的水平黑线代表这些冰架平衡状态下的崩解量

该项研究发现，2005～2011 年南极冰架整体年均呈现微弱的正平衡状态（46±41 Gt/a），底部消融率为 1516 ±106 Gt/a 占整个南极冰架物质损耗的 2/3，而冰架崩解率为 755±25 Gt/a 仅占另外的 1/3。与最近研究结果显示的大多数南极冰架处于平衡状态相比，该项研究结果显示：南极有 3/4 的子流域系统冰架处于非平衡状态，且呈现出两种截然相反的物质收支状态。

一方面，43 个子流域系统冰架处于正平衡状态，它们的底部消融和崩解仅占平衡状态下的 74% 和 13%。这些处于正物质平衡的冰架是那些正在经历冰架扩展和变厚的大冰架系统（菲尔希纳-龙尼、罗斯和埃默里冰架系统）以及其周边冰架系统，占了整个南极冰架面积的 78%，分布在罗斯海、威德尔海和印度洋区域（图 2）。这些区域典型特征是低温、低积累率、纬度高或其内陆冰盖主要分布在高于海平面的基岩上，且发生在这些冰架的大多数崩解事件都属于非频繁发生的、主要由冰川内力驱动的崩解。

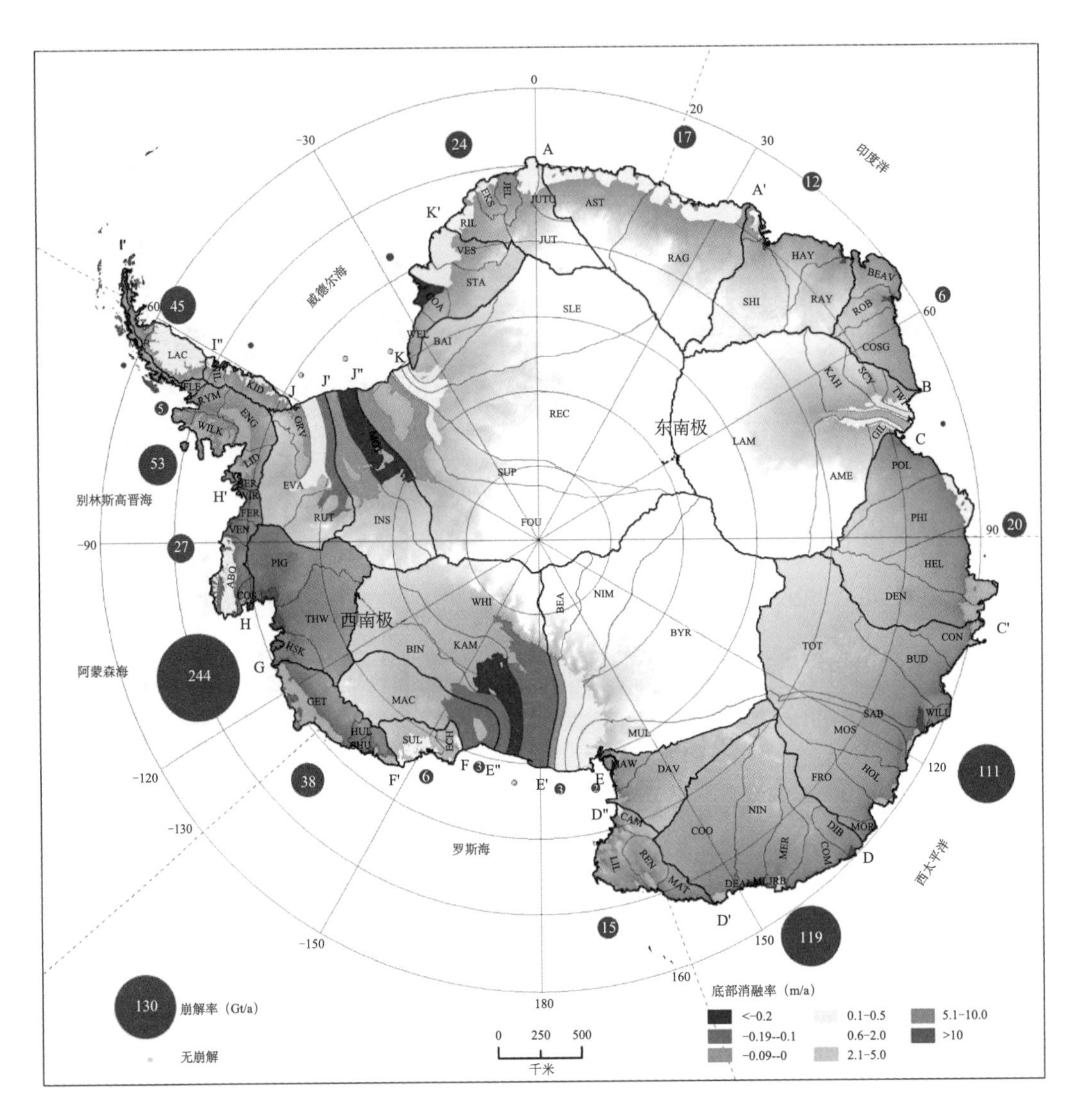

图 2　南极冰架崩解率和底部消融率的空间分布[4]

图中红色饼图显示 26 个流域系统的崩解率；

虚线是五个海洋区域的划分线：威德尔海（60° W～20° E）、印度洋（20°～90° E）、西太平洋（90°～160° E）、罗斯海（160° E～130° W）、别林斯高晋/阿蒙森海（130°～60°W）

另一方面，33 个冰架处于负物质平衡状态，它们仅占整个南极冰架面积的 18%，但其物质损耗量占到整个南极冰架物质损耗量的 73%。其中，底部消融率为 1018±

90 Gt/a 占到整个南极冰架底部消融物质损耗的 67%，而崩解率为 641±43 Gt/a 更是占整个崩解消耗的 85%，分别是平衡状态下的 144%和 189%。这些处于负物质平衡的冰架是那些中小尺度的冰架，分布在南极半岛、别林斯高晋海和阿蒙森海的西南极区域和东南极威尔克斯地沿岸区域（图 2）。这些区域典型特征是高积累率、高底部消融率、高崩解率，冰架主要由基岩在海平面以下的海洋型冰盖补给。前人研究表明，这些区域由于气候变化下更暖的绕极深层水被输入到冰架的底部空腔内[5]，加剧了冰架底部消融导致冰架变薄[6]，而本文作者的研究团队观测到这些变薄的冰架同时经历着由崩解加剧导致的退缩；在进一步对此区域的频繁崩解特征解析的基础上，提出海洋驱动下底部消融加剧会增强南极冰架的崩解过程。本文作者认为在过去 20 多年的时间里，南极半岛、阿蒙森海盆和威尔克斯地沿岸这些小冰架经历了显著的底部消融和崩解的加剧，可能持续退缩。这一过程需要更好地被理解，使其作为重要因子之一加入到未来海平面预测模型中。

2015 年 3 月，《美国国家科学院院刊》（*PNAS*）发表了以上研究成果。该期刊审稿人对此研究成果给予高度评价，认为“南极崩解数据本身已非常重要，而在建立冰架底部消融和崩解潜在关系上研究者又迈出了重要的一步”，“这是多年来在冰架动力学、物质平衡，及其与海洋相互作用方面最引人注目的研究”。该文的编辑、国际卫星测高研究顶级专家-法国科学院院士安妮·凯茨娜芙（Anny Cazenave）指出，该研究结果将有助于提高未来冰盖模式模拟的准确性和未来海平面升高预测精度。

参考文献

[1] Depoorter M A, et al. Calving fluxes and basal melt rates of Antarctic ice shelves. Nature, 2013, 502:89-92.

[2] Rignot E, Jacobs S, Mouginot J, et al. Ice-shelf melting around Antarctica. Science, 2013, 341(6143): 266-270.

[3] 刘岩，程晓，惠凤鸣，等．利用 EnviSat ASAR 数据监测南极冰架崩解．遥感学报，2013，17(3)：479-494.

[4] Liu Y, Moore J C, Cheng X, et al. Ocean-driven thinning enhances iceberg calving and retreat of Antarctic ice shelves. Proc Nat Acad Sci, 2015, 3263-3268.

[5] Thoma M, et al. Modelling circumpolar deep water intrusions on the Amundsen Sea continental shelf. Antarctica. Geophysical Research Letters, 2008, 35(18): L18602.

[6] Pritchard H, et al. Antarctic ice-sheet loss driven by basal melting of ice shelves. Nature, 2012, 484(7395): 502-505.

Ocean-Driven Thinning Enhances Iceberg Calving and Retreat of Antarctic Ice Shelves

Cheng Xiao, Liu Yan, Hui Fengming

Iceberg calving from all Antarctic ice shelves has never been directly measured, despite playing a crucial role in ice sheet mass balance. Here we provide a direct empirical estimate of mass loss due to iceberg calving and melting from Antarctic ice shelves. We find that between 2005 and 2011, the total mass loss due to iceberg calving of 755 ± 24 gigatonnes per year (Gt/yr) is only half the total loss due to basal melt of 1516 ± 106 Gt/yr. However, we observe widespread retreat of ice shelves that are currently thinning. Moreover, we find that iceberg calving from these decaying ice shelves is dominated by frequent calving events, which are distinct from the less frequent detachment of isolated tabular icebergs associated with ice shelves in neutral or positive mass balance regimes. Our results suggest that thinning associated with ocean-driven increased basal melt can trigger increased iceberg calving, implying that iceberg calving may play an overlooked role in the demise of shrinking ice shelves, and is more sensitive to ocean forcing than expected from steady state calving estimates.

3.23 气候与地表覆盖对产水量作用的全球模式

周国逸

（中国科学院华南植物园）

森林与产水量①关系一直饱受争论，这种争论延续至今已有 200 多年的历史[1]。世界各地的长期观测都表明，森林恢复对产水量影响有 3 种结果，分别为：减少产水量（负作用）、对产水量没有影响（无作用）和增加产水量（正作用）[2~6]。然而，对开展近 1 个世纪的“对比实验”[7]结果的解释却使争论的结论由 100 多年前的“增加作用”过渡到当今的“造林意味着水资源损失”[8]的普遍观点。该观点认为任何区域、任何环境下的森林恢复都将导致水资源的减少，以森林恢复手段吸收温室气体只是“用水交换碳”。

事实上，即使对于上述非常“科学”的“对比实验”，其实验结果虽然主要是负作用，但同样也有很多无作用和正作用的情形[1]。但由于人们特别是水文学家们对这个实验的盲目崇拜，忽视了对这些无作用和正作用结果的解释，一概将其归结为观测中的误差，并基于全球 250 多个对比实验结果，简单地用森林覆盖率与产水量回归，得出森林增加与水资源减少之间的所谓“定量关系”。

周国逸等[9]分析了这些对比实验结果，发现产水量减少量不仅与森林覆盖率上升呈正相关关系，也与所在集水区的地形坡度呈正相关关系，还与集水区面积呈负相关关系。这意味着基于“对比实验”的统计结果所显示的“森林增加与水资源减少之间的定量关系”还受到了集水区性状（地形、坡度、土壤、集水区大小、形状等）的影响，在坡度小、土壤深厚且渗透性好的集水区，森林覆盖率变化并不会改变产水量大小；也说明了不同的“对比实验”由于所处区域和集水区的不同其结果没有任何可比性。过去 200 多年争论不休的根本原因是没有从机制上阐明气候与地表覆盖对产水量作用的基本规律，各方都只是基于对己有利的个例观测，而实际上，这些个例观测可能都是对的，只是不同环境下的产水量规律表现形式不同而已。

随后，周国逸等[9]阐明了这个基本规律。其思路是这样的：首先，基于傅抱璞[10]

① 本文中的产水量泛指除气态水以外的所有液态水量。

理论公式①并应用全球至今发表的2000多篇文章（包括上述对比实验结果）对该公式进行检验，证明其准确性；随后，对该公式进行深入的理论分析，发现了气候与土地覆盖对产水量作用的全球模式。该模式从理论上证实水文学上经典的“对比实验”存在严重的缺陷、对其结果的解释存在预先假定问题；模式得出森林增加对产水量的影响可能是减少、可能没有影响、也可能是增加，并精确给出了控制这3个结果的气候与流域特征参数的临界值；模式阐明了气候与流域特征参数（包括植被覆盖变化）在全球不同气候背景下各自对产水量的贡献，文章发表在《自然·通讯》（*Nature Communications*）上。该发现结束了过去200多年有关森林与产水量关系的争论，论文发表后，国际林业研究组织联盟（International Union of Forest Research Organizations，IUFRO）在早已确定好2015年7月份温哥华大会发言人的情况下，特别增加名额邀请周国逸研究员作大会报告。论文评审者认为该发现是一个具有重要价值的原创性科学贡献，具有潜在的影响力，可能引起广泛兴趣；同时可以用于直接指导植被恢复实践，以实现增加植被的同时不减少原有的产水量。

参考文献

[1] Andréassian V. Waters and forests: from historical controversy to scientific debate. Journal of Hydrology, 2004, 291: 1-27.

[2] Buttle J M, Metcalfe R A. Boreal forest disturbance and streamflow response, northeastern Ontario. Canadian Journal of Fisheries and Aquatic Sciences, 2000, 57(2): 5-18.

[3] Dyhr-Nielsen M. Hydrological effect of deforestation in the Chao Phraya basin in Thailand, paper presented at International Symposiumon Tropical Forest Hydrology and Application, World Bank, Chiangmai, Thailand, 1986, 11-14 June, 12.

[4] Antonio C B, Enrique M T, Miguel A L U, et al. Water resources and environmental change in a Mediterranean environment: The south-west sector of the Duero river basin(Spain). Journal of Hydrology, 2008, 351: 126-138.

[5] Zhou G Y, Wei X H, Luo Y, et al. Forest recovery and river discharge at the regional scale of Guangdong Province, China. Water Resources Research, 2010, 46: W09503.

[6] Wang S, Fu B J, He C S, et al. A comparative analysis of forest cover and catchment water yield relationships in northern China. Forest Ecology and Management, 2011, 262: 1189-1198.

[7] Bates C G, Henry A J. Forest and streamflow experiment at Wagon Wheel Gap, Colorado. Monthly Weather Review, 1928, 30: 1-79.

① 傅抱璞理论公式基于发生学原理通过微分方程的变换得出，发表于1981年。由于是用中文发表，当时并没有引起全球关注。这几十年来，基于中国科学家的介绍（包括周国逸等的介绍），该公式已经得到全球的广泛认同，被认为比至今仍广泛应用的布德科公式[11]更具一般规律性[12]，即布德科公式是傅抱璞公式的特例。

[8] Jackson R B, et al. Trading water for carbon with biological carbon sequestration. Science, 2005, 310:1944-1947.

[9] Zhou G Y, Wei X H, Chen X Z, et al. Global pattern for the effect of climate and land cover on water yield. Nature Communications, 2014, 6:5918, DOI: 10.1038/ncomms6918.

[10] Fuh B P. On the calculation of the evaporation from land surface. Scientia Atmospherica Sinica, 1981, 5(1): 23-31(in Chinese with English abstract).

[11] Budyko M I. Climate and Life. 1974. Academic, San Diego, Calif.

[12] Roderick M L, Farquhar G D. A simple framework for relating variations in runoff to variations in climatic conditions and catchment properties. Water Resour Res, 2011, 47, W00G07, doi: 10.1029/2010WR009826.

Global Pattern for the Effect of Climate and Land Cover on Water Yield

Zhou Guoyi

Research results on the effects of land cover change on water resources vary greatly and the topic remains controversial. Here, we use published data worldwide to examine the validity of Fuh's equation, which relates annual water yield (R) to a wetness index (precipitation/ potential evapotranspiration; P/PET) and watershed characteristics (m). We identified two critical values at $P/PET=1$ and $m=2$. m plays a more important role than P/PET when $m<2$, and a lesser role when $m>2$. When $P/PET<1$, the relative water yield (R/P) is more responsive to changes in m than it is when $P/PET>1$, suggesting that any land cover changes in non-humid regions ($P/PET<1$) or in watersheds of low water retention capacity ($m<2$) can lead to greater hydrological responses. m significantly correlates with forest coverage, watershed slope and watershed area. This global pattern has far-reaching significance in studying and managing hydrological responses to land cover and climate changes.

3.24 未来的中国森林仍然是一个显著的碳汇

方精云[1,2] 胡会峰[1]

(1. 中国科学院植物研究所植被与环境变化国家重点实验室;
2. 北京大学城市与环境学院，北京大学地表过程
分析与模拟教育部重点实验室)

人类使用化石燃料所排放的二氧化碳（CO_2）等温室气体是导致全球温暖化的主要因素，而包括森林在内的陆地植被在其生长过程中，通过光合作用可以吸收大量的大气 CO_2，从而能够起到减缓全球温暖化的作用。我们把这种作用称之为植被的碳汇（carbon sink）功能。从本质上讲，森林生长的过程就是森林生物量积累的过程，也就是森林固碳的过程。

中国位于欧亚大陆的东部，森林资源丰富，森林面积位居世界第五，人工林面积更是高居世界第一[1]。以往的研究已经表明，过去半个世纪以来我国森林的生物量碳储量稳步增加，一直在起着碳汇的作用[2,3]。目前我国森林的特点是林龄小，单位面积生物量碳储量低以及中幼龄林分布面积大，这意味着我国森林在未来还有很强的固定大气 CO_2 的能力，即碳汇功能。最近，本文作者采用了一种林龄-面积转移矩阵模型，依据我国 30 个省 1994～2008 年的森林面积和中国最新一期森林清查资料中各林龄的生物量碳密度，以及中国到 2050 年计划达到的森林面积（22 061 万公顷），预测中国森林从2005～2050年的生物量碳储量[4]。预测结果表明，中国森林的生物量碳储量将从 2005 年的 64.3 亿吨碳增加到 2050 年的 99.7 亿吨碳，增长 55.2%（图 1）。在 2005～2050 年的 45 年间，我国森林平均每年可以固定大气中 0.79 亿吨碳（相当于大气中 2.9 亿吨 CO_2）。进一步，利用《中国统计年鉴》中的能源消耗和水泥生产数据，得到1977～2008年中国化石燃料 CO_2 年均排放量为 8.9 亿吨碳。换言之，中国森林生物量（不含土壤有机碳和凋落物等的积累）在 2005～2050 年每年至少可以抵消 8.8% 的中国化石燃料使用所排放的 CO_2。

特别提及的是，按照本文作者的预测，到 2030 年我国森林生物量碳储量将增加到 84.6 亿吨碳，比 2005 年净增 20.3 亿吨碳。这与我国政府最近公布的“至 2030 年我国森林蓄积量比 2005 年增加 45 亿立方米”的自主减排目标是完全一致的。

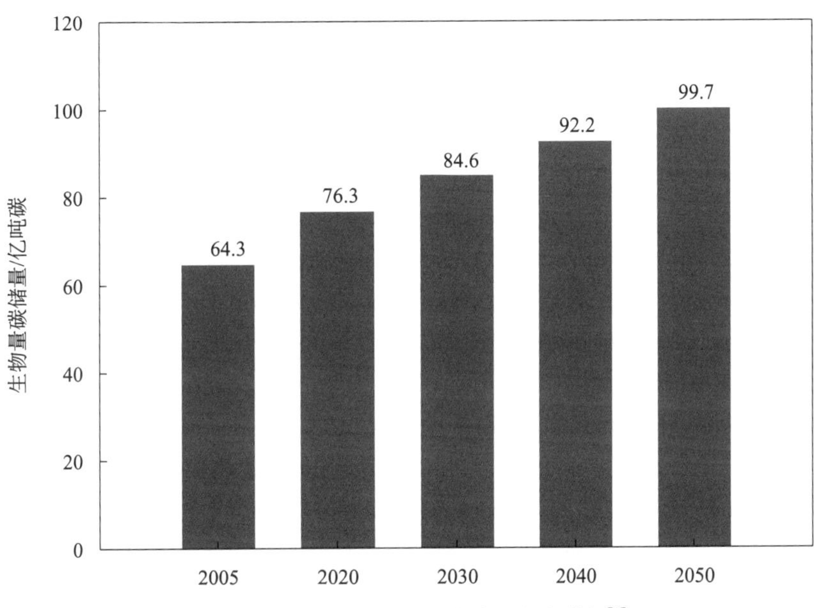

图1　中国森林的生物量碳储量稳步增加[4]

本文作者研究结果意味着至少到2050年中国森林将起到稳定且显著的固定大气CO_2的作用，为我国制定减排增汇和相关的气候谈判政策提供有力的数据支持。2015年6月出版的《科学报告》（*Scientific Reports*）发表了上述研究成果，《中国科学报》也以“森林碳汇：减排困局新解”为题于2015年7月27日给予了第一时间的报道。

参考文献

[1] FAO (Food and Agriculture Organization of the United Nations). Global Forest Resources Assessment 2015: How are the world's forest changing? Rome: Food and Agriculture Organization of the United Nations, 2015: 48.

[2] Fang J Y, Chen A P, Peng C H, et al. Changes in forest biomass carbon storage in China between 1949 and 1998. Science, 2001, 292: 2320-2322.

[3] Guo Z D, Hu H F, Li P, et al. Spatio-temporal changes in biomass carbon sinks in China's forests from 1977 to 2008. Science China Life Sciences, 2013, 56: 661-671.

[4] Hu H F, Wang S P, Guo Z D, et al. The stage-classified matrix models project a significant increase in biomass carbon stocks in China's forests between 2005 and 2050. Scientific Reports, 2015, 5: 11203.

A Significant Carbon Sinks in China's Forests in the near Future

Fang Jingyun, Hu Huifeng

The significantly increased concentrations of atmospheric CO_2 and other greenhouse gases emitted from the use of fossil fuels is a major factor for global warming. Vegetation could sequester significant quantities of atmospheric CO_2 during growth through photosynthesis, and slow down global warming. Using data of provincial forest area and biomass carbon (C) density from China's forest inventories between 1994 and 2008 and the planned forest coverage of the country by 2050, we developed a stage-classified matrix model to predict biomass C stocks of China's forests from 2005 to 2050. The results showed that total forest biomass C stock would increase by 55.2% from 6.43 petagrams C in 2005 to 9.97 petagrams C in 2050. Annual forest biomass C sink averaged 0.79 petagrams per year (2.9 petagrams CO_2), annually at least offsetting 8.8% of the contemporary fossil CO_2 emissions in China.

第四章

科技领域发展观察

Observations on Development of Science and Technology

4.1 基础前沿领域发展观察

刘小平 吕晓蓉 黄龙光 边文越 冷伏海

（中国科学院文献情报中心）

2015 年基础前沿领域取得了多项突破：不规则五边形和图同构问题得到了解决，发现了数论和几何统一的新视角；暗物质、中微子、粒子和凝聚态物理、量子信息方面的新进展引人注目，化学领域诞生了一系列新纪录并挑战了传统认识，变革性纳米功能材料和制备取得了突破。美、英等国开展了应对社会挑战和未来前沿技术的基础前沿领域发展机遇分析，并在若干领域部署了计划和项目。

一、重要研究进展

1. 复杂性理论、几何和数论及其大统一理论取得重大突破

数学家发现了一种不规则五边形，可以无缝密铺平面。美国华盛顿大学研究团队运用冯德劳设计的计算机程序发现了一种新的不规则五边形[1]（五个角分别是 60°、90°、105°、135°、150°）。这种五边形相互组合后可以完全铺满平面，不会出现重叠或有任何空隙，将会在空间利用和晶体学中有广泛的应用。此项发现距上次发现类似效果的五边形时隔 30 年，相当于在数学领域中寻获了新原子粒子。

复杂性理论中的图同构问题研究取得了突破性进展。图同构问题是指由计算机判断给定的由一些“点”和“边”构成的两个图是否具有相同的结构，在密码破译、化学物质搜索、文件比较、社交网络分析和基因图谱分析等方面有重要应用。随着输入图的尺度增加，解决了图同构问题所需要的计算能力几乎呈指数型增长。2015 年 11 月，美国芝加哥大学的数学家用组合数学和群论知识发明了一种能有效解决图同构问题的新算法，这种算法能在准多项式时间内判断最复杂的图，使图同构问题的难度降低了数个级别，比以往任何算法的效率都要高，是过去十多年来计算科学理论最重要的突破[2]。

统一数论与几何实现历史性突破，引起数学界的极大兴奋与关注。现分别任职于美国哥伦比亚大学、加利福尼亚大学伯克利分校、斯坦福大学和加州理工学院的 4 名

年轻数学家将代数几何和数论两大方向结合，用以攻克数学领域中的朗兰兹（Langlands）纲领。最新研究成果解决了 L-函数的泰勒展示算法，可能会解决数学领域中的许多重大问题，其中之一就是破解著名的贝赫和斯维纳通-戴尔猜想（BSD 猜想），即千禧年数学难题之一[3,4]。

日本数学家宣称证明了质数之间的深层联系猜想。日本京都大学的数学家望月新一教授宣称解决了数论中最重要的问题之一——ABC 猜想的证明。ABC 猜想是英国数学家麦瑟尔和法国数学家厄斯特勒于 20 世纪 80 年代中期分别独立提出的，涉及质数、加法和乘法之间的关系。ABC 猜想如果被证明，将解决许多著名的丢番图（Diophantine）问题，大大简化了费马大定理的证明[5]。

2. 中微子、暗物质、量子信息、凝聚态和粒子物理领域取得多项重大进展

在中微子研究方面，意大利格兰萨索国家实验室首次捕获到了 μ 中微子“变身”为 τ 中微子的直接证据[6]，在地壳和更深层地幔中探测到反中微子[7]。2015 年诺贝尔物理学奖授予了中微子振荡[8]，基础物理突破奖也颁给了 5 个中微子研究团队[9]。

在量子信息方面，中国科学技术大学在国际上首次成功实现了多自由度量子体系的隐形传态[10]，成为 2015 年物理十大突破之首[11]。美国麻省理工学院和贝尔格莱德大学的物理学家使用单个光子成功实现了与 3000 个原子的纠缠，创下了迄今为止粒子纠缠数量的新纪录[12]。奥地利物理学家首次在实验室实现了量子门的叠加态[13]。澳大利亚和日本科学家在硅材料上制造了第一个量子逻辑器件[14]。英国和日本科学家首次将量子隐形传态的核心电路集成为一块微型光学芯片[15]。澳大利亚和新西兰物理学家研制出存储信息时间可达 6 小时的量子硬盘原型[16]。

在暗物质研究方面，意大利格兰萨索国家实验室启动了迄今最大、最灵敏的暗物质实验设备 XENON1T[17]，中国暗物质探测卫星“悟空”发射升空[18]。美国和英国的科学家宣称发现了迄今最直接的暗物质信号[19]，瑞士和英国的科学家提出了暗物质或许不是由粒子组成的观点[20]。

在凝聚态物理方面，美国普林斯顿大学和中国科学院物理研究所的研究团队相互独立地在半金属 TaAs 中发现了外尔费米子，而麻省理工学院的团队在光子晶体中实现了外尔态[21]。德国马普化学研究所从硫化氢中发现了高温超导新纪录[22]。美国麻省理工学院的科学家首次将分子冷却到仅高于绝对零度五千亿分之一摄氏度[23]。美国和德国的科学家在高压下把液态氘挤压成类金属[24]。美国麻省理工学院的科学家搭建了第一台能给超冷气体中的单独原子拍照的“费米子显微镜”[25]。美国加利福尼亚大学伯克利分校的科学家打破了量子气体熵值的最低纪录，其熵值是之前实验中获得的 1/100[26]。

在粒子物理学方面，欧洲核子研究中心大型强子对撞机升级完成，发现了两个五夸克粒子[27]，检测到了中性B介子粒子极为罕见的衰变[28]，证明了质子与反质子为真正镜像[29]。由来自美国和德国的科学家组成的中微子质量实验团队（Project 8）测量了氪-83在β衰减过程中释放的单电子回旋辐射[30]。美国相对论重离子对撞机上的螺线管追踪器首次测量到反质子-反质子间的相互作用力[31]。

3. 化学领域诞生一系列新纪录并挑战传统认识

2015年，化学领域继续有一些新的纪录产生，继续有一些传统认识受到挑战。美国俄克拉荷马大学的科学家发现了一种化学键长超过100纳米的铯双原子分子，创下了偶极矩的最高纪录[32]。美国犹他大学和布朗大学的科学家合成了一种钴硼化合物，钴的配位数为16，创造了配位数的纪录[33]。德国和捷克的科学家修正了教科书中对钠遇水发生爆炸的解释[34]。英国利兹大学的科学家发现了铜和锰的有机化合物在室温下具有磁性，挑战了经典的斯托纳判据[35]。美国麻省理工学院的科学家合成了由三个氮原子和两个磷原子组成的五元环，将芳香性概念推广到无机化合物[36]。

有机合成仍然是化学领域的研究热点。美国斯克利普斯研究所的科学家发明了一种成本低廉的合成复杂有机胺化合物的方法[37]，美国罗切斯特大学的科学家实现了从两个不同的芳基亲电化合物直接合成非对称联芳基化合物[38]，英国圣安德鲁斯大学的科学家通过化学反应实现了轮烷分子自我复制[39]，乌克兰基辅大学的科学家制备了一种新的二氟甲基化试剂——二氟甲基重氮甲烷[40]，澳大利亚国立大学的科学家成功合成了五元环轴烯[41]，美国麻省理工学院的科学家发明了利用石蜡胶囊封装对空气和湿气敏感的试剂[42]。在自动化合成方面，日本东京大学的科学家利用填充有非均相催化剂的柱子实现了连续流动合成药物，产量在克级[43]。美国伊利诺伊大学的科学家设计了一种小分子自动合成机器，合成了14类小分子，产量在毫克量级[44]。

仪器分析手段继续助力化学家观察的更加清楚细致。美国和英国的科学家使用超高亮度X射线脉冲追踪化学反应，实时观察了分子在反应中的结构变化[45]。韩国和日本的科学家利用飞秒时间分辨X射线散射实时观测了金化合物在溶液中形成化学键的过程[46]。美国和欧洲的科学家利用直线加速器相干光源第一次直接观测到化学键形成过程中的过渡态[47]。美国和中国的科学家用魔角旋转核磁共振首次得到了催化剂表面活性位点的详细结构信息，确定了反应发生的具体位置[48]。瑞士和西班牙的科学家利用低温扫描隧道显微镜和原子力显微镜发现芳炔中没有碳碳三键而是三个连续的双键[49]。

在电池研究方面，韩国化学技术研究所的科学家制造的甲脒铅碘化物钙钛矿型太阳能电池材料创造了20.2%的光电转换效率纪录[50]。中国和日本合作使钙钛矿型太阳能电池首次可以与其他类型太阳能电池在同一标准下比较性能，15%的能量转化效率得到国际权威机构认证[51]。锂空气电池被誉为“终极电池”，英国剑桥大学的科学家通过创新性的材料组合解决了涉及锂氧技术的几个重大问题[52]。

在二维材料方面，中国上海交通大学制备出锡烯[53]，美国康奈尔大学制备出硼烯[54]，取得了类石墨烯材料合成的重大突破。中国和美国的科学家合作合成了一种氮掺杂的有序介孔石墨烯，具有极佳的电化学储能特性，组装成的对称器件不亚于商用碳基电容器[55]。

其他方面，瑞典、韩国和英国的科学家解析了高度复杂的沸石结构，并且根据搜集的信息预测和合成全新结构的沸石[56]。中国同济大学的科学家利用表面配位化学的方法构建了金属有机谢尔宾斯基三角分形结构[57]。美国国家航空航天局发明了一种含有三丁基硼烷的聚酯液体胶材料，可以让宇宙飞船以及军事飞机或坦克自动修补破损的外壳[58]。美国科罗拉多州立大学的科学家发明了真正化学意义上的可回收生物塑料，这种高分子材料可以在加热后分解为单体，且单体可以再利用[59]。中国科学家合成得到新型 Mn_4Ca 簇合物，这是迄今为止所有人工模拟物中与生物水裂解催化中心结构最为接近的一种[60]。

4. 纳米技术和纳米材料取得突破性进展

纳米技术对材料制备产生根本性变革。美国加州理工学院、麻省理工学院以及劳伦斯利物莫国家实验室联合发明了一种微型晶格，可使材料结构得到精密订制，将合成制备出尺寸和性能可控、重量更轻、强度更高、加工性更好、非常节能的材料，应用前景十分广阔，该技术预计 3～5 年内趋于成熟[61]。沙特阿拉伯阿卜杜拉国王科技大学（KAUST）研究团队设计出一种新的纳米材料，能够吸收 400～1400 纳米的入射光（可见光和红外光）约 98%～99%的能量，且不受入射角度和偏振的影响，堪称史上“最黑”的材料。此外，该研究团队还使用约 100 毫瓦的纳秒脉冲泵浦染料光放大器对材料的结构黑度进行控制，创建出一种新型光源。该光源不需要任何共振就能产生单色发射(带宽约 5 纳米)[62]。大连理工大学等研究团队合作建立了一种模板辅助化学气相沉积制备二维超薄碳纳米筛的新方法，制备出具有快速离子传输性能的超级电容器材料二维超薄碳纳米筛，显著提高了电极材料的电容性能[63]。复旦大学研究团队利用非线性光学揭示了单层二硫化钼中的隐藏晶界及其形成机制，单原子层的二硫化钼及类似的过渡金属二硫属化物是一种具有直接带隙的二维半导体材料，在新型光电器件以及人们新近提出的能谷电子学方面具有重要的潜在应用价值[64]。伦敦帝国理工学院研究团队已经开发出了一种新型聚酰胺纳米膜。该纳米膜厚度不到 10 纳米，而且刚性和强度足够应付超快速的过滤分离，过速率达到惊人的 112 升/(米^3 · 小时·巴）①。在相同的溶质保留度下，这比市售膜的渗透性高两个数量级[65]。

石墨烯等功能纳米材料带来 3D 打印和自旋电子器件革命性变化。英国伦敦帝国学院、华威大学、巴斯大学以及西班牙圣地亚哥德孔波斯特拉大学研究组，联合研发一种 3D 打印完整石墨烯结构的技术[66]，该技术主要基于工艺熔融沉积制造（FDM）3D 打印，使用一种经过化学改性的石墨烯氧化物，开发出 FDM 线材，含有混合了响应型聚合物的石墨烯薄片。同时，著名 3D 打印材料公司石墨烯 3D 实验室在推出石墨烯 3D 打印线材，并致力于将石墨烯材料大规模的商业化。磁斯格明子（Skyrmion）有望成为下一代自旋电子器件的信息存储载体，是近年来的一个研究热点。日本理化研究所（RIKEN）新材料科学中心和东京大学研究组设计出一种新型磁存储器——斯格明子存储器，将为未来低能耗存储器件提供新的可能性[67]。

纳米技术进一步促进检测技术和成像技术的发展。美国埃默里大学研究团队将单链 DNA 涂覆在二氧化硅小球的表面上，再将这些小球置于被 RNA 覆盖的金表面上，形成的 DNA“滚轮”能检测单碱基突变[68]。英国曼彻斯特大学的科学家首次报道了以单等离子体激元基体形式存在的胶态金属纳米颗粒具有手性敏感性，制备出一种能够检测生物分子手性的银-二氧化硅纳米标签，该纳米标签是一种具有核-壳结构的单纳米粒子等离子激元体系，该项等离子激元纳米材料研究将带来手性检测革命[69]。加拿大麦吉尔大学研究团队发明了一种表面接枝 DNA 纳米管的固相合成方法，不同的组成单元可以按照预先确定的顺序逐步地加到纳米管的主结构上，每一个组成单元都可单独定位，并标记有荧光染料，以使得纳米管生长在单分子水平上可视化[70]。

二、重要战略规划

1. 多国推出高性能科学计算规划或项目并积极进行应对粮食安全等挑战的战略机遇分析

2015 年 2 月，美国国防部高级研究计划局（DARPA）支持“研究模拟与连续可变协处理器”项目，重点研发内容包括：利用模拟、非线性、非序列或连续可变基元的算法，以减少与冯·诺伊曼/CPU/GPU 处理架构相关的时间、空间和通信复杂性；计算语言、编程模型；通过直接物理模拟进行建模与模拟的方法。7 月，美国启动国家战略性计算计划，旨在促进百亿亿次计算系统及相关技术研发，提出需加强建模、仿真技术与数据分析计算技术的融合。7 月，美国超微半导体公司（AMD）发表其百

① 1 巴（bar）＝100 千帕。

亿亿次计算发展战略，计划在2016～2017年实现高性能计算系统与工作站的数万亿次浮点运算[71]。欧盟资助开展的百亿亿次计算研发项目包含了“百亿亿次算法与先进计算技术”项目和“用于解决工程和应用科学百亿亿次计算重大挑战的数学方法与工具”项目。

数学生物学发展的科学挑战[72]。英国工程与物质研究理事会（EPSRC）2月发布《数学生物学》评估报告，指出数学生物学未来发展面临的科学挑战包括：生物学海量数据分析、多尺度建模、复杂性科学与不确定性量化。

数学在粮食安全中的作用[73]。2015年4月，美国数学研究所举办了“粮食系统的多尺度建模”研讨会，与会专家确定了数学在粮食安全中发挥作用的一些研究方向：建立粮食安全数据库，包括粮食生产数据库、粮食销售数据库、粮食消费数据库等；粮食安全数据的可视化包括数据可视化的方法、工具；绘制表征营养数据库相关参数的热图；建立基于代理的数学模型来模拟行为和选择过程；耦合概念性的动力-系统模型、基于代理模型和贝叶斯网络模型；设计用于模拟粮食系统的目标导向框架。

超大规模计算科学中的数学机遇。2015年6月，美国工业与应用数学学会（SIAM）发布了《超大规模计算科学中的数学机遇》报告[74]，指出超大规模计算可能为计算模拟科学提供新的机遇与挑战，数学在建立新的数学模型、开发新的算法、提供新的验证技术、提高物理精度、几何精度、不确定性量化、三维显示、更高数量级计算、更高数值精度等方面发挥了作用。

智能电网中的数学科学挑战[75]。2015年年底，美国国家科学、工程、医学研究院出版了《智能电网中的数学科学挑战》报告，指出21世纪开启了智能电网的新纪元，世界各国正在掀起智能电网建设的热潮，智能电网设计的预测技术、储能技术、控制技术、调度技术、运筹技术和评估技术都在飞速发展，这些技术进步离不开数学与控制论基础问题、复杂数学算法、数学工具的支持，并催生了工程博弈论的研究。

2. 英国提出未来30年量子技术重点领域并制定重要量子技术发展路线图

2015年3月，英国发布了《国家量子技术发展战略》[76]，提出未来30年量子技术研发与应用的重点领域，以指导英国在未来20年对新兴量子技术进行投资，建立一个产学研合作的量子技术集群。10月，英国发布了《英国量子技术路线图》[77]，制定了量子组件技术、原子钟、量子传感器、量子惯性传感器、量子通信、量子增强影像以及量子计算机7项重要量子技术的路线图。

3. 美国确定物质与能源前沿的变革机遇

2015年11月，美国能源部发布了《物质与能源前沿的挑战：发现科学的变革机遇》报告，提出了进一步改变物质与能源领域关键技术的五大变革机遇[78]：掌握分层结构和超越平衡的物质；超越理想的材料和系统，了解清楚异质性、界面和无序的关键作用；利用光和物质的相干性，在模型、数学、算法、数据和计算等方面取得革命性的进展；利用在跨越多个尺度的成像能力上取得的变革性进展。报告推荐在材料合成、仪器和工具、人力资本上进行针对性的投资，以抓住这五个变革机遇。

4. 美欧组织实施可持续化学发展

2015 年 3 月，欧洲可持续化学技术平台在布鲁塞尔宣布将通过可持续化学研究应对欧盟“地平线 2020”计划中的关键社会挑战，涉及的领域包括环境、资源、能源、食品、农业和人口健康等[79]。

2015 年 12 月，美国参议院通过了一项关于修改“有毒物质控制法”的法律草案，其中的突出特点是大力支持发展可持续化学。草案要求白宫科技政策办公室制定发展可持续化学的国家战略，向国会提交可持续化学的实施计划，监督可持续化学计划的执行等[80]。

可持续化学的概念由欧洲在 21 世纪初提出，以解决经济社会所面临的重大挑战为己任，提出化学要成为未来创新的动力、新技术的核心和可持续发展的支柱。

5. 美国启动纳米未来纳米技术重大挑战项目——未来计算和纳米级制造项目

2015 年 10 月，美国实现纳米创新计划 2.0 的战略新布局，启动首个纳米技术重大挑战项目——纳米技术引发的重大挑战。未来计算[81]，即纳米技术、计算机科学和神经系统科学的交叉融合，推动未来计算能力的变革性发展。要想完成该项目的目标，需要纳米级器件和材料集成到三维系统，需要纳米技术创新在新的计算机体系中协同发展，还需要人们对人脑的容错特征、低耗能系统等性能具有更进一步的认识和理解，这可能在未来 10 年或者更长时间内取得突破。

2015 年 12 月，美国国防部高级研究计划局（DARPA）启动“原子到产品（A2P)”项目[82]，将解决原子级或纳米级制造迄今面临的两大挑战：①缺乏关于材料在更大物理尺度上保持纳米级特征的知识；②缺乏纳米级至 100 微米级物体的组装能力。A2P 的目标是研发组装纳米尺度组分，将其独特能力转化到材料、部件或系统（至少在毫米尺度）的技术与工艺。该项目将分两步逐级实现从纳米迈向毫米尺度的制造能力。首先实现从原子到微米组装，然后实现从微米到毫米组装，从而制造出在任何尺度下具有纳米尺度特性的全新类型材料，这可能带来超越现有水平的材料、工艺和器件的小型化能力，以及在更小的尺寸上制造出三维产品和系统。

三、发展启示建议

1. 加强基础数学和应用数学研究，解决世界数学难题和社会发展重大挑战问题

基础数学方面，通过稳定支持保障科研人员致力于攻克世界数学难题，攀登世界数学高峰。应用数学方面，应从解决国家重大社会、经济问题出发，如粮食安全、超大规模计算科学和智能电网等，着力解决其中的关键数学与控制科学问题。建议通过国家重点研发计划和国家自然科学基金等方式，支持应用数学研究，推动其在解决关系国计民生和社会发展的重大挑战问题时发挥更大的作用。

2. 发挥中国优势把握物理学多领域发展机遇实现重大突破

把握机遇，实现重大突破。多自由度量子体系的隐形传态和外尔费米子的发现入选了2015年世界物理十大突破，中微子研究团队获得了基础物理突破奖。这都意味着我国物理学研究迈上了一个新的台阶。LHC的升级完成，暗物质探测卫星“悟空”的发射升空，江门中微子实验的启动建设，将为粒子物理学的重大突破带来机遇，有望发现新物理。我国即将发射世界首颗量子通信卫星，即将建成世界上第一条量子通信保密干线，将推动量子通信技术走向应用。

3. 整合国外可持续化学和国内绿色化学理念，推动化学服务人类福祉

现阶段，我国社会经济的发展面临着严峻的资源、能源和环境等方面的压力。可持续化学在全球的兴起为我国应对和解决这些问题开出了一味良药，并且符合绿色发展的理念。建议我国通过国家重点研发计划和国家自然科学基金等支持可持续化学科学和技术的研发，通过政策引领促进可持续化学成果在生产部门的应用，推动实现环境、资源、能源和人类社会的可持续发展。

4. 推动纳米制造技术，发展石墨烯等新材料产业

2015年可谓是石墨烯在迈向产业化过程中实现技术集中突破的一年。石墨烯已经成为国内外技术研发力量的关注重心。其除了在近期能应用于复合材料、导电导热涂层、超级电容器、锂离子电池等，在不久的将来还将在柔性显示、太阳能、高性能芯片方面发挥巨大价值。纳米制造技术重点发展领域：①发展智能材料制造技术，最终实现从纳米级到毫米级产品组装技术，同时维持其量子效应及纳米级特性；②发展光

学超材料纳米制造技术；③发展柔性、通用组装技术，发展具有原子精度、维持纳米级特性的微米级器件自上而下制造技术，将在传感、量子通信、健康医疗等领域产生技术突破。

致谢：中国科学院物理研究所于渌院士对本文初稿进行了审阅并提出了宝贵的修改意见，特致感谢！

参考文献

[1] 中国新闻网．美国数学家发现新五边形可无缝密铺平面．http：// news. xinmin. cn/shehui/2015/08/19/ 28411485. html [2015-12-10].

[2] ChoNov A. Mathematician claims breakthrough in complexity theory. http：// news. sciencemag. org/math/2015/11/mathematician-claims-breakthrough-complexity-theory [2015-12-11].

[3] Hartnett K. Math quartet joins forces on unified theory. https：// www. quantamagazine. org/2015 1208-four-mathematicians/[2015-12-12].

[4] Yun Z W，Zhang W. Shtukas and the Taylor expansion of *L*-functions. http：// arxiv. org/abs/1512. 02683 [2015-12-13].

[5] Castelvecchi D. The biggest mystery in mathematics：Shinichi Mochizuki and the impenetrable proof. http：// www. nature. com/news/the-biggest-mystery-in-mathematics-shinichi-mochizuki-and-the-impenetrable-proof-1. 18509 [2015-12-14].

[6] Istituto Nazionale di Fisica Nucleare. A fifth tau neutrino detected at gran sasso. http：// operaweb. lngs. infn. it/spip. php?article66 [2015-12-22].

[7] Johnston H. Physicists isolate neutrinos from Earth's mantle for first time. http：// physicsworld. com/cws/article/news/2015/aug/14/physicists-isolate-neutrinos-from-earths-mantle-for-first-time [2015-12-22].

[8] Johnston H. Art McDonald and TakaakiKajita win 2015 Nobel Prize for Physics. http：// physicsworld. com/cws/article/news/2015/oct/06/2015-nobel-prize-for-physics [2015-12-24].

[9] Véalo en español. 6 $3-Million Breakthrough Prizes awarded for basic science. http：// www. scientificamerican. com/article/6-3-million-breakthrough-prizes-awarded-for-basic-science1/ [2015-12-24].

[10] Wang X L，Cai X D，Su Z E，et al. 2015. Quantum teleportation of multiple degrees of freedom of a single photon. Nature，518：516-519.

[11] Commissariat T，Johnston H. Double quantum-teleportation milestone is Physics World 2015 breakthrough of the year. http：// physicsworld. com/cws/article/news/2015/dec/11/double-quantum-teleportation-milestone-is-physics-world-2015-breakthrough-of-the-year [2015-12-24].

[12] Johnston H. How to entangle nearly 3000 atoms using a single photon. http：// physicsworld. com/cws/article/news/2015/mar/25/how-to-entangle-nearly-3000-atoms-using-a-single-photon [2015-12-21].

[13] Phys. org. Paving the way for a faster quantum computer. http://phys. org/news/2015-08-paving-faster-quantum. html [2015-12-21].

[14] Johnston H. Silicon quantum logic gate is a first. http://physicsworld. com/cws/article/news/2015/oct/09/silicon-quantum-logic-gate-is-a-first [2015-12-21].

[15] Masada G, Miyata K, Politi A, et al. 2015. Continuous-variable entanglement on a chip. Nature Photonics, 9:316-319.

[16] Phys. org. Quantum hard drive breakthrough. http://phys. org/news/2015-01-quantum-hard-breakthrough. html [2015-12-21].

[17] Cartlidge E. Gran Sasso steps up the hunt for missing particles. http://physicsworld. com/cws/article/news/ 2015/nov/11/gran-sasso-steps-up-the-hunt-for-missing-particles [2015-12-22].

[18] 新华网. "悟空"成功发射去太空寻找暗物质. http://news. xinhuanet. com/2015-12/17/c_1117493940. htm? prolongation=1 [2015-12-22].

[19] Geringer-Sameth A, Walker M G, Koushiappas S M, et al. 2015. Indication of gamma-ray emission from the newly discovered dwarf galaxy reticulum II. Phys. Rev. Lett., 115:081101.

[20] Harvey D, Massey R, Kitching T, et al. 2015. The nongravitational interactions of dark matter in colliding galaxy clusters. Science, 347:1462-1465.

[21] Johnston H. Weyl fermions are spotted at long last. http://physicsworld. com/cws/article/news/2015/jul/23/ weyl-fermions-are-spotted-at-long-last [2015-12-22].

[22] Allen M. Hydrogen sulphide is warmest ever superconductor at 203 K. http://physicsworld. com/cws/ article/news/2015/aug/21/hydrogen-sulfide-is-warmest-ever-superconductor-at-203-k [2015-12-22].

[23] Chu J. MIT team creates ultracold molecules. http://news. mit. edu/2015/ultracold-molecules-0610 [2015-12-22].

[24] Phys. org. Researchers successfully transform liquid deuterium into a metal. http://phys. org/news/ 2015-06-successfully-liquid-deuterium-metal. html [2015-12-22].

[25] Commissariat T. Fermionic microscope sees first light. http://physicsworld. com/cws/article/news/2015/may/ 19/fermionic-microscope-sees-first-light [2015-12-22].

[26] Olf R, Fang F, Marti G E, et al. 2015. Thermometry and cooling of a Bose gas to 0. 02 times the condensation temperature. Nature Physics, 11:720-723.

[27] Johnson H. LHCb claims discovery of two pentaquarks. http://physicsworld. com/cws/article/news/2015/ jul/14/lhcb-claims-discovery-of-two-pentaquarks [2015-12-23].

[28] CERN. CMS and LHCb experiments reveal new rare particle decay. http://home. cern/about/updates/ 2015/05/cms-and-lhcb-experiments-reveal-new-rare-particle-decay [2015-12-23].

[29] CERN. BASE compares protons to antiprotons with high precision. http://home. cern/about/updates/ 2015/08/base-compares-protons-antiprotons-high-precision [2015-12-23].

[30] Wogan T. Cyclotron radiation from a single electron is measured for the first time. http://physics-

world. com/cws/article/news/2015/apr/27/cyclotron-radiation-from-a-single-electron-is-measured-for-the-first-time [2015-12-23].

[31] Chen S. Strong interaction between antiprotons is measured for the first time. http://physicsworld. com/cws/article/news/2015/nov/05/strong-interaction-between-antiprotons-is-measured-for-the-first-time [2015-12-23].

[32] Booth D, Rittenhouse S T, Yang J, et al. Production of trilobite Rydberg molecule dimers with kilo-Debye permanent electric dipole moments. Science, 2015, 348(6230): 99-102.

[33] Popov I A, Jian T, Lopez G V, et al. Cobalt-centred boron molecular drums with the highest coordination number in the CoB16-cluster. Nature Communications, 2015, 6(8654): 1-7.

[34] Mason P E, Uhlig F, Vaněk V, et al. Coulomb explosion during the early stages of the reaction of alkali metals with water. Nature Chemistry, 2015, 7(3): 250-254.

[35] Ma/'Mari F A, Moorsom T, Teobaldi G, et al. Beating the Stoner criterion using molecular interfaces. Nature, 2015, 524(7563): 69-73.

[36] Velian A, Cummins C C. Synthesis and characterization of P2N3-: An aromatic ion composed of phosphorus and nitrogen. Science, 2015, 348(6238): 1001-1004.

[37] Gui J, Pan C-M, Jin Y, et al. Practical olefin hydroamination with nitroarenes. Science, 2015, 348 (6237): 886-891.

[38] Ackerman L K G, Lovell M M, Weix D J. Multimetallic catalysed cross-coupling of aryl bromides with aryl triflates. Nature, 2015, 524(7566): 454-457.

[39] Kosikova T, Hassan N I, Cordes D B, et al. Orthogonal recognition processes drive the assembly and replication of a [2] rotaxane. Journal of the American Chemical Society, 2015, 137(51): 16074-16083.

[40] Mykhailiuk P K. In Situ generation of difluoromethyl diazomethane for [3+2] cycloadditions with alkynes. Angewandte Chemie International Edition, 2015, 54(22): 6558-6561.

[41] Mackay E G, Newton C G, Toombs-Ruane H, et al. [5] Radialene. Journal of the American Chemical Society, 2015, 137(46): 14653-14659.

[42] Sather A C, Lee H G, Colombe J R, et al. Dosage delivery of sensitive reagents enables glove-box-free synthesis. Nature, 2015, 524(7564): 208-211.

[43] Tsubogo T, Oyamada H, Kobayashi S. Multistep continuous-flow synthesis of(R)-and(S)-rolipram using heterogeneous catalysts. Nature, 2015, 520(7547): 329-332.

[44] Li J, Ballmer S G, Gillis E P, et al. Synthesis of many different types of organic small molecules using one automated process. Science, 2015, 347(6227): 1221-1226.

[45] Minitti M P, Budarz J M, Kirrander A, et al. Imaging molecular motion: femtosecond X-ray scattering of an electrocyclic chemical reaction. Physical Review Letters, 2015, 114(25): 255501.

[46] Kim K H, Kim J G, Nozawa S, et al. Direct observation of bond formation in solution with femtosecond X-ray scattering. Nature, 2015, 518(7539): 385-389.

[47] Öström H, Öberg H, Xin H, et al. Probing the transition state region in catalytic CO oxidation on Ru. Science, 2015, 347(6225): 978-982.

[48] Hu J Z, Xu S, Li W-Z, et al. Investigation of the structure and active sites of TiO_2 nanorod supported VO_x catalysts by high-field and fast-spinning 51V MAS NMR. ACS Catalysis, 2015, 5(7): 3945-3952.

[49] Pavliček N, Schuler B, Collazos S, et al. On-surface generation and imaging of arynes by atomic force microscopy. Nat Chem, 2015, 7(8): 623-628.

[50] Yang W S, Noh J H, Jeon N J, et al. High-performance photovoltaic perovskite layers fabricated through intramolecular exchange. Science, 2015, 348(6240): 1234-1237.

[51] Chen W, Wu Y, Yue Y, et al. Efficient and stable large-area perovskite solar cells with inorganic charge extraction layers. Science, 2015.

[52] Liu T, Leskes M, Yu W, et al. Cycling Li-O_2 batteries via LiOH formation and decomposition. Science, 2015, 350(6260): 530-533.

[53] Zhu F F, Chen W J, Xu Y, et al. Epitaxial growth of two-dimensional stanene. Nat Mater, 2015, 14(10): 1020-1025.

[54] Mannix A J, Zhou X-F, Kiraly B, et al. Synthesis of borophenes: Anisotropic, two-dimensional boron polymrophs. Science, 2015, 350(6267): 1513-1516.

[55] Lin T, Chen I W, Liu F, et al. Nitrogen-doped mesoporous carbon of extraordinary capacitance for electrochemical energy storage. Science, 2015, 350(6267): 1508-1513.

[56] Guo P, Shin J, Greenaway A G, et al. A zeolite family with expanding structural complexity and embedded isoreticular structures. Nature, 2015, 524(7563): 74-78.

[57] Sun Q, Cai L, Ma H, et al. On-surface construction of a metal-organic Sierpinski triangle. Chemical Communications, 2015, 51(75): 14164-14166.

[58] 中国科技网．美国太空总署研发神奇自动修复的材料．http://www.wokeji.com/explore/twht/201509/t20150902_1637818.shtml [2015-09-01].

[59] Hong M, Chen E Y X. Completely recyclable biopolymers with linear and cyclic topologies via ring-opening polymerization of γ-butyrolactone. Nature Chemistry, 2016, 8(1): 42-49.

[60] Zhang C, Chen C, Dong H, et al. A synthetic Mn_4Ca-cluster mimicking the oxygen-evolving center of photosynthesis. Science, 2015, 348(6235): 690-693.

[61] Breakthrough technologies 2015. MIT technology review. http://www.technologyreview.com/lists/technologies/2015/[2016-01-05].

[62] Huang J, Liu C, Zhu Y, et al. Harnessing structural darkness in the visible and infrared wavelengths for a new source of light. Nature Nanotechnology, 2016(11): 60-66.

[63] Wang H, Zhi L, Liu K, et al. Thin-sheet carbon nanomesh with an excellent electrocapacitive performance. Advance Functional Materials, 2015(25): 5420-5427.

[64] Cheng J, Jiang T, Ji Q, et al. Kinetic nature of grain boundary formation in as-grown MoS_2 mono-

layers. Advance Materials,2015(27):4069-4074.
[65] Karan S,Jiang Z W,Livingston A G. Sub-10 nm polyamide nanofilms with ultrafast solvent transport for molecular separation. Science,2015(348):1347.
[66] García-Tuñon E,Barg S,Franco J,et al. Printing in three dimensions with Graphene. Adv. Mater. 2015 (27):1688-1693.
[67] Koshibae W,Kaneko Y,Iwasaki J,et al. Memory functions of magnetic skyrmions. Japanese Journal of Applied Physics,2015(54):053001.
[68] Yehl K,Mugler A,Vivek S,et al. High-speed DNA-based rolling motors powered by RNase H. Nature Nanotechnology,2016(11):184-190.
[69] Ostovar S,Rock L,Faulds K,et al. Through-space transfer of chiral information mediated by a plasmonic nanomaterial. Nature Chemistry,2015(7):591-596.
[70] Hariri A,Hamblin G,Gidi Y,et al. Stepwise growth of surface-grafted DNA nanotubes visualized at the single-molecule level. Nature Chemistry,2015(7):295-300.
[71] DOE. Advanced scientific computing research. http://science. energy. gov/~/media/budget/pdf/sc-budget-request-to-congress/fy-2016/FY_2016_Office_of_Science-ASCR. pdf[2015-12-16].
[72] EPSRC. Epsrc review of mathemaical blology. http://www. epsrc. ac. uk/newsevents/ pubs/epsrc-review-of-mathematical-biology-summary[2015-12-20].
[73] Kaper H. Is there a role for mathematics in food security? https://sinews. siam. org/DetailsPage/tabid/607/ArticleID/631/Is-There-a-Role-for-Mathematics-in[2015-12-10].
[74] Rüde U. New mathematics for extreme-scale computational science? http://sinews. siam. org/DetailsPage/tabid/607/ArticleID/506/New-Mathematics-for-Extreme-scale-Computational-Science. aspx[2015-12-16].
[75] Schwalbe M,Rapporteur. Mathematical sciences research challenges for the next-generation electric grid. http://www. nap. edu/catalog/21808/[2015-12-18].
[76] Innovate UK. National strategy for quantum technologies:a new era for the UK. https://www. gov. uk/government/publications/national-strategy-for-quantum-technologies [2015-12-21].
[77] Innovdate UK. A roadmap for quantum technologies in the UK. https://www. gov. uk/government/uploads/system/uploads/attachment _ data/file/470243/InnovateUK _ QuantumTech _ CO004_final. pdf [2015-12-21].
[78] U. S. Department of Energy. Challenges at the frontiers of matter and energy:transformative opportunities for discovery science. http://159. 226. 251. 229/videoplayer/CFME_rpt_print. pdf?ich_u_r_i=ea43ad301e89893ff1575ebd82bc78b7&ich_s_t_a_r_t=0&ich_e_n_d=0&ich_k_e_y=1645028915750163072432&ich_t_y_p_e=1&ich_d_i_s_k_i_d=9&ich_u_n_i_t=1 [2015-12-21].
[79] The european technology platform for sustainable chemistry. Suschem publishes new strategic innovation and research agenda. http://www. suschem. org/newsroom/ suschem-press-releases/suschem-publishes-new-strategic-innovation-and-research-agenda. aspx [2015-03-16].

[80] Chemical & Engineering News. Congress moves on chemical safety reform. http://cen.acs.org/articles/94/i1/Congress-Moves-Chemical-Safety-Reform.html [2016-01-04].
[81] A nanotechnology-inspired grand challenge for future computing. http://www.nano.gov/grand-challenges[2015-11-02].
[82] DARPA program seeks ability to assemble atom-sized pieces into practical products. http://www.nanowerk.com/nanotechnology-news/newsid=42217.php[2016-01-06].

Development Scan of Basic Sciences and Frontiers

Liu Xiaoping, Lv Xiaorong, Huang Longguang,
Bian Wenyue, Leng Fuhai

Basic and frontier science have made a number of progresses in 2015. Irregular pentagon and graph isomorphism problem was solved, number theory and geometry were unified in new perspective. Dark matter, neutrinos, particles, condensed matter physics and quantum information also made new progress notably. A series of new records in the field of chemistry were established, challenging the traditional ideas; transformative nano-functional materials and preparation of these materials have made breakthrough. The United States of America and Great Britain carried out frontier development opportunity analysis of cutting-edge technology to deal with the social challenges, and they deployed plans and projects in several areas.

4.2　人口健康与医药领域发展观察

徐　萍　许　丽　王　玥　李祯祺　苏　燕　于建荣

（中国科学院上海生命科学信息中心）

人口健康是各国政府高度关注的社会民生问题，关乎国家经济社会发展。科技是健康管理的有力支撑。在新一轮规划期，多个科技资助机构发布了新规划，强调通过科技创新实现预防为主的健康管理模式。各种新兴技术的发展，推动健康科技向精准迈进。精准医学的提出标志着5P医学时代的到来，以精准为核心、基于先进的生物技术、医学技术和信息技术的精准健康体系正在形成。随着技术的推动和学科的汇聚，生命科学研究不断向纵深推进，健康与疾病发生机制研究的视角不断丰富，疾病防治手段更加多样化，改造、合成、仿生、再生研究的深度和广度不断拓展，健康管理水平不断提高。

一、重要研究进展

1. 新兴技术不断革新，推动生命科学研究进一步向精准迈进

CRISPR技术是一种由RNA指导的核酸酶对靶向基因进行编辑的技术。以CRISPR为代表的基因编辑技术仍然是2015年最受关注的技术，CRISPR技术“史无前例”地两次登上了《科学》评选的年度十大突破，且位居榜首[1]。2015年，美国麻省理工学院围绕CRISPR/Cas系统的脱靶问题进行了改进和完善[2-5]，并通过与其他先进技术的结合扩大了其应用。此外，美国斯坦福大学医学院设计的缺陷基因功能性拷贝插入患者基因组中的新方法[6]可能会超越CRISPR/Cas系统，成为新基因编辑技术。另外，美国加利福尼亚大学伯克利分校的科学家利用CRISPR/Cas系统实现了RNA的精确切割[7]，进一步扩展了其应用范围。基因编辑技术有望成为生命科学研究的通用技术，并将在疾病疗法开发、工业生物技术、农业领域发挥重要作用。

成像技术同样备受关注，单粒子低温电子显微镜（cryo-EM）在2015年突破了3埃（Å）的分辨率障碍，逐渐成为一种主流的结构生物学技术，该技术被评为2015年

《自然·方法》(*Nature Methods*)评选的年度技术，这也是成像技术连续第二年入选[8]。

单细胞技术在2015年取得了重大进展，美国哈佛大学、麻省理工学院及麻省理工学院-哈佛大学布罗德研究所等机构将单细胞测序并行检测的细胞数量从数以百计增加了一个数量级[9,10]。此外，北京大学研发的乳液全基因组扩增技术（eWGA)[11]、美国得克萨斯大学研发的单细胞外显子组测序法（SNES)[12]、英国桑格研究所与牛津大学、剑桥大学等机构合作研究的基因组转录组并行测序技术（G&T Seq)[13]、美国细胞研究公司（Cellular Research）开发的基因表达流式细胞测序技术（CytoSeq)[14]、华中农业大学与美国明尼苏达大学联合推出的单孢子测序技术[15]，使单细胞组学能够展开大规模、高精度的分析。

测序技术方面，瑞士洛桑联邦理工学院通过减缓测序中DNA流速[16]将测序精度提高了1000倍。单分子实时测序技术（SMRT）具备更加精准的特性，能够高效助力多个植物和动物基因组的研究[17-19]。

2. 绘制多层次生命组学图谱，为生命科学发展奠定基础

生命组学的研究为生命科学的整体发展奠定了基础。《自然》(*Nature*)系列杂志同时刊载了24篇论文，发布了涉及100多种人类细胞和组织的首张最全面的人类表观基因组图谱[20]。冰岛基因解码公司（deCODE Genetics）发文报道了有史以来在同一个人群中进行的最大规模全基因组测序研究[21-24]。此外，美国华盛顿大学绘制的人类基因组突变图谱[25]、美国国立卫生研究院（NIH）基因型-组织表达（GTEx）项目描绘的大规模人类基因表达差异图谱[26-28]等基因组图谱相继面世；美国哈佛大学医学院科学家构建的最大规模蛋白质互作组网络图谱[29]，瑞典、丹麦、德国与印度展开的人类蛋白质图谱大规模分析结果[30]，美国得克萨斯大学与加拿大多伦多大学联合绘制的超大规模蛋白质互作图谱[31]，美国威斯康星麦迪逊大学牵头研究的最完整酶家族功能图[32]等蛋白质组图谱被成功创建；卢森堡大学破译的首张人类全面分泌miRNA组图谱[33]、美国宾夕法尼亚大学识别的首张人类癌症非编码RNA综合图谱[34]是RNA（尤其是非编码RNA）组学的突出代表，为生命科学提供基础数据研究保障。

3. 脑科学研究稳步推进，中国脑科学计划即将推出

2015年，脑科学研究持续推进。美国脑科学计划（BRAIN）参与机构围绕计算神经科学、神经和认知系统研究、大脑复杂数据分析等颁布了多项资助计划，并出台了增资计划以深化脑科学研究。同时，为实现研究设施与技术资源的有效配置，BRAIN计划提出了创建“全美大脑观测网络”[35]。美国NIH与澳大利亚国家健康与

医学研究理事会也达成合作协议，共同推动 BRAIN 计划[36]。欧盟人脑计划（HBP）也于 2015 年修订了其管理结构和研究范围，将系统神经科学和认知神经科学纳入计划。在中国，北京、上海相继启动了脑科学项目，中国“脑科学与类脑科学研究”也在酝酿之中，重点关注以探索大脑秘密、攻克大脑疾病为导向的脑科学研究以及以建立和发展人工智能技术为导向的类脑研究。

在政策的强力支持和推动下，脑科学研究开始产出系列成果。美国弗吉尼亚大学医学院首次发现了大脑中存在的淋巴管，可直接与外周免疫系统连接产生免疫反应，颠覆了过去认为大脑是免疫豁免器官的概念[37]，该成果入选了 2015 年《科学》十大科学突破。美国贝勒医学院绘制了迄今为止最详尽的大脑连接图谱，完成了近 2000 个成体小鼠视觉皮层神经元的形态和电生理特征，描述了超过 11000 对细胞间连接[38]。美国 NIH 与北卡罗来纳大学医学院开发的新型化学遗传学（chemogenetic）技术通过启动和关闭神经元，揭示了控制小鼠行为的大脑回路[39]；美国哈佛大学、波士顿大学医学院和麻省理工学院建立了神经元高精度成像和分析系统[40]，首次构建了哺乳动物大脑新皮层数字立体超微结构图。美国加利福尼亚大学圣塔芭芭拉分校首次仅用忆阻器创建出神经网络芯片[41]；美国国际商业机器公司（IBM）进一步利用 TrueNorth 芯片构建了人工小型啮齿动物大脑[42]；瑞士洛桑联邦理工学院成功构建了大鼠躯体感觉皮层部分神经回路的数字模型[43]。这一系列进展推动了类脑计算的发展，迈出了数字化大脑道路上的重要步伐。

4. 合成生物学的应用范围不断拓宽

合成生物学逐步从基础前沿的探索阶段进入应用导向的转化研究阶段。美国斯坦福大学的研究人员通过对酵母进行“编程”实现了从葡萄糖到阿片类药物吗啡的完整生物合成路径[44]，这是继青蒿素生物合成后的又一里程碑事件，该成果入选了 2015 年《科学》十大科学突破。以临床应用为导向的研究广获聚焦，美国伊利诺伊大学与西北大学的研究人员构建了一种在细胞内产生蛋白质和酶的人工核糖体[45]，可用于生产新型药物和下一代生物材料；美国加州理工学院研制出世界首个由蛋白质和 DNA 构成的合成结构生物材料[46]，为药物的精准传递与释放控制打开了大门。瑞士苏黎世理工学院利用合成细胞因子转换器细胞，针对银屑病、类风湿性关节炎等慢性炎症选择性地检测相关疾病的生物标志物，释放细胞因子抑制炎症[47]。与此同时，出于对合成生物危害性的考虑与转基因生物的防控，科研人员开发了新方法预防基因工程细菌制造“祸端”，美国哈佛大学与耶鲁大学通过改写大肠杆菌的 DNA，使这种细菌只有在合成特殊氨基酸的条件下才能合成其必需的蛋白质[48,49]；美国麻省理工学院将一种无需下达必要指令、细菌就能自行毁灭的“死亡开关”添加到转基因生物的基因通路当中[50]。

5. 干细胞与再生医学研究稳步推进

干细胞与再生医学领域持续稳步发展，应用转化进程进一步推进。在基础研究方面，英国剑桥大学与以色列魏茨曼科学研究院的科研人员将胚胎干细胞成功“逆转”为原始生殖细胞[51]，首次将细胞重编程至如此早期的阶段，该成果入选了《细胞》（*Cell*）评选的十佳论文。北京大学的研究人员进一步阐明了化学小分子重编程技术的分子机理[52]，为化学诱导方法更加广泛地应用于体细胞重编程奠定了基础，该成果入选了《细胞》评选的中国年度论文。2015 年，澳大利亚墨尔本大学与昆士兰大学联合荷兰莱顿大学、美国加利福尼亚大学伯克利分校联合格拉德斯通心血管疾病研究所、美国密歇根大学与加利福尼亚大学联合辛辛那提儿童医院医疗中心等机构分别成功构建了肾脏[53]、心室[54]和肺[55]，由干细胞构建的微器官类型已达十几种。产业化方面，欧洲在 2015 年批准了首个干细胞治疗产品 Holoclar[56]，用于治疗因眼部灼伤导致的中度至重度角膜缘干细胞缺乏症，迈出了欧洲干细胞产业发展的第一步。我国开展的干细胞结合智能生物材料治疗脊髓损伤临床试验初步取得了良好的治疗效果；获得批准的生物工程角膜“艾欣瞳”是目前世界上唯一一个完成临床试验的高科技生物工程角膜产品。

6. 微生物组研究快速发展，呼吁启动微生物组计划

微生物在健康、环境、农业和工业等领域的应用潜力巨大。而始于 2007 年年底的美国、英国、法国、中国、日本等多个国家参与的人类微生物组计划不断推进，促进了肠道微生物与人类健康的研究。迄今为止，科学家已经发现肠道微生物可能与焦虑和抑郁[57]、精神分裂症、孤独症等精神性疾病，肥胖症、糖尿病等代谢类疾病、各类慢性炎症疾病、帕金森病、心血管疾病，以及克罗恩病、过敏，甚至牙齿衰退都有密切的关系。肠道微生物也能引发免疫反应、影响肿瘤免疫治疗效果[58,59]、影响机体外周血清素的产生[60]、靶标肠道菌通路抑制动脉粥样硬化[61]等。

鉴于微生物的重要性，全球正在酝酿微生物组计划。2015 年，美国国家科学技术委员会（NSTC）发布了微生物组研究评估报告。10 月，美国科学家在《科学》上发文倡议美国开展联合微生物组计划（Unified Microbiome Initiative，UMI）[62]。与此同时，德国、中国和美国的科学家在《自然》上发文呼吁建立国际微生物组研究计划[63]。

7. 免疫疗法为肿瘤治疗提供新方式

随着人类对免疫系统和疾病发生机制认识的深入，免疫疗法成为防控许多重大疾

病的重要手段。自 2013 年肿瘤免疫疗法被《科学》杂志评为十大突破以来，领域研发热度持续不减，被视为肿瘤治疗的新希望。2016 年美国国情咨文中提出了癌症登月计划，其中的重点之一就是癌症免疫疗法的开发。多种肿瘤被验证可以利用免疫疗法进行治疗，而治疗肿瘤的抗体药物，特别是靶向程序性死亡受体-1（PD-1）及其配体-1（PD-L1）的抗体药物，成为国际药企巨头竞相布局的焦点。

二、重要战略规划

1. 新一轮健康科技规划相继出炉，新兴科技助推“预防”的实现

人口健康是各国政府高度关注的社会民生问题，关乎国家经济社会发展。科技是健康管理的有力支撑，在新一轮规划期，多个国家科技资助机构发布了新规划，加拿大卫生研究院新版战略计划、美国 NIH 整体战略规划（2016—2020 财年）、英国生物技术与生物科学研究理事会（BBSRC）《健康领域生物科学战略研究五年框架（2015—2020）》，均在规划中体现了立足预防，促进健康的思想。此外，规划中还涵盖了先进的生物医学技术、信息技术、大数据技术，着重强调了精准医学、个体化医疗、基因组医学、移动医疗等，通过科技创新为预防为主的健康管理模式提供科技动力。

2. 精准医学成为规划的重点，精准健康体系已经形成

精准医学集合了诸多现代医学科技知识与技术体系，体现了医学科学发展趋势，也代表了临床实践发展的方向，已经成为新一轮国家科技竞争和引领国际发展潮流的战略制高点。2015 年年初，美国提出了精准医学计划，先后布局了队列项目、精准肿瘤学项目，积极推进医疗信息和基因组数据共享，在计划实施中注重保护公众隐私。英国在已有的十万人基因组测序计划和分层医学项目基础上，启动建立了国家精准医学孵化器中心网络，并绘制了全英精准医学基础设施地图，以推动资源的整合利用。加拿大卫生研究院新版战略计划将健康创新整合到医疗实践中，“使患者在正确的时间接受正确的治疗”列为四大优先领域的研究内容，我国已经将精准医学列为重点专项进行布局。

3. 标准化、共享与利用成为生物大数据重点解决问题

生物大数据在生物与健康领域中的重要性日益凸显，数据的标准化、共享和利用是需要重点解决的问题。2015 年，美国总统科学技术咨询理事会（PCAST）完成了咨询评估报告《确保美国在信息技术政府资助研究方面的领导地位》，指出由于缺乏标准、健康数据使用障碍、互操作技术限制等问题，阻碍了健康信息的研究和应用。

同年10月，美国卫生和人类服务部（HHS）国家医疗信息技术协调员办公室（ONC）发布了全美互操作路线图（Interoperability Roadmap），旨在通过协调公共和私营部门工作，进一步推进全国医疗健康信息的安全交互操作。为了促进生物信息的共享和利用，加拿大基因组织与卫生研究院（CIHR）合作实施了共享大数据促进医疗卫生创新项目，并在2015年8月共同提出了《生物信息学和计算生物学发展战略框架》，其愿景是真正利用和发挥大数据的潜能，促进生物信息学和计算生物学在整个生命科学领域的全面整合。欧洲生命科学生物信息基础设施（ELIXIR）2015年3月宣布，将实施“协调研究基础设施构建持久的生命科学服务”项目（CORBEL），将实施必要的数据标准、管理、存储和访问权，统一整合欧洲所有的生命科学研究基础设施的使用与管理。

4. 生物监管成为全球高度关注问题

“两用”生物技术的监管一直是各国政府和社会重点关注的问题。美国HHS计划对监管人类参与生物医学临床研究的法规进行修订，并于2015年9月发布了征求意见稿。2015年度，中山大学首次利用CRISPR/Cas系统改造了人类胚胎基因组[64]，引发了热议。2015年12月，美国、英国、中国共同举办了人类基因编辑国际峰会，发布了联合声明[65]，表示现阶段的临床医学中，可在监管下开展相关基础研究和临床前研究，以及涉及体细胞的临床研究与临床治疗，但应禁止对人类胚胎和生殖细胞进行基因编辑。干细胞监管方面，国际干细胞研究学会（International Society for Stem cell Research，ISSCR）发布了更新版的《干细胞研究与临床转化指导原则》，对干细胞从实验室研究到产业化发展的全过程进行了指导和规范。欧盟出台了两项新规定，确保细胞和组织来源的可追溯性和安全性。我国首次发布了干细胞临床研究相关规范《干细胞临床研究管理办法（试行）》和《干细胞制剂质量控制及临床前研究指导原则（试行）》，推进我国干细胞产业的规范化发展。多项规划对生物大数据的安全和隐私保护问题进行了关注。

5. 神经退行性疾病受到持续关注

伴随着老龄化加剧，神经退行性疾病发病率居高不下，其研究进程缓慢，因此该领域是规划关注的重点。美国NIH于2015年5月发布了阿尔茨海默病研究的议程框架，该框架通过改革现有模式，加强基础研究和转化研究，应用系统生物学和系统药理学等、大数据、移动医疗等技术和方法，加速研究进程。美国HHS更新了阿尔茨海默病计划[66]，旨在加速阿尔茨海默病的病理研究和疗法开发，并改善了对疾病人群的早期诊断和护理。欧盟神经退行性疾病研究联合计划（JPND）与欧盟地平线2020

计划合作启动了 JPco-fuND 项目[67]，推进神经退行性疾病的转化研究。欧洲预防阿尔茨海默病计划（EPAD）也于 2015 年 1 月 18 日启动[68]，对阿尔茨海默病的预防药物进行研发，并于 7 月创新药物计划（IMI）2 期第 5 次项目征集中设置阿尔茨海默病主题[69]。

6. 微生物药物耐药性亟待解决

微生物药物耐药性已经成为全球性问题，世界卫生组织（WHO）在 2014 年和 2015 年相继发布了报告《抗微生物药物耐药性：2014 年全球监测报告》《世界各地国家情况分析：应对抗微生物药物耐药性》。报告指出，世界各国面对微生物耐药性普遍缺乏斗争准备，并呼吁世界各国加紧采取必要的行动，并于 2015 年 5 月 26 日第 68 届世界卫生大会上通过了《抗微生物药物耐药性全球行动计划》，敦促 WHO 各成员重视抗微生物药物面临的耐药性问题并采取行动。英国 BBSRC《健康领域生物科学战略研究五年框架》中分析了当前微生物耐药性的现状，并将其作为未来 5 年实现“一体化健康”重点研究的问题。英国维康信托基金未来 5 年战略框架中，耐药研究是四大优先资助领域之一。2015 年，美国发布了对抗微生物耐药性国家行动计划[70]，提出了应对举措，并在未来 5 年加大资助力度，预计总额超过 12 亿美元。

三、启示与建议

当前，我国正处在经济结构转型期，健康产业成为新兴产业方向之一。随着经济和生活水平的提高，民众对健康的需求进一步提高。在国家的高度重视下，我国的科技发展水平快速提高，尤其是信息技术和生物技术与国际先进水平的差距在逐渐缩小。因此，在已有科技和产业积累的基础上，构筑精准健康体系，发展精准健康产业，将大大优化健康管理效率，提高国民健康水平，促进健康产业发展，最终满足国家经济转型和国民对健康的需求。

我国在精准健康科技和产业发展方面还存在诸多问题，阻碍了健康科技和产业发展，包括原始创新不足、多领域协同创新发展存在壁垒，交叉型高端人才缺乏、企业创新能力薄弱、现有的制度法规难以适应新形势的发展等。当前，健康科技呈现多领域、多学科交叉态势，而健康产业包括了多种产业。因此，在构筑中国精准健康体系中，需要在国家层面协调，促进各部委之间的深度协同和合作；加大资金投入力度，引导和鼓励企业参与科技创新，争取社会资金支持；引进和培养高层次人才尤其是交叉型人才；完善成果转移转化、知识产权保护等法规，改革现有的监管法规和体制等。

构筑立足预防、基于先进技术的精准健康体系必将大大推进“健康中国”战略的实现进程。

致谢：中国科学院上海生命科学研究院林其谁院士、吴家睿研究员在本文撰写过程中提出了宝贵的意见和建议，在此谨致谢忱！

参考文献

[1] John T. Making the cut. Science,2015,350(6267):1456-1457.

[2] Zetsche B,et al. A split-Cas9 architecture for inducible genome editing and transcription modulation. Nature Biotechnology. 2015,33:139-142.

[3] Ran F A,Cong L,Yan W X,et al. In vivo genome editing using Staphylococcus aureus Cas9. Nature. 2015,520:186-191.

[4] Zetsche B,Gootenberg J S,Abudayyeh O O,et al. Cpf1 is a single RNA-guided endonuclease of a class 2 CRISPR-Cas system. Cell. 2015,163(3):759-771.

[5] Slaymaker I M,Gao L,Zetsche B,et al. Rationally engineered Cas9 nucleases with improved specificity. Science. 2015,351(6268):84-88.

[6] Barzel A,Paulk N K,Shi Y,et al. Promoterless gene targeting without nucleases ameliorates haemophilia B in mice. Nature. 2014,517(7534):360-364.

[7] O'Connell M R, Oakes B L, Sternberg S H. Programmable RNA recognition and cleavage by CRISPR/Cas9. Nature. 2014,516:263-266.

[8] None. Methods of the Year 2015. Nature Methods,2016,13:1.

[9] Klein A M,Mazutis L,Akartuna I,et al. Droplet barcoding for single-cell transcriptomics applied to embryonic stem cells. Cell,2015,161(5):1187-1201.

[10] Macosko E Z,Basu A,Satija R,et al. Highly parallel genome-wide expression profiling of individual cells using nanoliter droplets. Cell,2015,161(5):1202-1214.

[11] Fu Y,Li C,Lu S,et al. Uniform and accurate single-cell sequencing based on emulsion whole-genome amplification. Proceedings of the National Academy of Sciences, 2015, 112(38): 11923-11928.

[12] Leung M L,Wang Y,Waters J,et al. SNES:Single nucleus exomesequencing. Genome Biology, 2015,16(1):1-10.

[13] Macaulay I C,Haerty W,Kumar P,et al. G&T-seq:Parallel sequencing of single-cell genomes and transcriptomes. Nature Methods,2015,12(6):519-522.

[14] Fan H C,Fu G K,Fodor S P A. Combinatorial labeling of single cells for gene expression cytometry. Science,2015,347(6222):1258367.

[15] Li X,Li L,Yan J. Dissecting meiotic recombination based on tetrad analysis by single-microspore

sequencing in maize. Nature Communications,2015,6,doi:10. 1038/ncomms7648.

[16] Feng J,Liu K,Bulushev R D,et al. Identification of single nucleotides in MoS_2 nanopores. ArXiv Preprint ArXiv:1505. 01608,2015.

[17] Minoche A E,Dohm J C,Schneider J,et al. Exploiting single-molecule transcript sequencing for eukaryotic gene prediction. Genome Biology,2015,16(1):1-13.

[18] Carvalho A B,Vicoso B,Russo C A M,et al. Birth of a new gene on the Y chromosome of drosophila melanogaster. Proceedings of the National Academy of Sciences,2015,112(40):12450-12455.

[19] VanBuren R,Bryant D,Edger P P,et al. Single-molecule sequencing of the desiccation-tolerant grass oropetiumthomaeum. Nature,2015,527(7579):508-511.

[20] Kundaje A,Meuleman W,Ernst J,et al. Integrative analysis of 111 reference human epigenomes. Nature,2015,518(7539):317-330.

[21] Sulem P,Helgason H,Oddson A,et al. Identification of a large set of rare complete human knockouts. Nature Genetics,2015,47(5):448-452.

[22] Gudbjartsson D F,Helgason H,Gudjonsson S A,et al. Large-scale whole-genome sequencing of the icelandic population. Nature Genetics,2015,47(5):435-444.

[23] Steinberg S,Stefansson H,Jonsson T,et al. Loss-of-function variants in ABCA7 confer risk of alzheimer's disease. Nature Genetics,2015,47(5):445-447.

[24] Helgason A,Einarsson A W,Guðmundsdóttir V B,et al. The Y-chromosome point mutationrate in humans. Nature Genetics,2015,47(5):453-457.

[25] Sudmant P H,Mallick S,Nelson B J,et al. Global diversity,population stratification,and selection of human copy-number variation. Science,2015,349(6253):aab3761.

[26] Ardlie K G,Deluca D S,Segrè A V,et al. The genotype-tissue expression(GTEx) pilot analysis: multitissue gene regulation in humans. Science,2015,348(6235):648-660.

[27] Melé M,Ferreira P G,Reverter F,et al. The human transcriptome across tissues and individuals. Science,2015,348(6235):660-665.

[28] Rivas M A,Pirinen M,Conrad D F,et al. Effect of predicted protein-truncating genetic variants on the human transcriptome. Science,2015,348(6235):666-669.

[29] Huttlin E L,Ting L,Bruckner R J,et al. The BioPlex network:a systematic exploration of the human interactome. Cell,2015,162(2):425-440.

[30] Uhlén M,Fagerberg L,Hallström B M,et al. Tissue-based map of the human proteome. Science,2015,347(6220):1260419.

[31] Wan C,Borgeson B,Phanse S,et al. Panorama of ancient metazoan macromolecular complexes. Nature,2015,525(7569):339-344.

[32] Bianchetti C M,Takasuka T E,Deutsch S,et al. Active site and laminarin binding in glycoside hydrolase family 55. Journal of Biological Chemistry,2015,290(19):11819-11832.

[33] Margue C, Reinsbach S, Philippidou D, et al. Comparison of a healthy miRNome with melanoma patient miRNomes: are microRNAs suitable serum biomarkers for cancer? Oncotarget, 2015, 6(14):12110-12127.

[34] Yan X, Hu Z, Feng Y, et al. Comprehensive genomic characterization of long non-coding RNAs across human cancers. Cancer Cell, 2015, 28(4):529-540.

[35] Foundation K. US Neuroscientists Call for Creation of 'Brain Observatories'. http://www.kavlifoundation.org/kavli-news/us-neuroscientists-call-creation-brain-observatories#.Vjn04SuxWyU.

[36] NHMRC. NHMRC early advice: brain research through advancing innovative neurotechnologies (BRAIN) initiative. http://www.nhmrc.gov.au/media/nhmrc_updates/2015/nhmrc-early-advice-brain-research-through-advancing-innovative-neurotechnol[2015-05-31].

[37] Louveau A, Smirnov I, Keyes T J, et al. Structural and functional features of central nervous system lymphatic vessels. Nature, 2015, 523(7560):337-341.

[38] Jiang X, Shen S, Cadwell C R, et al. Principles of connectivity among morphologically defined cell types in adult neocortex. Science, 2015, 350(6264):aac9462.

[39] Vardy E, Robinson J E, Li C, et al. A new deradd facilitates the multiplexed chemogenetic interrogation of behavior. Neuron, 2015, 86(4):936-946.

[40] Kasthuri N, Hayworth K J, Berger D R, et al. Saturated reconstruction of a volume of neocortex. Cell, 2015, 162(3):648-661.

[41] Prezioso M, Merrikh-Bayat F, Hoskins B D, et al. Training and operation of an integrated neuromorphic network based on metal-oxide memristors. Nature, 2015, 7550(521):61-64.

[42] IBM. http://www.research.ibm.com/articles/brain-chip.shtml [2015-08-20].

[43] Markram H, Muller E, Ramaswamy S, et al. Reconstruction and simulation of neocortical microcircuitry. Cell, 2015, 163(2):456-492.

[44] Galanie S, Thodey K, Trenchard I J, et al. Complete biosynthesis of opioids in yeast. Science, 2015, 349(6252):1095-1100.

[45] Orelle C, Carlson E D, Szal T, et al. Protein synthesis by ribosomes with tethered subunits. Nature, 2015, 524(7563):119-124.

[46] Mou Y, Yu J Y, Wannier T M, et al. Computational design of co-assembling protein-DNA nanowires. Nature, 2015, 525(7568):230-233.

[47] Schukur L, Geering B, Charpin-El Hamri G, et al. Implantable synthetic cytokine converter cells with AND-gate logic treat experimental psoriasis. Science Translational Medicine, 2015, 7(318): 318ra201-318ra201.

[48] Mandell D J, Lajoie M J, Mee M T, et al. Biocontainment of genetically modified organisms by synthetic protein design. Nature, 2015, 518(7537):55-60.

[49] Rovner A J, Haimovich A D, Katz S R, et al. Recoded organisms engineered to depend on synthetic amino acids. Nature, 2015, 518(7537):89-93.

[50] Chan C T Y, Lee J W, Cameron D E, et al. 'Deadman' and 'Passcode' microbial kill switches for bacterial containment. Nature Chemical Biology, 2016, 12(2): 82-86.

[51] Irie N, Weiberger L, Tang W, et al. SOX17 is a critical specifier of human primordial germ cell fate. Cell, 2015, 160(1-2): 253-268.

[52] Zhao Y, Zhao T, Guan J, et al. A XEN-like state bridges somatic cells to pluripotency during chemical reprogramming. Cell, 2015, 163(7): 1678-1691.

[53] Takasato M, Er P, Chiu H, et al. Kidney organoids from human iPS cells contain multiple lineages and model human nephrogenesis. Nature, 2015, 526: 564-568.

[54] Ma Z, Wang J, Loskill P, et al. Self-organizing human cardiac microchambers mediated by geometric confinement. Nature Communications, 2015, 6: 7413.

[55] Dye B, Hill D, Ferguson M, et al. In vitro generation of human pluripotent stem cell derived. lung organoids. Elife, 2015, 4: e05098.

[56] Reuters. Europe approves Western world's first stem-cell therapy for rare eye condition. http://www.healthylivingmagazine.us/Articles/7772/ [2015-10-20].

[57] De Palma G, Blennerhassett P, Lu J, et al. Microbiota and host determinants of behavioural phenotype in maternally separated mice[J]. Nature communications, 2015, 6: 7735.

[58] Vétizou M, Pitt J M, Daillère R, et al. Anticancer immunotherapy by CTLA-4 blockade relies on the gut microbiota. Science, 2015, 350(6264): 1079-1084.

[59] Sivan A, Corrales L, Hubert N, et al. Commensal bifidobacterium promotes antitumor immunity and facilitates anti-PD-L1 efficacy. Science, 2015, 350(6264): 1084-1089.

[60] Yano J M, Yu K, Donaldson G P, et al. Indigenous bacteria from the gut microbiota regulatehost serotonin biosynthesis. Cell, 2015, 161(2): 264-276.

[61] Wang Z, Roberts A B, Buffa J A, et al. Non-lethal inhibition of gut microbial trimethylamine production for the treatment of atherosclerosis. Cell, 2015, 163(7): 1585-1595.

[62] Alivisatos A P, Blaser M J, Brodie E L, et al. A unified initiative to harness Earth's microbiomes. Science, 2015, 350(6260): 507-508.

[63] Dubilier N, McFall-Ngai M, Zhao L. Microbiology: create a global microbiomeeffort. Nature, 2015, 526(7575): 631.

[64] Liang P P, Xu Y W, Zhang X Y, et al. CRISPR/Cas9-mediated gene editing in human tripronuclear zygotes. Protein & Cell, 2015, 6(5): 363-372.

[65] National Academies of Science. Engineering and Medicine. On human gene editing: international summit statement. http://www8.nationalacademies.org/onpinews/newsitem.aspx? RecordID=12032015a [2015-12-04].

[66] HHS Press Office. White house conference on aging: combating alzheimer's and other dementias. http://www.hhs.gov/news/press/2015pres/07/20150713b.html [2016-01-29].

[67] JPND. € 30 million to scale-up global research on neurodegenerative diseases. http://www.neu-

rodegen-erationresearch. eu/2015/01/e30-million-to-scale-up-global-research-on-neurodegenerative-diseases-2/[2016-01-29].

[68] Medical Research Council. European boost to dementia research. http://www. mrc. ac. uk/news-events/news/european-boost-to-dementia-research/ [2016-01-29].

[69] IMI. IMI launches € 95 million Call for proposals with focus on Alzheimer's disease, diabetes, patient involvement. http://www. imi. europa. eu/content/imi2call5launch [2016-01-29].

[70] The White House. https://www. whitehouse. gov/sites/default/files/docs/national_action_plan_for_combating_antibotic-resistant_bacteria. pdf [2016-01-29].

Development Scan of Public Health Science and Technology

Xu Ping, Xu Li, Wang Yue, Li Zhenqi, Su Yan, Yu Jianrong

Population health, a social livelihood issue highly concerned by many governments, relates closely to national economic and social development. This paper analyzed the leading edge in the field of population health and medicine, and summarized the latest advances. This paper also analyzed the focus areas by investigating the international policies and plans.

4.3 生物科技领域发展观察

陈云伟 陈 方 丁陈君 郑 颖 邓 勇

（中国科学院成都文献情报中心）

2015年，生物科技领域蓬勃发展，各种革命性新技术不断涌现。结构生物学关键难题获得突破，微生物组研究被提升到新高度，生物资源领域的研究受到广泛关注。合成生物学走到解决有关健康、能源、环境、气候变化和人口增长等全球问题的前沿，人工光合作用的研究进一步获得突破。全球聚焦基因组编辑技术，新技术的发展将在未来几年内极大地推动生物科技领域的快速进步。欧美等地区的国家加强了在工业生物技术、生物基产品、合成生物学和生物资源等方面的重要战略规划和政策布局，生物经济呈现良好的发展态势。

一、重要研究进展

1. 结构生物学关键难题破解

随着X射线自由电子激光和冷冻电镜技术的发展，结构生物学新进展如同雨后春笋般涌现。2015年，清华大学的科学家解析了分子生物学“中心法则”的最后一个超大复合物——真核细胞剪接体的关键结构，分析了剪接体的组装机制，为进一步揭示相关疾病的发病机理提供了理论和结构基础[1,2]。清华大学的科学家还完整揭示了葡萄糖转运蛋白底物识别与转运的分子机理，为基于结构的小分子设计提供了直接依据[3]；确定了来自兔骨骼肌的$Ca_v1.1$复合物的结构，为认识相关通道的功能和疾病机制提供了重要的框架[4]。同时，加拿大多伦多大学利用约10万幅冷冻电镜图像创建了一种名为V-ATPase、形状类似转子的酶的“分子影片”[5]。

2. 微生物组研究迎来新热潮

近年来，微生物组研究已经引起各国政府的高度重视。以美国为例，政府在2012～2014财年共投入约9.22亿美元资助了2784个微生物组研究项目[6]。2015年10月，《科学》和《自然》两大杂志分别刊文建议启动美国“联合微生物组研究计划

(UMI)"[7]和“国际微生物组研究计划（IMI)"[8]。2015 年，微生物组研究在疾病诊疗领域取得了多项重要进展：美国芝加哥大学发现某些肠道的微生物混合物会大大提高免疫检查点治疗的疗效[9]，为肿瘤治疗提供了新途径；美国克利夫兰诊所发现 3,3-二甲基丁醇（3,3-dimethyl-1-butanol，DMB）通过影响肠道微生物可有效降低血液中氧化三甲胺（Trimethylamine N-oxide，TMAO）的水平，达到预防心血管疾病的目的[10]。

3. 生物资源研究获更多关注

2015 年，美国 11 家研究机构合作完成了首个完整的“生命树”草图，它展示了 230 万个动物、植物、真菌和微生物物种之间的联系[11]。美国普林斯顿大学的研究表明，“智能”植物理论或可以解释全球生态系统演化，提出该理论的目的是解决生态系统中“氮固定”这一长期谜题，并分析固氮树种如何应对火灾、泥石流和飓风等自然现象所带来的冲击[12]。2015 年 10 月，国际植物园保护联盟（BGCI）发布了《保护世界濒危树种——全球迁地保藏调查》报告，对全球处于濒危和濒临灭绝的 5300 种树种进行了评估。报告强调，74%濒危树种未能接受迁地保藏。BGCI 呼吁全球植物园、园林和种子银行等组织参与树种保藏行动[13]。

4. 合成生物学不断获得新突破

新技术的不断突破已经将合成生物学推到解决有关健康、医药、材料、能源、环境、气候变化和人口增长等全球问题的前沿。2015 年，在生物基产品和材料领域，美国斯克里普斯研究所的科学家成功制造出非天然合成蛋白[14]；美国生物技术公司 Zymergen 等筹资 1 亿美元用于快速开发和优化菌株的平台技术整合研究，以实现生物基产品的合成生物学生产[15]。在医药与健康领域，美国斯坦福大学的科学家对酵母进行了基因工程改造，将糖转化为阿片类药物，缩短了药物生产周期[16]；该校的科学家还首次利用烟草合成了依托泊苷前体物质的抗癌药物，不仅为抗癌药物生产提供了廉价原料，其研究模式也对其他类似抗癌前体物质的研发起到了示范作用[17]。

5. 人工光合作用又向前迈进

预计到 2050 年，世界人口会增加至 105 亿。与此同时，世界的可耕地却在逐渐缩小，农业生产力发展进入平台期。为此，植物学家们提出了优化树冠结构和增强酶的活跃性两种方法来改进光合作用机制，以养活全世界人口[18]。在人工光合系统方面，2015 年持续取得新进展。例如，美国加利福尼亚大学伯克利分校在不具备光合作用的细菌表面制备得到了一种可捕获光能的生物-无机的复合杂化体系，并得到一种呼吸产生的天然“副产物”——乙酸，实现了半人工光合作用的新突破[19]。美国加州理工学院开发出了一种新的导电薄膜，利用其可以创造出安全、高效的人工光合作用系统——“人工树叶”，利用阳光将水分解成安全的氢燃料[20]。

6. 革命性生物技术不断涌现

2015年，以下这些变革性的新技术将在未来几年内极大地推动生物科技领域的快速进步。美国哈佛大学和麻省理工学院的科学家研发出大脑皮层重建技术，将有助于找到从大脑发育到毁灭性精神障碍的一切问题的答案[21]；美国哥伦比亚大学的科学家研发出一种名为“脊髓动物病毒捕获测序平台”的病毒精确识别新方法，能在唾液、组织或脊髓液样本中找到各种病毒[22]；生命科学的成像技术也获得了多项突破，代表性成果包括美国普渡大学的体内振动光谱成像技术[23]、美国霍华德休斯医学研究所发明的新型显微镜[24]、美国加利福尼亚大学伯克利分校开发的SR-STORM显微镜[25]等。此外，光遗传学[26,27]、单细胞分析[28,29]、深度学习技术[30,31]等也取得了关键性突破。

7. 基因组编辑时代已然来临

CRISPR成为2015年生物科技领域最为瞩目的技术，新突破不断涌现，在2015年再次入选《科学》年度十大突破，并位居十大突破榜首[32]。美国麻省理工学院和哈佛大学联手创办的Broad研究所在该领域的研究工作较为突出。在应用方面，他们利用CRISPR技术在一个癌症动物模型中敲除了整个基因组的全部基因，成功鉴别出了在原发肿瘤及转移灶中敲除的基因[33]，为开展针对其他细胞和疾病的类似研究铺平了道路；在技术本身改进方面，他们鉴别出了一种比常用Cas9酶小25%的Cas9核酸酶版本，从而为腺病毒的包装问题提供了一个解决方案[34]，还通过调整CRISPR/Cas9蛋白极大地降低了CRISPR/Cas9系统的脱靶效应，有效地改善了这一重大技术问题[35]。我国中山大学在《蛋白质与细胞》上发表了首次利用CRISPR-Cas9技术修改人类胚胎基因的研究成果，利用该技术试图修改人类胚胎中一个可能因突变导致β-地中海贫血症的基因，引发了国际的广泛关注[36]。

二、战略规划与政策布局

1. 美国持续推动生物资源研究

2015年6月，美国自然科学基金会（NSF）发布了“促进生物多样性收藏数字化”（ADBC）计划，以加强和扩展人们对全美现存生物学和古生物学馆藏（包括图像在内的）数字化信息的获取能力。记录包括与物种相关的分类学、地理学和编年数据、图像、实地笔记和其他可用于了解生物多样性的信息。ADBC 计划的目标是将全美收集的生物多样性物种记录存储为数字化形式，包括遍布全美的分布式主题收藏网（TCN）、佛罗里达大学与佛罗里达州立大学合作建设的“数字生物收藏一体化（iDigBio）网络”。为了达成 ADBC 计划的目标，iDigBio 的建设团队将与 130 多家机构、TCN 共同努力组建国家数字化体系[37]。

2. 美国合成生物学显现新趋势

2015 年 9 月，美国伍德罗·威尔逊国际学者中心发布了《美国合成生物学资助趋势》报告[38]指出，美国最显著的新趋势是国防部成为首要的合成生物学研发资助机构。美国国防部高级研究计划局（DARPA）对合成生物学领域的资助从 2010 年的零投入骤增至 2014 年的 1 亿美元，达到美国国家科学基金会的 3 倍。不过，美国合成生物学的资助研究中仅有 1%的经费用于风险研究，远低于其他新兴技术研究中的风险研究投入比例。在具体举措方面，美国启动了《2015 年工程生物学研究与发展法案》立法议程，美国国家标准与技术研究院（NIST）在斯坦福大学筹建了合成生物学标准协会，美国华盛顿威尔逊中心倡议构建一个史无前例的合成生物学产品目录[39]。

3. 欧美强化生物技术产业布局

2015 年 3 月，美国国家研究理事会（NRC）生物学产业化委员会发布了《生物学产业化：加速先进化工产品制造路线图》报告[40]，将技术路线图分解为原料与预处理、发酵与加工、微生物底盘、微生物代谢途径、设计工具链、试验与测量 6 个类别。2015 年 2 月，英国宣布总投资 2000 万英镑，资助包括微生物处理生活垃圾和新药组装模块开发在内的 23 个工业生物技术研究项目，以加快英国创新技术项目的市场转化进程[41]。2015 年 3 月，欧盟决定通过 SPIRE 公私伙伴计划向工业生物技术研发项目 PRODIAS 注资 1000 万欧元[42]。2015 年 6 月，欧盟第七框架计划（FP7）项目 BIO-TIC 发布了“欧洲工业生物技术产业发展路线图”报告，指出工业生物技术将能够帮助欧盟克服社会经济和环境挑战。预期到 2030 年，欧盟的工业生物技术产品市场会从 2013 年的 280 亿欧元增长到 500 亿欧元，年复合增长率为 7%，主要驱动是生物乙醇及生物塑料[43]。上述行动反映出，化学品的生物制造已经成为欧美主要国家经济的重要组成部分，工业生物技术正在步入高速发展阶段，将进一步增强生物技术在国家经济中的贡献，在促进未来全球生物经济发展中发挥巨大潜力。

4. 欧美推进生物基项目产业化

欧盟委员会和企业伙伴继在2014年联合推出预算37亿欧元（2014～2024年）的生物基产业公私合作伙伴（BBI PPP）计划后，又在2015年5月公布了当年预算1亿欧元的BBI PPP计划三大项目主题，分别是：从木质纤维素原料到先进生物基化学品、材料或乙醇，增加纤维素产品的附加值，恢复和存储城市固体废物（MSW）中糖类化合物的创新方法[44]。2015年，美国农业部发布了《生物基产业的经济影响力分析》报告，指出仅2013年生物基产业就创造了400万个就业机会和3690亿美元的经济价值。目前，美国农业部BioPreferred项目在线目录中列有14000种生物基产品，其中2400种产品获得了Biopreferred标签。

三、启示与建议

1. 推动对微生物组研究项目部署

微生物组研究已经引起各国政府的高度重视并取得多项关键进展，建议加强相关标准和基准工具的开发；鼓励适用性好、用户友好的综合性微生物组数据库和平台技术的开发；建立数据解析工作团队，对微生物组研究产生的数据进行分析解释[7]。在关键技术方面，重点发展规程标准和参考材料，建设综合性数据库，开发低成本和可用于不同规模检测的微生物组高通量工具，这些技术的发展将促进微生物组研究更加开放。

2. 加强生物资源保护与利用研究

生物资源已经成为重要的战略资源，其保护、开发和利用已经成为全球资源竞争的重点。建议我国加强对生物资源的保护、保藏、开发、利用的体系建设，重视国家层面的总体布局。强化生物多样性物种记录的数字化存储，加强生态系统基础理论研究，对濒危和濒临灭绝物种实施专项保护措施。借助植物园等单位开展树种保藏行动，包括种子性状、植物性状、萌芽和繁殖方案、恢复计划等。利用创新技术开展功能基因资源的挖掘、利用与新种质培育，拓展特殊环境生物资源和智能生物资源的开发利用[14]。

3. 规划工业生物技术的长远发展

为了加快工业生物技术发展的步伐，促使商业实体发展绿色生物制造过程与工艺，建议国家相关部门及其他相关机构支持必要的科学研究与基础技术，发展和整合原料、微生物底盘与代谢途径开发、现代发酵工程和绿色生物工艺等多领域的前沿研究与技术创新。同时，建议政府机构考虑建立一个长期路线规划机制，持续引导工业生物技术开发、转化和商业规模发展，充分发挥生物制造在生物产业中的核心支撑作用。

4. 把握革命性新技术带来的契机

2015 年，生物科技领域各种变革性的新技术势必将在未来几年内极大地推动生物科技领域的发展。为此，建议我国加强更加依赖云资源、人工智能、机器学习和自动化等软件驱动的生物科技新范式的研发布局。重视大脑皮层重建、病毒精确识别、深度学习、动态蛋白质结构、成像技术、光遗传学、单细胞分析等革命性技术所带来的发展契机，深入开展研究与应用。加大对生物科技重大实验装备的研发投入力度，为实现新技术突破奠定坚实的基础。

5. 重视基因组编辑的应用与管控

飞速发展的基因组编辑技术在带来基础研究变革的同时，所带来的社会问题、政府管控以及伦理和法律问题也引起了国际社会的极大关注[45,46]。目前，科学家普遍认为，改变人类胚胎或生殖细胞基因组的行为应当受到限制，但不应排除以特定目的在胚胎层面进行基因组编辑的可能性。另一方面，目前国际上对农作物基因组编辑技术的管控仍不明确，欧盟委员会正在讨论对最新技术的调控政策，可能会把基因组编辑植物纳入转基因作物的范畴，而美国对由基因组编辑技术修饰的植物尚无对应的监管机构。2015 年 7 月，美国白宫发布了一项多年起始项目来回顾美国农业生物技术的联邦监管政策，预期美国将会对相应政策进行调整。随着基因组编辑技术在全球范围内的广泛应用，我国应高度重视对其加以合理引导和监管。

致谢：中国科学院天津工业生物技术研究所李寅研究员在本文撰写过程中提出了宝贵意见和建议，在此表示感谢。

参考文献

[1] Hang J, Wan R X, Yan C Y, et al. Structural basis of pre-mRNA splicing. Science, 2015, 349(6253): 1191-1198.

[2] Wan R X, Yan C Y, Bai R, et al. The 3.8 Å structure of the U4/U6.U5 tri-snRNP: Insights into spliceosome assembly and catalysis. Science, 2016, 351(6172): 466-475.

[3] Deng D, Sun P C, Yan C Y, et al. Molecular basis of ligand recognition and transport by glucose transporters. Nature, 2015, 526(7573): 391-396.

[4] Wu J P, Yan Z, Li Z Q, et al. Structure of the voltage-gated calcium channel Cav1.1 complex. Sci-

ence,350(6267):aad2395.

[5] Zhao J H,Benlekbir S,Rubinstein J L. Electron cryomicroscopy observation of rotational states in a eukaryotic V-ATPase. Nature,2015,521(7551):241-245.

[6] NSTC. Report of the fast-track action committee on mapping the microbiome. http://www.whitehouse.gov/sites/default/files/microsites/ostp/NSTC/ftac-mm_report_final_112015_0.pdf [2015-12-01].

[7] Alivisatos A P,Blaser M J,Brodie E L,et al. A unified initiative to harness Earth's microbiomes. Science,2015,350(6260):507-508.

[8] Dubilier N, McFall-Ngai M, Zhao L P. Microbiology:Create a global microbiome effort. Nature, 2015,526(7575):631-634.

[9] Sivan A,Corrales L,Hubert N,et al. Commensal bifidobacterium promotes antitumor immunity and facilitates anti-PD-L1 efficacy. Science,2015,350(6264):1084-1089.

[10] Wang Z,Roberts A,Buffa J,et al. Non-lethal inhibition of gut microbial trimethylamine production for the treatment of atherosclerosis. Cell,2015,163:1585-1595.

[11] Hinchliff C E,Smith S A,Allman J F,et al. Synthesis of phylogeny and taxonomy into a comprehensive tree of life. PNAS,2015,112(41):12764-12769.

[12] Sheffer E,Batterman S A,Levin S A,et al. Biome-scale nitrogen fixation strategies selected by climatic constraints on nitrogen cycle. Nature Plants,2015,1(12):15182.

[13] BGCI. Conserving the world's most threatened trees:A global survey of ex situ collections. https://www.bgci.org/files/Ex%20situ%20surveys/webLR.pdf[2015-11-25].

[14] Scoop. New DNA code makes synthetic proteins. http://www.scoop.it/t/synbiofromleukipposinstitute/p/4050015667/2015/08/24/new-dna-code-makes-synthetic-proteins [2015-08-31].

[15] Biofuelsdigest. Innovation to tackle climate change and feed a growing population:commercializing synthetic biology. http://www.biofuelsdigest.com/bdigest/2015/12/01/commercializing-synthetic-biology-what-is-happening-in-industrial-biotechnology-and-agriculture/[2015-12-20].

[16] Galanie S,Thodey K,Trenchard I J,et al. Synthetic biology complete biosynthesis of opioids in yeast. Science,2015,349(6252):1095-1100.

[17] Lau W,Sattely E S. Six enzymes from mayapple that complete the biosynthetic pathway to the etoposideaglycone. Science,2015,349(6253):1224-1228.

[18] Ort D R,Merchant S S,Alric J,et al. Redesigning photosynthesis to sustainably meet global food and bioenergy demand. ProcNatlAcadSci USA. 2015,112(28):8529-8536.

[19] Sakimoto K K,Wong A B,Yang P D. Self-photosensitization of nonphotosynthetic bacteria for solar-to-chemical production. Science,2016,351(6268):74-77.

[20] Sun K,Saadi F H,Lichterman M F,et al. Stable solar-driven oxidation of water by semiconducting photoanodes protected by transparent catalytic nickel oxide films. PNAS, 2015, 112(12): 3612-3617.

[21] Kasthuri N, Hayworth K J, Berger D R, et al. Saturated reconstruction of a volume of neocortex. Cell, 2015, 162(3): 648-661.

[22] Briese T, Kapoor A, Mishra N, et al. Virome capture sequencing enables sensitive viral diagnosis and comprehensive virome analysis. mBio, 2015, 6(5): e01491-15.

[23] Liao C S, Wang P, Wang P, et al. Spectrometer-free vibrational imaging by retrieving stimulated Raman signal from highly scattered photons. Science Advances, 2015, e1500738.

[24] Raghav K Chhetri R, Amat F, Wan Y N, et al. Whole-animal functional and developmental imaging with isotropic spatial resolution. Nature Methods, 2015, 12: 1171-1178.

[25] Zhang Z Y, Kenny S J, Hauser M, et al. Ultrahigh-throughput single-molecule spectroscopy and spectrally resolved super-resolution microscopy. Nature Methods, 2015, 12(10): 935-938.

[26] Govorunova E G, Sineshchekov O A, Janz R, et al. Natural light-gated anion channels: A family of microbial rhodopsins for advanced optogenetics. Science, 2015, 349(6248): 647-650.

[27] Packer A M, Russell L E, Dalgleish H W P, et al. Simultaneous all-optical manipulation and recording of neural circuit activity with cellular resolution in vivo. Nature Methods, 2015, 12(2): 140-146.

[28] Klein A M, Mazutis L, Akartuna I, et al. Droplet barcoding for single-cell transcriptomics applied to embryonic stem cells. Cell, 2015, 161(5): 1187-1201.

[29] Macosko E Z, Basu A, Satija R, et al. Highly parallel genome-wide expression profiling of individual cells using nanoliter droplets. Cell, 2015, 161(5): 1202-1214.

[30] Zhou J, Troyanskaya O G. Predicting effects of noncoding variants with deep learning-based sequence model. Nature Methods, 2015, 12(10): 931-934.

[31] Chen C L, Hu Y H, Udeshi N D, et al. Proteomic mapping in live drosophila tissues using an engineered ascorbate peroxidase. Proceedings of the National Academy of Sciences of the United States of America, 2015, 112(39): 12093-12098.

[32] Travis J. Making the cut. Science, 2015, 350(6267): 1456-1457.

[33] Chen S D, Sanjana N E, Zheng K J, et al. Genome-wide CRISPR screen in a mouse model of tumor growth and metastasis. Cell, 2015, 160(6): 1246-1260.

[34] Ran F A, Cong L, Yan W X, et al. In vivo genome editing using Staphylococcus aureus Cas9. Nature, 2015, 520(7546): 186-191.

[35] Slaymaker I M, Gao L Y, Zetsche B, et al. Rationally engineered Cas9 nucleases with improved specificity. Science, 2016, 351(6268): 84-88.

[36] Liang P P, Xu Y W, Zhang X Y, et al. CRISPR/Cas9-mediated gene editing in human tripronuclear zygotes, Protein & Cell, 2015, 6(5): 363-372.

[37] NSF. iDigBioProject Scope. https://www.idigbio.org/about/project-scope [2015-07-01].

[38] Wilson Center. U. S. Trends in synthetic biology research funding. http://www.synbioproject.org/site/assets/files/1386/appendix_projects-1.pdf[2015-10-20].

[39] Basulto D. Three developments that will help synthetic biologylive up to its promise. http://www.geneticliteracyproject.org/2015/05/28/three-developments-that-will-help-synthetic-biology-to-live-up-to-its-promise/[2015-06-01].
[40] NRC. Industrialization of biology: A roadmap to accelerate advanced manufacturing of chemicals. http://nas-sites.org/synbioroadmap/committee/ [2015-04-15].
[41] UK Gov. Cable announces £20 million for UK industrial biotechnology. https://www.gov.uk/government/news/cable-announces-20-million-for-uk-industrial-biotechnology [2015-03-20].
[42] PCI. European consortium works to optimize production processes for renewable products. http://www.pcimag.com/articles/100356-european-consortium-works-to-optimize-production-processes-for-renewable-products [2015-05-10].
[43] BIO-TIC. The bioeconomy enabled: A roadmap to a thriving industrial biotechnology sector in Europe. http://www.industrialbiotech-europe.eu /new/wp-content/uploads/2015/06/pr_biotic.pdf [2015-07-01].
[44] Europa. Bio based industries PPP. http://ec.europa.eu/research/participants/portal/desktop/en/opportunities/h2020/calls/h2020-bbi-ppp-2015-1-1.html[2015-06-11].
[45] Baltimore D, Berg P, Botchan M, et al. A prudent path forward for genomic engineering and germline gene modification. Science, 2015, 348(6230): 36-38.
[46] Lanphier E, Urnov F, Haecker SE, et al. Don't edit the human germ line. Nature, 2015, 519(7544): 410-411.

Progress in Biological Science

Chen Yunwei, Chen Fang, Ding Chenjun, Zheng Ying, Deng Yong

Great achievements had been made in the field of bioscience and biotechnology in 2015. Structural biology, microbiome and biological resources have attracted much more attentions and have got a lot of breakthroughs. Synthetic biology has been brought to the forefront in solving the world's greatest issues such as health, energy, environment, climate change and feeding a growing population. Artificial photosynthesis develops rapidly. Many kinds of revolutionary new technologies sprung up, including the genome editing technology which shows its power, and may greatly push forward the development of biological science. Europe and USA had launched many significant plans or projects to accelerate the development of industrial biotechnology, bio-based products, synthetic biology and biological resources, leading to a global thriving bioeconomy.

4.4 农业科技领域发展观察

董 瑜 杨艳萍 邢 颖

（中国科学院文献情报中心）

2015年，全球签订了两项与农业相关的重要协定，一是联合国重新设定了可持续发展目标，要求到2030年消除饥饿并为陆地生态系统打造良好基础；二是巴黎气候变化协议强调了粮食系统包容性创新的必要性。未来农业如何以可持续的方式满足全球不断增长的粮食需求成为关键，通过农业创新保障粮食安全和可持续发展已经成为全球共识。

一、重要研究进展

1. 可持续农业理论与实践示范研究取得进展

可持续发展和绿色增长是当前农业发展的主要方向，多国研究人员从政策、技术、农艺、工具等方面开展了研究。英美合作研究指出，提高单产带来的土地结余可以用于恢复和保护生境，而生境碳固定可以显著补偿农业温室气体排放[1]。英国和巴西的研究人员提出，可以通过提高单产将节余土地作为生物栖息地以改善生物多样性的可持续、集约化策略，具体包括开展土地利用分区，采用经济学激励工具，配置适当的技术、设施和农艺措施，制定可持续增产标准并开展认证[2]。中国科学院的研究人员利用元分析方法发现土壤覆盖能显著提高玉米和小麦产量及水氮利用效率，在干旱和低养分投入的农业体系中的效果尤为明显[3]。中国农业科学院研发出了水稻“麦畦式”湿种栽培技术体系，核心要素包括种植超级稻、水耕直播、湿种旱管与节制用水，提倡施用豆科植物等有机肥[4]。我国扬州大学也提出了一种稻田作物的综合管理措施，包括提高种植密度、优化氮肥管理及干湿交替灌溉制度，可以同时实现增产和资源高效利用的双重目标[5]。联合国粮农组织发布的玉米、水稻、小麦可持续生产技术指南，总结了以生态系统为基础的可持续农业的核心技术要素，包括保护性农业、改善土壤健康、品种改良、水资源管理和病虫害综合防治[6]。

2. 精准农业技术的蓬勃发展助力农业绿色增长

精准农业近年来发展迅速，正快速从起步阶段步入成熟阶段[7]，并成为实现农业绿色增长的有效途径。2015 年，欧盟精准灌溉平台（FIGARO）项目推出了精准灌溉决策支持系统，可以提供农田最佳灌溉及施肥建议，田间试验已经取得良好效果[8]。孟山都下属精准种植公司（Precision Planting）开发出了新型 vDrive 杀虫剂控制系统，可以更加精准地控制杀虫剂的使用[9]。拜耳公司开发出了集成杂草和害虫识别以及处理方案信息的 APP（Bayer Agronomy Tool），可以帮助种植者鉴别大约 100 种杂草和 70 种虫害[10]。美国 Iteris 公司研发的精准农业应用程序（ClearAg Mobile）可以实时获取田间特定作物的生长指标及气象和土壤信息[11]。美国 Precision Laboratories 公司开发的喷雾液滴管理技术可以保障喷洒溶液的混配质量，提高喷雾靶标位置的精准性[12]。杜邦先锋推出的 Encirca^{SM} Yield 肥力管理服务平台，创建了精准施用磷、钾、钙等的模型[13]。巴斯夫与约翰迪尔合作开发植保和农药应用管理决策支持系统，可以定制植保解决方案建议[14]。

3. 植物光合作用研究与应用取得重大突破

中国科学院植物研究所的研究人员成功获得了光系统 I(PSI)光合膜蛋白超分子复合物 2.8 Å 的世界最高分辨率晶体结构[15]。这一突破性研究成果对于阐明光合作用机理具有重大的理论意义，为解决人类社会可持续发展面临的能源、粮食和环境等问题都具有重大战略意义，该成果入选了中国科协生命科学学会联合体评选出的 2015 年度“中国生命科学领域十大进展”。国际水稻研究所（IRRI）的科研人员将关键的 C4 光合作用基因转入水稻，培育出 C4 水稻的原型，该项工作入选《MIT 科技评论》2015 年全球最可能改变世界的十大科技突破之一[16]。

4. 我国在水稻重要农艺性状遗传改良和抗虫研究中取得重大进展

中国科学院遗传与发育生物学研究所和中国水稻研究所的研究人员分别从杂交水稻不育系泰丰 A 和美国长粒粳稻中成功分离并克隆了控制水稻粒形和提升稻米品质的重要基因 *GW7* 和 *GL7*[17,18]，并通过与其他重要基因的聚合，可以提高稻米品质并实现增产。中国科学院植物研究所与中国水稻研究所合作发现，水稻感受低温的重要 QTL 基因 *COLD1* 及其人工驯化选择的 SNP 赋予粳稻耐寒的新机制，该项研究入选了 2015 年度“中国生命科学领域十大进展”[19]。中国科学院遗传与发育生物学研究所的研究揭示出水稻亚种间氮利用效率差异的分子机制，发现 *NRT*1.1*B* 的一个碱基的自然变异是导致粳稻与籼稻氮肥利用效率差异的重要原因[20]。田间实验表明，该基因在粳稻氮肥利用效率改良上具有巨大应用价值。浙江大学的研究人员在《自然》杂志上发文揭示出昆虫翅型分化的分子机理，对水稻迁飞性害虫预警与综合防治具有重要的科学价值，也入选了 2015 年度“中国生命科学领域十大进展”[21]。

5. CRISPR 技术在动植物遗传改良中的应用不断拓展

CRISPR 基因组编辑技术近年来发展迅猛，继 2013 年入选《科学》十大科学突破后，2015 年再次入选并位居十大突破之首。该技术目前已广泛应用于动植物遗传改良。吉林大学的研究人员利用 CRISPR/Cas9 系统构建出 *MSTN* 基因突变猪[22]，有助于家畜生长性能的研究。中国水稻研究所的研究人员设计出了多基因 CRISPR-Cas9 简易编辑系统，为获取水稻多突变体提供了便捷高效的方法[23]；英国科学家利用该技术改良了西兰花和大麦等[24]；杜邦已经获得 CRISPR 技术在主要农作物中的独家知识产权使用权以及相关玉米和小麦新品系，并预计在 5～10 年内出售用该技术培育的种子[25]。中国科学院遗传与发育生物学研究所的研究人员利用该技术创建了抗真菌小麦以及提高水稻产量。《MIT 科技评论》把精准编辑植物基因组技术列为 2016 年十大技术突破之一[26]，并指出该技术将在未来5～10年迎来了成熟期。但与此同时，CRISPR 技术产品的监管也受到关注，瑞典农业部首次对此进行了评估，认为利用 CRISPR/Cas9 技术获得的不含外源 DNA 的拟南芥突变体不属于转基因生物[27]，这是欧洲主管当局第一次对基因组编辑植物进行评估和明确监管分类。2016 年 1 月，中国、美国、德国三国科学家在《自然·遗传》发表了评述文章，提出应以注册为前提，同等对待基因组编辑作物和传统育种产品的透明管理机制[28]。

6. 转基因作物研发深化了人们对该技术的认识和理解

来自比利时、秘鲁和我国的研究人员发现，栽培甘薯是一种基因组中含有农杆菌的 T-DNA 基因的天然转基因作物，该项研究为农杆菌介导 DNA 转移技术的安全性提供了可靠的证据[29]。英国洛桑研究所的田间试验结果表明，转基因抗蚜小麦并不如实验室中一样可以驱走田间蚜虫[30]。2015 年 8 月和 2016 年 1 月，美国农业部以及食品与药品管理局（FDA）分别批准了辛普洛特公司的抗晚疫病第二代转基因土豆上市[31]。2015 年 11 月，FDA 批准了第一个转基因大西洋三文鱼上市[32]。同时，美国动植物卫生检验局对转基因小麦开始实施更严格的申请许可制，以保证转基因小麦田间试验结束后不会在大田中持续存在，防止转基因与非转基因小麦混杂[33]。

二、重要战略举措

1. 通过农业创新保障粮食安全和可持续发展已成为全球共识

面对人口增长、气候变化、资源短缺等挑战，利用农业创新保障粮食安全和可持续发展已经成为全球的共识。2015年，多国/地区制定了战略规划和科技计划，加强农业优先领域的发展，以应对重大挑战。法国《农业-创新2025计划》提出了增强农业竞争力、发展可持续环境友好型农业的三大优先重点与九个主题方向[34]，包括发展应对气候失衡的农业（生态农业、生态经济）；开发农业新技术（数字农业、农业机器人、遗传与生物技术、生物防治）；促进农业研发主体合作（开放创新、农业经济、技能培训）。印度《2015～2020年国家生物技术发展战略》中明确了可持续农业的研究重点[35]，包括利用生物技术提高作物产量和质量；开展动物生殖与转基因、营养以及食品安全研究；改善饲料营养和水产动物健康；利用遗传学技术研究病害抗性等。欧洲农业研究和创新战略草案建议提出了五个优先研究领域[36]，包括土壤、水、生物多样性等资源管理，动植物健康，农场及景观综合生态学研究，农村经济增长新途径，农村人力和社会资源改善。美国国家研究理事会（NRC）2015年1月发布了《动物科学研究在粮食安全和可持续发展中的关键作用》[37]报告，把提高畜禽繁殖效率、改善畜禽营养、改善动物健康与福利、适应或缓减气候变化和环境影响、提高食品安全与营养等列为未来研究重点。3月，美国农业部发布植物育种路线图[38]规划了未来5～10年的优先领域，包括加强国家植物种质系统建设，开发满足未来需求的优良作物品种等。6月，美国作物、农艺和土壤学会提出了各领域的未来科学前沿和关键需求[39]，其中农艺科学前沿为可持续集约化、增强农业的生态系统服务功能、建立社会和经济可行的农业系统。作物科学前沿包括作物改良及适应气候变化、食物与健康的关系、可持续环境管理。土壤科学前沿涉及气候变化和土壤过程、健康的土壤和人类土壤和水质等。关键需求包括增加经费、培养人才、推广创新和科学的农艺实践、增强大数据计算能力、促进公私合作等。

2. 法国整合农业科研资源促进农业教育与科研协同发展

根据2014年10月出台的“农业、农产品与林业未来发展法”，2015年3月，法国整合了农业领域的12个国立科研机构与高等教育机构组建了法国农业、畜牧与林业研究院（I. A. V. F. F.）[40,41]，包括国家农业研究院（INRA）、农业与环境科技研究所（Irstea）、国立高等农艺与食品工业学校等，其他符合条件的公共机构后续也可以加入。法国实施该举措的目的是促进农业领域高等教育、技术教育与科研活动的紧密结合和协同发展，以实现达到国际一流水平的目标。该研究院由法国农业部与教研部共同领导，研究院与成员单位之间以签署合同的形式进行管理，其使命包括制定科研与人才培养战略，开展战略决策咨询以及科学预见等。

3. “水-能源-粮食”相互作用与复杂关系问题受到重视

粮食、水与能源短缺已成为人类面临的严峻挑战，研究并理解三者之间的相互依存关系，是实现资源安全供应并应对挑战的关键。2015 年 3 月，英国工程和自然科学研究委员会（EPSRC）资助开展“水-能源-粮食”（Nexus of Food，Energy and Water Systems）相互关系研究[42]，旨在聚集多学科领域的专家寻找解决方案，主要研究内容包括探索“水-能源-粮食”的关系并增强其弹性；收集“水-能源-粮食”相关数据建立不同尺度的生产关系模型；在现有生产模式和行动计划中寻找并研究良好的实践案例。8 月，美国国家科学基金会自然、物质、计算机与工程等八个学部共同支持粮食-能源-水资源跨学科研究专题研讨会，希望找到能够理解复杂系统的创新方法[43]。在此基础上，NSF 联合农业部国家食品与农业机构（NIFA）投入 5000 万美元于 2016 年 1 月启动了食物-能源-水系统创新计划[44]，旨在通过定量模拟等方法深入了解三者之间的复杂关系，并针对目前面临的挑战开展创新方法和技术方案等研究。

4. 农业大数据及其使能技术受到关注

英国智库废弃物和资源行动计划（WRAP）在 2015 年 11 月发布的《食物的未来》报告[45]中指出，数据和数据使能技术是“绿色革命”以来农业发展的最大机会之一，“绿色数据革命”（Green Data Revolution）将能创建一个更具智能、灵活和弹性的食物生产体系。荷兰合作银行（Rabobank）在《从直觉经验到以事实为基础的农业》[46]中指出数据密集型农业正在到来，每年将为全球农业带来 100 亿美元的增值。2015 年 10 月，英国建立世界首个农业食品大数据卓越中心 Agrimetrics[47]，支持大数据科学在农业食品行业的应用研究，其核心是建立大数据科学平台，集成育种、农艺和农场信息等多种数据支持农业决策。农业大数据及其技术领域目前已经吸引众多农业巨头企业涉足，孟山都近几年已经投资了十多亿美元建设其数字农业部门，先后并购了气候公司（Climate Corporation）等三家数据科学公司，并推出 Climate FieldView™技术平台，集成了数据连接平台 Climate FieldView Prime™、移动服务平台 Climate FieldView Plus™和付费平台 Climate FieldView Pro™，这些平台将区域气候监测、农耕模式以及高分辨度的气候模拟等结合进行了数据分析及咨询建议等[48]。

Cargill 公司正在开发自己在数字农业服务业务，杜邦先锋与 Trimble 开展无线数据传输合作。同时，农业信息科技公司也持续获得资本青睐，谷歌风投继 2014 年投资农业数据分析管理公司 Granular 后，2015 年 5 月领先投资了农业网络公司 Farmers Business Network[49]，6 月又投资了农业数据分析公司 CropX[50]。先正达投资公司和三井欧洲公司已完成对农业分析和数据管理公司 Phytech 的首轮投资[51]。

5. 我国明确农业转型之路及相关战略部署

我国是农业大国和人口大国，粮食安全、农民增收和农业可持续发展不仅是国家的重大战略问题，同时也是国际社会关注的焦点。2004～2016 年，我国连续十三年发布了以“三农”为主题的中央一号文件，对农业发展等作出具体部署。转变农业发展方式，调整农业产业结构，走产出高效、产品安全、资源节约、环境友好的农业现代化道路成为我国未来农业发展之路[52]，我国农业已经进入主要依靠科技创新驱动绿色发展的新阶段。2015 年，中央一号文件及《国民经济和社会发展第十三个五年规划纲要（草案）》[53]提出深化农业科技体制改革，强化现代农业科技创新推广体系建设，健全农业科技创新激励、资源协调等机制建设；明确了生物育种、农机装备、智能农业、生态环保等农业科技重点领域方向；并提出加强农业转基因技术研发和监管，加快高端农机装备及关键核心零部件研发，大力推进“互联网+”现代农业发展等。在推动农业绿色发展方面，提出了建设资源利用高效、生态系统稳定、产地环境良好、产品质量安全的农业发展格局。围绕上述重点领域方向，我国国家重点研发计划相继启动了“化学肥料和农药减施增效综合技术研发”“七大农作物育种”两个试点专项，以及“粮食丰产增效科技创新”“现代食品加工及粮食收储运技术与装备”“畜禽重大疫病防控与高效安全养殖综合技术研发”“智能农机装备”以及“农业面源和重金属污染农田综合防治与修复技术研发”等重点专项，以集成优势力量，进行联合攻关，促进基础研究、关键技术研发和典型应用示范之间的统筹衔接[54,55]。

三、启示与建议

纵观 2015 年农业科技进展和行动举措，可以看出随着人口增长、经济发展和环境变化，农业生产系统面临的挑战和压力越来越大，农业科技与生产模式创新在促进可持续农业生产方面具有巨大潜力，但需要全新的思路和方法。

（1）粮食安全及农业可持续发展问题不能采取单一或简单的方法，应利用“农业生态系统”的思路综合考虑土壤-水-粮食-生态的协调关系，以确保创新行动兼顾直接目标及更为广泛的目标。应构建新型、跨学科的农业科学体系，拓展气候变化、资源保护、营养健康、减少浪费等方向的研究，达到保障粮食安全与可持续协调发展。

（2）对经济、社会和科技的远期未来开展系统性预见研究，从市场和社会发展的需求侧出发，明确农业转型和创新最重要的主题，确定可能产生最大经济和社会效益的农业优先研究领域和方向，成为当前很多国家的一个行动选择。在上述基础上，集成并协调多方力量开展跨学科和系统研究，以解决经济、公众和环境等多种不同需求。

（3）数据使能技术的蓬勃兴起将对农业生产带来广泛的影响，并将成为推动下一波农业生产率提高的工具，但同时也会对现有农业实践、农民与供应商、消费者之间的关系产生变革性影响。应重视数字技术革命对农业及其相关产业的影响并制定相关政策协议，并深入研究数字技术将如何解决农业生产系统多元化和产品性质多样性等问题。

（4）我国农业目前正处于“转方式”“调结构”的关键阶段，迫切需要发挥科技创新的驱动作用。提升我国农业科技创新与支撑能力，一方面需要准确分析国内社会经济发展需求以及全球农业科技创新发展态势，准确把握我国农业转型发展的关键技术需求环节；另一方面在符合农业科技发展特点的基础上，围绕满足需求的最关键科技问题组织开展多学科交叉的联合研究与集成攻关，在可持续集约农业、农业数据应用、智能农机装备、农业动植物种质资源利用、土壤地力提升与绿色均衡生产等方面设立创新集成研发平台；同时应加强对农业科研的长期稳定经费支持，遵循农业科技发展的规律与特点。

致谢：中国科学院科技促进发展局段子渊研究员、中国科学院遗传与发育生物学研究所张正斌研究员对本文初稿进行了审阅并提出了宝贵的修改意见，特致感谢！

参考文献

[1] Lamb A, Green R, Bateman I, et al. The potential for land sparing to offset greenhouse gas emissions from agriculture. Nature Climate Change, 2016, 6(1): 1-5.

[2] Phalan B, Green R E, Dicks L V, et al. How can higher-yield farming help to spare nature? Science. 2016, 351(6272): 450-451.

[3] Qin W, Hu C S, Oenema O. Soil mulching significantly enhances yields and water and nitrogen use efficiencies of maize and wheat: a meta-analysis. Scientific Reports. 2015, 5(16210): 1-13.

[4] 李禾．“麦畦式”技术：像种麦子一样种水稻．科技日报，2015-10-26(01).

[5] Chu G, Wang Z Q, Zhang H, et al. Agronomic and physiological performance of rice under integrative crop management. Agronomy Journal, 2016, 108(1): 117-128.

[6] FAO. Save and grow in practice: maize rice wheat—a guide to sustainable cereal production. http:

//www. fao. org/3/a-i4009e. pdf [2016-01-31].
[7] Markets and markets. Precision farming market by technology, by hardware and software & services, application, and geography-global forecast to 2020. http://www. Markets and markets. com/Market-Reports/precision-farming-market-1243. html[2016-01-31].
[8] 世界农化网．FIGARO推出先进的精准灌溉DSS系统．http://cn. agropages. com/News/NewsDetail——8796. htm[2015-01-20].
[9] 世界农化网．Precision Planting 即将推出 vDrive 杀虫剂控制系统．http://cn. agropages. com/News/NewsDetail——8839. htm[2015-01-27].
[10] 世界农化网．拜耳作物科学推出新一代杂草及害虫识别 app 工具．http://cn. agropages. com/News/NewsDetail——9660. htm[2015-06-23].
[11] 世界农化网．Iteris 推出精准农业应用程序 ClearAg Mobile. http://cn. agropages. com/News/NewsDetail——9241. htm[2015-04-15].
[12] 世界农化网．Precision Laboratories 发布喷雾液滴全面管理技术．http://cn. agropages. com/News/NewsDetail——10247. htm[2015-08-18].
[13] 世界农化网．杜邦先锋推出 Encirca℠ Yield 肥力管理服务平台 http://cn. agropages. com/News/NewsDetail——10392. htm[2015-09-10].
[14] 世界农化网．巴斯夫与约翰迪尔联手成功开发新农业决策支持系统 http://cn. agropages. com/News/NewsDetail——10747. htm[2015-11-12].
[15] Qin X C, Suga M, Kuang T Y, et al. Structural basis for energy transfer pathways in the plant PSI-LHCI super complex. Science, 2015, 348(6238): 989-995.
[16] MIT Technology Review. Advanced genetic tools could help boost crop yields and feed billions more people. https://www. technologyreview. com/s/535011/supercharged-photosynthesis/ [2015-01-31].
[17] Wang S K, Li S, Liu Q, et al. The OsSPL16-GW7 regulatory module determines grain shape and simultaneously improves rice yield and grain quality. Nature Genetics, 2015, 47(8): 949-954.
[18] Wang Y X, Xiong G S, Hu J, et al. Copy number variation at the GL7 locus contributes to grain size diversity in rice. Nature Genetics, 2015, 47(8): 944-948.
[19] Ma Y, Dai X Y, Xu Y Y, et al. COLD1 confers chilling tolerance in rice. Cell, 2015, 160(6): 1209-21.
[20] Hu B, Wang W, Ou S J, et al. Variation in NRT1. 1B contributes to nitrate-use divergence between rice subspecies. Nature Genetics, 2015, 47(7): 834-838.
[21] Xu H J, Xue J, Lu B, et al. Two insulin receptors determine alternative wing morphs in planthoppers. Nature, 2015, 519: 464-467.
[22] Wang K K, Ouyang H S, Xie Z C, et al. Efficient generation of myostatin mutations in pigs using the CRISPR/Cas9 system. Scientific Reports, 2015, 5(16623): 1-11.
[23] Wang C, Shen L, Fu Y P, et al. A simple CRISPR/Cas9 system for multiplex genome editing in rice. Journal of Genetics and Genomics, 2015, 42(12): 703-706.

[24] John Innes Centre. John innes centre scientists use CRISPR technology to edit crop genes-subsequent generations contain no transgenes. https: // www. jic. ac. uk/news/2015/11/crispr-crop-genes-no-transgenes/ [2015-11-30].

[25] DuPont. DuPont and caribou biosciences announce strategic alliance. https: // www. dupont. com/corporate-functions/media-center/press-releases/dupont-and-caribou-biosciences-announce-strategic-alliance. html[2015-10-8].

[26] MIT Technology Review. CRISPR offers an easy, exact way to alter genes to create traits such as disease resistance and drought tolerance. http: // www. genetics. cas. cn/xwzx/zhxw/ 201602/t20160225_4536936. html[2016-01-31].

[27] Swedish Board of Agriculture. CRISPR/Cas9 mutated arabidopsis. http: // www. upsc. se/ documents/Information_on_interpretation_on_CRISPR_Cas9_mutated_plants_Final. pdf[2015-11-16].

[28] Nature Genetics. Where genome editing is needed. http: // www. nature. com/ng/ journal/v48/n2/full/ng. 3505. html[2016-01-27].

[29] Kyndt T, Quispea D, Zhai H, et al. The genome of cultivated sweet potato contains Agrobacterium T-DNAs with expressed genes: An example of a naturally transgenic food crop. Proceedings of the National Academy of Sciences, 2015, 112(18): 5844-5849.

[30] Bruce T J A, Aradottir G I, Smart L E, et al. The first crop plant genetically engineered to release an insect pheromone for defence. Scientific Reports, 2015, 5(11183): 1-9.

[31] Agri-Pulse. USDA, FDA give go-ahead on simplot's GE potato. http: // agri-pulse. com/ USDA-to-extend-deregulation-of-Simplot-GE-potato-01132016. asp[2016-01-13].

[32] FDA. FDA takes several actions involving genetically engineered plants and animals for food. http: // www. fda. gov/NewsEvents/Newsroom/PressAnnouncements/ucm473249. htm[2015-11-19].

[33] APHIS. Justification for moving GE wheat field trials to permit. https: // www. aphis. usda. gov/biotechnology/downloads/wheat_permit_change. pdf [2015-12-15].

[34] MESR. Agriculture-Innovation 2025: des orientations pour une agriculture innovante et urable. http: // www. enseignementsup-recherche. gouv. fr/cid94668/agriculture-innovation-2025-des-orientations-pour-une-agriculture-innovante-et-durable. html [2015-10-22].

[35] Department of biotechnology, Ministry of Science & Technology. National biotechnology development strategy 2015-2020. http: // www. dbtindia. nic. in/?s=National+Biotechnology+Development+Strategy+2015-2020 [2015-12-30].

[36] European Commission, Directorate-General for Agriculture and Rural Development. A strategic approach to EU agricultural research and innovation. http: // www. epsoweb. org/file/2144 [2016-01-26].

[37] National Research Council. Critical role of animal science research in food security and sustainability. Washington: The National Academies Press, 2015: 1-15.

[38] United States Department of Agriculture. USDA roadmap for plant breeding. http://www.usda.gov/documents/usda-roadmap-plant-breeding.pdf [2015-03-11].

[39] Science Policy Office. Science frontiers in agronomy, crop and soils. https://www.agronomy.org/files/science-policy/sciencefrontiers-acs-onepage.pdf [2015-06-30].

[40] Ministère de l'Education nationale, de l'Enseignement supérieur et de la Recherche. Création de l'Institut Agronomique, Vétérinaire et Forestier de France(I. A. V. F. F.)pour un enseignement et une recherche d'excellence. http://www.enseignementsup-recherche.gouv.fr/cid87553/creation-de-l-institut-agronomique-veterinaire-et-forestier-de-france-pour-un-enseignement-et-une-recherche-d-excellence.html [2015-03-31].

[41] Legifrance. Gouv. fr. Décret n° 2015-365 du 30 mars 2015 relatif *à* l'organisation et au fonctionnement de l'Institut agronomique, vétérinaire et forestier de France. http://www.legifrance.gouv.fr/affichTexte.do?cidTexte=JORFTEXT000030419777&categorieLien=id [2015-03-31].

[42] Engineering and Physical Sciences Research Council. Safeguarding the UK's water, energy and food resources. http://www.epsrc.ac.uk/newsevents/news/ukwaterenergyfood/ [2015-03-27].

[43] National Science Foundation. Grants foster research on food, energy and water: a linked system. http://www.nsf.gov/news/news_summ.jsp?cntn_id=135642&org=NSF&from=news [2015-04-14].

[44] National Science Foundation. Innovations at the nexus of food, energy and water systems(INFEWS). http://www.nsf.gov/pubs/2016/nsf16524/nsf16524.htm [2016-01-31].

[45] Waste and Resources Action Programme. Food Futures. http://www.wrap.org.uk/sites/files/wrap/Food_Futures_%20report_0.pdf [2015-10-30].

[46] Rabobank. From intuitive to fact-based farming. https://www.rabobank.com/en/press/search/2015/rabobank-report-big-data-has-the-potential-to-add-10-billion-a-year-to-value-of-global-crop-farming.html [2015-11-09].

[47] Biotechnology and Biological Sciences Research Council. Agrimetrics: the first centre for agricultural innovation opens. http://www.bbsrc.ac.uk/news/food-security/2015/151027-pr-agrimetrics-centre-for-agricultural-innovation-opens/ [2015-10-27].

[48] 世界农化网.创新化合物？生物技术？No！孟山都下一战略目标转向数据科学. http://cn.agropages.com/News/NewsDetail——11529.htm [2016-03-31].

[49] 世界农化网.谷歌投资农业信息科技公司 农业数据应用具发展前景 http://cn.agropages.com/News/NewsDetail——9474.htm [2015-05-25].

[50] 世界农化网.谷歌风投再度出手 投资智能化灌溉公司 CropX. http://cn.agropages.com/News/NewsDetail——9677.htm [2015-06-25].

[51] 世界农化网.先正达和三井完成对农业数据解决方案公司 Phytech 的首轮投资 http://cn.agropages.com/News/NewsDetail——11049.htm [2016-01-05].

[52] 中央政府门户网站．国务院办公厅印发《关于加快转变农业发展方式的意见》. http://www.

gov. cn/xinwen/2015-08/07/content_2909798. htm [2015-08-07].
[53] 人民网.《国民经济和社会发展第十三个五年规划纲要(草案)》. http://politics. people. com. cn/n1/2016/0306/c1001-28174869. html [2016-03-06].
[54] 科技部. 科技部关于发布国家重点研发计划试点专项2016年度第一批项目申报指南的通知. http://www. most. gov. cn/fggw/zfwj/zfwj2015/201511/t20151116_122384. htm [2015-11-16].
[55] 科技部. 科技部关于发布国家重点研发计划纳米科技等重点专项2016年度项目申报指南的通知. http://www. most. gov. cn/mostinfo/xinxifenlei/fgzc/gfxwj/gfxwj2016/201602/t20160214 _124104. htm [2016-02-05]

Progress in Agricultural Science and Technology

Dong Yu, Yang Yanping, Xing Ying

Agricultural science and technology particularly in sustainable agriculture, precision agriculture, plant photosynthesis and the application of CRISPR developed rapidly in 2015. Chinese researchers have also made significant progress in genetic improvement of rice and insect resistance. At present, there has been a global consensus that agricultural innovation is a promising solution to ensure food security and sustainable development when facing the population growth, climate change and resource shortages. So, many countries have developed strategic planning to strengthen the agricultural priority areas, or integrated agricultural research resources to promote the coordinated development of agricultural education and research. In addition, more and more attention is paid to the complex interactions among water, energy and food, agricultural Big Data and related enabling technology. Nowadays, the agricultural development in China is in the critical stage to "transfer mode and adjusting structure". In order to promote the agricultural Sci&Tech innovation and support capacity, we should grasp the key technical requirements accurately according to the domestic development needs and the development trend of global agricultural Sci&Tech innovation, and tackle the key problems by multi-discipline joint research, as well as strengthening long-term and stable financial support.

4.5 环境科学领域发展观察

曲建升[1] 廖 琴[1] 曾静静[1] 张志强[1,2] 朱永官[3] 潘根兴[4]

(1. 中国科学院兰州文献情报中心；2. 中国科学院成都文献情报中心；
3. 中国科学院城市环境研究所；
4. 南京农业大学农业资源与生态环境研究所)

随着人口增长和社会经济发展，环境保护与社会经济发展之间的矛盾日益突出，环境科学领域已成为人类社会密切关注的全球性重大问题。2015 年，世界各国、国际组织和科学团体在科学研究、战略布局等方面取得了一系列重要的进展。

一、重要研究进展

2015 年，环境科学领域在环境污染机理、环境与人类健康、水资源利用、气候变化、环境监测与治理技术等方面的研究备受各国关注，并取得了多项重要成果，为认识和解决环境问题提供了科学依据。

1. $PM_{2.5}$污染来源研究取得新进展

耶鲁大学-南京信息工程大学大气环境中心的研究人员通过对一年内大气污染物浓度数据的追踪研究，首次揭示了中国 190 个城市大气 $PM_{2.5}$的时空分布特征及其影响因素[1]。结果显示，总体上中国北方城市的 $PM_{2.5}$污染问题比南方城市更突出，沿海地区受气象因素影响，空气质量明显优于内陆地区；冬季是全年空气质量最差的季节，尤其在广大的北方地区，采暖用的大量煤炭和废弃生物质以及不利的气象扩散条件导致本区域内空气质量急剧下降；西北和南方城市分别受到沙尘天气和生物质燃烧的影响，$PM_{2.5}$浓度在春季和秋季分别达到最高。欧洲委员会联合研究中心（JRC）和世界卫生组织（WHO）的研究人员对全球 51 个城市大气颗粒物的主要来源进行解析发现[2]，平均而言，全球城市大气环境 $PM_{2.5}$的来源中有 25%来自于交通、15%来自于工业活动、20%来自于民用燃料燃烧、22%来自于人类起源的不明来源（主要包括人为活动导致的不明污染来源形成的二次粒子）、18%来自于天然粉尘和盐。

2. 空气污染对人类健康的影响仍获高度关注

2015 年 4 月 28 日，世界卫生组织和经济合作与发展组织（OECD）发布报告指出[3]，2010 年欧洲空气污染造成该地区 60 万人过早死亡并导致人们罹患各种疾病，由此给欧洲国家带来的经济损失高达 1.6 万亿美元，相当于欧盟国内生产总值的近 1/10。美国加利福尼亚大学伯克利分校伯克利地球研究所的研究人员分析了中国 1500 个地面监测站 2014 年 4～8 月的每小时空气污染数据。报告指出，中国空气污染平均每天会导致 4000 人死亡，占总死亡人数的 17%[4]。德国马普学会化学研究所领导的研究团队利用全球大气化学模型，结合人口与健康数据，研究分析了城市和农村环境中不同类型的室外排放源与过早死亡的关系[5]，指出全球范围内室外污染每年导致约 330 万人过早死亡，如果各国不采取严厉的管制措施，预计到 2050 年全球因室外空气污染而过早死亡的人数将达到 660 万。

3. 海洋微塑料污染研究继续深入并为相关政策行动提供科学支持

微塑料（microplastic）一般是指直径小于 5 毫米的塑料颗粒，是各种生活用品的添加物（如卫生用品、美容用品中含有的塑料微粒）和工业生产使用的抛光料，以及通过各种途径进入海洋的大块塑料垃圾在海洋中经物理作用形成的塑料碎屑等。美国乔治亚大学、加利福尼亚大学、澳大利亚联邦科学与工业研究组织（CSIRO）等机构的研究人员首次对全球 192 个沿海国家和地区因管理不当而向海洋中排放塑料垃圾的情况进行了科学评估[6]。研究发现，2010 年全球 192 个沿海国家和地区共产生 2.75 亿吨塑料垃圾，约有 480 万～1270 万吨的塑料垃圾被排入海洋，其中源自中国的海洋塑料垃圾最多。来自英国、澳大利亚、新西兰、美国、荷兰、加拿大和法国的国际研究团队评估了全球海洋中微塑料的数量和质量，指出 2014 年微塑料的累计数量范围为 15 万亿～51 万亿个（微粒），重量约为 9.3 万～23.6 万吨[7]。加拿大温哥华水族馆海洋科学中心的研究人员研究了东北太平洋中桡足类和磷虾两种浮游动物对微塑料颗粒的摄取情况[8]，发现浮游动物正以惊人的速度摄取塑料颗粒，可能会威胁整个水生食物链。澳大利亚联邦科学与工业研究组织的研究人员利用预测的塑料碎片分布和范围对 186 种海鸟种类进行了空间风险分析，并用 1962～2012 年间进行的海鸟摄取塑料的研究数据调整了相关模型，指出目前全球大多数的海鸟都摄取过塑料，预计到 2050 年，99%的海鸟种类都将摄取塑料[9]。对塑料微粒污染科学认识的发展也推动了相关应对政策和行动的推出。例如，2015 年 12 月 28 日，美国总统奥巴马签署通过了《2015 禁用塑料微粒护水法案》[10]，将禁止生产和销售包含塑料微粒的香皂、牙膏以及身体乳等产品，以防止塑料微粒排入水体，并最终进入海洋。新法案已于 2015 年 12 月 9 日由众议院通过，将于 2017 年 7 月 1 日生效。

4. 全球增温停滞现象及其原因受到科学关注与争议

政府间气候变化专门委员会（IPCC）第五次评估报告指出，1880～2012 年，全球海陆表面平均温度呈线性上升趋势，升高了 0.85℃。国际耦合模式比较计划（CMIP5）模拟全球气温每十年增暖 0.2℃，过去 50 年以来实际观测与模式结果一直较符合，但近十几年来实际观测增长趋势减缓。多项研究表明，近年来的增温停滞是气候自然波动的结果，但同时有研究认为全球增温停滞并未发生。德国马克斯·普朗克气象学研究所和英国利兹大学地球与环境学院的科学家研究指出[11]，气候变暖已经暂停。英国气象局（Met Office）哈德利中心和埃克塞特大学的研究指出[12]，气候变暖暂停期再持续 5 年的概率高达 25%。美国明尼苏达大学和宾夕法尼亚州立大学的研究人员通过预测大西洋多年代际振荡（AMO）和太平洋多年代际振荡（PMO）的变化趋势，及评估北半球外部和内在变化的相对贡献[13]，认为全球变暖减缓的原因是大西洋和太平洋的自然变化抵消了潜在的全球变暖。美国加利福尼亚大学和加州理工学院的研究人员指出[14]，海洋储热模式的改变导致过去十年观测到全球地表温度下降。英国爱丁堡大学的研究人员从引起增温停滞的自然内部变率和外部驱动力出发，分析指出增温停滞现象是长期全球变暖趋势中的一个自然波动，并且预测停滞现象不会超过 10 年[15]。中国兰州大学和美国普林斯顿大学的研究人员从动力和热力因素对温度变化的不同作用的角度解释了近 15 年来的增温停滞现象，指出动力因素的冷却作用是增温停滞现象的直接原因，这一现象背后的控制因素是气候年代际自然变率[16]。加拿大麦吉尔大学的研究人员利用新的数学分形方法，证明了 1998 年以来的全球增温停滞现象由气候自然变率引起，是一个紧跟在增暖时期之后的自然变冷事件，并预测增温停滞现象将在 2020 年之前结束[17]。美国国家大气研究中心的科学家研究指出[18]，全球气候在气候自然变率和温室气体增加的作用下呈阶梯式上升的趋势，在某些年份或地区，自然气候变率或者天气影响带来的温度变化可能暂时超过了全球变暖趋势，造成了增温停滞的现象。美国斯坦福大学的研究人员对全球增温停滞现象提出怀疑，他们利用新的统计方法进行时间相关性检验后指出[19]，长期的全球气温统计数据中并没有出现增暖变化的中断、暂停或者放缓。

5. 研究环境问题的新方法及治理技术取得若干发展

美国怀俄明大学的研究人员提出了地下水建模的新方法[20]，即一种新的通用型一维包气带流解析方法，将极大地提高数以百计的水体模型的可靠性。美国西北太平洋国家实验室、全球变化联合研究所、马里兰大学、国家大气和海洋管理局和俄亥俄州立大学组成的研究团队，结合前期研究工作，开发了一种新的参数化计算方法，估算前期基于集群方法的关键参数，利用关键参数将此方法扩展至全球尺度，制作了新的全球 1 千米城市区域地图[21]。来自荷兰、德国、法国和英国的国际研究团队分析了政府间气候变化专门委员会第五次评估报告使用的气候模拟模型[22]，发现在海洋、海冰、积雪、冻土和陆地生物圈等出现 37 个区域突然变化案例，确定了由于全球变暖导致的区域气候突变的潜在“翻转点”[22]。美国莱斯大学的研究人员使用了一种热解方法（其中包括在缺氧条件下加热污染的土壤）来清洁石油泄漏污染的土壤[23]。英国约克大学的研究人员揭开了 TNT 毒害植物的机制，并发现 MDHAR6 基因突变的拟南芥（Arabidopsis）植株能在 TNT 污染土壤中较好地生长，这一发现提高了利用植物修复 TNT 污染土壤的可能性[24]。北京航空航天大学和美国斯坦福大学的研究人员发现[25]，黄粉虫可以吞食和降解塑料，并首次从黄粉虫肠道中分离出一株可以利用聚苯乙烯作为唯一生长营养物的细菌，该发现首次提供了微生物有效降解聚苯乙烯的科学证据，为开发治理塑料污染的酶制剂和其他生物降解技术提供基础。

二、重要战略规划

2015 年，世界各国政府和国际组织持续加大对主要环境问题的研发投入和优化调整，并针对当前的热点研究领域做出了一系列的战略布局与规划。

1. 国际组织积极部署应对全球环境问题

2015 年 3 月 25 日，全球环境基金发布《GEF 2020 年战略计划》[26]，提出了 5 项战略重点任务：解决环境退化的驱动因素；为生物多样性丧失、气候变化、生态系统退化和污染寻找综合性解决方案；加强气候变化恢复和适应方面的工作；在全球融资架构中确保互补性和协同性；选择适当的影响模式。2015 年 4 月，世界银行（WB）启动了“污染管理与环境健康计划”（PMEH）[27]，以重点关注水、空气和土壤污染，旨在支持各国减少污染、形成有关污染影响的新认识、提高对污染问题的认识。

2. 联合国全力推进全球可持续发展议程

2015 年 8 月 2 日，联合国 193 个成员国一致通过了未来 15 年全球可持续发展议程[28]，新的可持续发展目标包括 17 个具体目标：消除极端贫困；消除饥饿、实现粮食安全和促进农业可持续发展；促进健康生活，促进人类福祉；构建包容性和公平的教育体系，促进全民享受终生学习机会；实现性别平等，提高妇女、儿童权利；确保为所有人提供安全、健康的水和卫生环境；确保能源可持续供应；促进持久、包容和可持续的经济增长方式；建立可持续性的工业化发展；减少国家内部和国家之间的不平等；构建可持续、包容性的城市体系；构建可持续性的消费模式和生产方式；采取紧急行动应对气候变化及其影响；保护海洋资源，促进海洋资源可持续发展；保护陆地生态系统，防治沙漠化和土地退化，保护生物多样性；促进有利于可持续发展的和平和包容性社会；加强可持续发展合作和构建全球伙伴关系。

3. 英美加大对“水-能源-粮食”关系研究的资助力度

2015 年 3 月 27 日，英国工程和自然科学研究委员会（EPSRC）宣布投入 450 万英镑用于研究“水-能源-粮食”之间的关系，以维护英国的水资源、能源与粮食安全[29]，该资助项目研究重点包括 3 个方面：①基于“水-能源-粮食”纽带关系，探索如何突破这三者的联系，重点是提高“水-能源-粮食”纽带关系的弹性；②收集“水-能源-粮食”相关数据，并在不同尺度建立生产关系模型；③在英国水、食品和能源系统现有的生产模式和行动计划中寻找受纽带关系影响较小的例子，确定并研究这些低强度建模系统。2015 年 8 月 14 日，美国国家科学基金会宣布提供一项包括 17 个项目的总额达 120 万美元的资助计划，用以支持研讨粮食-能源-水之间的交互作用[30]。NSF 还将为现有资助追加 640 万美元的补充资金，便于科学家开展更为广泛的研究，该计划旨在促进自然科学、物理科学、社会与行为科学以及计算与工程之间的伙伴关系，以促进开展粮食-能源-水之间的基础性研究。

4. 英美重视自然灾害的防控和预警工作

2014 年 12 月 2 日，英国政府宣布了一项 23 亿英镑的防洪计划，即在未来 6 年（2015～2021 年），提供 23 亿英镑用于修建超过 1400 个防洪和抵御沿海侵蚀的工程[31]，主要包括泰晤士河口（1 亿 9600 万英镑）、亨伯河口（8000 万英镑）、林肯郡的波士顿区（7300 万英镑）、兰开夏郡的 Rossall（4700 万英镑）、牛津（4200 万英镑）和汤布里奇地区（1700 万英镑）等地的防洪工程。2015 年 6 月 9 日，美国白宫宣布启动一个名为“弹性发展的气候服务”的国际性公私合作伙伴关系[32]，将汇集全球各地的相关机构，共同推动发展中国家自然灾害预警系统建设，其中英国国际发展署（DFID）将支持以下工作：①加强干旱、洪水和风暴的早期预警系统，确保预警能保障最脆弱人群的生命安全；②促进新预测技术的投入使用，为人们留出更多的时间防范极端天气；③英国气象局、英国的大学和非洲科学家一起合作，得出了第一份整个非洲大陆范围内的详细气候预测；④通过更方便地提供更准确的信息，帮助发展中国家的企业、政府和社区适应气候变化。英国气象局将提供以下支持：①推进高精度的气候预测；②通过构建目标国家的能力，支持非洲和亚洲地区的天气服务现代化；③开发天气和气候数据、信息和服务，帮助目标国家应对当前和未来的极端天气事件；④与当地合作伙伴一起工作，研究传递天气预测和气候信息的新方式。

5. 中英加强城市水管理和水污染防治行动

2015 年 7 月 23 日，英国政府科学办公室（Go-Science）发布了《未来城市发展与水资源的愿景》报告[33]，围绕未来城市供水安全、废水处理、地下水管理和防洪排涝等综合性水问题，提出了未来城市水管理的 5 个愿景及 8 项研究布局。其中 5 个愿景包括：①实现食品生产绿色化与城市风光园林化相结合；②建设防洪城市；③发展智能化家居、网络化城市；④开拓城市地下世界；⑤城市社区转型。8 项研究布局包括：①评估水质和水量对人类生活、健康和休闲的影响；②改变城市居民用水行为或水需求；③地面基础设施建设；④地下基础设施建设；⑤城市地下水管理；⑥降低城市面临极端事件的风险并提升恢复力；⑦改善城市环境与生态系统；⑧城市空间和基础设施规划的可持续性评价与优化。

2015 年 4 月，中国政府发布的《水污染防治行动计划》[34]指出，到 2020 年，全国水环境质量得到阶段性改善，污染严重水体较大幅度减少，饮用水安全保障水平持续提升，地下水超采得到严格控制，地下水污染加剧趋势得到初步遏制，近岸海域环境质量稳中趋好，京津冀、长三角、珠三角等区域水生态环境状况有所好转，到 2030 年，力争全国水环境质量总体改善，水生态系统功能初步恢复。该计划提出了在污水处理、工业废水、全面控制污染物排放等多方面的具体行动要求。

6. 全球达成应对气候变化的新协议

2015 年 12 月 12 日，《联合国气候变化框架公约》缔约方会议第 21 次会议（COP21）暨《京都议定书》缔约方会议第 11 次会议（CMP11）在法国巴黎圆满落幕。《联合国气候变化框架公约》195 个缔约方国家一致通过了 2020 年后的全球气候变化新协议——《巴黎协定》（*Paris Agreement*），这是自 1992 年达成《联合国气候变化框架公约》、1997 年达成《京都议定书》以来，人类社会应对气候变化历史上第 3 个具有里程碑式的具有法律约束力的协议。

三、启示与建议

回顾 2015 年全球针对环境问题出台的战略规划及领域重要进展可以发现，各国日益重视对环境科学问题的战略布局与资助力度，环境科学问题进一步凝练，研究工具与方法取得了新突破，相关研究成果显著支撑了政府决策与行动。我国在环境科学领域也取得了若干重要成果，并在全球应对环境问题的行动中发挥了举足轻重的作用。建议我国环境科学领域进一步加强以下工作：

（1）聚焦优先研究的科学问题和方向，继续加大环境科学领域的资助力度。我国面临的环境问题日益复杂，在资助环境科学领域的研究时，应紧密结合经济社会发展需求遴选研究重点和方向，并给予优先资助。

（2）权衡水、能源、粮食关系的整体解决方案是我国可持续发展的未来方向。我国在水资源、粮食、能源方面面临着巨大的资源挑战，人均可用耕地、石油和水资源拥有率相对较低。因此，应重视水-能源-粮食关系研究，采取更整合的应对策略，破解环境保护与社会经济发展难题。

（3）加强环境污染机理研究，完善污染防控体系。我国应该加强环境污染基础数据的收集与整合，建立系统的污染物监测和预警体系，开展污染物的来源解析、迁移转化及毒理作用机制等方面的基础研究，为环境污染的治理决策和行动提供更科学的依据，从而为提升我国的环境质量打下坚实的基础。

致谢：中国科学院兰州文献情报中心裴惠娟、刘燕飞、董利苹、唐霞、王宝、李恒吉等在本文的撰写过程中提供了部分资料，在此一并表示感谢。

参考文献

[1] Zhang Y L, Cao F. Fine particulate matter($PM_{2.5}$) in China at a city level. Scientific Reports, 2015, 5, 14884. doi: 10.1038/srep14884.

[2] Karagulian F, Belis C A, Dora C F C, et al. Contributions to cities' ambient particulate matter(PM): a systematic review of local source contributions at global level. Atmospheric Environment, 2015 (120): 475-483.

[3] WHO. Air pollution costs European economies US$ 1.6 trillion a year in diseases and deaths, new WHO study says. http://www.euro.who.int/en/media-centre/sections/press-releases/2015 [2015-04-28].

[4] Rohde R A, Muller R A. Air pollution in China: Mapping of concentrations and sources. PLoS ONE, 2015, 10(8): e0135749. doi: 10.1371/journal.pone.0135749.

[5] Lelieveld J, Evans J S, Fnais M, et al. The contribution of outdoor air pollution sources to premature mortality on a global scale. Nature, 2015(525): 367-371.

[6] Jambeck J R, Geyer R, Wilcox C, et al. Plastic waste inputs from land into the ocean. Science, 2015, 347(6223): 768-771.

[7] Sebille E, Wilcox C, Lebreton L, et al. A global inventory of small floating plastic debris. Environmental Research Letters, 2015(10): 124006.

[8] Desforges J P W, Galbraith M, Ross P S. Ingestion of microplastics by zooplankton in the northeast pacific ocean. Archives of Environmental Contamination and Toxicology, 2015, 69(3): 320-330.

[9] Wilcox C, Sebille E V, Hardesty B D. Threat of plastic pollution to seabirds is global, pervasive, and

increasing. PNAS, 2015, 112(38): 11899-11904.

[10] US House of Representatives. Microbead-Free waters act of 2015. http://www.mlive.com/news/index.ssf/2015/12/obama_signs_ban_on_microbead_p.html [2015-12-28].

[11] Marotzke J, Forster P M. Forcing, feedback and internal variability in global temperature trends. Nature, 2015(517): 565-570.

[12] Roberts C D, Palmer M D, McNeall D, et al. Quantifying the likelihood of a continued hiatus in global warming. Nature Climate Change, 2015(5): 337-342.

[13] Steinman B A, Mann M E, Miller S K. Atlantic and pacific multi decadal oscillations and northern hemispher temperatures. Science, 2015, 347(6225): 988-991.

[14] Nieves V, Willis J K, Patzert W C. Recent hiatus caused by decadal shift in Indo-Pacific heating. Science, 2015, 349(6247): 532-535.

[15] Schurer A P, Hegerl G C, Obrochta S P. Determining the likelihood of pauses and surges in global warming. Geophysical Research Letters, 2015, 42(14): 5974-5982.

[16] Guan X D, Huang J P, Guo R X, et al. The role of dynamically induced variability in the recent warming trend slowdown over the Northern Hemisphere. Scientific Reports, 2015, 5, 12669. doi: 10.1038/srep12669.

[17] Lovejoy S. Using scaling for macroweather forecasting including the pause. Geophysical Research Letters, 2015, 42(17): 7148-7155.

[18] Trenberth K E. Has there been a hiatus? Science, 2015, 349(6249): 691-692.

[19] Rajaratnam B, Romano J, Tsiang M. Debunking the climate hiatus. Climatic Change, 2015, 133(2): 129-140.

[20] Ogden F L, Lai W, Steinke R C, et al. A new general 1-D vadose zone flow solution method. Water Resources Research, 2015, 51(6): 4282-4300.

[21] Zhou Y, Smith S J, Zhao K. A global map of urban extent from nightlights. Environmental Research Letters, 2015, 10, 054011. doi: 10.1088/1748-9326/10/5/054011.

[22] Drijfhout S, Bathiany S, Beaulieu C, et al. Catalogue of abrupt shifts in intergovernmental panel on climate change climate models. PNAS, 2015, 112(43): E5777-E5786.

[23] Vidonish J E, Zygourakis K, Masiello C A, et al. Pyrolytic treatment and fertility enhancement of soils contaminated with heavy hydrocarbons. Environ. Sci. Technol., 2015. doi: 10.1021/acs.est.5b02620.

[24] Johnston E J, Rylott E L, Beynon E, et al. MonodehydroascorbateReductase mediates TNT toxicity in plants. Science, 2015, 349(6252): 1072-1075.

[25] Yang Y, Yang J, Wu W M, et al. Biodegradation and mineralization of polystyrene by plastic-eating mealworms. 1. chemical and physical characterization and isotopic tests. Environ. Sci. Technol, 2015, 49(20): 12080-12086.

[26] GEF. GEF 2020: strategy for the GEF. http://www.thegef.org/gef/node/11121 [2015-03-25].

[27] World Bank. Pollution management and environment health. http://www.worldbank.org/en/topic/environment/brief/pmeh [2015-04-20].

[28] United Nations. Sustainable development goals. http://www.un.org/sustainabledevelopment/sustainable-development-goals/#3cc8f6467366f93f0[2015-08-02].
[29] Engineering and Physical Sciences Research Council. Safeguarding the UK's water, energy and food resources. http://www.epsrc.ac.uk/newsevents/news/ukwaterenergyfood/ [2015-03-27].
[30] National Science Foundation. New grants foster research on food, energy and water: A linked system. http://www.nsf.gov/news/news_summ.jsp? cntn_id=135642&org=NSF& from=news [2015-08-14].
[31] GOV.UK. £2.3 billion to be spent on new flood defences. https://www.gov.uk/government/news/23-billion-to-be-spent-on-new-flood-defences [2014-12-02].
[32] GOV.UK. UK and US join forces to boost natural disaster warning systems. https://www.gov.uk/government/news/uk-and-us-join-forces-to-boost-natural-disaster-warning-systems [2015-06-09].
[33] NERC. Future visions for water and cities. http://www.nerc.ac.uk/latest/news/nerc/cities-and-water/ [2015-07-23].
[34] 国务院．国务院关于印发水污染防治行动计划的通知．http://www.gov.cn/zhengce/content/2015-04/16/content_9613.htm[2015-04-02].

Development Scan of Environment Science

Qu Jiansheng, Liao Qin, Zeng Jingjing, Zhang Zhiqiang, Zhu Yongguan, Pan Genxing

In 2015, environmental science had made a number of important progresses. Firstly, the main findings and achievements in environmental science are briefly summarized: ①the pollution mechanism of $PM_{2.5}$ made new progress; ② the effects of air pollution on human health continued to receive high attention; ③the study of Marine microplastic goes further, and its science knowledge supports for the related policy action; ④global warming pause phenomenon and its reasons have attracted more attention; ⑤the research methods of environmental issues and the treatment technologies of environmental pollution have made a number of development. And the national strategic layouts and plans in the area of environmental science are reviewed. The related work about sustainable development, the interdependency research of food, energy, water, warning of natural disaster, urban water management and pollution control, and response to climate change are highly focused by the countries of the world. Finally, the suggestions on the development of China's environmental science are proposed for the policy-makers.

4.6 地球科学领域发展观察

张志强[1,2] 郑军卫[2] 赵纪东[2] 张树良[2] 翟明国[3]

(1. 中国科学院成都文献情报中心；2. 中国科学院兰州文献情报中心；
3. 中国科学院地质与地球物理研究所)

地球科学在人类认识和开发利用自然界过程中的重要性日益凸显，已经成为妥善解决人类经济社会发展面临的能源安全、资源安全、气候变化、生态环境、城镇化等一系列挑战的重要基础。2015 年，地球科学领域发展呈现出研究理念、基础研究、应用研究和平台设施建设等特点和趋势，在地球深部探测与地幔柱研究、大陆壳形成与演化研究、地震火山机理及监测预测、矿产资源可持续开发、大气组分及其对气候影响、行星科学及地外星体探测等方面取得重要认识，在水-能源关系、深海及资源、空间地球科学及小行星探矿、北极、海-气相互作用以及地学基础设施建设与应用等方面的研究和布局得到重视。

一、重要研究进展

1. 地质学基础研究受关注并取得重要进展

（1）深部地幔柱研究被评为 2015 年全球十大科学突破。美国加利福尼亚大学伯克利分校地球物理学家[1]通过超级计算机对过去 20 年间全球发生的 273 次强震的地震波全波数据分析和对地幔柱进行成像，绘制出高精度的地球内部模拟图，研究了深部地幔柱与火山点之间的关系，首次发现了地幔柱存在的证据，被《科学》杂志评为 2015 年全球十大科学突破[2]。瑞士苏黎世联邦理工大学的科学家[3]通过模拟研究发现由地幔柱诱发的板块运动很可能在前寒武纪（约 30 亿年前）大范围盛行，进而推断地幔柱诱发了地球最早期的板块运动。

（2）地壳形成和演化研究获得重要认识。古老大陆地壳的形成机制以及在后来的演化中的改造和活化受到关注，新地壳的形成可能多发生在不同性质的板块边界。冰岛大学的研究人员[4]通过全球定位系统（GPS）和卫星定位系统对发生在冰岛的地壳形成过程进行了观测，阐述了新的上地壳如何在板块边界形成的过程。美国普林斯顿大学的学者[5]利用 Earth Chem 数据库分析了近 30 万块全岩样本的地球化学组成后认为，真正控制陆壳形成的是地球深部熔融物质在上升过程中所发生的分级结晶作用，而非已经形成地壳的重新熔融。澳大利亚国立大学的科学家[6]通过对源自太阳系形成初期坠落至地球的陨石中锆石 Lu-Hf 同位素的地球化学分析，指出最早的地壳可能形成于 45 亿年前，与地球的研究结果相似。

（3）地震机理及监测预测研究得到重点关注。受 2011 年日本大地震和 2015 年尼泊尔地震的影响，对地震的发生机理及监测预测等研究再次成为研究热点。瑞士苏黎世联邦理工学院的科学家[7]对 2011 年日本大地震后发震区域的断层应力恢复研究后指出，大型逆冲地震的发生具有随机性，没有具体的位置、大小或复发周期。美国加利福尼亚大学圣地亚哥分校研究人员[8]利用全球地震台网（GSN）数据研究揭示，2015 年尼泊尔地震是由主要向东移动的缓慢且微弱破裂、最大滑移破裂和比较缓慢破裂共同构成。美国加州理工学院的地质学家[9]首次绘制出了完整的 2015 年尼泊尔廓尔喀（Gorkha）地震期间的地表损毁图像，并研究指出了未来喜马拉雅山地区仍然存在发生大地震的风险。

2. 矿产资源可持续开发研究持续推进并取得进展

（1）矿产资源形成机理及勘探开发相关环境问题备受关注。科学研究已经证实斑岩型铜矿形成与火山弧之间存在一定的关联，但具体的认识一直存在争议。英国布里斯托大学的科学家[10]通过对包括智利在内的世界主要铜矿产区分布的现代火山弧研究，建立了富盐流体从大规模岩浆体中分离、铜富集成矿的两阶段铜矿成矿模式，揭示出了铜矿形成与岩浆之间的真正联系。瑞士苏黎世大学的研究人员[11]通过对南非威特沃特斯兰德盆地（Witwatersrand Basin）的研究认为，以火山雨、缺氧河流以及太古宙微生物为特征的地球环境促进了这种沉积型砂金矿藏的形成。与矿产资源开发相关的环境风险也得到了重视。澳大利亚地球科学局的研究人员[12]指出，充分利用航空电磁数据有助于降低矿产勘探风险。美国地质调查局（USGS）[13]在《应用地球化学》发表专辑论文，从开采预测工具、开采中污染防治、矿井污水处理和有毒物质监测等方面对采矿造成的特殊环境影响及其监测、预测和防治措施进行阐述。

（2）非常规油气资源开发的环境风险及处理问题研究得到多国重视。美国内政部土地管理局（BLM）公布了《水力压裂法最终细则》[14]、德国总理签署了《水力压裂法案（草案）》[15]、英国开展了水力压裂监测[16]并启动了“水力压裂前环境基线监测”项目[17]。科学家们则更热衷于对相关环境问题及应对技术的研究。美国科罗拉多大学博尔德分校的研究人员[18]发明了一种基于微生物电池的污水处理技术，可以更方便地去除油气开采废水中的盐和有机污染物。此外，该技术还能生产出可以用于维持设备的运转或其他用途的额外电能。

3. 地球物理学与地球化学研究在地球深部探测方面继续发挥重要作用

长期以来，地震成像方法作为重要的研究手段，在科学家们对地球深部结构探测和认识中发挥着非常重要的作用。除了美国加利福尼亚大学伯克利分校地球物理学家利用全波地震层析成像方法发现地幔柱存在的证据[1,2]外，该校另一组研究人员[19]利用地震监测数据首次绘制出了胡安德富卡板块下部约150千米深处的地幔流动图，并据此提出板块的运动可能会影响地幔的流动。美国华盛顿大学的科学家[20]则通过地震揭示了水对地幔运移的影响。法国巴黎大学研究所的研究人员[21]利用亲硫元素铜作为示踪物对地核硫元素组成进行了研究，指出地核硫组分占地球含硫总量的90%。

4. 大气成分及气候预测研究取得重要进展

大气成分机理及其对气候的影响研究取得进展。美国、瑞士和韩国科研人员[22]的研究揭示了过去千年大气二氧化碳（CO_2）浓度的变化机理，指出在几十年至上百年的时间尺度上，大气CO_2浓度波动的主要原因是气候与陆地碳库之间的反馈作用。美国密歇根大学的研究人员[23]采用全球气候模型定量分析了大气氧含量变化对气候的影响，指出大气中氧气含量的变化显著地改变着全球气候。德国波茨坦气候影响研究所的研究人员[24]认为海洋影响大气脱碳的长期效果，指出由于海洋系统对CO_2和热量的惯性作用，如果仍以当前的速率排放CO_2，即使实施大气脱碳也收效不佳。

气候预测及影响因素研究取得新认识。2015年，德国亥姆霍兹联合会海洋研究中心的科学家[25]证明了太阳活动11年周期与北大西洋涛动（NAO）之间位相同步变化的关系，解释了地表气候信号的传输机制和地-气相互作用，为提高长期气候预测水平提供了新视角。美国斯坦福大学的研究人员[26]定量分析大气环流变化对极端温度事件的影响，指出中纬度大气环流的变化可以部分解释北半球极端温度事件的变化，热力因素和动力因素对极端温度变化趋势均有贡献。

5. 行星科学研究取得重大突破

美国国家航空航天局（NASA）于2015年7月宣布发现太阳系外距离地球1400光年宜居带上的“第二个地球”（开普勒-452B），激发了国际上宇宙探测强国间开展星际空间地球科学研究的热潮[27]；9月，NASA宣布在火星发现了液态水存在证据的消息。美国佐治亚理工学院的研究人员[28]利用NASA的火星勘测轨道飞行器（MRO）上配备的光谱仪获得的数据，在火星的神秘条纹上发现了水合矿物，表明火星上存在液态水。NASA“好奇”号火星车利用ChemCam激光仪分析了火星上的某些浅色岩石，发现该岩石类似地球上的长英质陆壳[29]。可以说，这是首次在火星上发现疑似“大陆地壳”。美国“新视野”号探测器于美国东部时间7月14日7时49分近距离飞过冥王星，成为首个探测这颗遥远矮行星的人类探测器[30]。

6. 地球科学探测新技术与新方法研究得到推进

地球探测监测设施得到部署。2015年1月，美国国家大气与海洋管理局（NOAA）发射了深空气候观测卫星DSCOVR，其将能更可靠地预警太阳风暴，提高监测太阳活动的能力[31]。英国气象局宣布将于2016年全面建成专门用于探测和预报火山灰分布的大气探测系统网络——“光探测与测距系统”（LiDARs），整个监测网络由10个LiDARs探测系统单元组成，将获取大气颗粒物的特征及其垂直分布情况[32]。

众包技术在灾害预警中得到应用。由美国地质调查局等[33]联合提出的众包型地震预警系统（Crowdsourced Earthquake Early Warning），在智能手机及其他类似设备得到广泛使用，利用智能手机等配置的GPS感应器开展大地震预警，并使用了2011年日本东北9级地震的真实数据进行了众包型地震预警模拟。英国莱切斯特大学宣布承担的欧盟IMPROVER项目也关注了利用社交媒体构建灾害预警系统[34]，认为利用社交媒体构建灾害预警系统可以增强社区应对自然灾害和人为灾害的能力。

二、重要研究部署

1. 强调水-能关系研究

水和能源是人类生存发展所必需的物质基础，同时能源与水之间有重要的关系。美国地质调查局[35]评估了美国与能源相关的用水情况，以及与用水相关的能源消耗情况后，在2015年4月发布了《水-能关系：地球科学展望》报告，提出未来水与能源关系研究的地球科学优先研究方向，主要包括监测评估和地球科学基础研究两个方面。此外，许多国家还部署了多项涉及水-能关系的具体研究。例如，为了进一步推动英国页岩气的勘探和开发，2015年1月英国地质调查局（BGS）[36]表示，其将对英国可能进行页岩气勘探和开发的地区进行独立且详细的研究，以扩展其现有的国家环境监测计划（主要包括地震和地下水监测）。

2. 重视深海研究及深海资源的开发利用

2015年7月，英国地质调查局[37]宣布开展新的深海地质调查合作，促进深海研究。同月，《科学》杂志发文[38]指出国际海底管理局（ISA）目前正在审议深海海底采矿的管理框架。9 月，欧洲海洋局（EMB）[39]发布报告《钻得更深：21 世纪深海研究的关键挑战》，提出了未来深海研究的目标与相关关键行动领域，并且建议将这些目标与行动领域作为一个连贯的整体构成欧洲整体框架的基础。继美国、英国、法国、德国等众多国家通过了有关海底资源开发的国家法后，中国也出台了《深海海底区域资源勘探开发法》[40]。该法规范了深海海底区域资源勘探、开发活动。根据该法，个人也能申请开发海底矿藏。

3. 开展地球空间科学和小行星矿产资源研究

在继续开展火星、冥王星等地外星体以及宇宙空间的探测和研究同时，对小行星矿产资源的探测也予以重视。2015 年 1 月，美国深空产业公司[41]宣布将使用小型化“立方体卫星”（CubeSats）探测器进行小行星探矿，探测器所携带的吞噬金属的细菌能分解或改变小行星矿产资源的化学状态，使它们更易开采并将对环境的影响降至最低。7 月，行星资源公司[42]发布了一项从国际空间站发射 Arkyd-3R 卫星的计划以推进小行星资源勘探，该卫星将执行为期 90 天的地球轨道任务，以测试小行星勘探技术（包括航空电子设备、控制系统和软件等）。

4. 聚焦北极及其发展战略研究

北极地区以其巨大的经济价值、重要的军事地理位置、对全球贸易格局的重大影响以及巨大的科研价值，成为了世界各国关注的热点，并引发各国的争夺。北极理事会各国及观察员国目前重点聚焦的问题包括：环境保护、科学合作、土著社区福祉、经济问题和安全问题。2015 年 6 月，美国战略与国际研究中心（CSIS）[43]发布《美国在北极》战略报告指出，美国面临全球北极、经济的繁荣与萧条、无冰并不意味着永久不再结冰、北极经验是否将导致地缘政治重新冻结 4 个重要的未来发展战略趋势。CSIS[44]还发布了《新的冰幕——俄罗斯的北极战略研究》报告，分析了俄罗斯未来在北极的多边合作，以及对日益脆弱的北极生态系统的影响。美国国家大气与海洋管理局[45]加紧了对该地区的海图进行升级工作，2015 年升级的里程达 12 000 海里。

5. 提出未来大气科学研究的重点方向与优先领域

2015 年 3 月，国际“表层海洋-低层大气研究”计划（SOLAS）科学指导委员会[46]公布了新修订的未来 10 年（2015～2025 年）战略规划草案，详细分析介绍了计划未来的重点研究方向，并对 SOLAS 未来组织体系的发展予以展望。5 月在瑞士日内瓦召开的世界气象组织（WMO）[47]第十七届世界气象大会确定出 WMO 2016～2019 年的 7 个优先研究领域：灾害风险减轻、全球气候服务框架、WMO 综合性全球观测系统、航空气象服务、极地与高山地区、气象和水文能力拓展、WMO 组织治理。英国自然环境研究理事会（NERC）和英国气象局（Met Office）[48]启动了新战略研究项目，深入研究大气对流过程，以实现改进全空间尺度天气、气候及地球系统模型的关键科学目标。

6. 推动地学基础研究设施建设

2015 年 7 月，英国航天局[49]发布了《对地观测战略实施规划 2015—2017》，对英国对地观测任务进行了全新部署，明确了未来对地观测的重点领域和优先方向，并制定了具体的行动方案。9 月，美国地震学研究联合会（IRIS）向美国国家科学基金会提交了《应对重大地学挑战的未来地球物理设施需求》[50]报告，从现有基础能力、新兴基础能力和前沿能力这 3 个主要方面分析和规划了美国未来地球物理设施的发展，同时也考虑了教育、劳动力发展等方面的辅助因素。

三、启示与建议

1. 加强地球科学战略规划制定，引领地球科学研究方向

许多国家和国际组织都非常重视用于指导未来地球科学研究和项目部署的战略规划研究和制定工作，所制定的战略规划具有鲜明的战略性、前瞻性和逻辑性，对随后地球科学研究的指导作用和引领作用突出。面向“十三五”时期及未来的发展，我国应围绕发展的重大需求加强地球科学研究的战略规划制定，凝练地球科学研究的重大科学问题和研究方向，既要关注国际地球科学的重大科学问题和发展方向，在地球科学重大科学挑战问题和前沿领域的研究中，形成了中国地球科学研究的独特贡献；更要结合我国的具体地域特点、国家经济社会发展面临的现实重大需求等，提出了我国地球科学的重大科学问题，指导地球科学的创新性研究。

2. 加强地球科学基础研究，探索和揭示地球起源演化和深部的奥秘

地球科学的发展根源于人类对地球及其生命的起源与演化、地球内部结构、地球宜居性、地球自然灾害与资源等相关基本问题的研究与解答。全波形层析成像、高精度计算机模拟等技术和研究方法的进步使得人类探索地球核幔结构、地幔柱、地球深部物质和矿物组成等的手段显著改进。同时，地球深部研究以及与浅部的关系也是认

识和解决当前人类所面临的地震、火山等自然灾害机理的关键，更是我国跻身国际地球科学研究前沿的重要领域选择。

3. 加强水-能关系研究，推动人地和谐可持续发展

水和能源是人类生存发展所必需的物质基础，同时能源与水之间有非常重要的内在联系。在许多大规模能源生产和转化过程中，常伴随大量水资源的消耗利用以及地表与地下水污染，妥善解决了水-能关系问题已经成为人类实现可持续发展和建立和谐人地关系的重要内容。我国许多重要能源（如石油、天然气、煤炭、火电等）产地都位于水资源比较短缺的中西部地区，通过技术革新处理好节水与污水处理等问题是能源生产中必须解决好的问题。

4. 加强深海及其资源开发利用研究，保障可持续发展的环境安全

与地球深部类似，海洋深水区也是人类探索和研究的薄弱区域，也正在成为未来资源勘探开发的重要战略接替区。因此，应大力利用先进仪器设备和高新技术加强对深海以及深海的能源、矿产资源研究，推动对深海的探索并扩大资源勘探开发的领域和范围，积极为我国建立资源后续基地。应在及时跟踪国际深海研究和深海资源探测前沿动态的基础上，加强在深海研究方面的国际合作，积极在国际公共区域和海域开展地球科学研究，增强在这些区域的影响力和话语权。

5. 加强地外行星探测研究，认识宇宙起源演化和拓展人类发展空间

开展星际探测研究是揭示宇宙起源和演化的必然途径，是科技大国综合科技实力的集中展示，也有利于促进新科技的创新突破发展，空间探测技术的发展成果可以全面应用于社会经济发展的多个方面。能源和矿产资源是保障各国经济社会持续发展的关键物质基础。随着人类对地球资源的持续勘探开发，一些重要资源面临枯竭且因资源开发导致严重环境问题。如何解决经济社会所需资源供应与保护地球生存环境已经成为人类面临的难点问题。美国深空产业公司、行星资源公司等积极寻找勘查并致力于开发地外行星矿产资源的举措为人类带来新的契机。而且随着技术的进步和勘探开发成本的相对下降，人类直接从太空获取资源将成为可能。

6. 加强地学基础设施建设发展，开拓大数据地球科学研究和科学发现

地球科学研究是一个需要进行长期、不间断数据积累的科学，其对实验、观测、监测和分析技术以及大型研究平台和设施支撑的依赖性日益加深，因而必须持续加强陆基、海基、空基（包括空间基地、月球基地等）等对地观测监测、海洋观测与深海

探测、地球深部探测、模拟与实验等科学基础设施平台和系统的建设更新和升级维护。同时，要更加重视地球科学大数据基础设施建设以及长序列数据集的建设、保存、共用共享，支持开展基于地球科学大数据的知识分析和知识发现研究。深部地幔柱研究突破、火星存在液态水的证据等就是分别基于地震大数据、观测大数据分析获得。必须长期支持地球科学公益性研究机构尤其是西部地区的地学机构的发展和壮大，开展地域国土资源环境公益性研究，认识地球及其环境演化规律，服务人类可持续发展，决不能短视和急功近利，不应当消弱过去数十年艰苦努力建立起来的基础和公益性的资源环境科学研究体系。

致谢：中国科学院地球环境研究所安芷生院士、北京师范大学李建平教授、中国地质调查局发展研究中心施俊法研究员、中国地质大学（武汉）马昌前教授、中国科学院地球环境研究所蔡演军研究员等审阅了本文并提出了宝贵的修改意见，中国科学院兰州文献情报中心王立伟、刘学、王金平、刘文浩、刘燕飞等为本文提供了部分资料，在此一并感谢。

参考文献

[1] French S W, Romanowicz B. Broad plumes rooted at the base of the Earth's mantle beneath major hotspots. Nature, 2015, 525(7567): 95.

[2] Hand E. Deep mantle plumes rise to the test. Science, 2015, 350(6267): 1460.

[3] Gerya T V, Stern R J, Baes M, et al. Plate tectonics on the Earth triggered by plume-induced subduction initiation. Nature, 2015, 527(7577): 221-225.

[4] Sigmundsson F, Hooper A, Hreinsdóttir S, et al. Segmented lateral dyke growth in a rifting event at Bárðarbunga volcanic system, Iceland. Nature, 2015, 517(7533): 191-195.

[5] Keller C B, Schoene B, Barboni M, et al. Volcanic-plutonic parity and the differentiation of the continental crust. Nature, 2015, 523(7560): 301-307.

[6] Tsuyoshi I, Takao Y, Yuki H, et al. Meteorite zircon constraints on the bulk Lu-Hf isotope composition and early differentiation of the Earth. Proceedings of the National Academy of Sciences, 2015, 112(17): 5331-5336.

[7] Tormann T, Enescu B, Woessner J, et al. Randomness of megathrust earthquakes implied by rapid stress recovery after the Japan earthquake. Nature Geoscience, 2015, 8: 152-158.

[8] Fan W, Shearer P M. Detailed rupture imaging of the 25 April 2015 Nepal earthquake using teleseismic P waves. Geophysical Research Letters, 2015, 42(14): 5744-5752.

[9] Galetzka J, Melgar D, Genrich J F, et al. Slip pulse and resonance of the Kathmandu basin during the 2015 Gorkha earthquake, Nepal. Science, 2015, 349(6252): 1091-1095.

[10] Blundy J, Mavrogenes J, Tattitch B, et al. Generation of porphyry copper deposits by gas-brine reaction in volcanic arcs. Nature Geoscience, 2015, 8: 235-240.

[11] Heinrich C A. Witwatersrand gold deposits formed by volcanic rain, anoxic rivers and Archaean life. Nature Geoscience, 2015, 8: 206-209.

[12] Geoscience Australia. New airborne electromagnetic data reduces mineral exploration risk. http://www.ga.gov.au/news-events/news/latest-news/new-airborne-electromagnetic-data-redu-ces-mineral-exploration-risk[2015-04-02].

[13] USGS. New mineral science shows promise for reducing environmental impacts from mining. http://www.usgs.gov/newsroom/article.asp? ID=4219[2015-06-13].

[14] U. S. Department of the Interior. Interior department releases final rule to support safe, responsible hydraulic fracturing activities on public and tribal lands. http://www.blm.gov/wo/st/en/info/newsroom/2015/march/nr_03_20_2015.html[2015-03-22].

[15] Elsner M, Schreglmann K, Calmano W, et al. Comment on the german draft legislation on hydraulic fracturing. http://pubs.acs.org/doi/pdfplus/10.1021/acs.est.5b01921 [2015-06-12].

[16] British Geological Survey. UK's first independent research to monitor fracking as it happens. http://www.bgs.ac.uk/news/docs/Lancashire _ Monitoring _ Programme _ Press _ Release.pdf [2015-02-08].

[17] British Geological Survey. BGS to monitor environment around proposed fracking site in Yorkshire. http://www.bgs.ac.uk/news/docs/Vale_of_Pickering_press_release.pdf [2015-08-15].

[18] Ren Z J, Forrestal C. MCU-Boulder technology could make treatment and reuse of oil and gas wastewater simpler, cheaper. http://www.colorado.edu/news/releases/2015/02/24/cu-boulder-technology-could-make-treatment-and-reuse-oil-and-gas-wastewater [2015-03-02].

[19] Martin-Short R, Allen R M, Bastow I D, et al. Mantle flow geometry from ridge to trench beneath the Gorda-Juan de Fuca plate system. Nature Geoscience, 2015, 8: 965-968.

[20] Wei S S, Wiens D A, Zha Y, et al. Seismic evidence of effects of water on melt transport in the Lau back-arc mantle. Nature, 2015, 518(7539): 395-398.

[21] Savage P S, Moynier F, Chen H, et al. Copper isotope evidence for large-scale sulphide fractionation during Earth's differentiation. Geochemical Perspectives Letters, 2015, (1): 53-64.

[22] Bauska T K, Joos F, Mix A C, et al. Links between atmospheric carbon dioxide, the land carbon reservoir and climate over the past millennium. Nature Geoscience, 2015, 8(5): 383-387.

[23] Poulsen C J, Clay T, White J D. Long-term climate forcing by atmospheric oxygen concentrations. Science, 2015, 348(6240): 1238-1241.

[24] Mathesius S, Hofmann M, Caldeira K, et al. Long-term response of oceans to CO_2 removal from the atmosphere. Nature Climate Change, 2015, 5(12): 1107-1113.

[25] Thiéblemont R, Matthes K, Omrani N E, et al. Solar forcing synchronizes decadal North Atlantic climate variability. Nature Communications, 2015, 6: 8268. doi: 10.1038/ncomms 9268.

[26] Horton D E, Johnson N C, Singh D, et al. contribution of changes in atmospheric circulation patterns to extreme temperature trends. Nature, 2015, 522(7557): 465-469.

[27] NASA. NASA's Kepler mission discovers bigger, older cousin to earth. http://www.nasa.gov/press-release/nasa-kepler-mission-discovers-bigger-older-cousin-to-earth [2015-07-25].

[28] Ojha L,Wilhelm M B,Murchie S L,et al. Spectral evidence for hydrated salts in recurring slope lineae on Mars. Nature Geoscience,2015,8:829-832.
[29] Sautter V,Toplis M J,Wiens R C,et al. In situ evidence for continental crust on early Mars. Nature Geoscience,2015,8:605-609.
[30] NASA. Tense wait for New Horizons to phone home after Pluto fly-by. https://www.newscientist.com/article/dn27897-tense-wait-for-new-horizons-to-phone-home-after-pluto-fly-by/ [2015-07-16].
[31] NOAA. New NOAA spacecraft readies for launch next month. http://www.noaanews.noaa.gov/stories2014/20141218_DSCOVR.html[2014-12-22].
[32] Met Office. New system installed to improve volcanic ash detection. http://www.metoffice.gov.uk/news/releases/archive/2015/lidar-volcanic-ash[2015-06-05].
[33] Minson S E,Brooks B A,Glennie C L,et al. Crowdsourced earthquake early warning. Science Advances,2015,1(3):e1500036. doi:10.1126/sciadv.1500036.
[34] University of Leicester. Researchers to help create 'early-warning systems' through social media to combat future disasters. http://www2.le.ac.uk/offices/press/press-releases/researchers-to-help-create-2018early-warning-systems2019-through-social-media-to-combat-future-disasters [2015-06-14].
[35] Healy R W, Alley W M, Engle M A, et al. The water-energy nexus—an Earth science perspective. U.S. Geological Survey Circular 1407. Reston, Virginia: U.S. Geological Survey, 2015. http://dx.doi.org/10.3133/cir1407.
[36] BGS. UK's first independent research to monitor fracking as it happens. http://www.bgs.ac.uk/news/docs/Lancashire_Monitoring_Programme_Press_Release.pdf[2015-01-20].
[37] BGS. New collaborative deep sea survey: Hatton-Rockall basin. http://blogs.scotland.gov.uk/coastal-monitoring/2015/07/13/hatton-rockall-basin-survey/ [2015-07-15].
[38] Wedding L M,Reiter S M,Smith C R,et al. Managing mining of the deep seabed. Science,2015,349(6244):144-145.
[39] European Marine Board. Delving deeper: critical challenges for 21st century deep-sea research. http://www.marineboard.eu/ [2015-11-12].
[40] 中华人民共和国全国人民代表大会常务委员会．中华人民共和国深海海底区域资源勘探开发法．http://www.gov.cn/zhengce/2016-02/27/content_5046853.htm [2016-02-28].
[41] Jamasmie C. Here is how metal-eating bacteria may make asteroid mining profitable. http://www.mining.com/here-is-why-metal-eating-bacteria-may-make-asteroid-mining-profitable-4350-9/ [2015-02-02].
[42] Jamasmie C. Planetary Resources' first spacecraft begins testing asteroid prospecting technology. http://www.mining.com/planetary-resources-first-spacecraft-begins-testing-asteroid-prospecting-technology/ [2015-01-18].
[43] Conley H A. America in the Arctic. http://csis.org/publication/america-arctic [2015-06-06].
[44] Conley H A,Rohloff C. The new ice curtain—Russia's strategic reach to the arctic. http://csis.org/publication/new-ice-curtain [2015-08-28].

[45] NOAA. NOAA plans increased 2015 Arctic nautical charting operations. http://www.noaanews.noaa.gov/stories2015/20150317-noaa-plans-increased-2015-arctic-nautical-charting-operations.html [2015-03-18].

[46] SOLAS. SOLAS 2015-2025: science plan and organisation. http://www.solas-int.org/files/solas-int/content/downloads/About/Future%20SOLAS/SOLAS%202015-2025_Science%20Plan%20and%20Organistation_under%20review_March_2015.pdf [2015-04-02].

[47] WMO. World meteorological congress agrees priorities for 2016-2019. https://www.wmo.int/media/content/world-meteorological-congress-agrees-priorities-2016-2019 [2015-06-13].

[48] Met Office. Joint programme on understanding & representing atmospheric convection across scales: nouncement of opportunity. http://www.nerc.ac.uk/research/funded/programmes/atmosconvection/news/ao/ao/[2015-05-20].

[49] UK Space Agency. Earth observation strategic implementation plan 2015-2017. https://www.gov.uk/government/uploads/system/uploads/attachment_data/file/448329/eo_plan.pdf [2015-08-01].

[50] NSF. Future geophysical facilities required to address grand challenges in the Earth sciences. http://www.iris.edu/hq/files/workshops/2015/05/fusg/reports/futures_report.pdf [2015-10-05].

Development Scan of Earth Science

Zhang Zhiqiang, Zheng Junwei, Zhao Jidong, Zhang Shuliang, Zhai Mingguo

Earth science has become an important foundation to properly resolve the economic and social development of the human society which is facing a series of challenges such as energy security, resource security, climate change, ecological environment, urbanization, and so on. In 2015, the development of earth science highlighted the characteristics of coevolution of research ideas, basic research, applied research and platform facilities construction, further understandings have been achieved in many topics, such as the earth deep detection and plume studies, continental crust formation and evolution, mechanism of volcanic earthquake and its monitor and forecast, sustainable development of mineral resources, atmospheric composition and their impact on climate, planetary science and extraterrestrial bodies detection. High priorities are set to topics of relationship of water and energy, deep sea and resources, planetary science and asteroid exploration, Arctic, air-sea interaction and the construction and application of earth science infrastructures.

4.7　空间科学领域发展观察

杨　帆[1]　韩　淋[1]　王海名[1]　郭世杰[1]　范唯唯[1]　刘　强[2]

（1. 中国科学院文献情报中心；2. 中国科学院空间应用工程与技术中心）

2015 年，空间科学研究继续荣膺世界重要科技突破前列，“新地平线”号（New Horizons）成功飞越冥王星、证实火星当前存在液态水活动、认证“另一个地球”——系外行星 Kepler-452b 等获得学术界、产业界乃至公众的极大关注。同时在世界经济形势整体下行的大环境下，美国、欧洲、日本等空间强国和地区结合各自的发展目标和能力优势，或强调空间探索与效益发挥协同并进，或寻求合作务求实效，或坚持创新另辟蹊径，纷纷积极谋划空间科学的稳定、长远发展。

一、重要研究进展

1. 空间天文观测屡获新发现

2015 年，科学家首次利用 NASA“哈勃空间望远镜”（HST）和“钱德拉 X 射线天文台”（Chandra）的观测结果证实了超新星 SN 1987A 爆发产生的冲击波使其周围的光环发生分解，导致亮度变小[1]；NASA“原子核光谱望远镜阵列”（NuSTAR）的观测数据进一步证实这次超新星爆发非中心对称，对称型超新星爆发模型可能需要修正[2]。通过搜寻拥有极亮中心、包含超大质量黑洞的星系，天文学家发现了 4 个相互距离很近的类星体，并确认其是目前发现的最早的原星簇[3]。利用 NASA“宽视场红外巡天探索者”（WISE）的观测数据，科学家发现了迄今为止最明亮的星系，其亮度相当于太阳的 3×10^{14} 倍[4,5]。NASA“开普勒”（Kepler）任务团队认证首个围绕类似太阳的恒星运转、位于宜居带内、与地球大小相近的系外行星 Kepler-452b[6,7]，后者又被称为“地球 2.0”。天文学家利用 HST 首次发现了一个超新星的图像受到引力透镜效应影响而形成 4 重影像[8,9]，测量不同图像到达的时间差有助于更精确地计算星簇的质量和暗物质的分布。根据 NASA“费米伽马射线空间望远镜”（FGST）近 7 年的观测数据，科学家判断 Reticulum II 矮星系伽马射线爆发可能源于暗物质湮灭[10]。日本宇宙航空研究开发机构（JAXA）开发的“量热仪型电子望远镜”(CALET)运抵国际空间站(ISS)并将首次观测1太电子伏高能区内的电子/正电子[11]。我国自主研制的暗物质探测卫星“悟空”发射升空，将用于空间高能粒子、高能伽马射线探测，以及宇宙核素测定，其搭载的暗物质粒子探测器能段达到5吉电子伏～10太电子伏，高于国际上现有的任何高能粒子探测器[12]。欧洲空间局(ESA)“激光干涉仪空间天线-探路者”(LISA Pathfinder)成功发射，任务将验证引力波空间探测概念，测试多项关键技术，为未来的引力波探测任务奠定基础[13]。

2. 人类描绘地球磁层和太阳活动的更精细图景

NASA的4个“磁层多尺度探测”(MMS)探测器成功发射，任务将首次对地球磁层的磁重联现象进行三维观测[14]。2015年12月，NASA“太阳和日球层观测台”(SOHO)迎来发射20周年纪念日。在SOHO发射之前，太阳物理学的面貌与今天相差甚远，人们甚至不清楚空间天气的概念；而今借助SOHO等太阳观测卫星的数据，人们对太阳行为、驱动太阳活动的能量等有了更好的认识[15,16]。

3. New Horizons成功飞越冥王星

2015年被空间领域公认为“冥王星之年”[17,18]。7月14日，NASA的New Horizons探测器在历时近十年的深空飞行后，以约14千米/秒的速度和约1.25万千米的高度成功飞越了冥王星，成为太阳系探索的新里程碑，也标志着美国用半个世纪的时间第一个完成了对太阳系所有行星(New Horizons发射时冥王星仍被定义为行星)的近距离勘测[19,20]。New Horizons的多项新发现颠覆了对冥王星系统的认识，如冥王星上的冰火山及其漫长的地质活跃历史等[21]。任务同时展示了精准先进的空间技术。

4. Dawn首次探访谷神星

3月NASA“黎明”号(Dawn)进入谷神星(Ceres)轨道，成为首个造访矮行星的航天器。随着Dawn逐渐靠近谷神星，不断传来细节丰富的照片，包括神秘的亮斑(或为六水合硫酸镁[22])、金字塔形山峰[23]以及为数众多、大小不一的撞击坑，为其历史地质活动提供了丰富的证据。根据全球地貌图判断，谷神星比较符合富冰壳的特征[24]。

5. Cassini发现土卫二地下海

研究人员通过分析NASA“卡西尼”(Cassini)的观测数据发现，在地质活跃的土卫二上存在着全球性分布的地下海洋[25]。此前，Cassini在土卫二南极地区附近观测到的水蒸气、冰粒和简单有机分子喷流正是来自这一庞大的地下海。2015 年 12 月，Cassini 完成了对土卫二距离最近的一次飞越，捕捉到关于土卫二地下海喷发的冰羽流的珍贵科学数据[26]。

6. 火星目前存在间歇性液态水活动

NASA 宣布，“火星勘测轨道器”（MRO）在火星上多个出现重现性斜坡线纹的地点发现了水合盐，为证明火星表面当前存在间歇性液态水活动提供了迄今最强有力的证据[27]。此外，根据“火星大气与挥发物演化”（MAVEN）任务的探测结果，火星大气散逸到空间中的过程可能在火星气候从早期的温暖、湿润、可能支持地表生命存在转变为当前的寒冷、干燥的过程中发挥了关键作用[28]。

7. “睡美人”Philae 短暂苏醒后再度沉寂

2015 年 6 月，ESA“罗塞塔”（Rosetta）任务中的“菲莱”（Philae）着陆器在彗星 67P 上经历了 7 个月的休眠后终于苏醒，并与地面取得了 85 秒的联系[29]，但此后它继续保持沉默状态。由于彗星 67P 正在飞离太阳，着陆器的太阳能电池板每天所能获取的能量不断衰减，科学家担心 Philae 行将就木[30]。

8. 空间地球科学研究对地观测部分回顾不完整

NASA“深空气候天文台”（DSCOVR）卫星 2015 年 7 月开始每日更新地球完整日耀面的图像[31]，为科学研究提供了宝贵的新数据。NASA“土壤湿度主被动探测”（SMAP）卫星成功发射，将首次在全球尺度上探测地表土壤湿度及其冻/融状态，它也是继 ESA“土壤湿度和海洋盐度”（SMOS）之后全球第二颗专门用于探测土壤湿度的卫星，将帮助科学家理解地球的水循环、能量循环、碳循环之间的联系，降低天气预报和气候预测的不确定性，提高人类对洪水和干旱等自然灾害的监测和预报能力[32-34]。SMAP、SMOS 和 JAXA“全球变化观测任务-水”卫星（GCOM-W）共同研究了太平洋热带风暴中海洋表面风的变化情况[35]，研究成果可以用来预测海洋天气和海浪，并预测风暴路径，为海员提供预警。NASA“重力勘测和气候试验”（GRACE）卫星首次从距离地球 450 千米的高空直接探测到源于 2011 年东日本大地震的地球次声波[36]，基于卫星的测量结果或可用于未来的自然灾害早期预警。ESA“哨兵-2A”（Sentinel-2A）号卫星成功发射[37]，未来 ESA 对地观测卫星星座将为欧洲提供最全面的环境数据和全球范围的安全应用。

9. 国际空间站科学研究备受瞩目

各国在国际空间站上继续开展数百项别具特色的科研活动：NASA 与俄罗斯联邦

航天局（Roscosmos）各派出一名航天员合作开展为期一年的人体研究项目[38]，参与研究的NASA航天员还与其位于地面的同卵双胞胎兄弟开展了十项双胞胎对比实验[39]，通过这些研究将获得关于长期空间飞行为航天员带来的医学、心理学和生物医学挑战方面的重要数据；航天员首次品尝到在空间生长的新鲜蔬菜，这是未来载人深空探索所需的关键能力之一[40]；ESA多次实施ISS与地面之间的天-地远程力反馈控制演示，向实现远程同步物理感知迈出重要一步[41]；ESA与Roscosmos合作项目“等离子体晶体-4”将在ISS上开展为期2年的复杂等离子体研究[42]。鉴于美国、俄罗斯、日本、加拿大已经正式宣布支持ISS运行至2024年[43-45]，ISS在人体健康、对地观测和灾害响应、创新技术、全球教育以及空间经济发展等方面为人类带来的可观效益有望继续扩大。

10. 世界背景下的中国表现

2015年，我国空间科学研究也取得了历史性新突破。

一是我国空间科学卫星系列的首发星成功发射并平稳运行，为取得重要科学发现奠定了重要基础[46]。2015年12月，中国科学院空间科学战略性先导科技专项首颗科学实验卫星——“暗物质粒子探测卫星”（又名“悟空”）发射升空，标志着我国空间科学探测研究迈出了重要一步。卫星的成功发射在国际科学界和民众中引起了广泛关注，并在习近平总书记发表的2016年新年贺词中作为“只要坚持，梦想总是可以实现的”的例证之一。中国科学院和ESA宣布将联合开展“太阳风-磁层相互作用全景成像卫星计划”（SMILE）[47-49]，任务对进一步了解太阳活动对地球等离子体环境和空间天气的影响具有重要的科学意义和应用价值。

二是载人航天工程稳步推进，“长征”七号运载火箭陆续完成多项测试，“天宫”二号空间实验室空间应用系统载荷设备完成安装并交付电测[50]，为2016年相继发射“长征”七号运载火箭、“天宫”二号空间实验室和“神舟”十一号载人飞船做好准备[51]。

三是探月工程的科学成果层出不穷。“嫦娥”三号获得了大量的重要科学发现，如“玉兔”雷达探测数据显示，“嫦娥”三号着陆区的表面下至少分为9层结构，表明曾有多个地质学过程发生[52]；月壤的厚度可能明显高于以往的估算，月球直到约25亿年前仍存在大规模的火山喷发[53]等。“嫦娥”三号科学数据正式对外提供发布服务，将使探月工程科学数据得到最大化利用[54]。2016年1月，国际天文学联合会正式批准了“嫦娥”三号着陆区4项月球地理实体命名——“广寒宫”“紫微”“天市”和“太微”，体现了我国月球探测的综合能力和国际影响力[55]。

二、重要战略规划

1. 美国重点强调空间科学与空间技术、空间应用协调发展

NASA 发布了新版技术路线图[56,57]。作为特别值得关注的新变化和新特点之一，路线图细致描绘了由任务的潜在客户或用户制定的、用以指导任务设计的任务场景。例如，以“宽视场红外巡天望远镜”（WFIRST）为代表的天体物理学任务，以“气溶胶前体物、云和海洋生态系统”（PACE）为代表的空间地球科学任务，以“星际映射和加速探测器”（IMAP）为代表的太阳物理学任务，以“火星 2020”（Mars 2020）为代表的行星科学任务等，不仅为全面了解 NASA 的未来任务规划提供了一个窗口，同时也明确了各项技术开发的未来应用方向。可以预见，相关技术开发将为美国空间科学系列任务的顺利实施提供坚实基础和有力保障。

NASA 正式发布了两项空间科学未来的发展路线图，系统规划了领域中的长期发展。一是火星探索未来行动规划纲要，明确通过依赖地球、深空试验场、独立于地球三个阶段渐进式开发和验证各项能力[58,59]。二是指导 NASA 未来 10 年宇宙生物学研究的新版《宇宙生物学路线图》，明确了识别有机化合物的非生物来源，生命起源中的大分子合成与功能，早期生命和日益增加的复杂度，生命及其物理环境的共同演化，识别、探索栖息地的环境和生物标志物及其特性，构建宜居世界六大研究方向，及其中拟解决的关键科学问题[60,61]。

此外，美国白宫科技政策办公室（OSTP）发布了空间天气国家战略及行动计划，强调通过整合联邦政府和其他利益相关方的力量，了解空间天气的潜在影响，探讨与此相关的科学和技术行动，强化对空间天气影响的应对措施[62-64]。科学研究及其成果转化在相关战略和行动计划中扮演着主要角色，再次印证空间科学研究在保障社会生活及安全方面发挥着至关重要的作用。

2. 欧洲稳步实施自主研究与国际合作并行、务求实效的发展战略

一方面，欧洲继续稳步推动空间科学 2015～2025 发展规划实施。2015 年 6 月，ESA 公布了“宇宙憧憬 2015—2025”（Cosmic Vision 2015-2025）计划第 4 个中型任务的遴选结果，将对“系外行星大气遥感红外大规模巡天”（Ariel）、“扰动加热观测天文台”（Thor）以及“X 射线成像偏振探测器”（Xipe）3 个候选任务概念开展进一步研究[65]。6 月 ESA 与中国科学院联合公布了“中欧联合空间科学卫星任务”的遴选结果，SMILE 成为中欧全方位深度合作的新里程碑[47]。

另一方面，ESA发布了空间探索新战略[66]，强调通过开展广泛的国际合作促进科学和经济发展，并提出近地轨道、月球和火星3个优先探索目的地的详尽战略途径。ESA未来重点开展的空间探索计划包括ISS和“欧洲空间生命和物理科学计划“（ELIPS），“多功能载人宇宙飞船-欧洲服务舱”（MPCV-ESM），以开发着陆器、资源探查器和通信设备等核心产品为主的月球探索活动，“火星生命探测计划”（ExoMars）和“火星机器人探索准备计划”（MREP）等火星探索活动，以及各种关键技术开发等。

3. 日本积极保障以自主原创、尖端技术著称的空间科学活动

日本政府出台了未来10年《宇宙基本计划》，重点是确保空间安全，推进在民生领域的空间应用，维持和强化空间产业与科技基础[67]。尽管在一定程度上受“安保”倾向的制约，但日本仍对空间研究活动进行了周密部署，未来拟重点开展的空间科学、探索和载人空间活动包括：①参考JAXA发展路线图，未来10年将发射3个中型任务、5个小型任务以及其他小规模项目，包括新型X射线望远镜Astro-H、“地球空间激发和辐射探测”（ERG）以及“贝皮·哥伦布”（BepiColombo）水星探测器等；探讨参与“宇宙和天体物理空间红外望远镜”（SPICA）国际合作计划，推进JAXA宇宙科学研究所（ISAS）开展的项目；推动以月球、火星等有引力天体的机器人着陆和探测为目标的探索活动的实施；②支持ISS通用系统运行和未来开发2艘“H-2转移飞行器”（HTV）；③审慎探讨载人空间探索活动。

三、启示与展望

纵观近年来世界范围内的空间科学发展，从火星、小行星、地球到冥王星，热点迅速切换，亮点层出不穷，新发现、新突破不断涌现，高效率、高水平地实现了各国的前瞻战略部署，强有力地提升了空间科学大国的科研实力、尖端技术水平和自主、协作效益。

空间科学探索的战略意义重大，具有耗资巨、周期长、涉及学科领域众多、影响效益深远的显著特征，要想形成战略影响、取得创新突破，特别需要加强在国家层面的统筹优化和资源整合，制定并实施国家级的空间科学长期规划及探索路线图，变任务驱动、部门驱动为国家权威规划牵引，有序有节地开展科学论证、技术培育、项目甄选以及任务实施。实施国家长期战略规划，有利于引入各类科研基金和社会资源，吸引并稳定科研人才队伍，通过国际合作更好地促进我国空间科学研究和探索的高水平、可持续发展。

回顾2015年，我国空间科学取得了里程碑式的关键进展。正如国际权威学术期刊《自然》和《科学》的评论，纯科学卫星的发射标志着中国空间战略开启了一个新的发展方向，以“悟空”为首的空间科学系列卫星将为此前主要集中在工程和应用领域的中国空间活动增加新的“维度”——空间科学。展望未来，期待我国空间科学事业在政府、企业、民众的积极支持和热切关注下取得更大发展，彰显效益，回馈社会。

致谢：中国科学院空间应用工程与技术中心顾逸东院士审阅了本文并提出了宝贵的修改意见，在此表示感谢。

参考文献

[1] Claes F, Josefin L, Katia M, et al. The destruction of the circumstellar ring of SN 1987A. The Astrophysical Journal Letters, 2015, 806(1).

[2] Boggs1 S E, Harrison F A, Miyasaka H, et al. 44Ti gamma-ray emission lines from SN 1987A reveal an asymmetric explosion. Science, 2015, 348(6235): 670-671.

[3] Astronomy magazine. Top space stories of 2015: scientists spot youngest cluster of galaxies. http://www.astronomy.com/magazine/news/2015/12/top-space-stories-of-2015-scientists-spot-youngest-cluster-of-galaxies [2015-12-10].

[4] NASA. NASA's WISE spacecraft discovers most luminous galaxy in universe. http://www.nasa.gov/press-release/nasas-wise-spacecraft-discovers-most-luminous-galaxy-in-universe [2015-05-21].

[5] Oesch P A, van Dokkum P G, Illingworth G D, et al. A spectroscopic redshift measurement for a luminous lyman break galaxy at $z=7.730$ using Keck/MOSFIRE. The Astrophysical Journal Letters, 2015, 804(2), L30.

[6] Nature. NASA spies Earth-sized exoplanet orbiting Sun-like star. http://www.nature.com/news/nasa-spies-earth-sized-exoplanet-orbiting-sun-like-star-1.18048 [2015-07-23].

[7] Science. NASA spots most Earth-like planet yet. http://news.sciencemag.org/space/2015/07/nasa-spots-most-earth-planet-yet [2015-07-23].

[8] NASA. NASA's hubble discovers four images of same supernova split by cosmic lens. http://www.nasa.gov/content/goddard/nasa-s-hubble-discovers-four-images-of-same-supernova-split-by-cosmic-lens/ [2015-03-05].

[9] Kelly P L, Rodney S A, Treu T, et al. Multiple images of a highly magnified supernova formed by an early-type cluster galaxy lens. Science, 2015, 347(6226): 1123-1126.

[10] Astronomy magazine. Top space stories of 2015: dark matter hints next door. http://www.astronomy.com/magazine/news/2015/12/top-space-stories-of-2015-dark-matter-hints-next-door [2015-12-10].

[11] JAXA. CALorimetric electron telescope(CALET) aboard the ISS "Kibo" started the first direct electron observation in tera electron volt region. http: // global. jaxa. jp/press/2015/10/20151022_calet. html [2015-10-22].

[12] 中国科学院．我国成功发射暗物质粒子探测卫星．http://www. cas. cn/yw/201512/t20151217_4498232. shtml [2015-12-17].

[13] ESA. Lisa pathfinder. http://sci. esa. int/lisa-pathfinder/ [2015-12-31].

[14] NASA. Magnetospheric multiscale(MMS). http://mms. gsfc. nasa. gov/ [2015-12-31].

[15] NASA. SOHO celebrates 20 years of space-based science. http: // www. nasa. gov/feature/goddard/nasas-soho-celebrates-20-years-of-space-based-science [2015-12-02].

[16] ESA. SOHO celebrates 20 years of discoveries. http: // www. esa. int/Our_ Activities/Space_Science/SOHO_celebrates_20_years_of_discoveries [2015-12-02].

[17] NASA. Looking back at the 'Year of Pluto'. https: // www. nasa. gov/feature/ looking-back-at-the-year-of-pluto [2016-01-01].

[18] Astronomy magazine. Top space stories of 2015: Pluto and its moons revealed. http: // www. astronomy. com/magazine/news/2015/12/pluto-and-its-moons-revealed [2015-12-10].

[19] NASA. NASA's three-billion-mile journey to pluto reaches historic encounter. http: // www. nasa. gov/press-release/nasas-three-billion-mile-journey-to-pluto-reaches-historic-encounter [2015-07-14].

[20] NASA. New horizons pluto flyby. http: // pluto. jhuapl. edu/News-Center/ Resources/Press-Kits/NHPlutoFlybyPressKitJuly2015. pdf [2015-07].

[21] NASA. Four months after pluto flyby, NASA's new horizons yields wealth of discovery. http: // www. nasa. gov/press-release/four-months-after-pluto-flyby-nasa-s-new-horizons-yields-wealth-of-discovery [2015-11-10].

[22] Nathues A, Hoffmann M, Schaefer M, et al. Sublimation in bright spots on(1)Ceres. Nature, 2015, 528: 237-240.

[23] NASA. Ceres spots continue to mystify in latest dawn images. http: // www. nasa. gov/jpl/dawn/ceres-spots-continue-to-mystify-in-latest-dawn-images [2015-06-22].

[24] NASA. New names and insights at ceres. http: // www. nasa. gov/jpl/dawn/ new-names-and-insights-at-ceres [2015-07-28].

[25] NASA. Cassini finds global ocean in saturn's moon enceladus. http: // www. nasa. gov/press-release/cassini-finds-global-ocean-in-saturns-moon-enceladus [2015-09-16].

[26] NASA. Cassini completes final close enceladus flyby. http: // www. nasa. gov/ feature/jpl/cassini-completes-final-close-enceladus-flyby [2015-12-22].

[27] NASA. NASA confirms evidence that liquid water flows on today's mars. http: // www. nasa. gov/press-release/nasa-confirms-evidence-that-liquid-water-flows-on-today-s-mars [2015-09-28].

[28] NASA. NASA mission reveals speed of solar wind stripping martian atmosphere. http: // www. nasa. gov/press-release/nasa-mission-reveals-speed-of-solar-wind-stripping-martian-atmosphere

[2015-11-06].

[29] ESA. Rosetta's lander Philae wakes up from hibernation. http://www.esa.int/Our_Activities/Space_Science/Rosetta/Rosetta_s_lander_Philae_wakes_up_from_hibernation [2015-06-14].

[30] DLR. New command for philae. http://www.dlr.de/dlr/presse/en/desktopdefault.aspx/tabid-10172/213_read-16365/#/gallery/21643 [2016-01-08].

[31] NASA. NASA satellite camera provides "EPIC" view of earth. http://www.nasa.gov/press-release/nasa-satellite-camera-provides-epic-view-of-earth [2015-07-20].

[32] NASA. Five things about NASA's SMAP. http://www.nasa.gov/jpl/five-things-about-nasas-smap [2015-01-22].

[33] NASA. NASA launches groundbreaking soil moisture mapping satellite. http://www.nasa.gov/press/2015/january/nasa-launches-groundbreaking-soil-moisture-mapping-satellite [2015-01-31].

[34] NASA. SWAP mission overview. http://www.nasa.gov/smap/overview [2015-07-31].

[35] ESA. SMOS meets ocean monsters. http://www.esa.int/Our_Activities/Observing_the_Earth/SMOS/SMOS_meets_ocean_monsters [2015-09-30].

[36] ScienceDaily. The 2011 Tohoku-Oki earthquake was felt from space. http://www.sciencedaily.com/releases/2015/04/150423125840.htm [2015-04-23].

[37] ESA. Second copernicus environmental satellite safely in orbit. http://www.esa.int/Our_Activities/Observing_the_Earth/Copernicus/Sentinel-2/Second_Copernicus_environmental_satellite_safely_in_orbit [2015-06-23].

[38] NASA. One-year mission. https://www.nasa.gov/1ym/about [2015-02-09].

[39] NASA. Twins study. https://www.nasa.gov/twins-study/about [2015-04-14].

[40] NASA. Meals ready to eat: Expedition 44 crew members sample leafy greens grown on space station. https://www.nasa.gov/mission_pages/station/research/news/meals_ready_to_eat [2015-08-08].

[41] ESA. Historic handshake between space and earth. http://www.esa.int/Our_Activities/Human_Spaceflight/Historic_handshake_between_space_and_Earth [2015-06-03].

[42] NASA. International space station. http://www.nasa.gov/mission_pages/station/research/experiments/1343.html [2015-12-31].

[43] 新华网．俄美协议延长国际空间站"寿命". http://news.xinhuanet.com/2015-03/28/c_1114795235.htm [2015-03-28].

[44] Canada's economic action plan. Canada's participation in the international space station mission. http://actionplan.gc.ca/en/initiative/canadas-participation-international-space-station [2015-12-31].

[45] AXA. Comments by JAXA president on Japan's decision to participate in extended ISS operations. http://global jaxa.jp/press/2015/12/20151222_iss.html [2015-12-22].

[46] 中国科学院重大科技任务局．"十二五"期间通用领域重大科技成果及标志性进展之空间科学先导专项．http://www.bmrdp.cas.cn/alzx/XDA_03/201601/t20160124_4522881.html [2016-01-22].

[47] 中国科学院．中欧同步发布科学卫星任务遴选结果“太阳风—磁层相互作用全景成像卫星计划”入选．http：// www. cas. cn/sygz/201506/t20150604 _4368974. shtml [2015-06-04].
[48] 中国科学院．中欧联合发布科学卫星任务遴选结果．http：// www. cas. cn/cm /201506/t20150608_4369822. shtml [2015-06-08].
[49] ESA. ESA and Chinese Academy of Science to study SMILE as joint mission. http：// www. ese. int/Our_Activties/Space_Science/ESA_and_Chinese_Acade my_of_Sciences_to_study_Smile_as_joint_mission [2015-06-04].
[50] 国家航天局．天宫二号空间实验室进入电测阶段．http：// www. cmse. gov. cn/news/show. php?itemid=4517 [2015-01-05].
[51] 国家航天局．中国载人航天工程今年迎来密集发射．http：// www. cnsa. gov. cn/n1081/n7529/n7935/808430. html [2016-01-22].
[52] 中国科学院．中国“嫦娥”揭示月球复杂地质史．http：// www. cas. cn/cm/201503/t201503 13_4321656. shtml [2015-03-13].
[53] 中国科学院．中国“玉兔”显示月壤厚度可能被低估．http：// www. cas. cn/cm/201504/t20150415_4337638. shtml [2015-04-15].
[54] 中国科学院．嫦娥三号科学数据公开发布．http：// www. cas. cn/sygz/201504/t20150429_4346607. shtml [2015-04-29].
[55] 中国科学院．嫦娥玉兔“月球之家”正式命名“广寒宫”方圆 77 米．http：// www. cas. cn/cm/201601/t20160106_4514338. shtml [2016-01-06].
[56] NASA. NASA unveils latest technology roadmaps for future agency needs. http：// www. nasa. gov/press-release/nasa-unveils-latest-technology-roadmaps-for-future-agency-needs [2015-05-12].
[57] NASA. 2015 NASA technology roadmaps. http：// www. nasa. gov/offices/oct/home/roadmaps/index. html [2015-12-31].
[58] NASA. NASA releases plan outlining next steps in the journey to mars. http：// www. nasa. gov/press-release/nasa-releases-plan-outlining-next-steps-in-the-journey-to-mars [2015-10-09].
[59] NASA. NASA's journey to mars pioneering next steps in space exploration. http：// www. nasa. gov/sites/default/files/atoms/files/journey-to-mars-next-steps-20151008_508. pdf [2015-10-08].
[60] ASTROBIOLOGY. The 2015 astrobiology strategy identifies priority research for the NASA astrobiology program in the next decade. https：// www. astrobiology. nasa. gov/articles/2015/10/9/the-2015-astrobiology-strategy-identifies-priority-research-for-the-nasa-astrobiology-program-in-the-next-decade/[2015-10-09].
[61] NASA. Astrobiology strategy 2015. http：// astrobiology. nasa. gov/uploads/filer_public/01/28/01283266-e401-4dcb-8e05-3918b21edb79/nasa_astrobiology_strategy_2015_151008. pdf [2015-10-08].
[62] White House. National space weather strategy. https：// www. whitehouse. gov/sites/default/files/microsites/ostp/final_nationalspaceweatherstrategy_20151028. pdf [2015-10-28].

[63] White House. Enhancing national preparedness space-weather events. https://www.whitehouse.gov/blog/2015/10/28/enhancing-national-preparedness-space-weather-events [2018-10-29].

[64] White House. National space weather action plan. http://www.whitehouse.gov/sites/default/files/microstites/ostp/final_nationalspaceweatheractionplan_20151028.pdf [2015-10-28].

[65] ESA. Three candidates for ESA's next medium-class science mission. http://www.esa.int/Our_Activities/Space_Science/Three_candidates_for_ESA_s_next_medium-class_science_mission [2015-06-04].

[66] ESA. ESA space exploration strategy. http://esamultimedia.esa.int/multimedia/publications/ESA_Space_Exploration_Strategy/[2015-12-31].

[67] Cabinet Office, Government of Japan. 宇宙基本計画. http://www8.cao.go.jp/space/plan/keikaku.html [2015-01-09].

Progress in Space Science

Yang Fan, Han Lin, Wang Haiming, Guo Shijie,
Fan Weiwei, Liu Qiang

In 2015, a series of major breakthroughs in space science continued to be among world's biggest scientific achievements and caused great concerns of the scientific and industrial communities as well as the public, including New Horizons' successful flyby of the Pluto system, the confirmation of liquid water flows intermittently on present-day Mars, and the identification of the first near-Earth-size planet in the "habitable zone" around a sun-like star. In the context of global economic slowdown, most of the world's major space powers, including the United States, the EU and Japan, have actively made an overall plan of the space exploration, space utilization, space cooperation, and space innovation, and thus to assure stable and long-term development of space science. It is expected that China's space science will achieve greater developments under the guidance and support of the national authoritative planning in the near future.

4.8 信息科技领域发展观察

房俊民 王立娜 唐 川 徐 婧 张 娟

（中国科学院成都文献情报中心）

随着信息技术革命的日新月异，信息科技正朝着泛在化、智能化、虚拟化、融合化、绿色化的方向发展，对国际政治、经济、文化、社会、军事等领域的发展产生着深刻的影响。2015年，信息科技领域的发展兼顾持续性创新和颠覆性创新两种模式，在人工智能、光子学技术、集成电路、量子信息技术等方面取得了重要研究进展，在人工智能、量子信息技术、信息物理系统、高性能计算与新型计算范式等方面进行了重要研发布局，这将对全球创新提供源源不断的动力。

一、重要研究进展

2015年，科学家在人工智能、光子学技术、集成电路、量子技术等信息科技领域取得了众多备受瞩目的研究成果，下面对这些研究成果所体现出的主要技术研发动向做一个简要介绍。

1. 人工智能成为研究热点

2015年3月，英国南安普顿大学与新加坡南洋理工大学联合取得了一项重要的研究成果，可将光脉冲作为信息载体，利用由硫化物玻璃制作的特殊光纤来复制大脑神经网络和突触[1]。这项研究工作为使用具有超快信号传输速度、较高带宽、较低功耗的“光子神经元”的可伸缩类脑计算系统铺平了道路，表明了认知光子设备和网络可用于开发非布尔计算和决策制定范式，模拟大脑功能和信号处理过程，克服传统数据处理的带宽和功耗瓶颈。4月，美国加利福尼亚大学（后简称加州大学）圣巴巴拉分校和纽约州立石溪大学的研究人员开发了一种只需要使用一个忆阻器便能模拟100个神经突触的新型芯片[2]，目前只能完成识别极其简单的黑白图案的任务，该技术可以催生规模更大、功能更强的设备，并最终推动忆阻器的商业化应用。5月，美国加州大学伯克利分校的研究人员利用类似苹果Siri和微软Cortana的复杂方法[3]，成功开发出能“深度学习”的机器人，可以完成拧紧瓶盖或把衣服放在架子上等任务。同月，美国麻省理工学院的研究人员开发了一种新算法[4]，可以显著地提高机器人的自主能力，降低机器人团队在执行任务中具体分工计划所需要的运算时间。11月，谷歌（Google）公司将其人工智能引擎作为开源项目发布到互联网上[5]，显示了计算机软件行业正在发生着深刻的变革，也反映了与之相匹配的计算机硬件行业的发展趋势。随后，国际IT巨头——微软公司（Microsoft Corporation）、国际商业机器公司（IBM）与脸书公司（Facebook）先后宣布开源其人工智能技术。12月，美国麻省理工学院、美国纽约大学和加拿大多伦多大学的科学家开发了一个计算机模型[6]，具有类似人类的、能够从少量事例中学习新知识的能力。

2. 光子学技术取得巨大突破

2015年5月，IBM公司宣布设计并测试了首个全集成波分复用硅光学芯片[7]，采用光纤代替传统铜线在计算机系统内和周边传输数据，可以在未来的计算机系统上实现更快的传输速度和更长的传输距离。9月，由英国牛津大学、德国明斯特大学、德国卡尔斯鲁厄理工学院和英国埃克赛特大学等机构的科学家组成的国际团队开发出了全球首个非易失性全光学存储芯片[8]。其在断电的情况下也能长期保存光信号，且其生产材料与当前的CD和DVD材料相同。10月，由俄罗斯莫斯科国立大学和澳大利亚国立大学的科学家组成的国际团队研制出了一种基于硅纳米材料的全光开关[9]，有望实现最高数百TB/s的通信速度。12月，美国麻省理工学院、加州大学伯克利分校和科罗拉多大学联合利用现有半导体生产工艺开发出首个光通信微处理器原型[10]，其集成了7000万个晶体管和850个光学组件，利用光纤、光发射器和光接收器在处理器芯片和存储器芯片之间传输数据，数据传输速率高达300吉比特每秒每平方毫米，是类似的现有电子微处理器数据传输速率的10～50倍，这可显著降低数据中心的能耗。

3. 集成电路继续向微型化、能自毁、可降解的方向发展

2015年2月，美国得克萨斯大学奥斯汀分校的研究人员利用硅烯材料开发出世界上首个单原子层厚度的晶体管[11]，为下一代超快、微型、节能计算机芯片铺平了道路。7月，IBM与格罗方德（Global Foundries）公司、三星电子公司、纽约州立大学理工学院联合研制出半导体行业首款配置功能性晶体管的7纳米节点测试芯片[12]，在指甲盖大小的芯片上成功配置了200多亿个晶体管。9月，美国施乐公司开发了一款新型芯片[13]，能在接到命令后10秒内自行销毁，同时毁灭存储在芯片内的信息，为确保信息安全开创了一条新途径。同月，德国卡尔斯鲁厄理工学院的研究人员开发出了一种可生物降解的印刷电路技术及相关的工业生产工艺[14]，这将极大降低处理电子

垃圾的难度，并避免处理时产生大量的毒性物质。

4. 量子信息技术取得新突破

2015 年 6 月，全球第一家量子计算公司 D-Wave 宣布开发了 1000 量子位的量子处理器[15]，其量子位为上一代 D-Wave 处理器的两倍左右，并远超其他同行产品的量子位。这项成果相比过去的任何量子计算机能够更有效地解决复杂的计算问题。2015 年 8 月，奥地利维也纳大学与奥地利科学院的科学家首次在实验中成功实现了两个量子逻辑门的叠加态[16]，这有助于研发速度更快的新型量子计算机。10 月，澳大利亚新南威尔士大学的研究人员提出了一种架构[17]，可以实现大规模硅基量子计算机，为实现可实用的量子计算迈出了重要一步。

二、重要战略规划

为巩固和重塑全球战略优势，抢占未来经济发展制高点，欧美等地的发达国家和企业巨头都瞄准信息科技领域的关键技术进行统筹部署和推进。下面将对其中一些重大的科技发展战略布局进行简要介绍。

1. 人工智能成为各国研发重点

（1）各国加快布局机器人与认知技术研究。2015 年 1 月，欧盟委员会宣布为首个 H2020 机器人计划将投入 7400 万欧元[18]，旨在面向医疗与救援机器人、工业与服务机器人开发关键技术，引进、测试、验证真实环境中的创新解决方案。同月，日本政府制定了“机器人革命” 5 年战略计划[19]，重点扶持护理、医疗、农业、中小企业等人手短缺日趋严重的领域。2 月，美国科技政策办公室发布了 2016 年的研发预算[20]，指出创新神经技术脑研究计划将获得 3 亿多美元的资助，以利用前沿技术创建大脑动态活动图谱、提供关键的知识基础、帮助研究人员开发治疗大脑疾病的新技术。5 月，美国国家航空航天局公布了《2015 技术路线图》草案[21]，指出了机器人与自主系统的发展路线。12 月，欧洲机器人技术合作伙伴组织（SPARC）发布了机器人技术多年路线图[22]，旨在为描述欧洲的机器人技术提供一份通用框架，并为市场相关的技术开发设定了一套目标。同月，美国国家科学基金会宣布投资 3000 万～5000 万美元用于研发协作式机器人[23]，重点研发方向包括自主系统、社会和行为与经济、传感和智能感知、建模与分析、设计和材料、交流和操作接口、规划和控制、人工智能、认知和学习、算法与硬件、应用场景等。

（2）企业巨头着力部署人工智能技术。2015 年 7 月，谷歌公司与美国国家航空航天局拟共建量子人工智能实验室[24]，旨在将量子计算应用于人工智能，基于目前的理论并借鉴 D-Wave 公司的量子退火架构完成了推理处理器与量子优化设计与测试，提高了机构在太空探索、地球与空间科学及航空领域的优化能力。10 月，IBM 公司宣布新增 6 家 Watson 生态系统合作机构[25]，旨在联合利用 Watson 开发者云平台（Watson Developer Cloud）开发基于认知计算的应用程序与服务。11 月，IBM 公司宣布与伦斯勒理工学院联合开展沉浸式认知系统研究[26]，探索并推进人机之间的自然协作问题解决方案。12 月，硅谷投资者联合投资 10 亿美元成立人工智能研究中心[27]，以推动数字智能化发展，造福人类。

2. 政企积极打造量子信息技术竞争优势

2015 年 1 月，美国陆军研究实验室发布了《2015～2019 年技术实施计划》[28]，提出了 2015～2030 财年的量子信息科学的研发目标与基础设施建设目标。3 月，英国“创新英国”（Innovate UK）机构和工程与物理科学研究理事会（EPSRC）发布了《国家量子技术战略》[29]，指出了充分利用量子技术卓越潜力的行动计划与建议、未来量子技术的商业应用发展情况。7 月，加拿大国务部长 Ed Holder 宣布投资 6650 万美元资助量子材料与未来技术研究[30]，促进加拿大前沿计算与电子器件的发展。9 月，英国 EPSRC 宣布投入 1200 万英镑资助量子现象（如叠加和纠缠）直接应用领域的探索研究[31]，以解决量子科学从技术到最终应用所面临的巨大挑战；英特尔公司宣布在未来十年内投资 5000 万美元[32]，同荷兰代尔夫特理工大学和荷兰应用研究组织联合推动量子计算的研究；谷歌公司、美国国家航空航天局和美国大学太空研究协会与量子计算机开发商 D-Wave 公司签订了为期 7 年的量子处理器开发协议[33]。10 月，英国 Innovate UK 发布了《英国量子技术路线图》[34]，旨在引导英国未来 20 年在量子技术研发方面的工作与投资。12 月，美国情报高级研究计划局资助 IBM 公司开发通用量子计算机所需的关键部件[35]。

3. 欧美规划信息物理系统发展路线与战略行动

2015 年 6 月，美国国家标准与技术研究院发布了《智能消防研究路线图》[36]，阐述了智能消防的发展现状与未来趋势，指出了智能消防系统应优先解决的科学研究挑战、技术壁垒、阻碍智能消防技术和系统广泛应用的研发空白。7 月，由欧盟 FP7 计划资助的 CyPhERS 项目公布了一份研究成果报告——《欧洲信息物理系统（CPS）研究路线图与战略》[37]，针对交通、能源、医疗、工业和基础设施建设五大关键领域，阐述了 CPS 在欧洲的现状、前景、挑战和建议。9 月，美国奥巴马政府宣布将向新“智慧城市”计划投资逾 1.6 亿美元[38]，旨在应对社区关键挑战，如减缓交通拥堵、打击违法犯罪、促进经济增长、控制气候变化的影响以及改善城市的服务水平。该计划具体由美国国家科学基金会、国家标准和技术研究院、国土安全部、交通部、能源部、商务部、环境保护署、统计局、IBM公司、美国电话电报公司（AT&T）等政企机构来开展。

4. 高性能计算与新型计算范式研究齐头并进

2015年6月，康奈尔大学人类计算研究所发布了一份《美国人类计算（human computation）研究路线图》[39]。人类计算是一个新兴的领域，它涉及信息处理系统的设计与分析。人类作为计算代理（computational agents）参与其中。该路线图指出了人类计算的应用类别及案例、新兴研究领域、面临的伦理和法律等问题。7月，美国总统奥巴马签发行政令，启动了统一的、多部门参与的美国国家战略性计算计划[40]，旨在与产业界和学术界通力合作，使高性能计算研发与部署最大程度地造福于经济竞争与科学发现。10月，欧盟“地平线2020”计划公布的2016年未来新兴技术领域招标计划[41]指出，探索新计算范式和技术，开发受生物、自然和社会启发的新型计算技术，解决高度跨学科领域、数据与计算科学领域所面临的未来新兴挑战与需求。

三、启示与建议

2015年，我国在信息科技领域也取得了一些重大研究进展，并部署了一系列的科技项目与计划。在重大研究进展方面，中国科学技术大学研究团队在国际上首次成功实现了“多自由度量子体系的隐形传态”，这项工作打破了国际学术界从1997年以来只能传输单一自由度量子体系的局限，为发展可扩展的量子计算和量子网络技术奠定了坚实的基础。中国科学院物理研究所的研究人员首次在TaAs晶体中观测到外尔费米子的存在。外尔费米子是一种无质量且具有“手性”的电子，未来将可能在量子计算机、低能耗器件等方面有重要应用。中国科学院理化技术研究所和清华大学联合开发出了首个自驱动可变形液态金属机器，可在吞食少量物质后以可变形机器形态长时间高速运动，完全摆脱了庞杂的外部电力系统，向研制自主独立的柔性机器迈出了关键的一步。在重大战略布局方面，我国也在积极部署，如国务院将“中国脑计划”列为事关我国未来发展的重大科技项目之一、于2015年5月发布的《中国制造2025》计划将机器人作为大力推动的重点领域之一、7月发布的《关于积极推进“互联网+”行动的指导意见》等。

纵观2015年世界信息科技领域发展态势，欧美等地的发达国家在人工智能、量子信息技术、信息物理系统、高性能计算与新型计算范式、光子学技术、集成电路等科技必争领域进行了积极部署，并取得了一系列备受瞩目的研究成果。为把握全球信息科技发展趋势，我们结合我国信息科技领域科研与产业的薄弱环节、优劣势和未来方向提出以下建议：制定人工智能和量子技术创新发展战略规划，通过系统性布局凝聚整体科技竞争力；加强颠覆性信息技术的前沿基础研究，重点突破相关的核心关键技术研究，抢占科技战略制高点；建立由政府、产业界和学术界组成的技术创新集群，加速前沿人工智能、量子信息技术、光电子学技术的应用推广。

致谢：国防科学技术大学王怀民教授、中国科学院理化技术研究所刘静研究员、中国科学院自动化研究所孙哲南研究员对本文的撰写提出了详尽和专业的指导意见和建议，在此对他们表示诚挚的感谢！

参考文献

[1] University of Southampton. Optical fibers light the way for brain-like computing. http://www.southampton.ac.uk/mediacentre/news/2015/mar/15_45.shtml#.VUHv9rExiV9 [2015-3-10].

[2] MIT Technology Review. A better way to build brain-inspired chips. http://www.technologyreview.com/news/537211/a-better-way-to-build-brain-inspired-chips/[2015-5-6].

[3] Campus Technology. UC berkeley develops "deep learning" for robot. http://campustechnology.com/articles/2015/05/21/uc-berkeley-develops-deep-learning-for-robot.aspx [2015-5-21].

[4] Massachusetts Institute of Technology. New algorithm lets autonomous robots divvy up assembly tasks on the fly. http://newsoffice.mit.edu/2015/assembly-algorithm-for-autonomous-robots-0527 [2015-5-27].

[5] Wired Magazine. Tensor flow, google's open source AI, signals big changes in hardware too. http://www. wired.com/2015/11/googles-open-source-ai-tensorflow-signals-fast-changing-hardware-world/[2015-11-9].

[6] Science. Human-level concept learning through probabilistic program induction. http://www.sciencemag.org/content/350/6266/1332.full [2015-12-11].

[7] IBM. IBM's silicon photonics technology ready to speed up cloud and big data applications. http://www-03.ibm.com/press/us/en/pressrelease/46839.wss [2015-5-12].

[8] MIT Technology Review. New memory chips store data not with electricity, but with light. http://www.technologyreview.com/news/541836/new-memory-chips-store-data-not-with-electricity-but-with-light/[2015-9-29].

[9] Sciencedaily. World's fastest nanoscale photonics switch. http://www.sciencedaily.com/releases/2015/10/151027143027.htm? utm_source=feedburner&utm_medium=feed&utm_campaign=Feed%3A+sciencedaily%2Fmatter_energy%2Felectronics+%28Electronics+News+-+ScienceDaily%29 [2015-10-22].

[10] MIT Technology Review. Light chips could mean more energy-efficient data centers. http://www.technologyreview.com/news/544961/light-chips-could-mean-more-energy-efficient-data-centers/[2015-12-23].

[11] EurekAlert. One-atom-thin silicon transistors hold promise for super-fast computing. http://www.eurekalert.org/pub_releases/2015-02/uota-ost020315.php [2015-2-3].

[12] IBM. IBM research alliance produces industry's first 7nm node test chips. http://www-03.ibm.com/press/us/en/pressrelease/47301.wss[2015-7-9].

[13] Computerworld. Xerox PARC's new chip will self destruct in 10 seconds. http://www.computerworld.com/article/2982922/computer-processors/xerox-parcs-new-chip-will-self-destruct-in-10-seconds.html [2015-9-15].

[14] KIT. Compostable electronics for printing. http://www.kit.edu/kit/english/pi_2015_compostable-electronics-for-printing.php [2015-9-30].

[15] HPCwire. D-Wave systems breaks 1000 qubit quantum computing barrier. http://www.hpcwire.com/off-the-wire/d-wave-systems-breaks-1000-qubit-quantum-computing-barrier/?utm_source=rss&utm_medium=rss&utm_campaign=d-wave-systems-breaks-1000-qubit-quantum-computing-barrier [2015-6-22].

[16] University of Vienna. Paving the way for a faster quantum computer. http://medienportal.univie.ac.at/presse/aktuelle-pressemeldungen/detailansicht/artikel/paving-the-way-for-a-faster-quantum-computer/[2015-8-10].

[17] IEEE Spectrum. Australians invent architecture for a full-scale silicon quantum computer. http://spectrum.ieee.org/tech-talk/computing/hardware/silicon-quantum-computers-look-to-scale-up [2015-10-30].

[18] European Commission. The first robotics projects of H2020 starting. https://ec.europa.eu/digital-agenda/en/news/first-robotics-projects-h2020-starting [2015-1-13].

[19] 日本经济新闻中文版．日本制定"机器人革命"5年计划．http://cn.nikkei.com/politicsaeconomy/economic-policy/12867-20150126.html [2015-1-26].

[20] The White House. Investing in research to help unlock the mysteries of the brain. http://www.whitehouse.gov/sites/default/files/microsites/ostp/brain_initiative_fy16_fact_sheet_ostp.pdf [2015-2-13].

[21] NASA. NASA unveils latest technology roadmaps for future agency needs. http://www.nasa.gov/press-release/nasa-unveils-latest-technology-roadmaps-for-future-agency-needs [2015-5-11].

[22] SPARC. Robotics 2020 multi-annual roadmap. http://sparc-robotics.eu/multi-annual-roadmap-mar-for-horizon-2020-call-ict-2016-ict-25-ict-26-published/[2015-12-3].

[23] National Science Foundation. The realization of co-robots acting in direct support of individuals and groups. http://www.nsf.gov/pubs/2016/nsf16517/nsf16517.htm? WT.mc_id=USNSF_

25&WT. mc_ev=click [2015-12-10].
[24] iTech Post. NASA and google's quantum artificial intelligence laboratory. http://www.itechpost.com/articles/15467/20150730/nasa-and-googles-quantum-artificial-intelligence-lab.htm [2015-7-30].
[25] IBM. IBM announces six new watson ecosystem partners building cognitive applications. http://www-03.ibm.com/press/us/en/pressrelease/47957.wss[2015-10-26].
[26] HPCwire. IBM announces collaboration with rensselaer polytechnic institute. http://www.hpcwire.com/off-the-wire/ibm-announces-collaboration-with-rensselaer-polytechnic-institute/? utm_source=rss&ut m_medium=rss&utm_campaign=ibm-announces-collaboration-with-rensselaer-polytechnic-institute [2015-11-18].
[27] The New York Times. Artificial-intelligence research center is founded by silicon valley investors. http://www.nytimes.com/2015/12/12/science/artificial-intelligence-research-center-is-founded-by-silicon-valley-investors.html [2015-12-12].
[28] Army Research Lab. Army research lab technical implementation plan for 2015-2019. http://www.arl.army.mil/www/pages/172/docs [2015-1-15].
[29] Innovate UK. National strategy for quantum technologies. https://www.gov.uk/government/publications/national-strategy-for-quantum-technologies [2015-3-23].
[30] Government of Canada. Minister holder announces investment in quantum materials research and future technologies. http://www.cfref-apogee.gc.ca/news_room-salle_de_presse/press_releases-communiques/2015/University_of_British_Columbia-eng.aspx[2015-7-30].
[31] EPSRC. EPSRC's Fellows to lead UK's Quantum Tech quest. https://www.epsrc.ac.uk/news-events/news/fellowsleadtoquantumtechquest/[2015-9-28].
[32] INTEL. Intel invests US$50 million to advance quantum computing. http://newsroom.intel.com/community/intel_newsroom/blog/2015/09/03/intel-invests-us50-million-to-advance-quantum-computing [2015-9-3].
[33] C114中国通信网．谷歌NASA与D-Wave合作推进量子计算研究．http://www.c114.net/news/261/a921373.html [2015-9-29].
[34] Innovate UK. A roadmap for quantum technologies in the UK. https://www.gov.uk/government/uploads/system/uploads/attachment_data/file/470243/InnovateUK_QuantumTech_CO004_final.pdf [2015-10-26].
[35] Network World. IBM tapped by US intelligence agency to grow complex quantum computing technology. http://www.networkworld.com/article/3012571/data-center/ibm-tapped-by-us-intelligence-agency-to-grow-complex-quantum-computing-technology.html [2015-12-8].
[36] National Institute of Standards and Technology. research roadmap for smart fire fighting. http://www.nist.gov/manuscript-publication-search.cfm? pub_id=918636[2015-6-11].
[37] European Commission. Cyber-physical european roadmap & strategy. https://ec.europa.eu/digital-agenda/en/news/cyber-physical-european-roadmap-strategy[2015-7-1].

[38] The White House. Administration announces new "Smart Cities" initiative to help communities tackle local challenges and improve city Services. https://www.whitehouse.gov/the-press-office/2015/09/14/fact-sheet-administration-announces-new-%E2%80%9Csmart-cities%E2%80%9D-initiative-help[2015-9-14].
[39] MIT Technology Review. The emerging science of human computation. http://www.technology-review.com/view/538101/the-emerging-science-of-human-computation/[2015-6-4].
[40] The White House. Executive order--creating a national strategic computing initiative. https://www.whitehouse.gov/the-press-office/2015/07/29/executive-order-creating-national-strategic-computing-initiative? from=groupmessage&isappinstalled=0 [2015-7-29].
[41] European Commission. Future and emerging technologies(FETs) 2016-17. http://ec.europa.eu/research/participants/data/ref/h2020/wp/2016_2017/main/h2020-wp1617-fet_en.pdf [2015-10-15].

Progress in Information Science and Technology

Fang Junmin, Wang Lina, Tang Chuan, Xu Jing, Zhang Juan

The information technology (IT) is currently evolving towards ubiquity, intelligence, virtualization, integration, and green, which have made a profound impact on international politics, economy, culture, society, military and other areas. In 2015, both sustaining innovation and disruptive innovation were witnessed in the development of IT. Important achievements were accomplished in artificial intelligence, photonics, integrated circuits, quantum technology, etc. Governments and industries unveiled strategic plans in artificial intelligence, quantum technology, cyber-physical systems, high performance computing and new computing paradigms, etc.

4.9　能源科技领域发展观察

陈　伟[1]　张　军[1]　赵黛青[2]　郭楷模[1]

（1. 中国科学院武汉文献情报中心；2. 中国科学院广州能源研究所）

2015 年，全球能源转型发展新常态的特征明显，石油市场再平衡、中国转变发展模式、印度能源消费崛起、全球达成新气候协议等一系列标志性事件都将对世界能源格局带来深远影响[1]，世界能源消费呈现与排放和经济成比例增长脱钩的趋势，结构优化呈现绿色低碳化、智能化、高效化、多元化趋势。科技创新在能源生产和消费革命中起到核心引领作用，而从系统层面开展多学科交叉的全价值链创新已经成为能源顶层战略规划和科研活动组织的典型模式。

一、重要研究进展

2015 年能源科技界在高效燃烧系统、新型电化学储能、大型核聚变实验装置、太阳能转化、先进生物燃料、二氧化碳（CO_2）资源化利用等领域研究均取得了诸多创新进展。

1. 重视开发高效率先进燃烧系统

超临界 CO_2 布雷顿循环有潜力实现超过 50%的热电转换效率，且具有非常紧凑的涡轮机械设计，美国能源部正在密集资助学术界和工业界合作加快该项技术商业化：塔尔能源（Thar Energy）公司牵头开发高温高压差同流换热器技术[2]，桑迪亚国家实验室和 8 家机构合作开展超临界 CO_2 布雷顿循环技术中试试验[3]，艾可竣（Echogen）电力系统公司、燃气技术研究所和西南研究院联合设计了 10 兆瓦超临界 CO_2 布雷顿循环试验设施[4]。

研究人员还在开发先进涡轮系统以实现将联合循环整体效率提高至 65%左右的目标。美国国家能源技术实验室致力于优化旋转爆轰燃烧喷嘴设计以实现更长的运行时间，并阻止来自爆轰波的反馈以实现涡轮效率的最大化[5]。佐治亚理工学院、宾夕法尼亚州立大学通过开发高温低氮氧化物排放燃烧器技术、理解瞬态燃烧现象以达到控制高效低排放燃烧性质的目的。普渡大学和密歇根大学研究旋转爆轰燃烧涡轮系统，以改善增压燃烧系统的设计。俄亥俄州立大学和匹兹堡大学设计开发全新的涡轮冷却架构，提供更高的冷却和循环效率[6]。

2. 更高容量、更低成本下一代电化学储能技术取得新突破

（1）全固态锂离子电池。全固态锂离子电池可以从根本上解决使用液态电解质的锂离子电池安全性问题，发展高电导率的电解质材料、降低固-固界面电阻是关键。麻省理工学院和韩国三星先进技术研究院揭示了高电导率锂离子导体应具有的结构特性，为设计和优化新型固态电解质材料提供了具有重要意义的设计原则[7]。日本日立公司和东北大学成功开发了耐高温全固态锂离子电池，采用硼氢化锂（$LiBH_4$）降低内电阻，证实电池能在150℃高温下工作，放电容量达到理论值的90%[8]。宝马公司与麻省理工学院开展为期三年的锂离子电池研究合作，重点之一即是开发新型固态锂离子电池，解决电池易燃性问题[9]。

（2）锂空气电池。锂空气电池的理论能量密度约为锂离子电池的10倍，是电化学储能的研究前沿，而解决循环稳定性问题是其技术发展的关键。英国剑桥大学使用多层大孔石墨烯氧化物作为正极材料，碘化锂氧化还原介质和水作为电解液添加剂，成功开发出小型锂空气电池实验室原型，克服了阻碍实际应用的化学不稳定性问题[10]。加利福尼亚大学伯克利分校通过分析过氧化锂在电解液中的溶解情况建立了定量模型，解决了固态中间产物在碳阴极集聚的问题，为非水系锂空气电解液的选择制定了一套标准[11]。耶鲁大学开发了锂空气电池介孔催化薄膜架构，解决了放电时形成的锂氧化物覆盖催化剂的重要问题[12]。

（3）有机液流电池。有机液流电池与目前商业液流电池相比，避免了使用有毒的过渡金属离子，具有成本低、无毒、无腐蚀性、不易燃等特点。哈佛大学的科学家基于氧化还原活性有机分子亚铁氰酸盐和醌类化合物开发了新型无毒有机液流电池，证明在近室温条件下能以大功率密度高效稳定工作，降解率低于1%[13]。德国耶拿大学的科学家基于四甲基哌啶氮氧化物（TEMPO）/紫精、廉价纤维素基透析膜以及氯化钠电解液，开发了有机液流电池体系，在经历10000次充放电循环后容量仍保持在初始值的80%[14]。

3. 大型核聚变实验装置投入运行

2015年，美国、德国相继有大型核聚变实验装置投入使用。普林斯顿等离子体物理实验室升级了世界最强大的球型托卡马克NSTX-U，将其加热功率和磁场强度提高了一倍，实验运行时间从1秒提升到5秒，并且等离子体参数也提高了一个数量级，

为条件苛刻的核聚变研究提供了一个强大的实验平台[15]。德国马普学会等离子体物理研究所耗资10亿欧元建造的世界最大的仿星器W7-X成功启动，利用1.3兆瓦短脉冲微波加热1毫克氦气制造了100万摄氏度的氦等离子体，持续了1/10秒，研究人员在2016年将开始利用W7-X研究氢等离子体[16]。

4. 太阳能转化利用新成果层出不穷

（1）钙钛矿太阳电池研究方兴未艾。科学家致力于研究高效能量转换机理与制约因素、开发低成本电子/空穴传输新材料、构建高效叠层电池等关键科学问题：瑞士洛桑联邦理工学院研发出新型钙钛矿太阳电池的转换效率达到21.02%，创造了新的世界纪录[17]。日本国立材料科学研究所制备出了稳定、高导电性的重掺杂型电荷传输层材料，成为首个通过1000小时测试认证的大面积高稳定性钙钛矿太阳电池[18]。斯坦福大学[19]、麻省理工学院[20]、英国牛津大学[21]、德国亥姆霍兹柏林材料与能源中心[22]、瑞士联邦材料科学与技术研究所[23]均报道了钙钛矿与硅电池或铜铟镓硒电池构建叠层电池的研究成果，通过带隙匹配提高太阳光谱的吸收利用率，期望实现30%的转换效率。

（2）光伏储能一体化器件崭露头角。科学家正在设计集捕光、储能、发电于一体的材料体系，有潜力用于规模太阳能转化与储能。加利福尼亚大学洛杉矶分校研发出一种新型水相胶束体系，由作为电荷施主的共轭电解质多聚物和作为电荷受主的纳米级富勒烯组成，该材料体系不仅可利用阳光发电，还有潜力将吸收的太阳能储存数周，有望改变太阳电池的设计方式[24]。俄亥俄州立大学开发出首个光辅助水系锂-碘液流电池一体化器件，结合了锂-碘氧化还原液流电池和染料敏化太阳电池，实现光电转换和储能两大系统功能集成[25]。

（3）人工光合成研究取得重要进展。美国能源部人工光合作用联合研究中心（JCAP）研发出了首个太阳能分解水制氢燃料系统原型，在1个太阳光照条件下达到太阳能到化学能10.5%的转换效率，并保持高于10%的效率稳定工作40个小时以上，在安全性、稳定性和性能的综合纪录方面取得了突破性进展[26]，下一阶段将研究在温和条件下将CO_2转化为燃料[27]。建立自然-人工杂化的太阳能高效光合体系研究在这一年也亮点频现，哈佛大学[28]、加利福尼亚大学伯克利分校[29]、阿贡国家实验室[30]均报道了构建植物PSII酶和半导体光催化剂的自组装杂化光合体系的研究成果，为发展全光解水体系实现太阳能到化学能的高效转化奠定基础。

5. 先进生物燃料技术稳步推进商业化

尽管面临低油价的冲击，科学家仍在加紧开发效率更高的先进生物燃料技术，推进其商业化进程。欧盟投资超过2.2亿欧元在德国建设首座商业规模纤维素乙醇精炼厂，能够将C5和C6糖一锅法同时转化为乙醇，将转化率提高了50%[31]。美国能源部生物能源研究中心和麦斯科玛公司（Mascoma）培育了一种革命性的工程酵母菌种C5 FUEL™，能够将经过预处理的玉米秸秆中97%的糖分转化为生物燃料，树立了非粮纤维素生物质糖分转化为燃料效率的新标杆[32]。巴特尔（Battelle）公司使用西北太平洋国家实验室开发的加氢热解催化剂，以单次负载量实现了生物质催化热解制生物燃料工艺成功运行超过1000小时，使得商业可行性进一步提高[33]。加利福尼亚大学洛杉矶分校通过基因工程改造热纤梭菌，使降解植物纤维素转化异丁醇产量提高了10倍[34]。英国曼彻斯特大学鉴定了从酵母菌中分离的两个关键酶的精确结构和作用机制，为生产生物燃料和烃类化合物提供了一条更清洁的新途径[35]。

6. CO_2资源化利用获普遍重视

全球应对气候变化促使科学家加强CO_2资源化利用的研究力度，重点在于开发高效催化剂驱动温和条件下的能量爬坡反应。美国阿贡国家实验室与德国弗赖堡大学合作开发了一种氧化铝（Al_2O_3）薄膜负载的铜原子簇（Cu_4簇）催化剂，降低了反应活化位垒，在低压下可高效地将CO_2还原为甲醇[36]。匹兹堡大学设计出包含路易斯双环的微孔金属有机框架材料催化剂（MOF UiO-66），能够降低CO_2和氢气（H_2）合成甲酸的活化位垒[37]，并确定了衡量高效催化剂加氢活性的主要因素，有助于未来筛选开发更加高效的CO_2加氢催化剂[38]。加州理工学院通过合成全新的过渡金属钼（Mo）复合物催化材料，首次实现将2个CO分子转变为烯醇衍生物，清晰地揭示了整个反应的机理过程，为实现碳氧化物到液体燃料转化指明了方向[39]。

二、重要战略规划

1. 发达国家基于能源系统层面规划全价值链创新

为解决能源领域这一复杂巨系统深化革命的巨大挑战，主要国家均着眼于从系统层面开展多学科交叉的全价值链创新。国际能源署在2015年5月份发布了《能源技术展望》强调，能源技术创新不能只局限于技术本身，需要着眼于能源系统层面开展创新，并建议各国政府设计能源创新政策时需要面向完整的创新价值链，针对不同技术及在不同发展阶段运用合适的政策工具[40]。美国能源部9月份发布的《四年度技术评估》报告指出，从系统层面来看，能源系统各领域间相互依存度逐渐提高，出现了越来越多的交叉技术，需要充分利用日益融合的计算模拟、大数据及复杂系统分析、多尺度物质表征与控制能力来设计新型能源系统[41]。欧盟于2015年开始全面实施能源联盟战略以应对能源变革新挑战，将研究与创新置于低碳能源转型的中心地位[42,43]，9月份公布了升级版的战略能源技术计划（SET-Plan），改变了过去依靠技术路线图单纯从技术维度来规划发展，而是将能源系统视为一个整体来聚焦转型面临的若干关键挑战与目标，以结果为导向打造能源科技创新全价值链，围绕可再生能源、智能能源系统、能效和可持续交通四个核心优先领域以及碳捕集与封存和核能两个适用于部分成员国的特定领域，将开展十大研究与创新优先行动[44]。

2. 全球减排压力推动化石能源清洁高效利用

在全球达成气候变化新协议之前，主要发达国家已经出台了国内行动计划压缩煤炭发展空间，推动以高效低碳的方式利用煤炭。美国2015年8月份公布的《清洁电力计划》首次提出了全国性减排措施：到2030年，美国发电厂碳减排32%（较2005年基准），并强调需要更加清洁、高效地利用化石能源[45]。德国7月份开始实施减少电力行业污染的方案，以实现到2020年减排40%的气候目标，提出将部分在役褐煤装机转为电力储备，提高燃煤热效率，并推动从燃煤热电联产（CHP）向燃气CHP转变[46]。英国能源与气候变化部11月份宣布，拟从2023年起限制国内燃煤电厂使用，到2025年将关闭所有燃煤电厂，将更清洁的天然气作为优先选择[47,48]。

3. 储能成为电力部门引领低碳化转型的关注焦点

储能是增强电力系统灵活性、实现高比例波动性可再生能源平滑并网的关键使能技术。世界银行2015年3月份发布的报告指出，储能有潜力解决可再生能源并网的大部分挑战，多样性的储能技术可在不同地点、不同时间尺度满足多种电力系统场景需求[49]。国际可再生能源机构（IRENA）6月份发布了《可再生能源与储能》报告，提出了储能未来发展五大优先领域的14项优先行动，涵盖了储能系统分析工具、用户侧自消费储能、储能与可再生能源发电的耦合等[50]。美国能源部（DOE）发布了《储能安全性战略规划》，提出了安全可靠部署电网储能技术的高层次路线图，强调了从开发安全性验证技术、制定事故防范方法、完善安全性规范标准与法规三个相互关联的领域确保储能技术的安全部署[51]。

4. 先进核能发展仍是低碳未来的重要组成部分

国际能源署和经合组织核能署2015年1月份联合发布了《核能技术路线图》看好核能中长期发展前景，指出安全性是核能发展的最优先事项，需要通过优化设计、实现标准化、建立更高效的供应链和实施核废料管理解决方案来满足核电安全性需求，并提出了先进反应堆技术和核燃料循环相关研发行动建议[52]。美国出台了系列举措推动先进核能发展，包括：1月份宣布继续资助轻水反应堆先进模拟仿真研发联盟，未来五年开展包括沸水反应堆、小型模块化反应堆在内的更多类型反应堆建模仿真设计，解决反应堆运行与安全方面的重要问题[53]；11月份宣布建立“加速核能创新门户”（GAIN），为产业界获得能源部及其国家实验室的技术、监管和财政支持提供一站式服务，以推动先进反应堆设计实现商业化[54]；2016年年初投资8000万美元支持两个研发团队开发第四代核能反应堆技术（小型模块化球床高温氦冷反应堆和氯化物熔盐快堆），有望在2035年前进行示范[55]。

5. 各国推动可再生能源逐步成为主导能源

可再生能源在应对气候变化和能源转型中起到核心作用。国际能源署（IEA）统计指出可再生能源已成为全球第二大电力来源[56]，并预测未来5年可再生能源将是全球电力增长的最大来源[57]。美国、法国、中国等20个国家在法国气候变化大会开幕之际宣布携手启动“创新使命”倡议，提出未来五年将参与各国的清洁能源研发创新公共投资翻一番，关注于变革性清洁能源技术创新[58]。

太阳能是竞争最为激烈的可再生能源技术，美国、欧洲、日本等主要国家和地区着眼于降低成本，实现平价上网目标，全覆盖布局先进材料、制造和系统应用各环节的研发。欧盟2015年1月份提出通过产-学-研联合推动光伏产业全价值链的持续创新，建立了百万千瓦级高效率（22%～25%）N型异质结晶硅太阳电池与组件制造厂，利用规模经济效益加快推动先进高效低成本技术的产业化[59]。日本6月份启动了“高性能、高可靠性、低成本太阳能发电技术开发”项目，以实现到2020年14日元/千瓦时，2030年7日元/千瓦时的发电成本目标。该项目部署了三大研究主题：先进高效率硅基太阳电池技术、超高效率低成本Ⅲ-Ⅴ族化合物太阳电池技术、低成本钙钛矿太阳电池技术[60]。美国太阳能计划（Sunshot）针对初创技术容易陷入创新“死亡之谷”的问题，整合了“技术到市场”全价值链资助方案，以克服技术开发、供应链培育和规模制造各环节创新互相割裂的障碍[61]。

在生物能源领域，藻类生物燃料成为关注的热点。美国能源部2015年7月份宣布投资1800万美元开展藻类生物燃料与生物基产品研究，旨在到2019年之前将藻类生物燃料价格降至每加仑汽油当量5美元以下，长远目标是实现到2030年的价格降至每加仑汽油当量3美元[62]。欧盟12月份投资了约1000万欧元开展藻类制生物燃料项目研究，旨在示范从藻种选育、培养条件优化、油脂提取、生物燃料生产到实际交通试验全过程[63]。日本电装宣布将建设日本最大的藻类生物燃料培养设施（20000平方米），目标是推动大规模培养微细绿藻制生物燃料技术尽快实现实用化[64]。

三、启示与建议

1. 顶层设计明确能源科技创新战略的优先方向与路线

全球能源生产与消费革命正在不断深化，新兴产业与新业态的不断壮大将推动能源生产利用方式发生深刻变革，在目前消费增长减速换挡、结构优化步伐加快、发展动能开始转换的战略转型关键期，我国需要以“四个革命、一个合作”的能源发展战略思想为指导，合理规划建设清洁低碳、安全高效现代能源体系的中长期愿景和目标，建立有雄心和稳定的政策环境，把战略接续油气资源开发、化石能源清洁高效利用、分布式能源和智能电网、先进安全核能、规模化可再生能源作为战略优先方向，制定并适时更新中长期发展战略/行动计划，并利用技术和产业路线图指导技术研发和产业创新。

2. 着眼于能源科技创新全价值链进行研究体系布局

能源科技创新流程不是单向的，而是涉及多个利益相关方的交互式、迭代式创新。先进技术的应用部署和商业化，是能源科技创新成功的最终评价标准。需要以应用目标为导向，整合现有的基础研究、能源领域应用研究和工业示范各阶段资源投入，并开展能源科技体制机制改革，加快建立健全我国能源科技创新体系。该体系包括：鼓励跨学科、跨领域合作，借鉴美国能源创新中心、日本创新集群、欧洲产业计划模式建立产学研新型联合平台/集群开展集成化创新和联合攻关，打通原始创新-技术开发-商业化-推广应用的整个创新链条；在新型智能电力能源系统、规模储能、先进可再生能源（太阳能为主）、核聚变示范堆等领域组织筹划新的重点研发计划；在国家层面建立多元化的能源科技风险投资基金，激励高风险、高回报的变革性技术开发，利用政府资源投入来撬动民间资本，推动技术走向市场。

3. 实施重大能源工程形成国际竞争优势的高端能源技术装备工业体系

能源产业的最终竞争力体现在高端技术装备上，需要在煤炭清洁高效转化利用、先进安全核电、可再生能源、智能电网等我国具有规模优势的领域实施重大能源工程，推动重大科技成果转化为成熟技术装备的自主化和产业化，并加快能源高端装备制造创新平台建设，形成智能制造、先进制造、精益制造的高端能源装备工业体系，在“一带一路”战略框架下支持更多先进能源技术装备“走出去”，确立未来全球经济角力的战略优势。

4. 为顺利开展能源供给侧改革研究解决高比例可再生能源消纳问题

目前我国的电力增量中已经有一半以上来自可再生能源，但由于前期规划新能源与电网建设不同步，电力市场交易机制扭曲，灵活调峰手段缺乏，使得在市场消纳能力、调峰能力、通道输送能力等多种因素制约下，弃风、弃光的现象日益恶化。向高比例波动性可再生能源供应转型需要在能源生产智能化、电网基础设施现代化、储能和需求侧整合方面做出重大改变。在宏观规划层面，应统筹新能源与消纳市场、其他电源和电网的关系，改变过去单独发布各类电源专项规划的做法，实现电力系统整体统一规划。在技术创新层面，需要从仅关注可再生能源技术本身扩展到平抑可再生能源波动性或增加电力系统灵活性的使能技术，需要研究建设以太阳能、风能等可再生能源为主体的多能源协调互补的能源互联网。包括：增加互联提供更广泛的供需选择；突破分布式发电、智能微网、主动配电网等关键技术；实施需求侧响应管理措施；利用柔性电力技术优化和提高灵活性；探索不同场景、技术、规模和领域的储能商业应用等。

致谢：中国科学院广州分院陈勇院士、中国科学院大连化学物理研究所刘中民院士、中国科学院山西煤炭化学研究所韩怡卓研究员、中国科学院重大科技任务局材料能源处何京东博士等审阅了本文并提出了宝贵的修改意见，特致谢忱。

参考文献

[1] International Energy Agency(IEA). World energy outlook 2015. http://www.iea.org/Textbase/npsum/WEO2015SUM.pdf[2015-11-10].

[2] United States Department of Energy(DOE). DOE selects project to help advance more efficient supercritical carbon dioxide-based power cycles. http://energy.gov/fe/articles/doe-selects-project-help-advance-more-efficient-supercritical-carbon-dioxide-based-power[2015-08-03].

[3] Sandia National Laboratories. New arena of power generation set in motion with MOU. https://share.sandia.gov/news/resources/news_releases/brayton_mou/#.VffIUlNB6cQ[2015-08-20].

[4] DOE. Energy department announces new investments in supercritical transformational electric power (STEP) program. http://www.energy.gov/ne/articles/energy-department-announces-new-investments-supercritical-transformational-electric[2015-12-20].

[5] National Energy Technology Laboratory. Research news. http://www.netl.doe.gov/File%20Library/Library/Newsroom/researchnews/Research_News_March2015.pdf[2015-03-30].

[6] DOE. Nine projects selected for funding through university turbine systems research program. http://energy. gov/fe/articles/nine-projects-selected-funding-through-university-turbine-systems-

research-program[2015-06-04].

[7] Wang Y, Richards W D, Ong S P, et al. Design principles for solid-state lithium superionic conductors. Nature Materials, Published online 17 August 2015, DOI: 10. 1038/nmat4369.

[8] Hitachi. Hitachi and Tohoku University develop basic technology of high thermally durable all-solid-state lithium ion battery. http: // www. hitachi. com/New/cnews/month/2015/11/151112. html [2015-11-12].

[9] Massachusetts Institute of Technology (MIT). Teaming up for better batteries. http: // mitei. mit. edu/news/teaming-better-batteries[2015-06-03].

[10] Liu T, Leskes M, Yu W J, et al. Cycling Li-O_2 batteries via LiOH formation and decomposition. Science, 2015, 350(6260): 530-533.

[11] Burke C M, Pande V, Khetan A, et al. Enhancing electrochemical intermediate solvation through electrolyte anion selection to increase nonaqueous Li-O_2 battery capacity. Proceedings of the National Academy of Sciences, Published online July 13 2015, DOI: 10. 1073/pnas. 1505728112.

[12] Ryu W H, Gittleson F S, Schwab M, et al. A mesoporous catalytic membrane architecture for Lithium-Oxygen battery systems. Nano Letters, 2015, 15(1): 434-441.

[13] Lin K X, Chen Q, Gerhardt M R, et al. Alkaline quinone flow battery. Science, 2015, 349(6255): 1529-1532.

[14] Janoschka T, Martin N, Martin U, et al. An aqueous, polymer-based redox-flow battery using non-corrosive, safe, and low-cost materials. Nature, Published online 21 October 2015, DOI: 10. 1038/nature15746.

[15] Princeton Plasma Physics Laboratory. Construction completed, PPPL is set to resume world-class fusion research later this fall. http: // www. pppl. gov/news/2015/09/construction-completed-pppl-set-resume-world-class-fusion-research-later-fall[2015-09-25].

[16] Max Planck Institute for Plasma Physics. The first plasma: the Wendelstein 7-X fusion device is now in operation. http: // www. ipp. mpg. de/3984226/12_15[2015-12-10].

[17] National Renewable Energy Laboratory. Best Research-Cell Efficiencies. http: // www. nrel. gov/ncpv/images/efficiency_chart. jpg[2016-01-11].

[18] Chen W, Wu Y Z, Yue Y F, et al. Efficient and stable large-area perovskite solar cells with inorganic charge extraction layers. Science, Published Online October 29 2015, DOI: 10. 1126/science. aad1015.

[19] Bailie C D, Greyson C M, Mailoa J P, et al. Semi-transparent perovskite solar cells for tandems with silicon and CIGS. Energy & Environmental Science, Published online 23 December 2014, DOI: 10. 1039/C4EE03322A.

[20] Mailoa J P, Bailie C D, Johlin E C, et al. A 2-terminal perovskite/silicon multijunction solar cell enabled by a silicon tunnel junction. Applied Physics Letters, 2015, 106(12): 121105.

[21] McMeekin D P, Sadoughi G, Rehman W, et al. A mixed-cation lead mixed-halide perovskite ab-

sorber for tandem solar cells. Science, 2016, 351(6269): 151-155.

[22] Albrecht S, Saliba M, Baena J P C, et al. Monolithic perovskite/silicon-heterojunction tandem solar cells processed at low temperature. Energy & Environmental Science, Published online October 27 2015, DOI: 10.1039/C5EE02965A.

[23] Fu F, Feurer T, Jäger T, et al. Low-temperature-processed efficient semi-transparent planar perovskite solar cells for bifacial and tandem applications. Nature Communications, 2015, 6: 8932.

[24] Huber R C, Ferreira A S, Thompson R, et al. Long-lived photo induced polaron formation in conjugated polyelectrolyte-fullerene assemblies. Science, 2015, 348(6241): 1340-1343.

[25] Yu M Z, McCulloch W D, Beauchamp D R, et al. Aqueous lithium-iodine solar flow battery for the simultaneous conversion and storage of solar energy. Journal of the American Chemical Society, 2015, 137(26): 8332-8335.

[26] Verlage E, Hu S, Liu R, et al. A monolithically integrated, intrinsically safe, 10% efficient, solar-driven water-splitting system based on active, stable earth-abundant electro catalysts in conjunction with tandem III-V light absorbers protected by amorphous TiO_2 films. Energy & Environmental Science, Published online 18 August 2015, DOI: 10.1039/C5EE01786F.

[27] DOE. Energy department to provide $75 million for 'fuels from sunlight' hub. http://www.energy.gov/articles/energy-department-provide-75-million-fuels-sunlight-hub[2015-04-28].

[28] Torellaa J P, Gagliardib C J, Chena J S, et al. Efficient solar-to-fuels production from a hybrid microbial-water-splitting catalyst system. Proceedings of the National Academy of Sciences, Published online 9 February 2015, DOI: 10.1073/pnas.1424872112.

[29] Nichols E M, Gallagher J J, Liu C, et al. Hybrid bioinorganic approach to solar-to-chemical conversion. Proceedings of the National Academy of Sciences, 2015, 112(37): 11461-11466.

[30] Soltau S R, Niklas J, Dahlberg P D, et al. Aqueous light driven hydrogen production by a Ru-ferredoxin-Co biohybrid. Chemical Communications, 2015, 51(53): 10628-10631.

[31] SUNLIQUID. The sunliquid® process. http://sunliquid-project-fp7.eu/technology/sunliquid-process/[2015-12-25].

[32] Oak Ridge National Laboratory. BESC, Mascoma develop revolutionary microbe for biofuel production. https://www.ornl.gov/news/besc-mascoma-develop-revolutionary-microbe-biofuel-production[2015-06-03].

[33] DOE. Milestone reached: new process reduces cost and risk of biofuel production from bio-oil upgrading. http://energy.gov/eere/bioenergy/articles/milestone-reached-new-process-reduces-cost-and-risk-biofuel-production-bio[2015-05-06].

[34] Lina P P, Mia L, Moriokaa A H, et al. Consolidated bioprocessing of cellulose to isobutanol using Clostridium thermocellum. Metabolic Engineering, 2015, 31: 44-52.

[35] White M D, Payne K A P, Fisher K, et al. UbiX is a flavin prenyltransferase required for bacterial ubiquinone biosynthesis. Nature, 2015, 522(7557): 502-506.

[36] Liu C, Yang B, Tyo E, et al. Carbon Dioxide Conversion to Methanol over Size-Selected CU4 Clusters at Low Pressures. Journal of the American Chemical Society, 2015, 137(27): 8876-8879.

[37] Ye J Y, Johnson J K. Design of Lewis Pair-Functionalized Metal Organic Frameworks for CO_2 Hydrogenation. ACS Catalysis, 2015, 5(5): 2921-2928.

[38] Ye J Y, Johnson J K. Screening lewis pair moieties for catalytic hydrogenation of CO_2 in functionalized UiO-66. ACS Catalysis, 2015, 5(10): 6219-6229.

[39] Buss1 J A, AgapieT. Four-electron deoxygenative reductive coupling of carbon monoxide at a single metal site. Nature, 2015, 529(7584): 72-75.

[40] IEA. Energy technology perspectives 2015: mobilising innovation to accelerate climate action. http://www.iea.org/bookshop/710-Energy_Technology_Perspectives_2015[2015-05-04].

[41] DOE. Quadrennial technology review 2015. http://www.energy.gov/sites/prod/files/2015/09/f26/Quadrennial-Technology-Review-2015.pdf[2015-09-10].

[42] European Commission. A framework strategy for a resilient energy union with a forward-looking climate change policy. http://ec.europa.eu/priorities/energy-union/docs/energyunion_en.pdf [2015-02-05].

[43] European Commission. Transforming Europe's energy system-commission's energy summer package leads the way. http://europa.eu/rapid/press-release_IP-15-5358_en.htm [2015-07-15].

[44] European Commission. Towards an integrated strategic energy technology(SET) plan: accelerating the european energy system transformation. https://ec.europa.eu/energy/sites/ener/files/documents/1_EN_ACT_part1_v8_0.pdf[2015-09-15].

[45] United States Environmental Protection Agency (EPA). Clean power plan for existing power plants. http://www2.epa.gov/cleanpowerplan/clean-power-plan-existing-power-plants [2015-08-03].

[46] Federal Minister for Economic Affairs and Energy. Gabriel: energy transition has taken a great step forwards. http://www.bmwi.de/EN/Press/press-releases,did=718600.html [2015-07-02].

[47] Department of Energy & Climate Change. Government announces plans to close coal power stations by 2025. https://www.gov.uk/government/news/government-announces-plans-to-close-coal-power-stations-by-2025 [2015-11-18].

[48] Department of Energy & Climate Change. New direction for UK energy policy. https://www.gov.uk/government/news/new-direction-for-uk-energy-policy [2015-11-18].

[49] World Bank. Bringing variable renewable energy up to scale: options for grid integration using natural gas and energy storage. http://www-wds.worldbank.org/external/default/WDSContentServer/WDSP/IB/2015/03/12/000477144_20150312082449/Rendered/PDF/ESMAP0Bringing0o0Scale0VRE0TR006015.pdf [2015-03-18].

[50] International Renewable Energy Agency (IRENA). Renewables and electricity storage. http://www.irena.org/DocumentDownloads/Publications/IRENA_REmap_Electricity_Storage_2015.pdf [2015-06-09].

[51] DOE. Energy storage safety strategic plan. http://www.energy.gov/sites/prod/files/2014/12/f19/OE%20Safety%20Strategic%20Plan%20December%202014.pdf [2014-12-23].

[52] IEA, Nuclear Energy Agency (NEA). Technology roadmap: Nuclear energy 2015 update. http://www.iea.org/publications/freepublications/publication/TechnologyRoadmapNuclearEnergy.pdf [2015-01-19].

[53] DOE. Energy department announces five year renewal of funding for first energy innovation hub. http://www.energy.gov/articles/energy-department-announces-five-year-renewal-funding-first-energy-innovation-hub [2015-01-30].

[54] White House. Fact sheet: Obama administration announces actions to ensure that nuclear energy remains a vibrant component of the united states' clean energy strategy. https://www.whitehouse.gov/the-press-office/2015/11/06/fact-sheet-obama-administration-announces-actions-ensure-nuclear-energy [2015-11-06].

[55] DOE. Energy department announces new investments in advanced nuclear power reactors to help meet america's carbon emission reduction goal. http://www.energy.gov/articles/energy-department-announces-new-investments-advanced-nuclear-power-reactors-help-meet [2016-01-15].

[56] IEA. Renewable electricity generation climbs to second place after coal. http://www.iea.org/newsroomandevents/news/2015/august/renewable-electricity-generation-climbs-to-second-place-after-coal.html [2015-08-06].

[57] IEA. Medium-term renewable energy market report 2015. https://www.iea.org/Textbase/npsum/MTrenew2015sum.pdf [2015-10-02].

[58] Mission Innovation. Joint launch statement. http://www.mission-innovation.net/ [2015-11-30].

[59] Fraunhofer Institute for Solar Energy Systems. Need and opportunities for a strong European photovoltaic industry-the xgwp approach. https://ec.europa.eu/jrc/sites/default/files/20150127-efsi-roundtable-pv-industry-support-weber.pdf [2015-01-27].

[60] 新エネルギー・産業技術総合開発機構. 太陽光発電の発電コスト低減に向けた新たなプロジェクトを始動. http://www.nedo.go.jp/news/press/AA5_100393.html [2015-06-04].

[61] DOE. Energy department announces more than $59 million investment in solar. http://www.energy.gov/articles/energy-department-announces-more-59-million-investment-solar [2015-01-29].

[62] DOE. Energy department awards $18 million to develop valuable bioproducts and biofuels from algae. http://energy.gov/eere/articles/energy-department-awards-18-million-develop-valuable-bioproducts-and-biofuels-algae [2015-07-09].

[63] European Commission. EU energy stories: Algae, the new biofuel. http://ec.europa.eu/energy/en/news/eu-energy-stories-algae-new-biofuel [2015-12-02].

[64] Denso Corporation. DENSO to build large test facility for production of biofuel from microalgae. http://www.globaldenso.com/en/news/2015/20150819-01.html [2015-08-19].

Development Scan of Energy Science and Technology

Chen Wei, Zhang Jun, Zhao Daiqing, Guo Kaimo

In 2015, the global energy transition presents a series of new normal features. Technological innovation plays a central role in the process of energy production and consumption revolution. The scientists have made plenty of innovative achievements in high-efficient combustion system, new electrochemical energy storage, large-scale nuclear fusion experimental facilities, solar technology, advanced biofuels, CO_2 utilization, etc. Major countries all tend to put more emphasis on the innovation for the whole value chain when they develop strategic planning or organize research activities. Finally, this paper proposed several constructive implications and suggestions for the development of energy science and technology in China.

4.10 材料制造领域发展观察

万 勇 冯瑞华 黄 健 姜 山
（中国科学院武汉文献情报中心）

2015年，在新材料领域，前沿技术继续获得突破，加快了技术与生产力的转化速度。新材料不断向着高性能、低成本、绿色化的方向发展。在先进制造领域，制造技术与信息技术融合的步伐进一步加快，西方国家出台的战略规划剑指制造业制高点。

一、重要研究进展

1. 新型材料层出不穷

以原子、分子为起始物质开展材料的制备与合成，并在微观尺度上控制其成分与结构，一直是先进材料合成制备技术的重点发展方向。美国桑迪亚国家实验室与德国罗斯托克大学合作，利用可以形成20兆高斯磁场的名为“Z机器”的热核研究装置，将液态氘挤压为金属形态，向固态金属氢的最终目标迈进了一步[1]。中美学者利用分子束外延生长技术首次制备出二维锡——锡烯（stanene），被认为具有极其优越的物理特性，是一种可以在室温下工作的大能隙二维拓扑绝缘体，可以实现室温下无损耗的电子输运[2]。英国贝尔法斯特女王大学和利物浦大学的科学家制备出了世界上首个具有永久多孔结构的液体材料，具有极强的气体吸纳能力，有望提升目前许多化学反应的反应效率，并用于碳捕获等[3]。美国麻省理工学院的科学家制备出一种透明、黏性的新型水凝胶，其成分90%以上是水，其韧性可以媲美骨骼上肌腱与软骨之间的连接，与固体衬底之间的键合强度达到1000焦/米^2[4]。美国罗切斯特理工学院的科学家发现了新的金属合金体系——铁基合金，可以替代原有的稀土金属用于下一代冷却技术[5]。天津大学与河北工业大学的科学家首次常温常压合成了超细立方氮化硼颗粒，尺寸仅3.5纳米[6]。

2. 材料性质与结构研究取得新的进展

材料性能的测试技术，以及对其结构从微观到宏观各个尺度的表征也是材料科学研究的重要组成部分。以色列和德国联合研究团队未借助大型强子对撞机，在常规实验室以较低成本首次在超导材料中观察到了希格斯模式，材料微观世界的物理谜团有望在实验室桌面获得解决[7]。美国劳伦斯伯克利国家实验室的科学家利用气体吸附结晶技术，使金属有机框架材料能存储更大体积的二氧化碳、氢气和甲烷等气体[8]。劳伦斯伯克利国家实验室的科学家借助显微镜及光谱技术，以原子分辨率的精度进行成像，探究了富锂和富锰过渡金属氧化物的结构[9]。加拿大不列颠哥伦比亚大学与德国马普学会合作，通过锂原子涂覆石墨烯，制造出首个具有超导性的石墨烯样品[10]。中国科学院理化技术研究所和清华大学的科学家首度发现了“仿生型自驱动液态金属软体动物”，继而发现了液态金属系列新的基础效应和机器变形与运动形态，为液态金属柔性智能机器的研制和应用提供了理论基础[11]。中国科学院上海微系统与信息技术研究所首次揭示了具有量子反常霍尔效应的铁磁性拓扑绝缘体中的铁磁性形成机理，为寻找更高温度量子反常霍尔体系、研发新一代超低能耗量子器件等提供了依据[12]。北京航空航天大学的科学家利用硒化锡的多带特点，采用重掺杂移动费米能级成功调控了导电性和温差电动势，在中低温区使其热电性能得到大幅提升[13]。中国科学院物理研究所等的研究人员理论预言拓扑 Weyl 半金属 TaAs 家族并得到证实，解决了在凝聚态物质中如何实现 Weyl 电子态这一挑战问题[14]。

3. 材料应用成果推陈出新

新材料的研发与应用联系越来越紧密，针对特定应用开发新材料是加快研发速度的途径之一。英国曼彻斯特大学诺贝尔物理学奖研究团队另辟蹊径，利用石墨烯薄膜过滤得到了氢的两种同位素——氘和氚，可能意味着核电站生产重水的过程会减少 10 倍的能量消耗，而且过程更简化、花费更便宜[15]。韩国基础科学研究所将生物相容且具弹性的聚二甲基硅氧烷封装入传感器层，研制出了一种柔性合成“皮肤”用于假体手感知温度、湿度和压力，这是机械优化的传感器阵列配置于人造皮肤的首次应用[16]。美国密歇根大学的科学家研制出一种芳纶纤维薄膜，用于电极之间可以生产出更安全、更薄的锂充电电池[17]。美国佐治亚理工学院的科学家研制出了一种涂覆有电极材料的新型键盘，可以记录并分析每位用户每次按键产生的复杂电信号，为防止计算机未经授权使用提供了新的生物识别途径[18]。德国慕尼黑工业大学、荷兰埃因霍温理工大学和阿姆斯特丹大学的科学家制备出一种具有丝光沸石结构的新型铜交换沸石，由此带来的小规模天然气制合成油技术有望推动天然气转变为燃料或化工原料[19]。中国中车研发的永磁同步牵引系统使我国成为少数几个掌握“永磁高铁”牵引技术的国家之一。其中电机采用新型稀土永磁材料，有效克服了永磁体失磁的世界难题[20]。

4. 新材料与制造技术推动器件不断升级

纳米器件已初步具备实用性，照明与储能领域的新技术对现有技术发起挑战。美国哥伦比亚大学的科学家打造出了首个可以实际应用于纳米器件的单分子二极管，其整流比达到250，是早前设计的50倍，导通电流超过0.1微安[21]。IBM生产出了半导体工业上首个7纳米节点的测试芯片，可以容纳200多亿个晶体管。新的芯片制造技术有望使芯片尺寸缩小50%，使下一代大型机的功耗性能比提高50%[22]。美国威斯康星大学麦迪逊分校的科学家探究了纤维素纳米纤维替换计算机芯片基底或支撑层的可行性[23]。美国亚利桑那州立大学的科学家研发出了世界上首个能够产生白光的激光器，发出的光所覆盖的色彩范围超出目前显示产业标准的70%。白色激光比LED更亮、更高效，可使其成为LED竞争者，还将推动白色激光Li-Fi技术的发展[24]。法国国家科学研究中心和可替代能源与原子能委员会的科学家开发出一种可以替代锂离子电池的技术，制备得到首个利用钠离子的18650规格电池，能量密度达90瓦·小时/千克，充放电循环超过2000个周期[25]。

5. 新的制造技术不断涌现

比利时天主教鲁汶大学的科学家开发出了一种分离铕和钇两种稀土元素的方法，用紫外灯代替传统的溶剂，为荧光灯和低能量灯泡回收提供了新机遇[26]。普渡大学的科学家利用镓铟合金液态金属和喷墨打印技术规模制造出了用于“软机器人”和柔性电子的电子电路[27]。美国伊利诺伊大学香槟分校的科学家利用类似儿童“立体书”的机械原理，将二维微纳结构几何变换为拓展的三维构形，该技术可实现许多复杂的3D电子、光电子、电磁器件等[28]。英国焊接研究所与剑桥大学的科学家合作开发出了电子束光刻与激光焊接技术相结合的新技术，用于热塑性材料，形成了世界上最小的焊缝，带来了在更小型生物学分析芯片、微化学反应器和微电子产品中的应用[29]。美国乔治·华盛顿大学的科学家将大气中的CO_2直接转化成能用于工业和消费产品的高价值的碳纳米纤维，这种新工艺高效、低能耗，只需要几伏电压、阳光和大量CO_2即可运行[30]。

6. 3D打印发展日新月异

打印原料与技术不断丰富、工艺得到优化。美国西北大学的科学家研发出了一种可以进行3D打印的石墨烯复合材料，由石墨烯、生物相容弹性体和快速挥发溶剂组成，保存了包括高电导率等在内的石墨烯特性，同时极具弹性，可以打印出坚固的宏观结构[31]。硅谷初创企业Carbon3D公司开发出了一种全新的3D打印技术，能够从液态介质中产生目标物体。这种技术制造产品的速度比传统3D打印方法快25～100倍，并且能够制造出此前无法实现的形状[32]。美国弗吉尼亚理工学院暨州立大学的科学家利用喷嘴将胶水选择性地喷射到铜粉末床上，然后放入熔炉，使颗粒熔在一起，解决了铜3D打印工艺中孔隙的问题[33]。

打印成果的性能得以提升。美国劳伦斯利弗莫尔国家实验室的科学家以石墨烯氧化物和SiO_2为原料，制造出了周期性石墨烯气凝胶微晶格，除了比表面积高、导电性优良、机械强度高等特点，还展现出高达90%的压缩应变能力[34]。美国休斯（Hughes）研究实验室的科学家利用硅、氮和氧组成的树脂配方，通过紫外光固化快速成型工艺，获得了高强度、全致密的陶瓷材料，可以承受超过1700℃的高温，强度是同类材料的10倍[35]。美国Stratasys公司采用名为Ultem 9085的树脂材料，通过熔融沉积成型技术为空客A350XWB宽体飞机生产制造了超过1000种飞机零部件，缩短了生产周期并降低了生产成本[36]。

二、重要战略规划

本部分以美国、欧洲、韩国等为代表，介绍了这些国家或地区2015年发布的重要战略规划，并以“制造业供应链建设”作为领域例证。

1. 美国继续建设制造业创新研究所，重视制造过程控制

美国国家制造业创新网络在2015年1月、7月和8月先后确立了先进复合材料、集成光子和柔性混合电子三家制造业创新研究所的建设工作，分别由田纳西大学、纽约州立大学科研基金会和柔性技术联盟负责领衔。此外，智能制造和变革性纤维及纺织技术两家研究所仍在征集创建机构。按照2016财年预算的愿景，到2016年底，制造业创新研究所的数量将达到15家，并实现十年内建设45家的目标[37]。美国国防部高级计划研究局推出了开放制造计划，旨在通过构建和演示快速评定技术，全面捕捉、分析和控制制造过程中的变化，预测产品的性能，从而提高对增材制造及其他先进制造相关的各种工艺和材料的理解[38]。10月，美国国家标准与技术研究院和国家科学基金会宣布，由密歇根大学安娜堡分校负责“制造业前瞻联盟”的建设，以识别先进制造业中涌现出来的新兴领域[39]。

2. 欧洲强调绿色低碳，利用信息化提升制造业产业模式

“创新”和“绿色”在欧洲2020战略中占有重要的战略地位。欧盟希望借助于技术与产业创新，构建基于绿色低碳经济的整体竞争力。以光伏产业为例，2015年1

月，欧盟联合研究中心召开研讨会，探讨了如何通过科技振兴欧洲伏制造业。研讨会还首次公开了百万千瓦级先进光伏制造工厂计划（X-GWp）的部分细节，该计划旨在推动欧洲光伏产业从技术、制造、产品到商业模式全价值链持续创新，核心技术包括新型高效率异质结晶硅电池、超薄硅晶圆金刚石线锯切片和智能栅线连接技术等[40]。

德国实施新的举措，持续推进了工业4.0的发展。在2015年德国汉诺威工业博览会上，德国联邦经济与能源部联合教育与研究部共同启动了工业4.0平台的筹建，该平台的工作涉及参考架构和标准规范、研究和创新、网络安全系统、法律框架、就业和教育培训等[41]。德国联邦经济与能源部启动了一项支持中小企业参与工业4.0进程的新计划，将投入2800万欧元建设5个“中小企业4.0能力中心”，提供相关技术信息、新技术展示、技术转移、人才培训、适应工业4.0的企业组织管理咨询等功能[42]。

5月，法国出台了包含新资源开发、未来交通、未来医疗等九大信息化项止的“未来工业”战略，旨在通过信息化改造产业模式，实现再工业化。在这九大项目中，强调了生物基材料与新材料的循环使用，以及对增材制造、物联网等新兴技术的关注。为实现该战略目标，法国推出了5项发展举措，其中包括设立未来工业联盟，代表法国业界与欧洲“智能制造”及工业信息化企业合作；基于该战略与德国工业4.0的相似之处，两国企业将搭建合作平台等[43]。

3. 韩国重视智能制造推动“创造经济”发展

2015年伊始，韩国总统朴槿惠提出贯彻执行经济改革三年计划、深入打造“创造经济”的构想。通过推广制造业革新3.0战略与智能工厂等流程创新，韩国将开发物联网、3D打印与大数据等核心技术，来创造崭新未来的增长动力[44]。4月，产业通商资源部和未来创造科学部联合成立了智能制造研发路线图促进委员会，计划用半年时间制定2014年《制造业创新3.0战略》提出的智能传感器、信息物理系统、3D打印、节能技术、物联网、云计算、大数据和全息图技术八大智能制造技术研发路线图，完善相关政策，并向政府提出具体的投资扶持方案。4月，未来创造科学部、产业通商资源部和环境部联合发布了《纳米技术产业化战略》[45]。

4. 中国出台《中国制造2025》行动纲领

中国国务院于2015年5月8日公布了强化高端制造业的国家战略规划《中国制造2025》，这是把我国建设成为制造强国的三个十年战略中的第一个十年行动纲领。《中国制造2025》提出，通过“三步走”实现制造强国的战略目标，并围绕该目标明确了九大任务、十大重点领域和5项重大工程[46]。9月29日，《〈中国制造2025〉重点领域技术路线图》（2015年版）正式发布[47]。

5. 其他国家

2015 年 5 月，日本经济产业省发布了《制造白皮书》(2015)。面对德国和美国引领的“制造业务模式”变革，日本显现出了强烈的危机感，建议发挥信息技术的作用，转型为利用大数据的“下一代”制造业[48]。白俄罗斯 4 月发布了《科技活动优先发展方向 2016—2020》，涉及“化学技术及石化”“纳米技术”等 9 个科技领域，其中“工业和建筑技术及生产”领域包括：高速、高精度机床及工具；机器人和智能控制；新型多功能材料、指定功能的专用材料；未来建筑材料、结构材料等[49]。新加坡同样重视增材制造技术的研发。9 月，南洋理工大学、新加坡国立大学、科技设计大学三所高校合作组建了“国家增材制造创新集群”，这是 2013 年 10 月启动的 2 亿新元“创新集群计划”推出的第二个创新群体[50]。

6. 制造业“供应链”建设受到重视

近年来，世界各国越来越强调包括供应链在内的制造业产业链建设与优化，如德国的“工业 4.0”、美国的“工业互联网”以及我国的“互联网＋”和《中国制造 2025》，都把打造创新性更强、信息化程度更高、更强韧、更健康的制造业产业链条作为重要目标。部分国家专门针对制造业供应链建设提出了发展规划。2 月，英国商业、创新和技能部推出了制造业供应链行动计划，作为对英国工业联合会在 2014 年发布的《齐心协力——强化英国供应链》报告的响应。该计划包括创新、技能、融资渠道、提升中小企业能力、深化供应链间合作、打造更具韧性的供应链六大主题[51]。3 月，美国政府宣布将启动白宫供应链创新计划，希望通过一系列公私伙伴关系以及其他联邦政府的行动计划，帮助中小型制造商获得创新及提升生产力所需的技术和资源[52]。7 月，美国白宫主持召开圆桌会议，进一步落实了供应链创新计划[53]。

三、启示与建议

1. 关注核心关键技术

材料制造领域关注的核心关键技术主要有：3D 打印用到的大功率激光器、匹配各类材料的喷嘴；机器人关节减速器及其生产线、伺服驱动装置等；材料计算模拟与材料设计；原子层面的制造技术。此外，还需要重视材料数据库与知识库的建设与共享，组织力量对虚拟现实、自动驾驶等新兴行业面临的瓶颈性问题进行调研，对关键技术开展攻关。例如，GPS 精度太低无法满足自动驾驶的需求、射频元器件的尺寸及能源解决方案等。

2. 强化本领域信息化建设

互联网+将给材料制造领域带来深刻的变革，工厂自动化已经进一步升级为网络互联，产品全生命周期和全制造流程的数字化以及基于信息通信技术的模块集成，将形成一个高度灵活、个体化、数字化的产品与服务的生产模式。建议加大对信息物理系统智慧感知的网络化基础建设，在未来全球竞争中保持竞争力。

3. 加强研究与应用、材料与制造的结合

美国正在推进的材料基因组计划、国家制造业创新网络建设等，都注重打通从基础研究入手到应用出口的链条，并重视新材料与制造技术的融合发展。研究机构与企业需要建立起有效的合作机制，高校则需要优化科研体制，引入技术参股、技术分成机制等。作为先导性的战略性新兴产业，材料制造领域需要优先发展新材料，传统制造业的技术改进及节能减排也需要通过新材料来实现。

4. 建立领域专家系统，发挥智库作用

发挥行业协会、科研院所和高校的作用，联合组建新材料与先进制造领域的专家系统，强化新材料及制造技术的研发、生产与应用的直接高效沟通与对接。专家系统定期对国内外新材料与先进制造领域的研发和应用需求开展调研、会商和评估，发挥战略智库作用，对本领域的发展现状、未来趋势以及需要关注的重点问题提出咨询建议。

致谢：中国科学院沈阳自动化所王天然院士、金属研究所谭若兵研究员、科技促进发展局唐清研究员、宁波材料技术与工程研究所何天白研究员对本文初稿进行了审阅并提出了宝贵的修改意见，在此表示感谢！

参考文献

[1] Sandia National Laboratories. Sandia's Z machine helps solve Saturn's 2-billion-year age gap. https://share.sandia.gov/news/resources/news_releases/z_saturn/ [2015-06-26].

[2] Nature. Physicists announce graphene's latest cousin: stanene. http://www.nature.com/news/physicists-announce-graphenes-latest-cousin-stanene-1.18113 [2015-08-03].

[3] Queen's University Belfast. Queen's University Belfast scores a world first with invention of "porous liquid". http://www.qub.ac.uk/home/ceao/News/#d.en.539041 [2015-11-12].

[4] MIT. Hydrogel superglue is 90 percent water. http://news.mit.edu/2015/hydrogel-superglue-water-adhesive-1109 [2015-11-09].

[5] RIT. New metal alloy could yield green cooling technologies RIT scientist explores alternatives to rare-earth magnets. https://www.rit.edu/news/story.php?id=53629 [2015-10-29].

[6] 天津大学．天大等在立方氮化硼合成方面取得重要进展．http://www.tju.edu.cn/tjuold/newscenter/teaching/201505/t20150518_255851.htm [2015-05-18].

[7] Bar-Ilan University. Bar-Ilan University Researcher first to observe "God Particle" analogue in superconductors. http://www1.biu.ac.il/indexE.php? id=33&pt=20&pid=4&level=1&cPath=4&type=1&news=2335 [2015-02-19].

[8] Berkeley Lab. A new way to look at MOFs. http://newscenter.lbl.gov/2015/11/09/a-new-way-to-look-at-mofs-2/ [2015-11-09].

[9] Berkeley Lab. Battery mystery solved: atomic-resolution microscopy answers longstanding questions about lithium-rich cathode material. http://newscenter.lbl.gov/2015/10/29/battery-mystery-solved-atomic-resolution-microscopy-answers-longstanding-questions-about-lithium-rich-cathode-material/ [2015-10-29].

[10] University of British Columbia. First superconducting graphene created by UBC researchers. http://news.ubc.ca/2015/09/08/first-superconducting-graphene-created-by-ubc-researchers/ [2015-09-08]

[11] 李大庆．自驱动的液态金属能分解能融合．科技日报，2015-09-11(1).

[12] 中科院上海微系统所．中科院上海微系统所在拓扑绝缘体的铁磁性形成机理的研究中取得重要进展. http://www.sim.ac.cn/xwzx/ttxw/201511/t20151120_4470605.html [2015-11-20].

[13] 林莉君，万丽娜．打开提高热电材料"热变电"效率新门．科技日报，2015-11-29(3).

[14] 中科院物理所．理论预言的拓扑 Weyl 半金属：TaAs 家族．http://www.iop.cas.cn/xwzx/kydt/201504/t20150407_4332900.html [2015-04-07].

[15] University of Manchester. Graphene, the finest filter. http://www.manchester.ac.uk/discover/news/graphene-the-finest-filter/ [2016-01-05].

[16] Institute for Basic Science. High performance bio-integrated devices for clinical applications. http://nanomat.ibs.re.kr/html/nanomat_en/research/research_0304.html [2016-01-23].

[17] University of Michigan. 'Bulletproof' battery: kevlar membrane for safer, thinner lithium rechargeables. http://ns.umich.edu/new/multimedia/slideshows/22645-bulletproof-battery-kevlar-membrane-for-safer-thinner-lithium-rechargeables [2015-01-27].

[18] Georgia Tech. Self-powered intelligent keyboard could provide a new layer of security. http://www.news.gatech.edu/2015/01/22/self-powered-intelligent-keyboard-could-provide-new-layer-security [2015-01-22].

[19] Technische Universität München. Effective conversion of methane oxidation by a new copper zeolite. http://www.tum.de/en/about-tum/news/press-releases/short/article/32504/ [2015-07-01].

[20] 侯琳良．中国南车成功研制高速列车永磁同步牵引系统．人民日报，2015-11-06(20).

[21] Columbia University. One step closer to a single-molecule device. http://engineering.columbia.edu/one-step-closer-single-molecule-device [2015-05-26].

[22] IBM. IBM research alliance produces industry's first 7nm node test chips. https://www-03.ibm.com/press/us/en/pressrelease/47301.wss [2015-07-09].

[23] University of Wisconsin-Madison. A new kind of wood chip: collaboration could lead to biodegradable computer chips. http://www.news.wisc.edu/23805 [2015-05-26].

[24] Arizona State University. ASU researchers demonstrate the world's first white lasers. https://asunews.asu.edu/20150728-worlds-first-white-laser [2015-07-28].

[25] CNRS. Promising new prototype of battery. http://www2.cnrs.fr/en/2659.htm [2015-11-17].

[26] KU Leuven. Separating rare earth metals with UV light. http://www.kuleuven.be/english/news/2015/separating-rare-earth-metals-with-uv-light [2015-05-11].

[27] Purdue University. Inkjet-printed liquid metal could bring wearable tech, soft robotics. http://www.purdue.edu/newsroom/releases/2015/Q2/inkjet-printed-liquid-metal-could-bring-wearable-tech,-soft-robotics.html [2015-04-07].

[28] Scicasts. 3D "Pop-Up" silicon structures: new process transforms planar materials into 3D microarchitectures. http://scicasts.com/material-science/2058-nanomaterials/8828-3d-pop-up-silicon-structures-new-process-transforms-planar-materials-into-3d-microarchitectures/ [2015-01-08].

[29] The Welding Institute. World's most precise weld made at TWI using EB lithography and laser technologies. http://www.twi-global.com/news-events/news/2015-06-worlds-most-precise-weld-made-at-twi/ [2015-06-02].

[30] ACS. "Diamonds from the sky" approach turns CO_2 into valuable products. http://www.acs.org/content/acs/en/pressroom/newsreleases/2015/august/co2.html [2015-08-19].

[31] Northwest University. Printing 3-D Graphene Structures for Tissue Engineering. http://www.mccormick.northwestern.edu/news/articles/2015/05/printing-3D-graphene-structures-for-tissue-engineering.html [2015-05-19].

[32] University of North Carolina at Chapel Hill. UNC-Chapel Hill researchers collaborate to develop 3-D printing technology. http://www.unc.edu/spotlight/unc-researchers-collaborate-3d-printing-technology/ [2015-03-16].

[33] NSF. Additive manufacturing: 3-D printing beyond plastic. http://www.nsf.gov/news/special_reports/science_nation/additivemanufacturing.jsp [2015-07-27].

[34] Lawrence Livermore National Laboratory. 3D-printed aerogels improve energy storage. https://www.llnl.gov/news/3d-printed-aerogels-improve-energy-storage [2015-04-22].

[35] HRL Laboratories, LLC. Breakthrough achieved in ceramics 3D printing technology. http://www.hrl.com/news/2016/0101/ [2016-01-01].

[36] Stratasys. Stratasys additive manufacturing chosen by airbus to produce 3D printed flight parts for its A350 XWB aircraft. http://blog.stratasys.com/2015/05/06/airbus-3d-printing/ [2015-04-28].

[37] Whitehouse. President Obama launches competition for new textiles-focused manufacturing innovation institute; New white house supply chain innovation initiative; and funding to support small

manufacturers. https://www.whitehouse.gov/the-press-office/2015/03/18/fact-sheet-president-obama-launches-competition-new-textiles-focused-man [2015-03-18].

[38] DARPA. Boosting confidence in new manufacturing technologies. http://www.darpa.mil/news-events/2015-05-29 [2015-05-29].

[39] NIST. On manufacturing day, NIST and NSF launch new consortium to support advanced manufacturing. http://www.nist.gov/director/manuf_day_nist_nsf.cfm [2015-10-02].

[40] European Commission. Scientific support to Europe's photovoltaic manufacturing industry. https://ec.europa.eu/jrc/en/event/conference/europe-photovoltaic-manufacturing-industry-scientific-support [2015-01-27].

[41] BMWI. Industrie 4.0: digitalisierung der wirtschaft. http://www.bmwi.de/DE/Themen/Industrie/industrie-4-0.html [2016-01-23].

[42] BMWI. Gabriel startetfünf Mittelstand 4.0-Kompetenzzentren, einKompetenzzentrum Digitales Handwerk und vier Mittelstand 4.0-Agenturen. http://www.bmwi.de/DE/Presse/pressemitteilungen, did=726912.html [2015-09-21].

[43] Le portail de I'économieet des finances. Industry of the future. http://www.economie.gouv.fr/files/files/PDF/pk_industry-of-future.pdf [2015-05-18].

[44] Korea.net. President calls 2015 golden chance to boost economy, improve innovation. http://www.korea.net/NewsFocus/Policies/view? articleId=124785&pageIndex=1 [2015-01-12].

[45] BusinessKorea. Korea aiming to take up 20% of global nanotech industry by 2020. http://www.businesskorea.co.kr/english/news/sciencetech/10404-small-scale-move-korea-aiming-take-20-global-nanotech-industry-2020 [2015-05-04].

[46] 中国政府网．国务院关于印发《中国制造 2025》的通知．http://www.gov.cn/zhengce/content/2015-05/19/content_9784.htm [2015-05-19].

[47] 工信部．国家制造强国建设战略咨询委员会发布《〈中国制造 2025〉重点领域技术路线图》(2015年版)电子版．http://www.miit.gov.cn/n1146290/n4388791/c4391777/content.html [2015-10-30].

[48] METI. FY 2014 measures to promote manufacturing technology(White paper on manufacturing industries) released. http://www.meti.go.jp/english/press/2015/0609_01.html [2015-06-09].

[49] 科技部．白俄罗斯公布 2016-2020 年科技优先发展方向．http://www.most.gov.cn/gnwkjdt/201508/t20150813_121146.htm [2015-08-14].

[50] Nanyang Technological University. New national additive manufacturing innovation cluster(NAMIC) to boost Singapore's 3D printing ecosystem. http://media.ntu.edu.sg/NewsReleases/Pages/newsdetail.aspx? news=32c4d0a9-769c-4959-acf4-363bbfc3ea63 [2015-09-21].

[51] GOV.UK. Strengthening UK manufacturing supply chains, an action plan for government and industry. https://www.gov.uk/government/uploads/system/uploads/attachment_data/file/407071/bis-15-6-strengthening-uk-manufacturing-supply-chains-action-plan.pdf [2015-02-01].

[52] Whitehouse. Supply chain innovation: Strengthening America's small manufacturers. https://www.whitehouse.gov/sites/default/files/docs/supply_chain_innovation_report_final.pdf [2015-03-01].

[53] Whitehouse. Convening manufacturing leaders to strengthen the innovative capabilities of the U.S. supply chain, including small manufacturers. https://www.whitehouse.gov/the-press-office/2015/07/09/fact-sheet-convening-manufacturing-leaders-strengthen-innovative [2015-07-09].

Progress in Advanced Materials and Manufacturing

Wan Yong, Feng Ruihua, Huang Jian, Jiang Shan

In 2015, in advanced materials field, cutting-edge technologies went on obtaining breakthrough, and accelerated the commercial application of new technologies. High-performance, low-cost and greenization are the main development tendency of advanced materials. In advanced manufacturing technologies and processes, the integration of manufacturing technology and IT was further sped up, and some major countries, including United States, United Kingdom, Germany, Japan and Korea, draw up strategic planning for the commanding point of manufacturing.

4.11　重大研究基础设施领域发展观察

李泽霞　孙　震　冷伏海

（中国科学院文献情报中心）

2015年，各国围绕新物理、新材料、新能源和生命科学的重大科技基础设施建设的升级稳步推进，探测和研究能力不断提升，并获得了大量突破性进展。

一、重要研究进展

1. 基础设施的探测和研究能力不断强化

2015年1月，江门中微子实验启动建设，其中微子探测器将是世界上能量精度最高、规模最大的液体闪烁体探测器。该实验室计划2020年投入运行并开始数据采集[1]。2月，美国国家同步辐射光源（NSLS-Ⅱ）经过10年的设计建设后正式投入运行，其X射线的亮度比NSLS的高10000倍，它将帮助研究人员解决材料、能源、环境和医药等领域的大量科学问题[2]。6月，大型强子对撞机（LHC）经过两年多的升级测试正式恢复运行，以前所未有的能量强度（13太电子伏）为LHC上的所有实验提供碰撞，它将在未来的3年内不间断运行，帮助科学家发现如暗物质、反物质等一些新物理现象的证据[3]。8月，全世界首个第四代同步加速器——瑞典四代光源MAX Ⅳ的首个电子束开始运行，这将有助于材料学家更加清晰地研究电池内部的化学反应，或帮助结构生物学家观察更小的蛋白质晶体的结构。

经过4年的设计研究，高亮度强子对撞机（HL-LHC）计划进入实施阶段。10月，科研人员开始为不同的加速器部件研发工业原型，此升级计划于2025年完成[4]。11月，费米加速器中心将实施其质子加速器的二期升级。当加速器完成升级目标，它将为长基线中微子设施提供世界上最强的中微子束[5]。11月，全球最敏感的暗物质探测器（XENON1T）在意大利格兰萨索的地下实验室开始运行，并计划于2016年3月底开始收集数据[6]。

2. 基于研究设施的成像技术不断得到提升

2015年8月，美国斯坦福直线加速器中心（SLAC）运用超快电子衍射（UED）

技术设计完成了世界上最快的“电子摄像机”，它可以以十万亿分之一秒的快门速度记录电子和原子核的运动信息，有助于在材料科学、化学和生物学等方面进行开创性研究[7]。10 月，瑞士保罗谢尔研究所的科研人员成功地使用商业化成像技术（CCD 传感器）捕捉到太赫兹光的影像，这一技术不仅降低了成本，还能将成像的分辨率提高 25 倍，此技术将被应用到 2016 年即将运行的 SwissFEL 的实验装置上[8]。

3. 小型化科学装置获重大进展

加速器小型化是加速器应用技术发展的重要趋势。随着能量的不断提高，加速器的大小正接近其极限，紧凑型科学装置的研发成为其技术研发焦点，并在 2015 年取得了多项进展。5 月，SLAC 研制完成了一个商业化的 X 射线源紧凑型光源（CLS），利用它可以使 CT 扫描到更多细节信息，这项新技术将很快应用于临床研究，帮助研究人员更好地理解癌症和其他疾病[9]。7 月，清华大学的鲍捷和麻省理工学院的芒格巴旺迪成功研制出首个量子点光谱仪。这种光谱仪可以进行商业化生产，造价低，易于使用，体积如手机摄像头般大小，其未来将在空间任务的科学数据收集到家用电器中集成的传感器方面具有广泛的应用[10]。

9 月，欧洲核子研究中心（CERN）利用等离子体中产生的电荷波为粒子加速，设计并建成了小型的等离子体尾场加速器，首次在 LHC 上进行了测试[11]。10 月，美国、德国和加拿大的科学家们利用太赫兹辐射技术设计并建成了一个微型的加速器原型，仅有 1.5 厘米长、1 毫米厚，它有可能产生高强度的 X 射线自由电子激光。研究人员计划在此工作的基础上研发一个基于太赫兹技术的自由电子激光，将推动太赫兹加速器在材料科学、医学和粒子物理学等领域的实际应用中的发展[12]。11 月，戈登和贝蒂·摩尔基金会向斯坦福大学、德国电子同步加速器研究所（DESY）和汉堡大学提供 1350 万美元（约 1260 万欧元）的基金支持，用于设计被称为芯片加速器（accelerator-on-a-chip）的创新粒子加速器，并制作一个全功能、可扩展的工作原型[13]。

4. 基于重大研究基础设施的学科研究多点开花

（1）支持新物理现象的探索。2015 年 7 月，CERN 通过大型强子对撞机底夸克实验（LHCb）观测到了由五夸克粒子组成的重子态，首次确认了五夸克态的存在，证实了半个多世纪前的预测。这一发现也意味着科学家找到了物质的新形式[14]。9 月，通过对 LHC 数据的分析发现，B 介子衰变为 τ 子的速度要远超过衰变为 μ 子的速度。2012 年 SLAC 的“Babar”实验和 KEK 的“Belle”实验在 5 月也都观测到了类似的异常现象，但这一结果并不符合标准模型的预测[15]。10 月，MicroBooNE 探测器探测到首个中微子，这一结果标志着高能基本粒子详细研究的开始[16]。12月，CERN的CMS和ATLAS实验均发现了一对超高能光子，其共带有高达750吉电子伏的能量。这一结果还将进行进一步的验证。这个神秘新粒子如果真的存在，它将推翻统治粒子物理学几十年的“标准模型”，引发新世纪的物理学革命[17]。

（2）推动生命科学及新药物的发展。2015年1月，哥伦比亚大学、纽约结构生物学中心（NYSBC）和布鲁克海文国家实验室（BNL）的科学家，利用美国国家同步辐射光源（NSLS）的高强度X射线，通过对比观察TSPO单独的及与类似安定化合物结合后的高分辨率原子图像，破译了被称为TSPO的次级蛋白结构，对这种次级相互作用的理解也将为安定副作用的研究和有效新药物的开发提供线索[18]。5月，阿贡国家实验室（ANL）的研究人员利用先进光子源（APS）第一次观察并量化了活甲虫喷雾的内部反应机理，也将为爆炸缓解和推进技术提供新的设计原理[19]。7月，SLAC和DESY的研究人员利用LCLS发现了原子级细胞信号中枢“关闭”开关的运行机制，以前所未有的深度揭示了生物细胞的调节机理，也为更精确靶向药物的研发铺平了道路[20]。11月，意大利研究人员利用X射线研究发现石棉和灰尘可以改变肺里的铁平衡，这不仅是石棉涂层中蛋白质成分发生构象变化的第一个有力证据，也将有助于揭示人类暴露于石棉环境和长期遭受肺损伤之间的关系[21]。

（3）助力新材料的研发。BNL的科学家利用NSLS-Ⅱ研究了联硒化钌（Ruthenium Diselenide）化合物的晶体结构，使得开发具有热电性能的新材料成为可能[22]。他们还利用共振非弹性X射线散射（RIXS）技术对$YbInCu_4$材料进行了研究，发现了一种能引发能量转移的电子能谱间隙，不仅为解释这种奇特磁性材料的罕见属性取得了实验性突破进展，也打开了利用物理学控制复杂磁性材料的大门[23]。英国科学家利用欧洲同步辐射装置（ESRF）发现了固载型氢转移催化剂失活是其与醇盐铱催化剂氯配体发生缓慢交换所引发的，进而导致了催化剂反应过程中的氯含量损耗和钾含量累积，从而提出了一种研究复杂固载型催化剂的新方法，这种革新研究方法将成为识别催化剂失活途径的重要方式[24]。

（4）支持新能源的发展。BNL的科学家利用X射线技术首次揭示了催化反应进程中的原子结构变化图，这种原位技术将可能应用于催化剂、电池、燃料电池和其他主要能源技术的相关研究[25]。英国科学家利用X射线束进行流化催化裂化（FCC）颗粒研究时发现，局部的金属污染能影响微粒特性并引起催化剂老化，从而确定在原油提炼成汽油的过程中催化剂颗粒老化过程的关键机理，有助于提高汽油的实际生产效率[26]。2015年9月，荷兰科学家利用ESRF揭示了$LiFePO_4$作为锂离子电池电极材料在充放电过程中的相变机理，为锂离子电池电极的工作及改进提供了新见解[27]。

二、重要战略计划与举措

1. 各国积极部署重大科技基础设施的建设计划

2015 年 1 月，印度政府批准印度中微子天文台（INO）的建设，投资金额为 150 亿卢比（约 2.36 亿美元）。INO 项目旨在建设一个研究中微子的世界级地下实验室，确定中微子的质量和混合参数，并结合世界上其他的加速器实验，解决宇宙的物质-反物质非对称问题[28]。3 月，我国高能环形正负电子对撞机（CEPC）初步概念设计报告国际评审会在中国科学院高能物理研究所举行[29]。8 月，我国科学家提出将在中国本土建“高能环形正负电子对撞机”和“电子—离子对撞机（EIC）”两大超级对撞机的战略建议[30]。

8 月，第 34 届国际宇宙射线大会在荷兰召开，中法等国的与会科学家共同提出了继“冰立方”之后的下一代中微子天文台——巨型中微子探测射电阵列（GRAND）的建设计划，它将用来观测来自深空的高能中微子[31]。10 月，美国核科学顾问委员会（NSAC）通过并发布了《2015 核科学长期规划》，建议完成美国稀有同位素束流设施（FRIB）的建设之后，美国着手建设一个高能量、高亮度的电子离子对撞机（EIC），仍将连续电子束加速器装置（CEBAF）、FRIB 和相对论重离子对撞机（RHIC）的建设升级作为重点[32]。12 月，国家发展和改革委员会（后简称国家发改委）批准立项多个在《国家重大科技基础设施建设中长期规划》（2012—2030）中优先安排的重大科技基础设施，包括“加速器驱动嬗变研究装置（CIADS）[33]”“高海拔宇宙线观测站（LHAASO）[34]”“强流重离子加速器装置（HAIF）[35]”“高能同步辐射光源验证装置[36]”等，这些基础设施建成后将为我国科学家提供先进的研究设施和平台。

2. 各国围绕研究基础设施进行研究部署

2015 年 6 月，德国亥姆霍兹协会理事会决定为欧洲 X 射线自由电子激光（X-FEL）提供 3000 万欧元的项目资助，大部分资金将用于资助极端领域亥姆霍兹光束线（HIBEF）的研究，尤其是高能密度科学（HED）设备基本部件的研发，其他资金将用于资助串行飞秒晶体学（SFX）用户协会和共振非弹性散射实验 h-RIXS 测量站[37]。9 月，美国布鲁克海文国家实验室公布了 NSLS-Ⅱ的战略计划草案，将复杂结构下的动态突发行为、材料的发现和合成、催化和能源系统、环境和气候科学、生命的结构和功能设定为 NSLS-Ⅱ的优先科学领域[38]。

美国的《2015 核科学长期规划》中，将基础对称性和中微子研究作为优先发展方向，以期打开通向跨越标准模型的物理学大门，并建议开发和部署以美国为主的吨级无中微子双β衰变实验，从而可以直接验证中微子是否为其自身的反粒子，这对理解物质-反物质对称性有重要意义。英国将在未来四年投入7200万英镑支持粒子物理前沿研究，包括资助英国科学家参与粒子物理实验，理解暗物质、暗能量、粒子质量的来源、原子力的性质等基础物理问题，以及粒子物理的理论研究等[39]。

3. 国际合作是重大研究基础设施建设和研究的主基调

2015年8月，SLAC将其独有的XL4速调管射频放大器运往韩国浦项加速器实验室（PAL），并将与之合作改良加速器构造，进一步优化浦项的X射线激光器发射的电子束[40]。10月，欧盟的国际合作项目CREMLIN[41]在莫斯科启动，其目的是加强欧盟和俄罗斯在研究基础设施方面的合作，更加有效地使用重大研究基础设施，项目参与方包括欧盟的13个机构和俄罗斯的6个机构[42]。

12月，美国和欧洲在粒子物理研究方面的合作进入了一个新的深化阶段，美国首次签署正式协议参与到CERN的LHC项目中，继续从事美国开创性的中微子研究，而欧盟的中微子研究也可以利用美国的实验设施和平台[43]。CERN分别与黎巴嫩国家科学研究委员会和巴勒斯坦签署了科学研究的国际合作协议，首次将其科研合作活动扩展到中东地区。在此协议下，黎巴嫩将参加到LHC的重离子项目和紧凑μ子探测器（CMS）的软件升级中；巴勒斯坦之前和CERN的合作受到诸多限制，新协议允许巴勒斯坦参加到超导环场探测器（ATLAS）的国际合作项目中[44]。中俄超导质子联合研究中心在合肥落户，中国科学院等离子体物理研究所与俄罗斯联合核子所签署科技合作协议，共同研制中俄首台超导回旋质子治疗装置[45]。英国ISIS散裂中子源的研究人员向世界上最大的散裂中子源（ESS）项目交付了首批两个关键仪器设备中子小角散射仪（LoKI）和水平中子反射谱仪（FREIA），这两个设备将为ESS提供独特的研究能力，也印证了英国ISIS散裂中子源的研究人员在ESS建设过程中发挥的重要作用[46]。

4. 各国更加重视加强与工业界的交流和合作

各国都越来越重视重大研究基础设施的工业应用和社会经济影响。NSLS-Ⅱ在其战略计划草案中提出与工业企业合作的战略方向、制定了更加灵活的企业用户的使用方式、加强了对企业用户的支持力度以及和强化了与企业的沟通[47]。为方便与工业界的交流，CERN专门建立了新的网站，鼓励CERN的研究人员和企业交流分享他们的技术、想法和专业知识，希望通过新媒体的方式使CERN的技术尽可能地商业化，以惠及企业、经济和社会[48]。

三、启示与建议

1. 围绕研究基础设施加强应用研究学科的布局

重大研究基础设施在提供基础物理本身探索平台的同时，借助其强大的探测和成像能力也推动了其他学科研究的重要进展。各国基于研究基础设施在新材料、新能源、生命科学、新药物等方面取得了大量突破性的进展，而我国还没有将现有研究基础设施的应用潜力发挥得很充分，应当进一步完善基于研究基础设施的应用研究的布局，并给予一定的支持。

2. 加强对紧凑型研究基础设施研发的关注和支持

研究设施小型化是重大研究基础设施研究和技术发展的重要趋势，在提高其能量的同时，基于研究基础设施科技成果的推广应用和商业化也依赖于其小型化。欧美国家已经做了相应的部署并取得了重要的研究进展，获得了紧凑型加速器的实验装置和原型系统。我国也应进一步加强对加速器技术的应用和商业化的支持力度。

3. 根据最新的研究发现对基础设施建设进行超前部署

CERN 发现了一对带有高达 750 吉电子伏能量的超高能光子。目前最新的设施无法对其进行研究，而正在筹划建设的 ILC 和 CEPC 也仅适合对 Higgs 粒子（125 吉电子伏）的研究，在设计现阶段的重大研究基础设施的过程中，应适当考虑研究可能出现的高能粒子的新一代研究基础设施。

4. 积极参与国际合作，加强与企业界的合作

依托重大研究基础设施解决物理学和宇宙学的基本问题，需要国际科学界的共同努力，美国和欧盟在粒子物理研究方面的合作进一步深化，俄罗斯和欧盟在研究基础设施的使用方面加强了合作。此外，美国和欧洲都采取措施加强了研究基础设施与企业界的合作，推动知识和技术的转移转化，促进其商业化，这些举措将对我国基础设施建设、研究和应用具有借鉴意义。

致谢：中国科学院金铎研究员审阅了全文并提出了宝贵的修改意见，在此表示感谢！

参考文献

[1] 科技日报．江门中微子实验建设启动．http://digitalpaper.stdaily.com/http_www.kjrb.com/kjrb/html/2015-01/11/content_289559.htm?div=-1 [2015-01-10].

[2] BNL. Energy secretary moniz dedicates the world's brightest synchrotron light source. https://www.bnl.gov/newsroom/news.php?a=11698 [2015-02-06].

[3] CERN. LHC experiments are back in business at a new record energy | CERN press office. http://press.web.cern.ch/press-releases/2015/06/lhc-experiments-are-back-business-new-record-energy [2015-06-03].

[4] CERN. LHC luminosity upgrade project moving to next phase. http://home.cern/about/updates/2015/10/lhc-luminosity-upgrade-project-moving-next-phase [2015-10-27].

[5] Fermilab. PIP-II:Renewing Fermilab's accelerator complex. http://news.fnal.gov/2015/11/pip-ii-renewing-fermilabs-accelerator-complex/ [2015-11-17].

[6] Nature. Largest-ever dark-matter experiment poised to test popular theory. http://www.nature.com/news/largest-ever-dark-matter-experiment-poised-to-test-popular-theory-1.18772 [2015-11-12].

[7] SLAC. SLAC builds one of the world's fastest 'Electron Cameras'. https://www6.slac.stanford.edu/news/2015-08-05-slac-builds-one-of-worlds-fastest-electron-cameras.aspx [2015-08-05].

[8] PSI. Put in perspective. https://www.psi.ch/media/put-in-perspective [2015-10-26].

[9] SLAC. Compact light source improves CT scans. https://www6.slac.stanford.edu/news/2015-05-05-compact-light-source-improves-ct-scans.aspx [2015-05-05].

[10] Physicsworld. Spectrometer made from quantum dots is compact and low cost. http://physicsworld.com/cws/article/news/2015/jul/02/spectrometer-made-from-quantum-dots-is-compact-and-low-cost [2015-07-02].

[11] Nature. CERN prepares to test revolutionary mini-accelerator. http://www.nature.com/news/cern-prepares-to-test-revolutionary-mini-accelerator-1.18519 [2015-10-07].

[12] Physicsworld. Tiny terahertz accelerator could rival huge free-electron lasers. http://physicsworld.com/cws/article/news/2015/oct/12/tiny-terahertz-accelerator-could-rival-huge-free-electron-lasers [2015-10-12].

[13] Business Wire. $13.5M awarded to Stanford University and international collaborators from the gordon and betty moore foundation to advance the science of particle accelerators. http://www.businesswire.com/news/home/20151119005402/en/13.5M-Awarded-Stanford-University-International-Collaborators-Gordon [2015-11-19].

[14] Physicsworld. LHCb claims discovery of two pentaquarks. http://physicsworld.com/cws/article/news/2015/jul/14/lhcb-claims-discovery-of-two-pentaquarks [2015-7-14].

[15] Nature. LHC signal hints at cracks in physics' standard model:Nature News & Comment. http://www.nature.com/news/lhc-signal-hints-at-cracks-in-physics-standard-model-1.18307 [2015-09-03].

[16] Fermilab. MicroBooNE sees first accelerator-born neutrinos-News. http://news.fnal.gov/2015/10/microboone-sees-first-accelerator-born-neutrinos-2/ [2015-10-30].
[17] Nature. LHC sees hint of boson heavier than Higgs. http://www.nature.com/news/lhc-sees-hint-of-boson-heavier-than-higgs-1.19036 [2015-12-15].
[18] BNL. New clues about a brain protein with high affinity for valium. https://www.bnl.gov/newsroom/news.php? a=11696 [2015-01-29].
[19] BNL. Beetlejuice! Secrets of beetle sprays unlocked at the Advanced Photon Source. https://www.bnl.gov/newsroom/news.php? a=11719 [2015-05-05].
[20] DESY. X-ray laser decodes "off" switch for cell signals. http://www.desy.de/news/news_search/index_eng.html? openDirectAnchor=846&two_columns=0 [2015-07-22].
[21] ESRF. Asbestos exposed lung tissue changes revealed by X-ray spectroscopy. http://www.esrf.eu/home/news/spotlight/content-news/spotlight/spotlight238.html [2015-11-10].
[22] BNL. First scientific publication from data collected at NSLS-Ⅱ. https://www.bnl.gov/newsroom/news.php? a=11702 [2015-03-03].
[23] BNL. Physicists solve low-temperature magnetic mystery. https://www.bnl.gov/newsroom/news.php? a=11709 [2015-03-27].
[24] ESRF. Transfer hydrogenation catalyst deactivation solved through in situ X-ray absorption spectroscopy. http://www.esrf.eu/home/news/spotlight/content-news/spotlight/spotlight231.html [2015-08-05].
[25] BNL. X-Rays and electrons join forces to map catalytic reactions in real-time. https://www.bnl.gov/newsroom/news.php? a=11739 [2015-06-29].
[26] ESRF. Transfer hydrogenation catalyst deactivation solved through in situ X-ray absorption spectroscopy. http://www.esrf.eu/home/news/spotlight/content-news/spotlight/spotlight231.html [2015-08-05].
[27] ESRF. Microbeam diffraction gives new insights into the working of lithium-ion battery electrodes. http://www.esrf.eu/home/news/spotlight/content-news/spotlight/spotlight234.html [2015-09-23]
[28] Physics World. Indian Neutrino Observatory set for construction. http://physicsworld.com/cws/article/news/2015/jan/07/indian-neutrino-observatory-set-for-construction. [2015-01-07].
[29] CEPC. 初步概念设计报告国际评审圆满完成. http://www.ihep.cas.cn/dkxzz/cepc/jzdt/201503/t20150312_4321386.html [2015-03-12].
[30] 科学网. 我国提出超级对撞机建设路线图——"希格斯工厂""超级电子显微镜"领跑高能物理和强子物理前沿. http://news.sciencenet.cn/htmlnews/2015/8/324331.shtm [2015-08-06].
[31] Physicsworld. GRAND plans for new neutrino observatory. http://physicsworld.com/cws/article/news/2015/aug/18/grand-plans-for-new-neutrino-observatory [2015-08-18].
[32] FRIB. Reaching for the horizon-the 2015 LONG RANGE PLAN for NUCLEAR SCIENCE. http://science.energy.gov/~/media/np/nsac/pdf/2015LRP/2015_ LRPNS_091815.pdf [2015-10-18].

[33] 中国科学院近代物理研究所．国家重大科技基础设施“加速器驱动嬗变研究装置”批准立项．http://www.impcas.ac.cn/xwzx/snxw/201601/t20160115_4518642.html [2016-01-15].
[34] 中国科学院高能物理研究所．国家重大科技基础设施“高海拔宇宙线观测站”于日前获批立项．http://www.ihep.cas.cn/xwdt/gnxw/2016/201601/t20160114_ 4518143.html [2016-01-14].
[35] 中国科学院近代物理研究所．国家重大科技基础设施“强流重离子加速器”批准立项．http://www.impcas.ac.cn/xwzx/snxw/201601/t20160115_4518618.html [2015-01-15].
[36] 中国科学院北京综合研究中心．高能同步辐射光源验证装置项目建议书获国家发改委批复．http://www.basic.cas.cn/xwdt/zhxw/201503/t20150323_4325456.html [2016-03-23].
[37] DESY. Unique experiments at European X-Ray laser XFEL are go. http://www.desy.de/news/news_search/index_eng.html? openDirectAnchor=828&two_columns=0 [2015-06-29].
[38] NSLS-II Strategic Planning Workshop. NSLS-Ⅱ strategic plan. https://www.bnl.gov/ps/docs/pdf/NSLS2-Strategic-Plan.pdf [2015-09-18].
[39] STFC. UK invests £72 million on cutting edge particle physics research-Science and Technology Facilities Council. http://www.stfc.ac.uk/news/uk-invests-72-million-on-cutting-edge-particle-physics-research/ [2015-12-10].
[40] SLAC. Unique SLAC technology to power X-ray laser in South Korea. https://www6.slac.stanford.edu/news/2015-08-07-unique-slac-technology-power-x-ray-laser-south-korea.aspx [2015-08-07].
[41] European Commission. Connecting Russian and European measures for large-scale research infrastructures http://cordis.europa.eu/programme/rcn/664631_en.html [2015-10-13].
[42] DESY. European Russian Networking. http://www.desy.de/news/news_ search/index_eng.html? openDirectAnchor=889&two_columns=0 [2015-10-19].
[43] CERN. A new era for CERN-US collaboration in particle physics. http://home.cern/about/updates/2015/12/new-era-cern-us-collaboration-particle-physics [2015-12-18].
[44] CERN. CERN expands scientific collaboration with Middle East. http://home.cern/about/updates/2016/01/cern-expands-scientific-collaboration-middle-east [2016-01-06].
[45] 凤凰网．中俄超导质子联合研究中心落户合肥．http://news.ifeng.com/a/20151219/46746215_0.shtml [2015-12-19].
[46] STFC. UK to supply first major instruments for world's largest microscope, http://www.stfc.ac.uk/news/uk-to-supply-first-major-instruments-for-world-s-largest-microscope/ [2012-12-21].
[47] NSLS-Ⅱ Strategic Planning Workshop. NSLS-Ⅱ strategic plan. https://www.bnl.gov/ps/docs/pdf/NSLS2-Strategic-Plan.pdf [2015-09-18].
[48] CERN. New knowledge transfer website to grow CERN's industry links. http://home.cern/about/updates/2015/11/new-knowledge-transfer-website-grow-cerns-industry-links [2015-11-23].

Progress in Major Research Infrastructure Science and Technology

Li Zexia, Sun Zhen, Leng Fuhai

In 2015, Constructing and upgrading of major research infrastructure were promoted steadily. Detection and research abilities of major research infrastructure were also improved. Compact infrastructure and imaging techniques obtained significant progress. On the base of existing plans of major research infrastructure, scientists were planning and preparing actively for the construction of the subsequent projects and deploying aggressively research activities of new physics, new materials, new energy and bioscience in using major research infrastructure. In addition, there are a lot of breakthroughs on those disciplines related to major research infrastructure in this year.

第五章

中国科学发展概况

A Brief of Science Development in China

5.1 2015年科技部基础研究管理工作进展

傅小锋 李 非 周 平 陈文君

（科技部基础研究司）

2015年，科技部基础研究司紧密围绕科技部中心工作和科技管理改革重大决策部署，以新理念促创新，深化基础研究管理体制改革，扎实推进各项业务工作，圆满完成了各项任务，努力开创了基础研究管理工作的新局面。

一、编制“十三五”基础研究发展相关规划，积极谋划未来基础研究战略布局

在“十三五”战略研究和“十二五”专项规划总结评估的基础上，按照科技部关于“十三五”科技规划编制工作的总体部署和要求，积极开展“十三五”基础研究发展思路调研，组织编制“十三五”基础研究发展相关规划。

1. 编制“十三五”基础研究专项规划

充分发挥专家战略咨询作用，聚焦领域重点任务，凝练未来五年我国基础研究发展的战略目标和重点任务，为布局国家重点研发计划重点专项和编制“十三五”基础研究规划提供重要支撑。组织召开部门研讨会，广泛征求各部门对“十三五”国家基础研究专项规划的意见。

2. 编制“十三五”国家科研基地与条件保障能力建设专项规划

会同国家发改委、财政部、教育部、中国科学院等部门的相关司局，积极推动“十三五”国家科研基地与条件保障能力建设专项规划编制，形成了建设以国家实验室为引领的创新基础平台的总体思路，统筹规划科研基地、科技平台和基础条件等工作。召开相关部门研讨会，征求对专项规划的意见。

3. 围绕重大科技问题开展战略研究

（1）组织开展重点调研。围绕可能引领产业变革的颠覆性技术的重点领域和发展

前景，研究颠覆性技术孕育机制，提出有利于颠覆性技术产生的基础前沿研究组织模式和支持方式，形成调研报告；开展科技投入加强稳定支持重点问题调研工作，重点总结在调研过程中发现的新趋势、新特点、新情况，凝练重要观点和重点措施建议，形成《科技投入加强稳定支持重点问题调研报告》。

（2）开展“发起国际大科学计划和工程战略研究”。梳理我国基础研究和重大全球性问题的研究基础、优势和特色领域，对符合我国发展需要、能调动国际资源和力量、适合以国际大科学计划或工程方式组织的研究方向或任务进行预判，研究提出可由我国牵头组织国际大科学计划和大科学工程的建议。

（3）组织开展国家科技创新战略专题研究。按照基础研究管理工作的需求，布局了“国家重大前沿综合交叉领域协同创新基地发展模式与政策研究”“基于文献计量分析的科学前沿遴选研究”“促进跨学科研究的体制机制研究”等国家科技创新战略研究专项项目。

二、认真贯彻中央决策部署，扎实推进各项科技改革措施

1. 积极探索基础研究管理改革思路

按照党中央、国务院关于加强基础研究的总体要求和《国务院关于改进加强中央财政科研项目和资金管理的若干意见》（国发［2014］11号）、《国务院印发关于深化中央财政科技计划（专项、基金等）管理改革方案的通知》（国发［2014］64号）等文件精神，研究提出了新的科技计划体系中基础研究总体布局的考虑和在国家重点研发计划中加强基础研究的工作思路；继续加强重大科学计划的部署，将“干细胞及转化研究”作为重点专项的改革试点，先行先试；同时，明确在国家重点研发计划中设立战略性、前瞻性重大科学问题领域，加大对基础研究的投入力度和系统性部署，并建立“遵循规律”的分类管理机制。研究提出了香山科学会议改革方案，并对《香山科学会议章程》进行了修订。

2. 稳步推进国家科研基地优化整合

落实《国务院印发关于深化中央财政科技计划（专项、基金等）管理改革方案的通知》（国发［2014］64号）、《中共中央国务院关于深化体制机制改革加快实施创新驱动发展战略的若干意见》（中发［2015］8号），以及国家科改领导小组《深化科技体制改革2015年工作要点》中“启动基地和人才专项调整优化工作”的要求，开展国家科研基地顶层设计和功能定位研究，按照创新链条对国家科研基地进行梳理分

类。会同财政部启动全国范围科研基地调查工作，联合普查公共财政支持的科研基地现状，进一步调查摸清国家科研基地以及省部级科研基地的范畴和范围。

3. 大力加强国家实验室建设

贯彻落实党的十八届五中全会精神，按照习近平总书记提出的“在一些重大创新领域组建一批国家实验室”的任务要求，结合科技体制改革工作，研究提出了《加快推进国家实验室建设实施工作方案》，以改革、创新的思维推进国家实验室的建设与改革。加快推进青岛海洋科学与技术试点国家实验室建设，成立第一届理事会、主任委员会、学术委员会；在试点国家实验室的管理方面，会同财政部和教育部、中国科学院，开展 6 个试点国家实验室总结验收准备工作。

4. 努力推动国家重大科研基础设施和大型科研仪器的开放共享

积极发挥统筹协调作用，与财政部、国家发改委、教育部、中国科学院等部门加强沟通和协作，对《国务院关于国家重大科研基础设施和大型科研仪器向社会开放的意见》（国发［2014］70 号）（以下简称《意见》）的重点任务进行了梳理和细化，形成了《落实〈意见〉实施推进方案》并正式印发，建立了科研设施与仪器开放工作的多部门协调机制，明确了各部门的任务分工，系统推进《意见》落实。积极开展试点，加强对部门和地方的指导和互动，通过政策宣讲、实地调研以及共同研究相关规范标准等方式推进《意见》落实。

完成了科研设施与仪器的资源调查，建立了数据库；初步完成科研设施与仪器国家网络管理平台的建设，并开始与管理单位的平台对接；遴选了部分地方和单位先行开展了开放服务试点，取得了积极成效；制定了科研设施与仪器开放服务相关标准规范；完善了大型科学仪器购置查重评议机制，2015 年查重评议工作取得了显著成果；研究制定开放共享管理与评价办法。

5. 积极宣传科技计划管理改革精神

会同教育部、中国科学院、国家自然科学基金委员会等部门联合召开了以“加强基础研究与自主创新”为主题的香山科学会议，以及高校科研院所加强重点研发计划基础研究工作会，积极宣传改革工作进展，介绍科技计划管理改革背景和主要措施，以及在新计划体系中基础研究的定位和任务，在科技界达成共识。

三、以改革促发展，稳步推进各项业务工作

1. 积极推进新计划体系中基础研究任务部署

（1）完善国家重点研发计划基础研究布局。建立部门协调机制。会同教育部、中国科学院建立了国家重点研发计划基础研究部门协调工作机制。研究提出了国家重点研发计划中基础研究的定位、布局、组织方式与考核评价等方面的工作思路，各部门分工合作，推进基础研究类重点专项各项工作。

在国家重点研发计划中设立战略性、前瞻性重大科学问题领域，加强前瞻性、战略性、基础性部署。主要支持事关国计民生需要长期演进的重大社会公益性研究和国家战略性需求关键技术的科学基础；聚焦影响国家竞争力的重大科学前沿，支持围绕重大科技设施、大科学装置的重大科学问题研究。

组织推动基础研究类重点专项。组织编制干细胞及转化研究试点专项实施方案，并发布了2016年度第一批项目的申报指南；根据部门和地方推荐的重大需求，会同相关部门组织编制了纳米科技、量子调控与量子信息、蛋白质机器与生命过程调控、大科学装置前沿研究、全球变化及应对等2016年优先启动的重点专项的实施方案及2016年度指南。

探索重点专项组织实施的流程改革。根据改革要求和原有科技计划组织管理经验，研究基础研究类项目的考核评价标准，设计提出基础研究类重点专项申报评审试点改革工作方案和申报评审流程。同时，加强制度建设，推进依法行政，制订权力清单及责任清单，明确依托专业机构管理具体项目的工作与责任分工，研究制定管理办法，构建决策、执行和监督相互制约的权力运行机制。

（2）继续做好973计划在研项目后续管理工作。组织973计划和重大科学研究计划项目中期评估及结题验收工作，按照《科技监督和评估体系建设工作方案》的要求、科技监督和评估工作计划，制定了973计划2015年科技监督和评估工作实施方案，组织了15个973计划项目的验收抽查和绩效评估工作。

2. 稳步开展国家重点实验室建设与运行管理

（1）强化运行评估，开展国家重点实验室评估工作。按照国家重点实验室评估规则，委托中国物理学会、国家遥感中心、中国地理学会等第三方机构承担数理领域16个国家重点实验室、地学领域46个国家重点实验室的评估工作。经过初评、现场考察和综合评议三个阶段的工作，形成评估结果并对外发布。与香港创新科技署就评估

工作进行了多次讨论，形成香港伙伴实验室评估工作方案。

（2）积极推进企业国家重点实验室建设。在认真分析国家需求和现有布局基础上，开展了企业国家重点实验室的新建遴选工作，重点围绕战略性新兴产业和重要产业方向进行布局。经过申报、评审等程序，在 26 个省（区、市）批准新建了 78 个企业国家重点实验室。

（3）试点推进建设省部共建国家重点实验室。继续推进省部共建国家重点实验室建设，探索增强区域自主创新能力新机制。分别与青海省人民政府、云南省人民政府、新疆生产建设兵团、广西壮族自治区联合发文批准新建“省部共建三江源生态与高原农牧业国家重点实验室”“省部共建云南生物资源保护与利用国家重点实验室”“省部共建绵羊遗传改良与健康养殖国家重点实验室”和“省部共建药用资源化学与药物分子工程国家重点实验室”。

3. 统筹推进国家工程技术研究中心工作

（1）探索国家工程技术研究中心建设与发展的思路。加强顶层设计和统筹协调，按照中央财政科技计划管理改革方案要求，结合基地优化整合工作，强化顶层设计，提出了国家工程技术研究中心建设与发展的思路，统筹国家工程技术研究中心发展。

（2）完善国家工程技术研究中心管理工作机制。结合基地优化整合工作以及“十三五”规划的编制工作，优化管理流程；开展对 2011 年立项的 30 个国家工程技术研究中心的验收工作。

（3）积极推进国家工程技术研究中心香港分中心工作。按照第一个国家工程技术研究中心香港分中心建设模式，借鉴香港国家重点实验室伙伴实验室成功经验，继续推进香港分中心工作，完成第二批 5 个国家工程技术研究中心香港分中心建设。

4. 稳步推进科技资源共享服务平台开放共享工作

按照“以用为主，重在服务”的要求，国家科技资源共享服务平台大力开展了科技资源共享服务工作，服务数量和质量均大幅提升，有力支撑了科技创新和经济社会发展。

一是进一步加强资源整合工作。将最新、最优、最权威的科技资源向平台聚集，夯实共享服务的基础。二是充分发挥平台的公共服务载体作用，深化开放共享服务，全面支撑科技、经济和社会发展。三是落实精细化管理，保障平台运行服务工作规范化开展。四是加强信息化建设与宣传工作，打造平台服务品牌。

有序推进科研仪器和设施、科学数据、科技文献、自然科技资源和科学实验材料 5 类科技资源共享服务平台建设。联合财政部开展国家科技资源共享服务平台共享服务绩效考核与评估，着力提升平台开放共享程度和支撑服务能力。

5. 积极推动科研条件与科技基础性工作专项

进一步整合现有资源，强化评估与监督工作，推进国家大型科学仪器中心、国家级分析测试中心、国家科技图书文献中心、国家实验动物种子中心的开放，促进现有相关资源对外服务，提高资源的使用效益。

依托科技支撑计划，重点开展试剂研发及应用、实验动物资源研发及应用、科技文献信息资源开发与应用和计量标准研究等方面的工作。

围绕科学考察与调查、科学典籍志书图集的编研等方面部署科技基础性工作任务，推动成果共享。完成了科技基础性工作2009年重点项目和2012年一般项目的验收工作。加强野外台站建设及数据收集工作的分类指导和监督检查。

6. 有序开展ITER计划专项管理工作

组织研究磁约束核聚变能发展技术路线图；积极推进2015年度国际热核聚变实验堆（ITER）计划专项（国内研究）财政支出绩效评价工作；完成了2011年度11个项目验收；完成了2015年度21个项目立项。

7. 扎实推进人才工作

按照中组部人才局的部署，会同教育部人事司组织开展了第十二批“千人计划”重点实验室和重点学科平台的评审工作。配合中组部开展了“千人计划”引才结构、比例、质量的调研，并研究提出了关于加强对入选专家的服务管理、建立退出机制等建议。

8. 大力促进地方基础研究工作

组织召开2015年地方基础研究工作会议。以“贯彻落实党中央、国务院关于科技体制改革的要求，推动新形势下基础研究创新发展”为主题，学习领会党中央、国务院关于科技工作的重大决策部署，落实国发70号文以及介绍科技部科技计划管理改革的有关举措和工作进展，研讨“十三五”基础研究发展思路和在新形势下如何推进地方基础研究管理改革等。

组织基础研究与管理改革培训班。对来自中央部门的有关科技管理单位，各地方科技厅（委、局），部分985、211高校等部门和单位负责基础研究管理工作的学员进行了系统培训。

9. 继续推动基础研究重要领域的国际合作

（1）积极参与 SKA 建设准备阶段的工作。委托中国科学院学部开展综合咨询，形成了《关于中国参与平方公里阵列射电望远镜国际大科学工程（SKA）建设阶段的咨询评议报告》。根据参与 SKA 的最新进展情况和未来目标，完成了 SKA 中国专家委员会的换届工作。

（2）推动基础研究其他领域的国际合作。以中国-欧盟科技合作指导委员会第 12 次会议为契机，与欧盟有关负责人进行研讨，推动双方各类科研基础设施的国际合作与共享。继续推动中美磁约束核聚变合作计划框架下项目的执行。

Annual Review of the Department of Basic Research of Ministry of Science and Technology in 2015

Fu Xiaofeng , Li Fei , Zhou Ping , Chen Wenjun

This paper reviews the progress in basic research of Ministry of Science and Technology(MOST) in 2015: ①Strengthened strategic research and drawing the 13th Five-Year Plan for basic research; ②Pushed forward the reform measures of science and technology; ③ Steadily promoted the daily operations of basic research.

5.2 2015年国家自然科学基金项目申请与资助情况

谢焕瑛

（国家自然科学基金委员会计划局项目处）

2015年是“十二五”规划收官之年，为适应建设创新型国家和实施创新驱动发展战略对基础研究的新要求，国家自然科学基金委员会（以下简称基金委）认真贯彻《国家中长期科学和技术发展规划纲要（2006—2020年）》和《中共中央国务院关于深化体制机制改革加快实施创新驱动发展战略的若干意见》等文件精神，准确把握新常态，主动适应新常态，努力引领新常态，着力落实《国家自然科学基金“十二五”发展规划》，努力打造科学基金管理升级版，按照“支持基础研究和科学前沿探索、支持人才和团队建设、增强我国源头创新能力”的战略定位，按计划完成了各类项目的申请受理和评审工作，并在改进申请与评审方式、提高工作效率等方面进行了有益的探索和尝试。

一、项目申请与受理情况

1. 申请情况

截至2015年12月9日，共接收依托单位提交的各类项目申请172 952项，同比申请量呈现较大增长。

在各类申请项目中，面上项目的申请量在持续回落两年后，2015年共接收申请73 025项，较2014年增加了13 855项，增幅23.42%。2014年申请量增加较多的青年科学基金项目和地区科学基金项目2015年度申请量较为稳定，青年科学基金项目增加了706项，增幅1.09%，低于去年的6.64%；地区科学基金项目增加了140项，增幅1.07%，低于去年增幅的10.07%；此外，优秀青年科学基金项目、国家杰出青年科学基金项目的申请量都有不同程度的增长。与2014年同期相比，优秀青年科学基金项目申请增加206项，增幅6.22%；国家杰出青年科学基金项目申请增加116项，增幅5.71%；重点项目和创新研究群体项目的申请量有不同程度的回落，重点项目较去年减少220项，减幅为7.27%；创新研究群体项目较去年减少13项，减幅为

4.96%；重点国际（地区）合作研究项目申请较去年减少71项，减幅为10.30%；国家重大科研仪器研制项目申请（自由申请）减少80项，减幅为11.66%；国家重大科研仪器研制项目（部门推荐）减少5项，减幅为7.81%。有关统计数据见表1。

表1　2015年度部分科学基金项目申请按项目类型统计情况

项目类型	2014年 申请项数/项	2015年 申请项数/项	与2014年 同比增幅
面上项目	59 170	73 025	23.42%
重点项目	3 025	2 805	−7.27%
青年科学基金项目	65 016	65 722	1.09%
地区科学基金项目	13 030	13 170	1.07%
优秀青年科学基金项目	3 314	3 520	6.22%
国家杰出青年科学基金项目	2 032	2 148	5.71%
创新研究群体项目	262	249	−4.96%
海外及港澳学者合作研究基金项目	461	399	−13.45%
重点国际（地区）合作研究项目	689	618	−10.30%
外国青年学者研究基金项目	—	188	—
数学天元基金项目	760	686	−9.74%
国家重大科研仪器研制项目（自由申请）	686	606	−11.66%
国家重大科研仪器研制项目（部门推荐）	64	59	−7.81%
合计	148 509	163 195	9.89%

2. 受理情况

经各科学部和国际合作局初审、计划局复核，2015年在项目申请集中接收期接收的申请共162 433项，由于超项、违规或手续不全等原因不予受理共3 165项，占项目集中接收期申请总数的1.91%，为近5年来最低。

3. 不予受理项目的复审申请及审查情况

2015年，在规定期限内，各科学部和国际合作局共收到不予受理项目的正式复审申请579项，占全部不予受理项目的18.29%，高于2014年的14.04%。经审核，共受理复审申请497项，由于手续不全等原因不予受理复审申请82项。对正式受理的复审申请进行审查后，认为原不予受理的决定符合事实、予以维持的480项；认为原不予受理的决定有误、应继续送审的17项，占全部不予受理项目的0.54%，其中5项通过评审建议资助。

二、项目评审与批准资助情况

1. 项目评审情况

各类项目通讯评审指派专家数量及有效通讯评审意见的数量均符合相关项目管理办法的要求，参加会议评审的专家绝大多数来自会议评审专家库。在京召开的评审会议全部使用了会议评审系统，部分京外召开的评审会议也积极创造条件使用了会议评审系统，有答辩环节的还按规定进行了录音、录像并归档保存。

2. 项目批准资助情况

截至2015年12月9日，经过规定的评审程序的已批准项目40 177项，直接费用214.58亿元，占全部直接费用资助计划的93.83%。主要科学基金项目的资助情况如下。

（1）研究项目系列。面上项目资助16 709项，直接费用1 024 050万元。直接费用平均资助强度为61.29万元/项。资助项目数比2014年增加了1 709项，增加幅度为11.39%；平均资助率为22.88%，较2014年（25.35%）降低了2.47个百分点。对64个学科统计表明，面上项目资助率最低的学科为17.41%（2014年为15.18%），最高的为32.68%（2014年为36.34%），差距有所减小。此外，面上项目负责人的年龄逐步年轻化。据统计，2011年面上项目负责人40岁以下的人数比例为16.17%，2014年为43.14%。

重点项目资助625项，直接费用178 800万元，直接费用平均资助强度为286.08万元/项。重点项目负责人也呈现逐年年轻化趋势。据统计，2011年面上项目负责人50岁以下的人数比例为28.97%，2014年为47.04%。

重大项目资助20项，直接费用31 800万元。

23个重大研究计划共资助402项，直接费用52 035万元。

重点国际（地区）合作研究项目资助105项，直接费用25 200万元。

（2）人才项目系列。2015年，地区科学基金项目资助2 829项，直接费用109 600万元，直接费用平均资助强度为38.74万元/项。与2014年（2751项）相比，增加78项，增长幅度为2.84%；平均资助率为21.44%，比去年（21.11%）提高了0.33个百分点。女性申请人获地区科学基金资助910项，占32.17%。地区基金项目负责人年轻化最为明显。据统计，2011年地区基金项目负责人40岁以下的人数比例为21.30%，2014年为54.47%。

青年科学基金项目资助16 155项，直接费用319 460万元。与去年（16 421项）

相比，减少 266 项，减少幅度为 1.62%；平均资助率为 24.58%，比去年（25.26%）降低了 0.68 个百分点。直接费用平均资助强度为 19.77 万元/项。其中，女性申请人获资助的为 6 593 项，资助率为 21.05%，占全部青年科学基金项目的 40.81%，较去年同比（32.90%）有明显提高。

优秀青年科学基金项目资助 400 项，直接费用 52 000 万元。平均资助率为 11.36%，各科学部资助率在 10.46%～12.73%之间。项目负责人平均年龄 35.58 岁，与近三年平均年龄基本持平。

2015 年国家杰出青年科学基金项目资助强度提高到 400 万元/5 年。资助 198 项，直接费用 67 935 万元。平均资助率为 9.22%，各科学部资助率在 8.67%～10.57%之间。

创新研究群体项目资助 38 项，直接费用 38 955 万元；实施 3 年的 30 个创新研究群体项目都给予第一次延续资助，资助直接费用 15 435 万元；实施 6 年的 28 个创新研究群体项目中有 23 个创新研究群体提出了延续资助申请，经专家评审，11 个创新研究群体给予第二次延续资助，资助直接费用 5 775 万元。

海外及港澳学者合作研究基金两年期资助项目资助 116 项，直接费用 2 088 万元。四年期延续资助项目资助 20 项，直接费用 3 600 万元。

（3）环境条件项目系列。截止到 2015 年 12 月 9 日，共资助联合基金项目 580 项，直接费用 56 900 万元。

国家重大科研仪器研制项目（自由申请）资助 81 项，直接费用 50 263.554 4 万元，直接费用平均资助强度为 620.54 万元/项，平均资助率为 13.37%。

国家重大科研仪器研制项目（部门推荐）资助 5 项，直接费用 36 947.696 7 万元。

外国青年学者研究基金项目资助 107 项，直接费用 2 800.485 6 万元。

3. 不予资助项目复审申请及审查情况

在规定期限内，各科学部和国际合作局共收到不予资助项目的正式复审申请 1 069项。经审核，受理 782 项，不予受理 287 项。对正式受理的复审申请进行审查后，认为原不予资助决定符合事实，予以维持的 757 项，还有 25 项正在审查。

三、申请、评审与资助工作新举措

1. 积极推进科学基金法规建设

制度问题具有根本性、全局性、稳定性和长期性。党的十八大作出了加快建设社会主义法治国家的战略部署。2014 年委党组扩大会议提出“要逐步建成与时俱进的科学基金法规体系”，“建立依托单位的促规范、督诚信机制，信息公开与批评精神的平衡机制，信息导航与主动作为的正反馈机制，主客观兼容性评审过程的自律机制，重大项目决策的合法性审查机制”[1]。2015 年，基金委在不断探索和创新资助管理工作新举措的基础上，积极有序地推进了一系列管理办法和实施细则的制定和修订工作，进一步规范了项目申请、评审和资助工作。与财政部共同修订颁布了《国家自然科学基金资助项目资金管理办法》；研究制定并颁布了《国家自然科学基金项目评审回避与保密管理办法》《国家自然科学基金项目复审管理办法》《国家自然科学基金重大项目管理办法》《国家自然科学基金重大研究计划项目管理办法》《国家自然科学基金联合基金项目管理办法》《国家自然科学基金依托单位基金工作管理办法》和《国家自然科学基金依托单位注册管理实施细则》。科学基金法规的梳理、研究、制定和修订工作取得的显著成效，体现了新常态下的新要求和不断探索创新科学基金管理工作的新成果，使得相关各方在法规范围内开展科学基金管理工作有了新的更详细的依据。

2. 完善资助方式、规范资金管理

近年来，国家财政对自然科学基金的投入大幅增长，项目依托单位开展研究的条件和环境也发生了较大改变。为了规范国家自然科学基金项目资金的管理和使用，提高资金使用效益，根据中央财政科技资金管理有关要求，2015 年度颁布了《国家自然科学基金资助项目资金管理办法》。该文件完善了项目资助方式，建立了项目间接成本补偿机制，扩大了劳务费的开支范围，取消了一些科目原有的比例限制，进一步下放了预算调整权限，明确了项目资金管理和使用中的职责，进一步加强了经费监管，完善了结余资金的管理等。

根据《国家自然科学基金资助项目资金管理办法》要求，在 2015 年度项目指南中，将申请经费分为直接费用和间接费用两部分，申请人只需填报直接费用部分。按照《国家自然科学基金项目类型及其间接费用核定说明》，统一确定了 2015 年度优秀青年科学基金项目、国家杰出青年科学基金项目、创新研究群体项目、海外及港澳学者合作研究基金项目等人才类项目的建议资助项目的直接费用，并将在 2016 年度项目指南中进一步明确规定有关类型项目的直接费用额度。

3. 首次实现科学基金项目全部在线申请

2015 年自然科学基金项目首次实现了全部在线申请，为申请人、依托单位科研管理人员以及基金委的工作人员提供了规范和高效的管理工作平台。“对所有项目体系实现数据连通式的在线申报，可对申请书的内容进行自动校验，科学诚信提醒，经费

比例控制，文本字数限制等"[1]。这一举措规范了工作流程，提高了工作效率，大幅度减少了因超项导致的不予受理的项目数。据统计，2015 年因超项导致不予受理的项目仅为 173 项，与 2014 年的 1163 项相比大幅下降。由于第一次实行项目全部在线申请，在项目集中接收期间出现了系统反应慢、申报高峰时登录困难等问题。对此，有关单位认真查找原因，不断采取措施，完善系统功能，优化系统性能，提高系统负载能力，为今后科学基金申请工作的平稳顺利进行奠定了坚实的基础。

4. 稳步推进通讯评审专家计算机辅助指派工作

在过去几年试点的基础上，2015 年的通讯评审专家计算机辅助指派系统已经覆盖了自然科学基金的各个学科。据统计，2015 年各科学部使用计算机辅助指派系统指派通讯评审专家的项目数占指派项目数的比例平均为 70.12%，范围和比例大幅提高。今后将进一步探索和完善项目通讯评审辅助指派工作，提高和扩大项目通讯评审计算机辅助指派的比例和范围。

5. 积极改进会议评审专家名单公布方式

2014 年，根据国务院有关文件要求，基金委在会议评审前公布了所有会议评审专家的名单，会议评审工作受到较大程序干扰。2015 年，根据实际情况，在报国务院批准后，改进了会议评审专家名单的公布方式。除国家重大科研仪器研制项目（部门推荐）和创新研究群体项目在会议评审前公布会议评审专家外，其余项目会议评审专家名单在会议评审工作结束后一周内公布。会议评审专家名单公布方式的改进大幅度减少了对会议评审工作的干扰，维护了项目评审的公正性。

6. 关注人才成长，稳定支持科研队伍建设

（1）提高对优秀青年科研工作者的资助力度。在 2014 年追加国家杰出青年科学基金项目的资助强度后，2015 年将国家杰出青年科学基金项目和优秀青年科学基金项目的资助强度分别由 200 万元/4 年和 100 万元/3 年提高至 400 万元/5 年和 150 万元/3 年（含间接费用）。

（2）调整外国青年学者研究基金资助政策，加大力度吸引外国青年学者来华开展基础研究工作。首次将外国青年学者研究基金项目纳入集中接收期进行接收，扩大外国青年学者研究基金项目的资助范围，由原来中国科学院、教育部推荐所属单位人员申请扩大为所有依托单位人员自由申请，年龄由 35 岁提高至 40 岁，资助强度由 10 万/半年、20 万/1 年分别提高至 20 万/1 年、40 万/2 年。

（3）关注并稳定对女性申请人的支持。从近 3 年情况看，在面上项目和青年科学

基金项目中，女性负责人所占的比例稳中略升；在地区科学基金项目中，近两年女性负责人所占比例有明显提高。面上项目女性申请人资助率基本接近平均资助率；地区基金项目女性申请人资助率相对保持稳定；重点项目女性申请人的资助率呈现上升趋势，与平均资助率的差距在缩小。

（4）积极探索对博士后研究人员的资助机制。近3年来，博士后申请面上、青年和地区基金三类项目的总量呈现大幅度增长，资助的项目数增长幅度也较大。自然科学基金已经成为资助博士后进行基础研究的重要来源。2015年起，继面上项目施行由博士后按照实际的科研工作需求来更加灵活地填报资助期限（不再按照各类项目一般统一的资助期限资助）政策，青年科学基金项目也针对博士后研究人员施行类似政策。

7. 拓展联合资助格局，大力推进协同创新

2015年，基金委先后同辽宁、浙江、贵州、山西4省人民政府分别签订协议开展联合资助工作，并与广东省人民政府以国家超级计算广州中心“天河二号”超级计算机为平台，联合资助大数据科学研究中心，同广东、新疆、福建、河南4省（自治区）人民政府续签了联合资助协议。此外，基金委同中国汽车工业协会以及8家汽车企业共同启动了资助中国汽车产业创新发展联合基金，并完成了同中国民用航空局、中国科学院相关联合资助协议的续签。

参考文献

[1] 杨卫. 规为引擎法为准绳——引领中国基础研究进入新常态. 中国科学基金，2015，29(1)：5－10.

Projects Granted by National Natural Science Fund in 2015

Xie Huanying

This article gives a summary of National Natural Science Fund in 2015. As of December 9, 2015, the total amount of direct cost is about 21.46 billion yuan, and funding statistics for various kinds of projects are listed.

5.3　中国科学五年产出评估
——基于 WoS 数据库论文的统计分析（2010～2014 年）

岳　婷　杨立英　丁洁兰　孙海荣　陈福佑　童嗣超　翟琰琦

（中国科学院文献情报中心）

基于科研产出对科研活动进行测度，是评估国家科研水平的重要视角。科学论文是科研产出的主要形式，也是文献计量分析方法进行科研产出分析的主要依据。从2013 年起，以汤森路透集团发布的 Web of Science（WoS）数据库为数据源，我们对中国科学五年的科研产出进行定量分析，揭示中国科学近五年的整体发展态势。

以往报告的数据分析表明，中国科研论文的产出规模扩张迅速，但论文的影响力表现出了明显滞后的特征。产出规模的扩大为中国科学的腾飞打下了坚实的基础，但是规模的扩张始终会受到有限资源的约束，科研效率的提升才是中国科研水平实现从量变到质变产生突破的关键因素。如何提高科研效率成为中国科学面临的发展问题。基于以上原因，本文将中国科学产出评估的分析视角定位于科研规模与科研效率两个方面。由于本文的分析依据为 SCI 论文，所以在科研产出的范畴内定义了科研规模、科研效率的内涵：

（1）科研规模。科研规模指以数量为基础来描述科学研究活动的体量。本文科研规模的分析基于 SCI 论文、引文和重要成果①三个方面，即 SCI 论文的产出量②、SCI 论文获得的被引用数量③、重要成果的产出数量。

（2）科研效率。通常意义上的效率指标与人力、物力的投入及其相应产出有关。由于难以获得科研人员、经费投入与科研产出的关联数据，本文将效率的内涵限定在科研产出的范畴内。将发表 SCI 论文视为“投入”，投入后产生的效果为“产出”。例

---

①　重要成果是指发表在各学科学术声望较高的重要期刊中的论文。重要期刊通过专家调研确定，期刊列表详见参考文献［1］。

②　为突出反映通讯作者的核心贡献，在分析重要成果时采用了通讯作者的统计方式；其余分析均采用全作者的统计方式。

③　引文统计口径为累计论文的即年引文，即论文的统计时间窗为累计年，引文统计时间窗为当年。某一年的引文是指截止到该年的所有论文在当年收到的引文数量。

如，对于既定的国家而言，发表SCI论文中包含的重要成果可以视为投入SCI论文后产生的成效。基于以上思考，本文从SCI论文的产出效率、影响力效率和重要成果效率三个方面设计了相应的效率指标。

根据科研规模、科研效率的内涵，基于SCI论文、引文及重要成果3个维度，本文设计了6个指标解读中国科学的具体表现。此外，报告还将6个指标汇总为规模指数和效率指数2个综合指标，用以描述中国在两种视角下的整体表现。指标体系如图1所示。其中，规模指数为产出指数、影响力指数、卓越指数之和，产出指数为国家各学科论文数量占世界学科论文总量的份额之和，影响力指数为国家各学科引文数量占世界学科引文总量的份额之和，卓越指数为国家各学科以通讯作者发表的重要成果数量占世界学科重要成果总量的份额之和。效率指数为产出效率指数、影响力效率指数、重要成果效率指数之和。产出效率指数为国家各学科相对产出效率之和，国家某一学科的相对产出效率为归一化后的以通讯作者发表的学科重要成果数量占该国全部论文数量的份额。影响力效率指数指国家各学科相对影响力效率之和，国家某一学科的相对产出效率为归一化后的学科篇均引文。重要成果效率指数为国家各学科通讯作者贡献率之和，国家某一学科的通讯作者贡献率为重要成果中通讯作者论文的份额与全部论文中通讯作者论文的份额之间的比值。

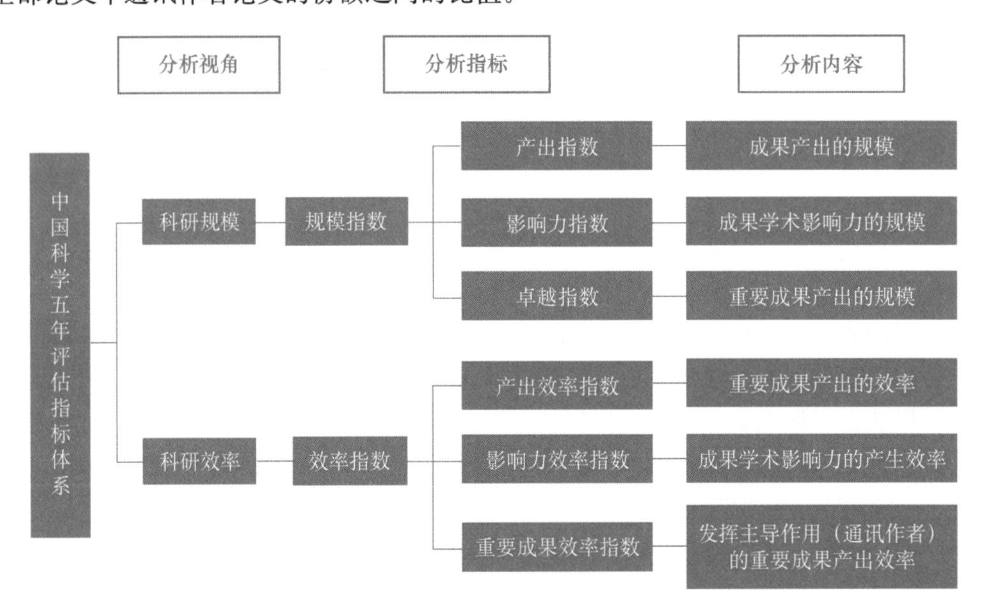

图1 “中国科学五年产出评估”指标体系

一、整体评估

将科研规模与科研效率两个维度组合在一起，可以直观揭示出各国科研活动的不同特征。图 2 是 2014 年样本国家/地区[①] SCI 论文规模指数和效率指数的二维图，表 1 与表 2 分别列出了两个指标的得分情况。

图 2、表 1 和表 2 的数据表明：美国、英国、德国等主要科技强国（或地区）位于第一象限，其规模指数和效率指数超出了中位数，处于领先地位。其中，美国表现得尤为突出，其规模指数超过了 20，在排行榜中“独占鳌头”，其余国家的该指标得分均不足 10；美国的效率指数得分也接近 100，以微弱的劣势落后于瑞士，排名世界第二。

位于图 2 第二象限的瑞士和荷兰这两个国家的整体研究规模较小，规模指数低于中位线，但其科研产出的效率较高。如瑞士的规模指数仅为 1.38，位列排行榜第 14 位，效率指数却高达 99.65，位列首位（图 2、表 1、表 2）。

以中国为代表的新兴科技国家均坐落在图 2 的第三或第四象限。这些国家的共同特征是效率指标低于中位数，反映出新兴科技国家科研活动的效率相对较低。其中，中国位于第四象限，中国的规模指数得分为 9.34，位列样本国家/地区的第 2 位。这一指标得分虽然不可以与美国相媲美，但是以较大优势领先于其他样本国家/地区，是第 3 名英国的 2 倍多。然而，中国的效率指标得分仅为 57.68，位列效率指标排行榜的第 11 位。主要科技强国效率的指标得分基本都在 70 以上，中国与其相比还存在显著的差异。韩国、巴西、印度等国均处于第三象限，其规模指数和效率指数在样本国家/地区中均处于低位（图 2、表 1、表 2）。

从规模指数及效率指数变化的角度分析：2010～2014 年 5 年间中国的规模指数得分逐年上升，由 5.78 增加到 9.34，表明中国 SCI 论文的产出规模及总体影响力均以较快的速度扩张。同期，美国及其他主要科技发达国家的这一指数呈小幅下降趋势。对效率指数而言，多数国家在 2010～2014 年间的得分变化不明显，部分国家的指标得分呈现小幅上升的趋势，中国指标得分由 55.55 增加至 57.68（表 1、表 2）。

对比分析显示出，中国的 SCI 论文的规模指数占据优势，在样本国家/地区中仅次于美国，领先于其他科技强国，科研活动已经具备相当的规模，是名副其实的科研产出大国。然而，中国在科研规模取得快速突破的同时，科研效率方面的表现不尽如

① 样本国家/地区选取了规模指数指标得分排名前 20 位的国家/地区。在部分内容，为挖掘样本国家的共性特征，将样本国家大致划分为科技强国（美国、英国、德国、法国）和新兴科技国家（中国、韩国、印度、巴西）两种类型。

人意。中国需要重点关注科研效率的提升，早日从科研大国转变为科研强国。

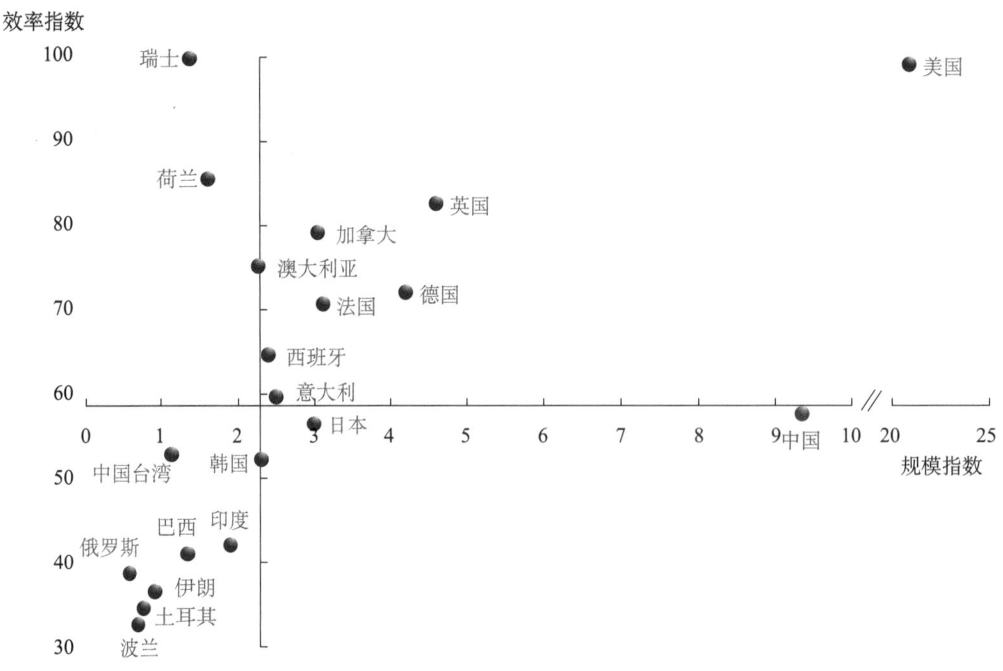

图 2 2014 年样本国家/地区的规模指数和效率指数

X 轴原点为样本国家/地区规模指数的中位数；Y 轴原点为样本国家/地区效率指数的中位数

表 1 2010～2014 年样本国家/地区规模指数

国家/地区	2010 年	2011 年	2012 年	2013 年	2014 年	国家/地区	2010 年	2011 年	2012 年	2013 年	2014 年
美　国	22.28	22.00	21.56	21.14	20.95	澳大利亚	1.99	2.07	2.09	2.17	2.28
中　国	**5.78**	**6.36**	**7.20**	**8.19**	**9.34**	印　度	1.76	1.83	1.82	1.92	1.90
英　国	4.96	4.82	4.90	4.76	4.60	荷　兰	1.71	1.64	1.65	1.61	1.61
德　国	4.34	4.29	4.32	4.27	4.17	瑞　士	1.34	1.35	1.35	1.38	1.38
法　国	3.32	3.34	3.22	3.21	3.10	巴　西	1.25	1.34	1.31	1.36	1.33
加拿大	3.26	3.16	3.14	3.07	3.04	中国台湾	1.35	1.40	1.29	1.25	1.15
日　本	3.59	3.49	3.30	3.20	3.01	伊　朗	0.65	0.78	0.82	0.87	0.93
意大利	2.42	2.46	2.49	2.50	2.50	土耳其	0.82	0.82	0.83	0.77	0.78
西班牙	2.33	2.37	2.41	2.40	2.40	波　兰	0.65	0.67	0.68	0.69	0.71
韩　国	1.96	2.07	2.15	2.20	2.29	俄罗斯	0.64	0.62	0.60	0.59	0.58

注：样本国家/地区按照 2014 年规模指数排序。

表 2 2010～2014 年样本国家/地区效率指数

国家/地区	2010 年	2011 年	2012 年	2013 年	2014 年	国家/地区	2010 年	2011 年	2012 年	2013 年	2014 年
瑞 士	94.37	97.59	92.75	99.68	99.65	**中 国**	**55.55**	**54.14**	**55.32**	**56.72**	**57.68**
美 国	94.35	95.45	96.35	97.31	98.54	日 本	56.42	56.76	55.72	56.12	56.26
荷 兰	86.99	83.37	81.43	82.58	85.43	中国台湾	59.49	60.10	58.51	59.66	52.68
英 国	79.78	80.09	84.09	84.58	82.27	韩 国	51.18	50.63	50.87	50.90	52.06
加拿大	78.20	78.21	76.69	79.44	78.91	印 度	43.30	43.95	42.41	43.03	41.92
澳大利亚	73.32	75.18	73.33	74.66	75.18	巴 西	41.93	42.76	40.90	41.88	40.99
德 国	71.62	71.03	70.18	72.71	71.77	俄罗斯	30.46	26.50	31.75	28.83	38.88
法 国	70.03	72.20	69.86	71.10	70.64	伊 朗	37.47	35.57	36.30	38.96	36.67
西班牙	67.69	67.25	64.83	64.89	64.36	土耳其	38.18	39.69	37.26	32.60	34.49
意大利	61.30	62.32	62.80	60.52	59.74	波 兰	34.87	34.59	33.76	32.88	32.63

注：样本国家/地区按照 2014 年效率指数排序。

二、科研规模评估

1. 产出规模

从 2014 年样本国家/地区发表 SCI 论文的数量看，美国的 SCI 论文数量是 31.5 万篇，研究规模远超其他国家。中国以 222 368 篇的论文产量位列世界论文排行榜的第二位，这一数量遥遥领先于英国（87 706 篇）、德国（87 630 篇）等世界科技强国[1]。

从各学科的产出规模看，2014 年中国发表 SCI 论文数量最多的 3 个学科均属于物质科学领域，分别为化学、物理与天文科学、材料工程，论文数量分别为 20 317 篇、34 468 篇、28 534 篇。美国、英国、德国等科技强国产出规模最大的学科大多集中在生命科学领域。以美国为例，美国产出规模最大的 3 个学科依次为临床医学、生物学、基础医学，2014 年论文数量分别为 90 030 篇、56 480 篇和 40 680 篇。与美国相比，中国在这 3 个学科的产出规模有很大差距，相应学科的 SCI 论文数量仅为美国的 28.1%、48.0%和 46.4%，这揭示出中国在生命科学领域仍有较大的提升空间[1]。

产出规模既可以体现在论文数量上，又可以表现为论文占世界论文总数的相对份额。从样本国家/地区各学科论文占世界该学科论文的份额看，中国在材料工程、纳米技术、工业生物技术 3 个工程类学科的论文世界份额都接近 30%，远高于本国其他学科，工程类是中国相对优势的学科。而中国在健康医学、临床医学、生物学等生命科学学科的世界份额均不足 15%，这些学科是中国的相对弱势学科。除中国外，韩国、印度等新兴科技国家的学科布局与中国呈现类似的特征。美国、英国等科技强国论文产出的学科分布与中国基本相反，他们在生命科学领域优势突出。例如，美国在健康医学、临床医学、生物学等学科的论文世界份额均超过30%，同期工程类学科的份额低于20%（图3）。

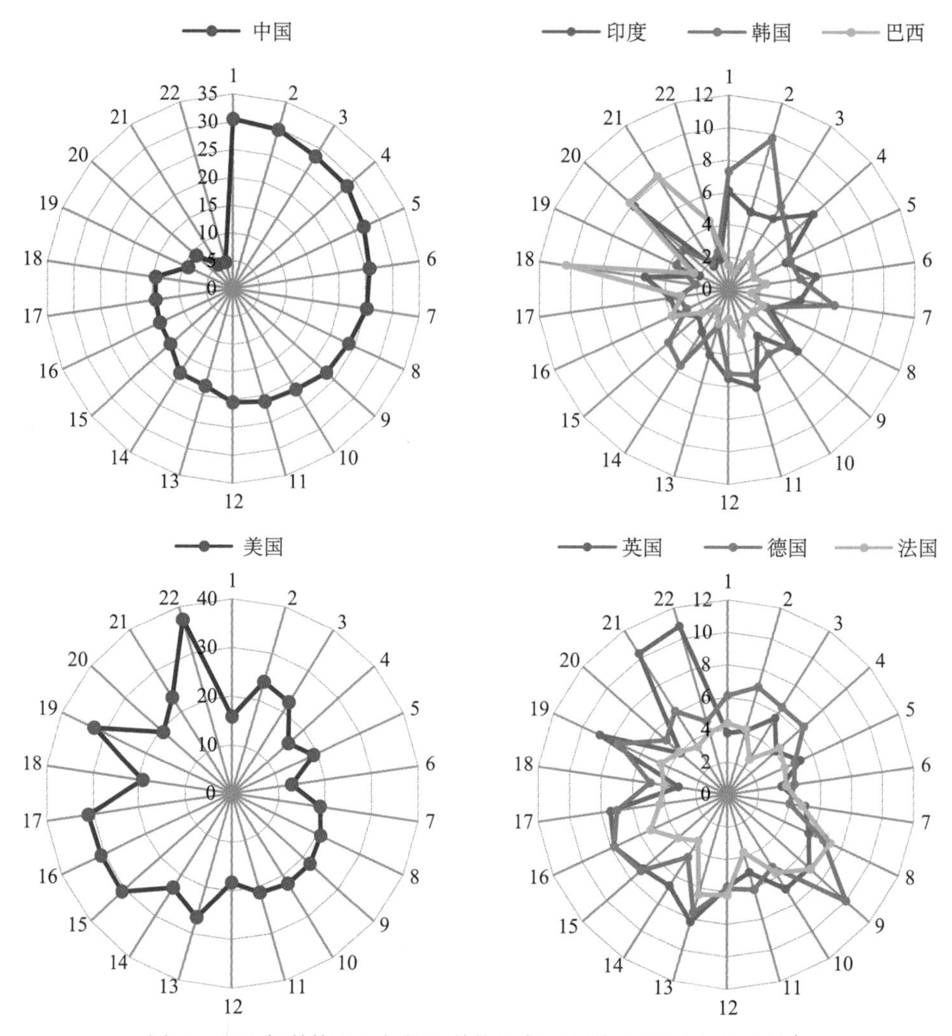

图3　2014年科技强国与新兴科技国家的学科论文世界份额（%）

本文采用了OECD的学科分类体系，共25个学科类目（含3个综合学科类目），其中有明确学科内涵的类目22个。图中数字序号对应学科为：1-材料工程；2-纳米技术；3-工业生物技术；4-化学；5-环境工程；6-化学工程；7-电器与电子工程；8-数学；9-物理与天文科学；10-信息与计算科学；11-环境生物技术；12-机械工程；13-地球与环境科学；14-土木工程；15-医学工程；16-生物学；17-基础医学；18-农业、林业和渔业；19-临床医学，20-动物和乳品科学；21-兽医学；22-健康医学综合各学科 SCI 论文世界份额的产出指数可以揭示各国的论文产出规模。表 3 列出了 2010～2014 年样本国家/地区的产出指数得分。2014 年，美国以 5.07 的得分位列产出指数排行榜的首位。中国的产出指数为 4.28，得分与美国差距不大，获得排行榜的“亚军”。除美国、中国外，其余样本国家/地区的产出指数均在 2 以下，这两个国家在产出规模方面具有较大的优势。

从产出指数变化的角度分析：2010～2014 年间，中国的产出指数快速增长，由 2.84 攀升至 4.28，这表明中国 SCI 论文的产出规模迅速扩张。同期，美国的产出指数从 5.40 下降到 5.07，其余国家的指标得分变化不大（表 3）。

表 3　2010～2014 年样本国家/地区的产出指数

国家/地区	2010 年	2011 年	2012 年	2013 年	2014 年	国家/地区	2010 年	2011 年	2012 年	2013 年	2014 年
美　国	5.40	5.30	5.19	5.10	5.07	西班牙	0.86	0.89	0.90	0.90	0.90
中　国	**2.84**	**3.06**	**3.35**	**3.78**	**4.28**	澳大利亚	0.69	0.71	0.72	0.76	0.81
英　国	1.43	1.39	1.37	1.37	1.35	巴　西	0.67	0.72	0.72	0.71	0.70
德　国	1.43	1.42	1.43	1.37	1.35	伊　朗	0.42	0.50	0.52	0.53	0.54
日　本	1.32	1.28	1.20	1.17	1.08	荷　兰	0.49	0.48	0.49	0.48	0.48
法　国	1.11	1.10	1.07	1.07	1.01	中国台湾	0.56	0.56	0.52	0.49	0.47
韩　国	0.90	0.93	0.98	0.96	1.00	波　兰	0.37	0.39	0.39	0.40	0.40
印　度	0.90	0.92	0.92	0.98	0.97	土耳其	0.44	0.43	0.43	0.41	0.40
意大利	0.92	0.92	0.92	0.94	0.95	瑞　士	0.39	0.38	0.38	0.38	0.39
加拿大	0.99	0.97	0.96	0.91	0.92	俄罗斯	0.38	0.37	0.35	0.34	0.34

注：样本国家/地区按照 2014 年产出指数排序。

2. 影响力规模

从学术影响力的角度看，中国 SCI 论文 2014 年总共收到 280.2 万次引文，位列世界引文排行榜的第四位，落后于美国、英国和德国[1]。

从各个学科收到的引文数量来看：2014 年，中国在化学、材料工程、物理与天文科学的 SCI 引文数量最多，分别为 99.2 万次、44.7 万次和 44.5 万次。与论文产出规模的表现类似，以美国为代表的科技强国的生命科学学科的影响力规模大于其他学科。例如，美国 2014 年 SCI 引文数量最多的 3 个学科是临床医学、生物学和基础医学，引文数量依次为 396.6 万次，362.3 万次和 224.8 万次。其中，临床医学和基础医学的影响力规模遥遥领先于中国，引文数量为中国的 15.9 倍和 11.2 倍[1]。

与论文数量指标相似，科研成果的影响力既可以从引文数量加以测度，也可以从引文的世界份额来考虑。图 4 的数据揭示出，主要国家引文世界份额的表现与论文类似。中国纳米技术、材料工程、工业生物技术等工程类学科的引文世界份额高于其他学科，而生命科学及农学相关学科的份额在各学科中相对较低。其中，纳米技术的引文份额最高，达到25.23%，健康医学的引文份额最低，仅为2.47%。科技强国的生命科学、地球科学相关学科的引文世界份额基本名列前茅，具有较强的学术影响力（图4）。

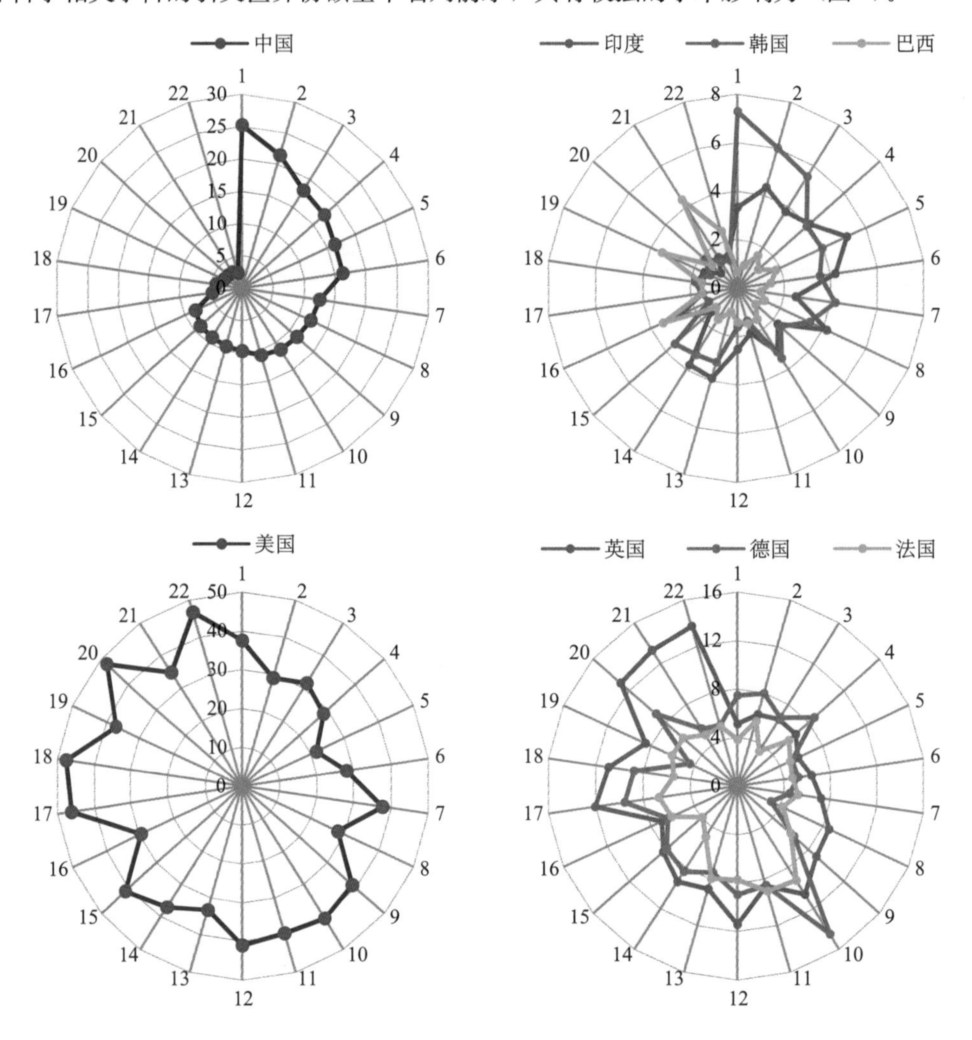

图4　2014年科技强国与新兴科技国家的学科引文世界份额（%）

图中数字序号对应学科：1-纳米技术；2-材料工程；3-工业生物技术；4-化学；5-化学工程；6-环境工程；7-电器与电子工程；8-土木工程；9-信息与计算科学；10-物理与天文科学；11-数学；12-地球与环境科学；13-机械工程；14-环境生物技术；15-医学工程；16-农业、林业和渔业；17-生物学；18-基础医学；19-动物和乳品科学；20-临床医学；21-兽医学；22-健康医学综合各学科 SCI 引文世界份额的影响力指数可以揭示各国的整体影响力规模。2010～2014 年，中国的影响力指数由 1.39 稳步上升至 2.38，影响力指数的世界排名也先后超越英国、德国，由第四名前进至第二名。这表明与自身发展基础相比，中国 SCI 论文的学术影响力规模取得了长足进步。同期，其他样本国家/地区的指标得分变化不大（表 4）。

2014 年，中国的影响力指数位列排行榜第二位，小幅领先于英国、德国。但与美国相比，中国仍然存在显著差距。中国 2014 年的影响力指数仅为美国的 29.7%(表 4)。

表 4　2010～2014 年样本国家/地区影响力指数

国家/地区	2010 年	2011 年	2012 年	2013 年	2014 年	国家/地区	2010 年	2011 年	2012 年	2013 年	2014 年
美　国	8.62	8.45	8.33	8.19	8.04	荷　兰	0.71	0.71	0.71	0.71	0.71
中　国	**1.39**	**1.58**	**1.81**	**2.07**	**2.38**	韩　国	0.54	0.57	0.61	0.63	0.67
英　国	2.05	2.03	2.02	2.00	1.97	印　度	0.53	0.57	0.57	0.60	0.62
德　国	1.62	1.63	1.63	1.62	1.60	瑞　士	0.52	0.53	0.54	0.54	0.54
法　国	1.30	1.30	1.30	1.29	1.27	中国台湾	0.40	0.42	0.42	0.42	0.42
日　本	1.40	1.36	1.30	1.26	1.21	巴　西	0.33	0.35	0.36	0.37	0.37
加拿大	1.23	1.22	1.23	1.22	1.21	土耳其	0.27	0.28	0.29	0.28	0.27
意大利	0.86	0.88	0.90	0.93	0.94	伊　朗	0.12	0.15	0.18	0.20	0.23
澳大利亚	0.76	0.77	0.80	0.83	0.86	波　兰	0.19	0.19	0.20	0.21	0.21
西班牙	0.75	0.78	0.81	0.83	0.84	俄罗斯	0.21	0.21	0.20	0.20	0.19

注：样本国家/地区按照 2014 年影响力指数排序。

3. 重要成果产出规模

在中国 SCI 论文产出和影响力已经具备相当规模的基础上，重要成果作为 SCI 论文的组成部分是否也随之“水涨船高”了呢？本文将对中国及主要国家的重要成果产出规模进行分析。

由于不同学科研究内涵的宽泛程度存在差异，因此样本国家在研究体量相对较大的学科会发表数量较多的重要成果。例如，多数样本国家在物理与天文科学领域发表的重要成果数量位居本国各学科之首。在分析各国不同学科重要成果产出水平时，为规避学科体量差异的影响，本文采用了各学科重要成果的世界份额作为学科间对比的依据。

图 5 以美国为对比国家，显示了中、美两国 2014 年各学科重要成果的世界份额。从图 5 可以看出：中国的化学工程、环境生物技术等学科位列中国各学科重要成果份额榜的前列，工程相关学科的重要成果世界份额大体在 10%～35%；而基础医学、健

康医学、生物学等生命科学领域相关学科的重要成果世界份额普遍低于3%。整体来看，2014年中国重要成果世界份额的学科分布呈现出工程领域优势凸显、生命科学领域相对薄弱的分布特征（图5）。

美国等科技强国2014年重要成果世界份额的学科分布呈现出与中国相反的特点。美国基础医学、健康医学、生物学等学科的重要成果世界份额与本国其他学科的份额相比，居于前三位，产出了全世界一半以上的重要成果，是中国在相关学科世界份额的20多倍。可见，美国在生命科学领域的重要成果产出优势非常突出。农学、工程领域相关学科是美国重要成果世界份额相对较低的学科，约在10%～30%（图5）。

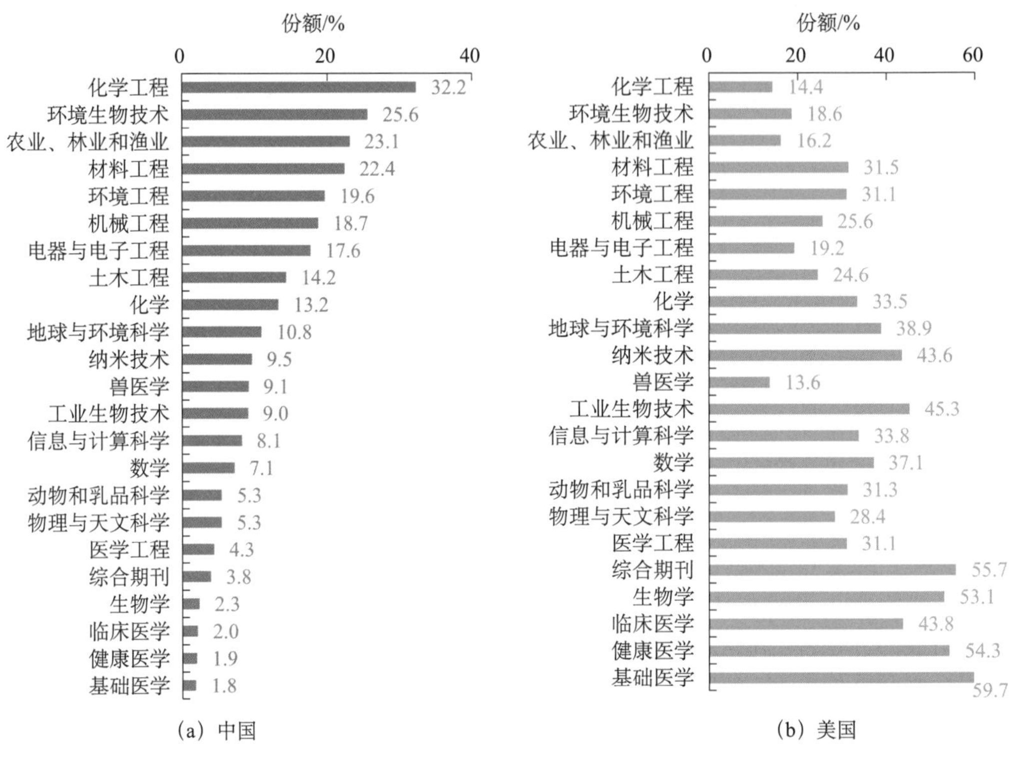

图5　2014年中国、美国的学科重要成果世界份额

汇总各学科重要成果世界份额的卓越指数可以评估各国在重要成果产出方面的整体表现。2014年，美国、中国、英国、德国、加拿大位于样本国家/地区的前五位，其中美国卓越指数的得分为7.84，高于其他TOP 5国家卓越指数得分的总和，优势显著；中国以2.67的卓越指数得分位列次席；英国、德国两大科技强国紧跟其后，卓越指数得分与中国差距较小。

与2010年相比，2014年样本国家/地区中大部分科技强国的卓越指数得分均略有下降，如美国、英国、加拿大等。中国呈现出与上述国家相反的态势，卓越指数从2010年的1.56提高到2014年的2.67，增长了近1倍，重要成果竞争力的相对优势有所增强（表5）。

表5　2010～2014年样本国家/地区卓越指数

国家/地区	2010年	2011年	2012年	2013年	2014年	国家/地区	2010年	2011年	2012年	2013年	2014年
美　国	8.26	8.25	8.04	7.86	7.84	澳大利亚	0.55	0.59	0.57	0.58	0.61
中　国	**1.56**	**1.71**	**2.04**	**2.34**	**2.67**	瑞　士	0.43	0.44	0.43	0.46	0.45
英　国	1.48	1.39	1.52	1.40	1.28	荷　兰	0.51	0.45	0.44	0.41	0.42
德　国	1.29	1.24	1.26	1.29	1.22	印　度	0.33	0.34	0.33	0.34	0.31
加拿大	1.03	0.97	0.95	0.94	0.91	中国台湾	0.39	0.42	0.35	0.34	0.27
法　国	0.90	0.94	0.86	0.86	0.81	巴　西	0.25	0.27	0.23	0.27	0.26
日　本	0.87	0.86	0.80	0.78	0.72	伊　朗	0.11	0.13	0.12	0.14	0.16
西班牙	0.72	0.70	0.70	0.67	0.66	土耳其	0.12	0.11	0.12	0.08	0.11
韩　国	0.52	0.57	0.56	0.61	0.63	波　兰	0.09	0.09	0.08	0.09	0.10
意大利	0.64	0.66	0.68	0.63	0.62	俄罗斯	0.05	0.05	0.04	0.05	0.05

注：样本国家/地区按照2014年卓越指数排序。

三、科研效率评估

1. 产出效率

图6展示了中国、美国的学科相对产出效率。观察中国各学科的指标得分可以看出：22个学科中只有4个学科的指标得分大于1，产出效率高于世界平均水平。其中，兽医学、农林渔业2个研究规模较小的学科的相对产出效率最高，指标得分接近2。除上述两个学科外，化学工程、环境生物技术、机械工程等工程类学科的相对产出效率指标得分接近或超过1，位于各学科的前列。生命科学相关学科的相对产出效率相对较低，基础医学、临床医学、生物学等学科的指标得分均不足0.3（图6）。同期，除兽医学外，美国其他学科的相对产出效率均高于1。

前文的分析中提到，在成果产出规模方面，工程类学科是中国的优势学科，而生命科学相关学科则表现相对弱势。各学科相对产出效率指标的分析表明，优势学科不仅具有较强的成果产出能力，在产出效率方面也同样表现出色，而“弱势”学科则无论在产出能力和产出效率上都有提升的空间。

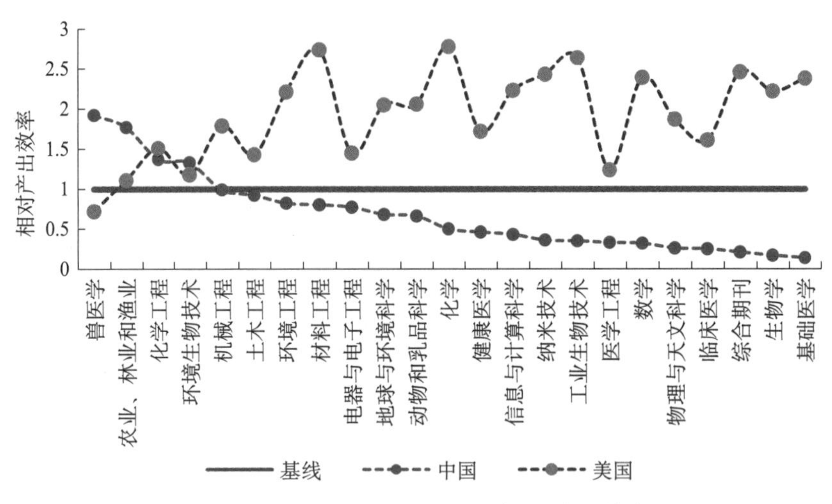

图 6　2014 年中国、美国的学科相对产出效率

国家产出效率指数是各学科层面的相对产出效率指标的汇总，表 8 列出了 2010～2014 年样本国家/地区得分。从表 8 可以明显看出，美国等科技强国的产出指标得分明显高于以中国为代表的新兴科技国家。前一类型国家的得分在 20～40，而后者基本在 15 以下。在科技强国中，瑞士以 45 分高居榜首。美国得分 44 分，略低于瑞士，以较大优势领先于其他国家（33 分以下）位列第二。中国 5 年间的产出效率指数大体在 15 左右，2014 年这一得分是新兴科技国家中最高的，但以较大劣势落后于科技强国，位于世界排名的第 13 位（表 6）。

表 6　2010～2014 年样本国家/地区产出效率指数

国家/地区	2010 年	2011 年	2012 年	2013 年	2014 年	国家/地区	2010 年	2011 年	2012 年	2013 年	2014 年
瑞　士	41.38	43.17	40.49	45.94	45.71	日　本	18.23	19.29	18.84	19.05	19.19
美　国	40.49	41.60	42.18	43.02	44.19	中国台湾	20.54	21.59	19.96	20.89	16.50
英　国	31.22	31.66	34.50	34.30	33.01	**中　国**	**15.02**	**14.07**	**15.25**	**15.92**	**15.80**
荷　兰	34.51	31.26	30.52	31.00	32.58	韩　国	14.64	15.31	15.01	15.53	15.57
加拿大	31.01	30.64	29.27	31.74	31.18	俄罗斯	9.78	6.02	10.81	5.73	12.76
德　国	27.87	26.87	26.97	29.08	28.12	巴　西	10.17	10.21	9.01	10.30	10.37
法　国	25.59	27.33	25.78	26.30	26.54	印　度	9.60	9.81	9.31	9.26	8.31
澳大利亚	25.51	27.42	25.60	25.31	25.83	土耳其	6.44	5.99	6.43	4.96	6.37
西班牙	24.29	23.37	22.21	21.72	21.82	波　兰	7.15	6.16	5.60	5.64	6.08
意大利	20.58	21.20	21.83	19.61	19.35	伊　朗	5.00	4.93	4.64	5.53	5.86

注：样本国家/地区按照 2014 年产出效率指数排序。

2. 影响力效率

相对影响力效率指标旨在消除研究规模对影响力规模指标的影响。图 7 展示了中国、美国的学科相对影响力效率。从图 7 可以看出，中国工程类学科的影响力效率高于世界平均水平，领先于其他学科。其中，医学工程、土木工程和环境工程 3 个学科的相对影响力效率指标得分分别为 1.37、1.27 和 1.24，位列全部学科的前三位。生物学、基础医学等生命科学领域学科的相对影响力效率指标得分则普遍偏低，在 0.7～0.8，这些学科的相对影响力尚未达到世界平均水平。在国家的横向比较中可以看出，美国绝大多数学科的相对影响力效率指标得分在 1～1.5 之间，均高于世界基线，学科之间的得分差异不大（图 7）。

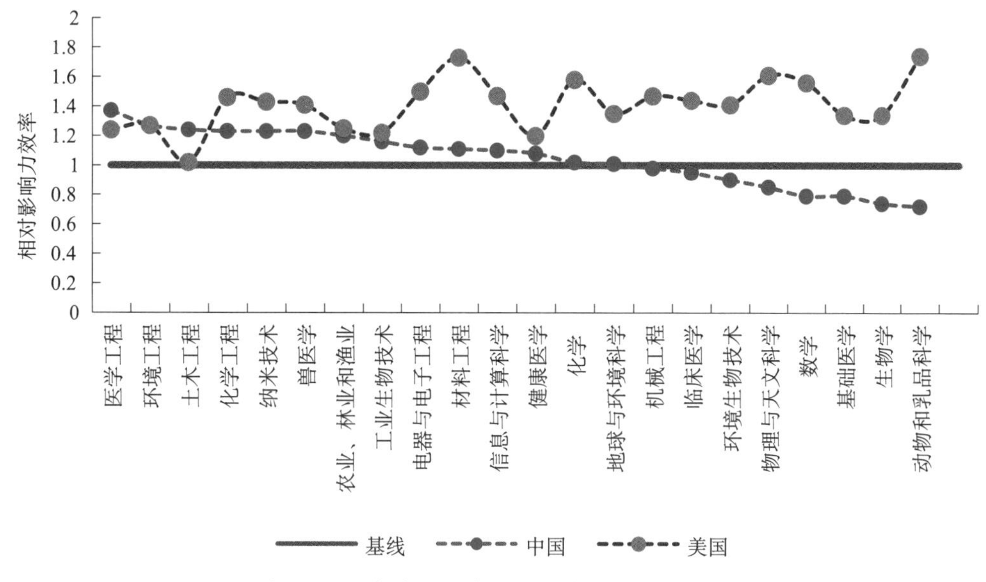

图 7　2014 年中国、美国的学科相对影响力效率

国家影响力效率指数是各学科相对影响力效率指标的汇总。2010～2014 年，瑞士、美国、荷兰三个国家的影响力效率指数得分都始终保持在 30 以上，位列排行榜的前三位。中国 5 年间的影响力效率指标指数稳步上升，2014 年达到 23.07，位列样本国家/地区的第 10 位。这一指标得分不能与“三甲”国家相媲美，但与法国、德国等科技强国仅有微弱的差距。其余新兴科技国家的指标得分均未超过 20。与新兴科技国家相比，中国具有领先优势（表 7）。

表 7　2010～2014 年样本国家/地区影响力效率指数

国家/地区	2010 年	2011 年	2012 年	2013 年	2014 年	国家/地区	2010 年	2011 年	2012 年	2013 年	2014 年
瑞　士	32.11	31.97	32.28	32.02	32.02	意大利	22.1	22.17	22.29	22.76	22.73
美　国	30.93	30.86	30.99	31.01	31.04	中国台湾	20.18	20.17	19.65	19.38	19.05
荷　兰	30.56	30.65	30.86	31.05	30.83	韩　国	18.89	18.51	18.48	18.13	18.24
澳大利亚	26.83	27.04	27.68	28.42	28.79	印　度	17.12	17.67	17.36	17.51	17.40
英　国	26.99	27.18	27.52	27.78	28.00	日　本	17.71	17.6	17.38	17.42	17.39
加拿大	26.77	26.81	27.12	26.93	26.99	伊　朗	18.39	18.79	17.83	17.27	16.89
法　国	24.07	24.15	24.22	24.31	24.24	土耳其	18.33	17.96	17.75	16.77	15.98
西班牙	23.93	23.99	23.93	23.82	23.55	巴　西	17.17	16.83	16.51	16.01	15.41
德　国	22.93	23.08	23.14	23.22	23.27	波　兰	14.00	13.93	14.01	13.91	13.66
中　国	**21.89**	**21.97**	**22.19**	**22.62**	**23.07**	俄罗斯	11.48	11.72	11.70	11.90	12.33

注：样本国家/地区按照 2014 年影响力效率指数排序。

3. 重要成果产出效率

由于通讯作者通常在科研成果的产生过程中发挥着关键作用，我们将通讯作者论文的占比作为测度重要成果产出效率的基本指标，旨在评估各国在重要成果产生中占据主导地位的程度。图 8 列出了部分科技强国与新兴科技国家通讯作者的贡献率。可以看出，化学工程是中国唯一指标得分等于 1 的学科，其余学科的得分均在 1 以下。这说明在中国几乎所有的学科中，重要成果的通讯作者论文份额均低于全部论文的这一份额，表明中国在各学科重要成果中的主导程度不及全部论文。除化学工程外，环境科学技术、农业相关学科、土木工程的重要成果贡献率均接近 1，领先于其他学科。基础医学、生物学的指标得分均不足 0.6，揭示出中国科研人员在生命科学领域学科重要成果中的主导作用较弱（图 8）。

与中国相比，美国的 22 个学科中，仅有 6 个学科的通讯作者贡献率不足 1，多数学科的科研人员在重要成果中发挥了主导作用。除美国外的其余科技强国中，均有 7～10个学科的贡献率高于 1，这些学科主要集中在在土木工程、电器与电子工程、环境生物技术等工程类学科（图 8）。

汇总各学科通讯作者贡献率形成的重要成果效率指数揭示了各国重要成果的产出效率。2014 年，以美国为代表的科技强国的得分（大多大于 20）普遍高于中国等新兴科技国家（12～19）。美国、荷兰和瑞士的指标得分最高，位列排行榜的前 3 位。中国的重要成果效率指数为 18.81，高于其他新兴科技国家，排名世界第 11 位。从贡献率得分的变化来看，2010～2014 年，样本国家/地区的重要成果效率指数基本保持稳定（表 8）。

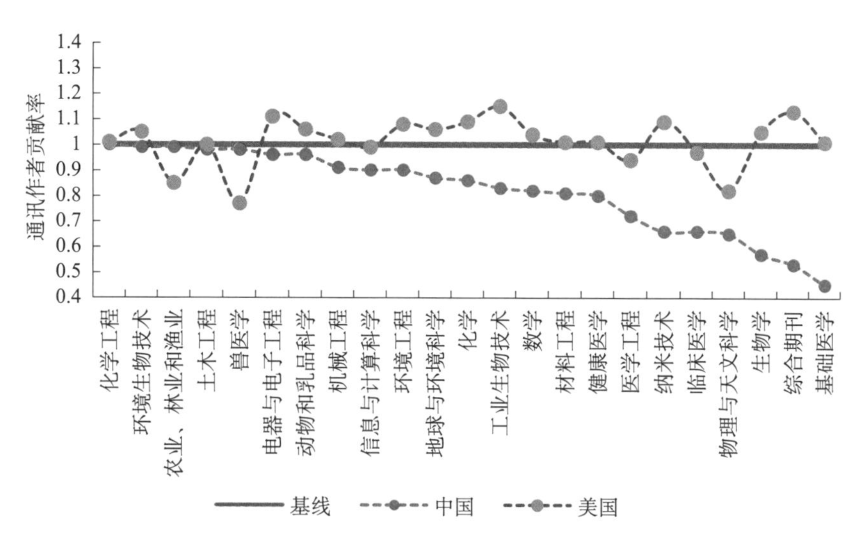

图 8　2014 年中国、美国的学科通讯作者贡献率

表 8　2010～2014 年样本国家/地区重要成果产出效率指数

国家/地区	2010 年	2011 年	2012 年	2013 年	2014 年	国家/地区	2010 年	2011 年	2012 年	2013 年	2014 年
美　国	22.93	22.99	23.18	23.28	23.31	**中　国**	**18.64**	**18.10**	**17.88**	**18.18**	**18.81**
荷　兰	21.92	21.46	20.05	20.53	22.02	韩　国	17.65	16.81	17.38	17.24	18.25
瑞　士	20.88	22.45	19.98	21.72	21.92	意大利	18.62	18.95	18.68	18.15	17.66
英　国	21.57	21.25	22.07	22.50	21.26	中国台湾	18.77	18.34	18.90	19.39	17.13
加拿大	20.42	20.76	20.30	20.77	20.74	印　度	16.58	16.47	15.74	16.26	16.21
澳大利亚	20.98	20.72	20.05	20.93	20.56	巴　西	14.59	15.72	15.38	15.57	15.21
德　国	20.82	21.08	20.07	20.41	20.38	伊　朗	14.08	11.85	13.83	16.16	13.92
法　国	20.37	20.72	19.86	20.49	19.86	俄罗斯	9.20	8.76	9.24	11.20	13.79
日　本	20.48	19.87	19.50	19.65	19.68	波　兰	13.72	14.50	14.15	13.33	12.89
西班牙	19.47	19.89	18.69	19.35	18.99	土耳其	13.41	15.74	13.08	10.87	12.14

注：样本国家/地区按照 2014 年重要成果产出效率指数排序。

四、指标贡献力分析

规模指数和效率指数两个综合指标分别由 3 个指标构成，3 个指标对两个综合指标的贡献程度不同，我们将这种指标的贡献程度定义为贡献力。下面将聚焦于 3 个组成指标对规模指数和效率指数的贡献力，揭示影响两个指标得分的关键因素。

从各指标对规模指数的贡献看，科技发达国家与新兴科技国家表现出了不同的特征。对于科技发达国家而言，表征影响力规模的影响力指数和重要成果产出规模的卓越指数对综合规模指数的贡献较大。例如，2014 年美国的规模指数得分（20.95）中有 75.8%来自这两个指标（15.88），只有 24.2%源于产出指数（5.07）。而以中国为代表的新兴科技国家的表现则正好相反。例如，产出指数（4.28）对中国的规模指数得分（9.34）的贡献接近一半，影响力指数和卓越指数得分之和（5.05）仅占规模指数总得分的 54.1%。以上分析表明，SCI 论文数量是目前中国获得高规模指数分值的主要根源，而影响力规模指数和卓越指数对整体规模指数中的贡献有限。因此，在未来中国的科研工作中，随着研究规模的不断扩大，需要更加着力于提升科研成果的质量，为增强中国科研成果在世界科学舞台的学术影响力和本国科技创新能力做出更大贡献（表 9、图 9）。

表 9　2014 年样本国家/地区产出指数、影响力指数、卓越指数及规模指数

国家/地区	规模指数	产出指数	影响力指数	卓越指数	国家/地区	规模指数	产出指数	影响力指数	卓越指数
美　国	20.95	5.07	8.04	7.84	澳大利亚	2.28	0.81	0.86	0.61
中　国	**9.34**	**4.28**	**2.38**	**2.67**	印　度	1.90	0.97	0.62	0.31
英　国	4.60	1.35	1.97	1.28	荷　兰	1.61	0.48	0.71	0.42
德　国	4.17	1.35	1.60	1.22	瑞　士	1.38	0.39	0.54	0.45
法　国	3.10	1.01	1.27	0.81	巴　西	1.33	0.70	0.37	0.26
加拿大	3.04	0.92	1.21	0.91	中国台湾	1.15	0.47	0.42	0.27
日　本	3.01	1.08	1.21	0.72	伊　朗	0.93	0.54	0.23	0.16
意大利	2.50	0.95	0.94	0.62	土耳其	0.78	0.40	0.27	0.11
西班牙	2.40	0.90	0.84	0.66	波　兰	0.71	0.40	0.21	0.10
韩　国	2.29	1.00	0.67	0.63	俄罗斯	0.58	0.34	0.19	0.05

注：样本国家/地区按照 2014 年规模指数排序。

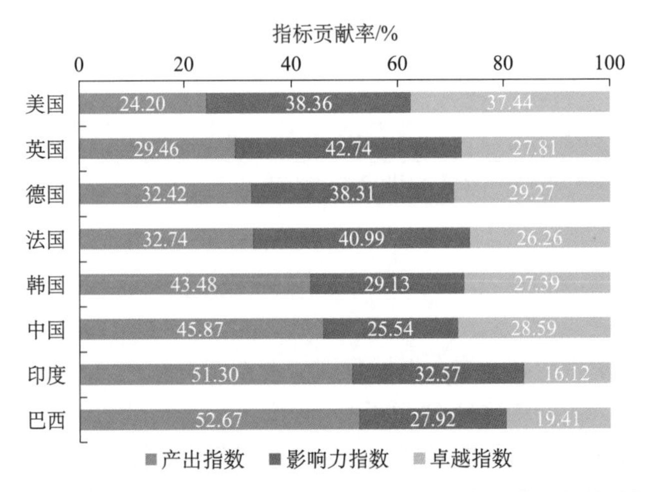

图 9　2014 年科技强国与新兴科技国家产出指数、影响力指数、卓越指数对规模指数的贡献

从各个指标对效率指数的贡献来看：对美国等科技发达国家而言，产出效率指数、影响力效率指数、重要成果效率指数3个指标对效率指数的贡献力依次递减，贡献率范围分别为37.6%～44.8%、31.5%～34.3%和30%以下。与科技强国相比，新兴科技国家的影响力效率指数和重要成果效率指数对科研效率的贡献率略高，但相对产出率指标的贡献却明显处于劣势。前者的贡献率在37.6%～44.8%，后者仅为19.8%～29.9%。以中国为例，中国的影响力效率指数为40%，重要成果效率指数为32.6%，产出效率仅为27.4%（表10、图10）。

表10 2014年样本国家/地区产出效率指数、影响力效率指数、重要成果效率指数

国家/地区	效率指数	产出效率指数	影响力效率指数	重要成果效率指数	国家/地区	效率指数	产出效率指数	影响力效率指数	重要成果效率指数
瑞士	99.65	45.71	32.02	21.92	**中国**	**57.68**	**15.80**	**23.07**	**18.81**
美国	98.54	44.19	31.04	23.31	日本	56.26	19.19	17.39	19.68
荷兰	85.43	32.58	30.83	22.02	中国台湾	52.68	16.50	19.05	17.13
英国	82.27	33.01	28.00	21.26	韩国	52.06	15.57	18.24	18.25
加拿大	78.91	31.18	26.99	20.74	印度	41.92	8.31	17.40	16.21
澳大利亚	75.18	25.83	28.79	20.56	巴西	40.99	10.37	15.41	15.21
德国	71.77	28.12	23.27	20.38	俄罗斯	38.88	12.76	12.33	13.79
法国	70.64	26.54	24.24	19.86	伊朗	36.67	5.86	16.89	13.92
西班牙	64.36	21.82	23.55	18.99	土耳其	34.49	6.37	15.98	12.14
意大利	59.74	19.35	22.73	17.66	波兰	32.63	6.08	13.66	12.89

注：样本国家/地区按照2014年效率指数排序。

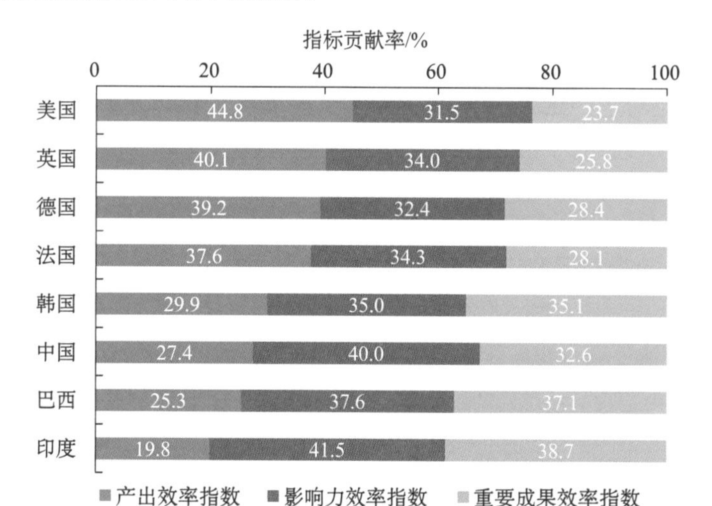

图10 2014年科技强国与新兴科技国家产出效率指数、影响力效率指数、重要成果效率指数对效率指数的贡献

前文中提到，重要成果可以视为高效科研活动的产物，产出效率指标旨在测度重要成果在国家全部科研成果中比重的大小，从而揭示国家科研产出的效率。中国在这一指标上的差距表明，中国应该加强高质量科研成果的产出力度，进一步提高科研成果的产出效率（表 10、图 10）。

五、结　语

文献计量分析表明：中国在 2010～2014 年继续保持科研规模快速积累的发展特征。规模指数大幅提升，进一步领先于传统科技强国（美国除外）。同期，中国的科研效率指数得分也有所进步，2014 年位列世界第 11 位。对比科研规模与科研效率两个维度的发展水平，中国在科研效率方面的表现不及科研规模。

分析中国规模指数的各指标发现，产出规模是中国规模指数占据世界第 2 位最主要的推手，而影响力规模与重要成果规模更大程度上是 SCI 论文数量剧增即产出规模扩张带来的红利。从中国科研效率指数的各个指标来看，2014 年中国的产出效率得分居世界第 13 位，对效率指数的贡献率不及其他两个指标，揭示出中国的重要成果产出仍然是薄弱环节。对于科研大国而言，形成一定的科研规模是提升科研竞争力的前提和基础。但是，人类社会种种增长的极限问题提醒中国科研界未雨绸缪，需要先行思考中国规模增长的极限问题。

从科学活动的规律看，科研效率的提升较之研究规模增长更为困难，研究规模扩张可以在短期内通过加大投入力度取得显著成效，而科研效率的提升则取决于科研底蕴、科研环境和科研基础等多种因素。对于新兴科技国家而言，效率滞后于规模可能是必经之路。并且对于产出大国来说，产出规模增长也难以平均地转化为效率增长。但是，在当前国家科研竞争力主要来自科研规模增长的背景下，中国科学界要关注科研效率的提升，加强对科技前沿和影响全球发展的重大问题的原创性、突破性研究，推进科研增长的可持续发展，进一步提高中国科学的影响力和竞争力。

参考文献

[1] 岳婷，杨立英，丁洁兰，等．中国科学：规模增长与效率提升的思考——2014 年 SCI 论文年度统计分析．科学观察，2015，10(6)：1-36.

The Evaluation of Academic Production in China
——Based on WoS Database(2010-2014)

Yue Ting, Yang Liying, Ding Jielan, Sun Hairong, Chen Fuyou, Tong Sichao, Zhai Yanqi

Focusing on scientific research output and drawing on the data provided by the WoS(Web of Science) database developed by Thomson Reuters, this report analyzes the overall development of China's science from the lens of research scale and research efficiency. The statistics results show that: Only second to the USA in terms of output measured by number of SCI papers, China has successfully maintained its high-ranking position in 2014. This, however, does not necessarily mean that China has outstood as a science power, with respect to research efficiency, there exists a noticeable gap between China and developed countries. China should focus more on the improvement of the research efficiency, and complete the transformation from increased quantity of research output into improved quality.

（本文发表于《科学观察》2015 年第 6 期，由于篇幅所限，内容有所删减及调整）

第六章

中国科学发展建议

Suggestions on Science Development in China

6.1 改进我国科学评价体系，促进卓越科学研究

中国科学院学部咨询评议工作委员会“全球化
深入发展下的科学价值评估”咨询课题组①

近年来，党中央国务院高度重视科技工作，科技投入大幅度增加，科研产出迅速增长。但从总体上看，我国科学发展的水平仍然与发达国家有较大差距，原创性的研究成果较少，学风浮躁现象普遍存在，科研不端的行为时有发生，科研质量的提升面临多方面的挑战，科学发展的水平和实力仍然不能适应建设创新型国家和实施创新驱动发展战略的要求，也与我国的国际地位不相符合。

导致这种状况的一个重要原因是对科学价值的认识存在偏差，科学评价体系远不能适应科学事业发展的需要。习近平总书记在2013年考察中国科学院时指出：“实施创新驱动发展战略，最紧迫的是要破除体制机制障碍，要坚决扫除影响科技创新能力提高的体制障碍，优化科技政策供给，完善科技评价体系。”从表面上看，科学评价只是科技体制中的一个局部问题，但实际上其对科技发展有全局性的影响。这是由于科学评价不仅是一个社会科学价值观念的直接体现，而且是科技管理的重要手段，评价的过程和结果直接影响了科技资源的分配，评价的标准更是引导科学家科研行为的指挥棒。

对科学价值的认识和科学评价也深刻影响着我国科学家的形象和国际科技合作。近年来，国际学术界对中国科学的评价不一，甚至不乏质疑的声音，这大多与科学评价的机制和标准等问题相关。如果不能树立正确的科学价值观，建立合理的科学评价体系，将导致科研资源的极大浪费和科学研究的无序竞争，破坏健康的学术生态，诱发弄虚作假的投机行为，严重挫伤科研人员的积极性和创造性。这不但会影响中国科学的健康发展，损害中国科学的形象和国家的形象，而且会延缓甚至阻碍创新型国家的建设进程，影响创新驱动发展战略的顺利实施。

---

① 咨询课题组组长为中国科学院方荣祥院士。

一、我国科学评价体系存在的主要问题

1. 功利主义科学价值观的影响广泛并产生严重后果

一些评价政策导向过分强调科学研究的功利性，评价结果过度地与被评单位或个人的利益挂钩，这样不但使需要长期坚持的、有较大风险的重要研究工作难以得到持续开展，使短期内没有明显应用价值的基础研究难以得到稳定的支持，而且在一定程度上诱发了科研不端的行为。一些科研机构盲目追求科技资源利益最大化，不顾自身定位和使命多头出击，无序竞争各类科研项目，导致科技布局职能重叠、职责不清，科技资源重复投入，浪费低效，也使科研机构无法在特定领域持续积累，难以形成核心竞争力。一些科研人员过分关注科研带来的物质收益或社会地位，缺乏潜心研究、不断探究真理的内在动力和持久热忱，科研行为急功近利。近年来，一些学术造假和贪污科研经费的案件令科技界蒙羞，令社会震惊。

2. 非学术因素严重干扰科学评价过程

首先，评价过程受到行政权力的过多干预。尽管大多数的评价中普遍采用了专家评议的机制，但专家的意见和评价的结果往往在较大程度上受到行政权力的影响。其次，科学评价过程缺乏透明度和公开性，对评审中的利益相关或利益冲突缺乏有效约束，导致各种形式的潜规则大行其道。再次，评价过程更多地从行政管理的要求与方便出发，而不是从科研管理的特点与规律出发，过细、过频、过繁的评价严重干扰了科研的实际进程，使科学家疲于应付项目申请、年度报告、结题等评议活动，迫于尽快“交账”的压力，难以潜心进行高质量的研究工作。

3. 缺乏行之有效的社会监督和制度约束

总体上看，我国的科技评价仍然缺乏完善的、行之有效的社会监督和制度约束。由于缺乏必要的透明度和公开性，使对评估过程的外部监督难以实施，评估过程中的暗箱操作和潜规则难以得到有效控制。由于缺乏明确的监督机制和惩罚措施，违规行为得不到有效遏制，导致科学评价过程中违规的成本远远低于违规的收益，这也致使违规行为进一步蔓延。

4. 评价标准不利于促进卓越的研究

一方面，过分强调短期量化考核指标，难以真正激励变革性研究。例如，在科研

奖励的判定、重点学科、重点基地和科研机构的评价中，论文数量、课题或经费数量、获奖数量和院士数量等，往往成为具有较大权重的评价指标。另一方面，对评议的激励过度与利益关联，难以培育卓越的科研机构和科学家。再例如，一些科研机构热衷于在科研项目评议、科学奖励评定和院士遴选等过程中进行“公关”，甚至出现“组织公关”和“集体作假”的现象。一些激励过度的政策可能带来与政策初衷相反的一些结果。比如，有些人才计划入选者和大多数具有创新潜力的优秀青年人才之间待遇的巨大反差，偏离了追求卓越价值的导向，严重冲击了以业绩为准的分配体系，负面效应有可能抵消甚至超过可能产生的积极影响。

二、存在问题的主要根源

1. 对科学的价值与科研的特点认识不够

科学评价要发挥促进科学健康、可持续发展的作用，就必须正确地认识科学的价值，准确地把握并遵循科研的特点和规律。一方面，科学对技术进步、经济社会发展的重要作用无不以科学不断发现的新知识为基础，不断推进知识进步的“卓越的”科学是不断创造奇迹的“有用的”科学的源泉。由于对科学价值认识存在片面性，忽视了科学评价促进“卓越科学”的首要功能，片面理解和追求科学的功利价值，其结果就会导致科学评价的目的被严重扭曲，不但难以有效地提高科研的质量，而且还会带来科学精神的丧失，影响科学事业的持续发展。另一方面，科学是对未知世界的探索，要在充满不确定性的领域中发现新的知识，不存在先定的必然成功。科学评价必须激发科学家创新的动力，鼓励科学家探索的勇气，保护科学家创新的热情，宽容科学家探索过程中的失败。由于对科学研究特点和规律的把握不足，盲目地用行政管理的方式来进行科学评价，要求科学家的科研活动硬性地满足过细、过死的规定，不但干扰了科学研究的过程，而且严重误导了科学家的科研行为。

2. 科技资源管理和分配模式存在严重问题

一方面，科技资源的分配和评价标准的确定由行政管理者主导，致使科学评价有明显的政绩取向。为了便于进行直接管理，行政管理者往往会采用数量比较的简单评价方法。另一方面，科技资源的分配普遍采用竞争性项目支持的方式，使得竞争性的项目投入与稳定性的机构投入的比例严重失衡。这样不但导致围绕科技资源的过度竞争，使科学家把大量的时间和精力投入到争取项目支持上，也使得需要长期坚持的重要研究工作难以得到稳定的支持。此外，科技资源具有多头管理的特点，科技计划的名目繁多。计划定位不清，会导致评价指标单一化，研究工作趋同化；项目管理过频过繁，申请条件和申请指南过细过死，会使得科学家既要在缺乏稳定支持的情况下从多个渠道获取资源，又不得不适应不同支持计划的繁杂要求，疲于应付。

3. 科学共同体的自治和自律严重不足

其一，我国科学共同体的自主性不足，对行政权力仍然有较强的依附性，一些行政官员或者管理人员会干扰科学评价过程，得不到科学界的有效抵制，一些科研人员借助与科研管理者的私人关系谋取个人或单位利益。其二，科学家的自律不足，一些科研人员不遵守已建立的评议规则和保密制度，多方打探评议过程和评议专家，千方百计进行公关；一些评议专家在收到评审材料后甚至联系被评者，主动示好，以扩大人脉资源；有的评议专家不认真阅读材料，甚至直接安排其学生进行评审。其三，科学共同体的责任意识不够，自治功能没有得到充分发挥。比如，科学家大多不愿意公开挑战不严谨的评议结论，出于人情或生怕将来自己被评时遭遇尴尬，而不愿意得罪被评议对象，甚至出现集体责任意识淡薄的“群体性迷失”。更值得注意的是，科学界的自律和自治较差，会给后来的科研工作者提供不好的示范，有些科研人员的不良行为没有得到应有的惩戒，会为学生和青年科研人员所仿效，形成不良风气的代际影响。

三、改进科学评价体系的主要建议

完善我国科学评价有以下基本思路：以推进卓越科学、大幅度提升我国科学原创能力为出发点，以深化科技资源管理和分配体制改革为切入点，以有利于激发科研人员的积极性和创造性为落脚点，尊重科学研究的特点和科学发展的规律，尊重科研人员的主体地位，建立严格、透明、公正的科学评价体系，营造和谐并充满活力的学术生态环境，推动中国科学健康持续发展。具体建议如下：

1. 加强科学价值观教育，树立正确的价值导向

引导科学界和全社会正确认识科学的价值，把探究真理、发现新知识作为科学的核心使命，把探索真知作为全面实现科学价值的重要基础。检讨和反思功利主义倾向对我国科学政策的影响，调整科学评价的价值导向，引导科研人员树立严谨求实、究真探源、勇于创新的科学态度，逐步改变急功近利的行为模式，倡导和鼓励潜心研究、“十年一剑”、协同攻关，引导政府管理人员遵循科学研究的规律和特点进行科研管理。

2. 改革科技管理体制，建立符合科研规律的资源配置机制

一是建议研究成立国家研究理事会（The National Research Council of China）的可行性，探索建立行政职能部门和科学共同体协同管理和分配科技资源的新机制。二是建议调整科学资源配置的结构，改变过度依赖竞争性的项目投入方式支持科学研究的状况，加大对基础研究和公益性研究机构的稳定支持。三是避免科学评价的激励过度与部门、个人利益关联，防止在科研机构和人才评价过程中拔苗助长的政策导向，更好地发挥科学评价改进科研工作、提高科研质量方面的诊治性功能。

3. 规范科学评价过程，建立严格、透明的评价体系

一是针对我国科学评价中存在的问题，尽快制定《中国科学评价行为准则》，将其作为我国科学评价的行动指南。二是严格规范科学评价的实施过程。系统设计科学评价的程序和机制，明确不同参与者的权力和责任。严格执行评议过程中利益冲突的相关规定，建立规范的回避制度。提高价值评议活动的透明度和公开性，建立评估专家的责任制度和信息公开制度。建立具有权威性、独立性和公正性的监督机制，制定切实保护举报者合法权益的制度。三是加强科学评价的国际合作，有效发挥国际专家在科学评价中的作用。

4. 建立合理的评价标准，鼓励高质量、独创性的研究

针对不同的科研活动和评价对象，制定有针对性的评价标准。把鼓励独创性、变革性的研究作为科学评价的首要标准，并在此基础上兼顾学术价值和社会影响，更加重视和支持问题导向明确的研究。在评议组织过程中，合理设计评估周期和操作程序，防止过于频繁和复杂的评价活动干扰科研活动的正常秩序，为科研机构持续提高科研能力、科研人员潜心研究重要的科学问题提供良好的科研环境。

5. 推进科学共同体的自治和自律，完善同行评议制度

一是要提高科学共同体在维护科学精神、推进卓越研究方面的使命感和责任感，鼓励科学共同体内部开展平等、自由的学术交流和学术批评，充分发挥科学共同体集体纠错机制的作用，依靠集体协作，形成择优汰劣、有效纠错的质量控制机制。二是明确科学共同体在科学评价过程中的主体地位，鼓励科学家有效防止和消除行政权力等非学术因素对价值评议过程的干预，并在制度上保障科学家评议过程中的合法权益，切实完善同行评议制度。三是加强科学道德与诚信建设，完善道德和伦理审查的监管机制。

Improving Science Assessment System, Promoting Excellence in Scientific Research

Consultative Group on "Science Value Assessment in the Context of Deepening Globalization", CAS Academic Divisions

Four key issues of existing science assessment system of China are put forwards, followed by the analysis of their causes, based on which five suggestions are proposed: ①strengthening scientific value orientation education to cultivate the right ones; ②reforming the science and technology administration system to form a resources allocation mechanism regulated by scientific research's own way; ③standardizing the procedure of science assessment to establish a rigorous and transparent evaluation system; ④setting reasonable evaluation criteria to encourage high-quality and original researches; ⑤promoting scientific community's autonomy and self-regulation to improve peer review system.

6.2 关于设立国家生命伦理委员会的建议

中国科学院学部“生命医学伦理研究与生命科学前沿的发展”咨询课题组①

现代生命科学和基因技术的突破带来了一系列革命性成果。但是，生命科学技术革命在给人类带来前所未有的发展机会的同时也带来了不可回避的社会风险。在机会与风险并存的时代，国际社会积极应对，设立伦理委员会即是其中一个有效应对社会风险的建制化方式。

伦理委员会是履行审查功能，保障研究、试验、医疗活动符合伦理要求的核心建制。随着我国各类伦理审查委员会的相继设立，一些生命科学领域的前沿研究得到国际学术界的认可，一些不符合伦理规范的研究和医疗事件在一定程度上得到遏制。但是，一些部门或单位的伦理审查委员会的职责不清、职能不全、审查过程缺乏监督等问题仍然突出。究其原因，主要在于迄今没有形成国家、管理部门、地区、机构分级的伦理委员会制度，尤其是国家层面的伦理委员会的缺失，导致缺乏相应的政策和监管指导，从而在审查、复核、仲裁、监督、规划、培训、咨询等方面出现职能分配缺乏统筹协调等问题。尽快设立国家生命伦理委员会，推进和完善我国生命伦理管理体制机制迫在眉睫。

一、完善伦理管理机制的必要性与紧迫性

1. 生命科学健康发展的迫切需要

现代生命科学的发展促进了研究与应用的一体化，并由此构成了特有的价值链。对生物技术伦理问题的关注，也从一般的医学问题，扩展到思考生命科学可能或者已经给社会带来了什么风险，各种利益如何分配和平衡，以及“该做什么”“不该做什么”“怎么做”。国家伦理委员会的出现正是适应了现代生命科学领域可持续、健康发展的需求。

2. 化解冲突和保障科技决策的有效手段

在我国生命科学和医学的发展过程中，伴随着对转基因等一系列的科学争议，突

---

① 咨询课题组组长为中国科学院林其谁院士。

出反映了科学和技术知识的社会应用引发的价值和利益冲突，从而使有关生物技术的决策面临困难。而生命伦理委员会从科学出发，开展民主商谈机制，有利于化解冲突和促进利益攸关方达成共识，从而保障我国科技决策的科学性和公正性。

3. 规范研究和应用管理的有力保障

设立国家层面的伦理委员会是许多国家应对可能风险的重要举措之一。国际经验表明，作为一个从伦理的维度为国家科技决策提供咨询服务的机构，国家伦理委员会为相关法律法规和政策制定提供指导，发挥宏观管理和统筹协调功能的伦理监督管理机构，在推进本国科学发展和新技术应用方面具有举足轻重的地位及作用。

二、生命伦理委员会发展现状

目前，许多国家和地区已经相继成立了国家生命伦理委员会，从国家层面系统、持续地处理生命领域的伦理问题，包括政策咨询、政策执行、伦理监管与意见统筹等。研究表明，目前各国的伦理委员会采取了集中式（如美国、德国）和分散式（如英国）两种比较典型的组织形式，其功能定位可分为综合型（如美国总统生命伦理委员会）和单一型（如丹麦国家研究伦理委员会）。尽管各国伦理委员会的存续时限因其功能设置的不同而存在差异，但其有效发挥作用的基本前提和共同特点是具有完备的法规制度与明确的监管主体。

我国的伦理审查制度建设始于20世纪90年代。现有伦理审查制度体系可大致概括为四类机构和两级管理结构，并且相关法规已涉及伦理委员会建设的相关内容。“四类机构”包括部门伦理委员会、地区伦理委员会、机构伦理委员会和学术团体设立的伦理委员会，不同层级的伦理委员会对应不同的管辖范围。在伦理管理的层面，“两级管理结构”表现为，各类机构伦理委员会实际承担伦理审查任务，主要负责对本机构或所属机构涉及人和动物的生物医学研究、相关技术应用项目进行伦理审查、监督；部门或地区伦理委员会主要针对重大伦理问题进行研究讨论，提出政策咨询意见，必要时组织对重大科研项目的伦理审查，对辖区内机构伦理委员会的伦理审查工作提供指导和进行监督。

三、我国伦理审查制度的主要问题

近年来，生命伦理问题在我国生命科技领域受到高度重视，但是国家层面的生命伦理委员会体制的缺失，不同层面伦理审查监督机构间的协同机制的不完备，严重影响了伦理管理的实施效果。相比较而言，尽管我国医疗卫生领域的伦理审查制度已经开始呈现出较为完整的体系，但其伦理审查工作仍然存在一系列亟待解决的问题。

1. 伦理审查较为随意且流于形式

我国的伦理审查随意性较大，突出表现为两点：一是在我国境内的国外多中心药物临床试验可以随意选择国内合作机构申请伦理审查，一旦没有通过可以重新选择合作机构，导致研究者有机会逃避对项目某些伦理问题的审查。二是科研机构基本上是由自己的伦理委员会审查自己的项目，很少到行政主管部门备案或报批，很多科研人员在做完试验后等待刊发论文时才“进行”伦理审查，形同“走过场”。此外，我国的伦理审查还存在职责不清的问题，机构伦理审查委员会与国家卫生和计划生育委员会、国家食品药品监督管理总局、国家中医药管理局等伦理审查管理部门形成一对多的局面，既存在管理上的重叠，又存在跨专业、领域、部门审查上的混乱。

2. 伦理委员会缺乏专门的监督机构

伦理审查制度完备的西方国家均设有专门机构监管伦理委员会的运行，如美国的人体研究保护办公室、英国的国家研究伦理局以及瑞典的中央伦理审查委员会。我国迄今没有设立专门的监管机构，机构医学伦理委员会主要由（原）卫生部与药监局实施宏观管理。在伦理审查体系中，（原）卫生部和省级卫生行政部门设立有医学伦理专家咨询组织，但不具备对其辖区内的伦理委员会的监管职能。而对于机构伦理委员会来讲，对其审查质量的监督和控制大多处于失察状态。伦理审查成了“凭良心办事”。此外，当对伦理审查存有疑义或不同机构伦理审查结果不同时，也缺乏能够履行对机构伦理委员会的伦理审查实施复核、仲裁功能的监督机构，伦理审查的质量难以把控。

3. 伦理委员会的操作规程和制度欠缺

我国还没有制定全国统一的伦理机构标准化操作规则。伦理委员会的登记、认证、监管等制度有所欠缺，各相关领域对于伦理审查的意识也比较薄弱。在缺乏标准的情况下，伦理审查委员会的审查决策难免具有主观性和随意性。各地伦理审查委员会标准的差异导致受试者的权益得不到平等的保护，伦理委员会的工作成果难以得到考核和评价。

4. 伦理审查工作缺乏法律保障

我国已经出台的涉及人的生物医学研究、药品临床试验、医疗器械临床试验、某类特殊技术的伦理审查政策法规、指导原则等都是部门规章，主要是针对某个领域的法律规范和指导，缺乏国家伦理审查法案，没有对不同级别和类别的伦理委员会的审查、复核、仲裁、监督、培训、咨询、规划等职能架构做出合理的设置。

四、设立我国国家生命伦理委员会迫在眉睫

我国现行的生命伦理管理机制还存在很多问题，究其原因，首先体现在缺乏国家级生命伦理委员会，无法进行统一管理，以保证国家生命伦理基本规范的一致，为制定地方和机构伦理委员会提供应遵循的一般性原则，为重大的生命伦理决策提供咨询、审核服务。

国家伦理委员会是一个负责任国家法制健全的具体体现。建立国家伦理委员会一方面可以推进我国开展有关生物技术和基因工程研究及应用方面伦理议题的前瞻性研究，为我国从事相关领域的研究、转化及应用提供政策咨询与指导，同时在国家层面发挥监督与管制的作用。另一方面，代表国家参与国际伦理规范标准的制定及相关国际事务，表达国家立场和回应国际社会的质疑。

从我国国情出发，借鉴国外有益经验，针对我国国家生命伦理委员会建制提出如下建议：

1. 由国务院牵头设立国家生命伦理委员会

在国务院法制办公室或国务院研究室设立国家生命伦理委员会，统筹全国各领域的生命伦理工作。我国生命科学与医学领域的基础研究、转化研究及其应用涉及多个部门的管辖范围。以干细胞为例，该领域的研究涉及基础研究、转化研究和临床应用的机构，不仅有多个部门管辖下的公共机构，还包括了多个私营机构。非常有必要设立一个能够直接向国务院负责的国家生命伦理委员会。

2. 国家生命伦理委员会以分委员会体系的形式设立

国家生命伦理委员会以分委员会体系的形式设立。考虑到生命伦理的涵盖面较广，有必要在国家生命伦理委员会下，以遗传资源、实验动物、临床研究、干细胞、纳米技术、合成生物学与食品安全等为主题，建立相应分委员会，为规范我国生命伦理管理提供强有力的支持、指导和建议。国家生命伦理委员会为常设机构，各分委员会根据具体情况设定，同时可以根据调研工作的需要设立临时性工作组。

3. 发挥国家生命伦理委员会多重伦理管理职能

在功能定位上，国家生命伦理委员会需要发挥多重伦理管理职能。

（1）主要功能。促进立法和政策实施，保障相关领域的研究与应用在社会道德范围内进行；促进相关领域的国际交流与合作。

（2）主要职责。促进伦理相关问题的研究；甄别和审查可能出现的伦理、法律和社会问题；促进相关领域的立法，推进法律法规的实施，推荐好的做法。

（3）主要任务。提供重大科技伦理决策服务；提供科技伦理咨询服务；制定各级伦理委员会的工作准则，应遵循的一般性原则；面向公众传播相关法律及伦理知识，引导公众参与相关讨论；与其他国家的相关委员会、国际组织开展交流与合作。

为了更好地发挥这一职能，人员组成上各委员会成员应由一定比例的相关研究与应用领域的科技专家（包括生命科学家和医学专家）和其他领域人员（包括法学家、伦理学家、政策研究者、管理者和社会组织代表等）构成，每届委员会建议为五年。

4. 探索和建立各级委员会间伦理管理机制

明确的监管主体是统一协调各机构、各部门监管工作的基础和保证。国务院负责监管国家伦理审查委员会，随着国家生命伦理委员会的成立，有必要进一步完善各级伦理委员会建制，推进同级和不同层级伦理委员会间伦理管理机制，探索并打造（纵向）部门伦理委员会与（横向）地区伦理委员会的网络构架，以实现对机构伦理委员会的全方位指导、咨询与服务，进而形成层级分明的监管体系。

Suggestion of Establishment of National Bioethics Advisory Commission

Consultative Group on "Life and Medical Ethics Research and Life Science Frontiers' Development", CAS Academic Divisions

Based on the investigation of development of bioethics advisory commission of both at home and abroad, this report elaborates the necessity and emergency for improvement of the national ethics administration system, and analyzes the problems as well as its causes in China bioethics research and administration. Suggestions of establishment of National Bioethics Advisory Commission(NBAC)are introduced in details: NBAC Should be established under the charge of the State Council; NBAC can be organized as a system of subcommittee; NBAC should play the role of multiple ethics administrative function; and a hierarchical administrative system should be established among bioethics advisory commission at different levels.

6.3 加强信息与生命交叉学科研究，促进信息科学与医学生命科学融合创新发展

中国科学院学部“信息与生命交叉学科研究与对策”咨询课题组[①]

一、信息与生命交叉研究的重要性

“信息科学”与“生命科学和医学”是21世纪重要的科学前沿，它们的交叉学科将是科学探索最活跃的领域之一。在学科发展方面，信息科学在生命科学和医学的发展过程中扮演了关键角色，发展了生物医学大数据获取、存储和分析的新理论和新方法，促进从信息、网络和系统的角度认识生命和疾病的机理，对生命科学和医学的发展至关重要，同时也是信息科学自身发展的机遇和挑战。在维护人类健康方面，信息科技与生物科技的飞速发展使人类大大加深了对生命过程和疾病的认识，为重大疾病的预防和治疗提供了新的思路和方法，并促使医疗业向早期监测、早期预防、早期诊断、早期治疗的“早期医疗”和以患者为中心的个体化诊疗模式转变。在生物信息学和网络医药学方面，复杂生物网络的药物干预、人工设计、改造和优化，为生物控制论的发展、复杂生物网络的解析提供了新途径，并在疾病诊疗、中医药现代化、药物开发等方面有着巨大的潜在应用价值。

二、我国信息与生命交叉研究应关注的重点方向

随着信息技术与高通量生物检测技术的快速发展，生物医学进入信息时代已经是大势所趋。与国际同类领域相比，我国在信息科学与生命科学和医学的交叉研究方面还普遍存在着交叉不够深入，大部分单位的敏感度、开放度不够，信息学科研工作者、生命科学和医学科研工作者的沟通、融合与合作困难，国家政策支持不到位等诸多问题。如果不能及时解决这些问题，将严重影响我国信息与生命交叉学科领域的良性发展。

---

① 咨询课题组组长为中国科学院院士李衍达教授。

根据国际科技发展的最新趋势以及我国经济与社会中长期发展的需要，为了更好地促进科技创新和产业驱动，建议重点关注以下 5 个信息与生命交叉研究方向：

（一）“大数据”与网络化医疗健康管理模式

随着互联网、物联网、云计算等技术的快速兴起，现代社会快速迈入大数据（big data）时代。医学研究也正步入大数据时代，医疗健康的数据和信息贯穿于日常健康维护、疾病发生发展、临床研究、临床决策支持、个体化诊疗分析等过程。同时医疗健康数据的采集、存储、处理、分析、整合、决策和高效利用，也对现有的信息技术以及医学与信息科学技术的交叉融合，提出了重大挑战。

1. 医疗健康大数据的来源

电子病历是医疗健康大数据的重要载体。随着各国政府对电子病历应用的大力推广和普及，目前已经有了很多的研究和应用。除了医院内部电子病历和物联网的建设，整个区域内民众健康档案的信息化也在快速推进。

移动医疗卫生信息技术（mHealth）主要使用移动通信技术、移动互联网来提供医疗服务和信息，让医疗服务“随手可得”。该技术的兴起，也为医疗健康提供了庞大的数据来源。

2. 医疗健康大数据的处理与应用

如何充分利用电子病历数据、日常健康数据、各种诊疗数据等信息，建立更合理的医疗健康管理模式，以便更好地实现对疾病的预防、监控、治疗和管理，是目前医疗健康和信息科技相结合的一个重要方向。同时，对于医学本身来讲，大数据不仅是一种重要的技术手段，也逐渐成为医学发展的背景之一。

（1）以患者为中心的医疗健康管理模式。以患者为中心的医疗健康管理模式是现在和未来医学发展的重要方向。基于医疗健康大数据，通过数据的有效整合和利用，可以从健康维护、疾病管理、医学研究、临床决策、患者参与以及医疗卫生决策等方面满足以患者为中心的医疗服务和健康管理。

（2）基于大数据的个体化医疗。基于大数据的个体化医疗将生物学大数据、医疗健康大数据以及其他个人信息整合起来，将会为实现真正意义的全面个体化医疗提供重要基础。

（3）基于大数据为疾病防控提供依据。通过海量数据分析，电子病历和互联网信息都将为疾病防控提供有价值的参考和依据，有助于提高公众健康风险意识、降低疾病流行的风险。

3. 医疗大数据需要解决的若干问题

第一，在大数据的采集方式方面，一方面需要研究大规模、结构化数据的分析和处理手段，另一方面可以考虑通过物联网等非结构化的大数据采集方式，实现对医疗健康信息的自动化采集。第二，针对全人群的大数据采集也需要纳入日程。第三，医疗健康信息的伦理问题值得关注。

总之，在大数据时代，围绕大数据展开的医疗健康管理将迅速发展，信息化和数据化程度更高，并体现出以人为本、以数据为基础、以信息技术为支撑、以智能决策为导向和以患者为中心等鲜明特点，从而推动形成新的医疗和保健模式，为广大人群和患者的健康提供更为有力的保障。

（二）基于复杂网络的生物大数据分析理论与技术

复杂网络是衔接信息科学与生命科学的一个重要桥梁，基于复杂网络的信息与生命科学研究成为一个具有重大科学意义和应用前景的新命题，也是信息与生命科学交叉研究有可能率先取得突破的一个结合点。

1. 复杂生物网络是生命系统的构建基础，网络分析是理解生命系统的核心技术

各种数据相关的网络种类繁多、高度复杂，急需发展新的基于复杂网络的生物大数据的分析理论与方法，融合多种数据类型建立生命系统各层次要素之间的调控网络和关联网络，结合子系统的定量网络模型，揭示生命系统运行的规律，建立各种预测和网络干预模型。

（1）以新一代深度测序为代表的高通量生物实验在近年来的革命性进步，给生物学研究带来了巨量实验大数据。

（2）生物大数据的处理与分析面临大规模、快速性、多样性和真实性等诸多挑战。

（3）生物大数据的不可控性和复杂性，给数据存储、计算和分析带来巨大挑战。

2. 我国生物大数据研究的问题、发展策略和优先发展方向

（1）我国生物大数据的研究仍然面临若干问题。首先，国内现有的生物大数据产生和分析能力虽然与国际先进水平相差不大，但是在数据分析构架、软件系统与先进的IT技术接轨上仍有较大差距。其次，尽管我国近年来基于生物大数据研究在国际顶级刊物上发表的论文和成果逐年增多，影响力也越来越强，但高水平团队的研究持续性不足，有影响力的成果缺乏持续维护。最后，我国的生物大数据实际应用效果

差，缺乏在实验、临床、产业等方面的有价值应用。因此，我国的科研院所和相关管理部门应该切实采取措施，积极发展针对生物大数据的生物信息学研究。建议采取的措施包括：建立国家生物大数据中心，保障我国数字主权，统筹管理和合理利用国家生物大数据战略资源；通过国家科技政策，集中突破生物大数据核心技术，形成自主关键技术与系统产品；以现有优势学术和技术资源为基础，建立国家级生物大数据研究机构，提升我国生物大数据技术和服务水平，培养专业的生物大数据人才；强调应用需求牵引和政策支持，加快生物大数据产业的全面发展。

（2）亟需建立和发展“中医药生物大数据”采集、存储、分析技术。中医是我国的宝贵财富。在长期的临床实践中，中医积累了望闻问切、辨证论治等独特的诊疗方法，积累了大量的中药方剂。然而，中医药实践和研究目前大多集中在宏观层面，微观上的生物数据积累匮乏，同时在生物数据的采集和分析上缺少科学设计。因此，以“中医药生物大数据”的建设为切入点和突破口，抢占该领域的制高点，具有重大的科学价值和现实意义，将有力推动我国医学生命科学大数据的原创研究，并提供其持续发展的源动力。

（3）生物大数据的分析必须与复杂生物网络模型紧密结合。从生物大数据中可建立大规模的关联网络，但关联网络无法建立因果关系，而机理网络（如调控网络、蛋白质相互作用网络、代谢网络等）缺乏生物系统的整体动态信息。将这两者结合起来可有助于进行因果推断。另外，通过生物大数据与机理网络的整合，可能对生物系统中的动态变化模块及其关键调控环节的发现提供新的思路。

（三）网络药理学与网络医学

目前全球医药研究行业正处在转型之中，网络医药学（网络药理学、网络医学）不仅是一项新兴的技术方法，还代表着一种医药研究思想的革新，为针对以生物分子网络为特征的复杂疾病进行医药研究和开发提供了新的思路和途径。我国学者在网络医药学上的研究与国际上基本同步，在以网络分析理论、方法、计算与实验技术为支撑的药物研究模式方面做出了一些可贵的探索性工作。对网络医药学的深入研究，将是我国在信息科学与医学生命科学交叉创新的一个重要突破口，有望快速提高我国在医药研究领域上的国际竞争力，使之成为我国学者在医药创新研究上有可能取得重大突破、引领科技前沿的一个重要方向。

（四）网络药理学与中医药现代化

中医学是我国几千年来对抗疾病经验的精华。中医学将病人当作一个整体进行治疗，具有特色理论、丰富经验和悠久历史。中医学是一门传统的系统医学，然而现代科学常用的还原、试错分析方法与中医整体治疗特色存在较大的差异，中医药现代化目前仍然缺乏合理有效的思路与方法。网络药理学以计算和实验相结合为特点、以系统性治疗为目标，这与中医整体治疗的特色不谋而合，也为发掘中医药特色、走向国际科技前沿创造了有利条件。

以系统的自调整性为指标来研究中医药的机理，分析中医与西医的异同，通过与信息科技的交叉，与生物信息学、网络药理学等新兴前沿学科的融合，有可能建立起中医药研究的新思路、新方法。有望为揭示中医药的科学原理、推动中药现代化与国际化起到支撑作用，为发挥中医药特色与优势，促进个体化和系统诊疗提供有利条件，具有重大的科学价值和广阔的现实意义。另外，基于网络药理学的关键技术还可以分析方剂所含成分的靶标在网络上的分布规律，探索药性、君臣佐使、七情合和等方剂特色内涵的网络特征。利用这种用网络特征来预测组方用药的临床生物标志，并利用所发现的规律来进行组方用药的理性设计，可推动以网络药理学为代表的药物研发新型技术群的形成，为整个医药产业的产业创新和技术改造奠定基础。因此，大力推动网络药理学的新理论和新技术的不断发展，不仅能满足医药研究对技术创新的需求，更能为中医药现代化研究提供强有力的技术方法保障。

抓住机遇，及时开展、重点布局网络药理学与中医药现代化研究，探索建立以系统的自调整性为指标的中医药现代化研究方法体系，将有望带来中医药研究的重大变革，为深入研究中医药科学内涵、加速中医与西医的协调发展提供重要途径，并在信息科学与医学生命科学的交叉研究领域形成具有我国原创特色和优势的科学研究和产业发展新方向。

（五）合成与系统生物学是解析、干预复杂生物网络的重要手段

合成生物学研究利用工程化的思想，通过人工方式设计、制造或改造 DNA 等生物分子，干预、优化和构建生物系统。近几年来，合成生物学在生物学知识的产生、生物零件和系统的构造以及药物、生物能源和酶的合成等研究领域都取得了重要进展，成为生命科学中最受关注的前沿学科。合成生物学与系统生物学相结合，为人们从系统的角度解析和干预复杂生物系统，尤其是在探索疾病、控制疾病方面提供了新的思路和手段。

1. 合成生物学技术为解析复杂生物系统提供有力手段

DNA 合成与组装等技术的出现为生物学研究带来了革命，使我们能精确地修改活体细胞内的基因组序列，定向控制基因的表达量。如果能将这些技术与系统生物学的分析与建模有效结合起来，发展出协同扰动复杂生物网络的理论和方法，将极大地

促进我们对复杂生物分子网络结构与功能的理解。进而采用“以建而学”的方法，通过在细胞内表达人工设计与合成的基因线路，实现对复杂生物调控行为的观测和模拟，为理解复杂生命现象的机理提供全新的思路。

2. 亟待发展针对复杂生物系统的信息理论和控制理论

目前合成生物学取得了一系列可喜的进展，但整体上缺乏系统的理论体系作为指导。一方面是由于传统生物学研究主要关注对物质和能量传递的分析，缺乏针对复杂生物系统信息传递和控制规律的深入理论研究；另一方面，由于生物调控中存在大量非线性环节和随机因素，使得基因间的作用关系难以套用现有的工程学方法和信息理论进行分析和建模。因此亟待建立一套针对复杂生物系统的理论研究框架，其核心是从信息传递的角度实现对生命过程中信息表达的量化与度量，进而提出定量化的生物系统控制模型与控制理论。这样将有助于我们更有效地设计和实现人工合成生物系统，同时也将极大地加深我们对复杂生物系统本质的认识。

3. 合成与系统生物学研究在疾病治疗方面有重大应用前景

合成与系统生物学研究不仅为解析复杂生物网络提供了一种有效途径，为理解疾病的致病机理和寻找治理策略提供帮助，同时也将使人类有可能在基于对生命规律认识的基础上，有效干预人类疾病提供了一种潜在策略。通过人工方式设计、制造或改造DNA等生物分子，将这些人造基因线路植入到哺乳动物细胞或活体中，对细胞的功能进行优化、编程使其能够按我们的需要处理信息和行使功能，从而抵抗疾病和改善人类健康。

我国一些研究机构和学者已经开始注意到合成生物学的重大应用前景与理论研究价值，并陆续成立了专门的合成生物学研究机构。这方面的研究具有重大应用前景，一旦取得突破，将为揭示人类疾病机理、发展新的治疗方法等提供重要的工具和手段，从而对人类社会发展产生深远影响。

综上所述，信息与医学、生物的交叉学科正在改变传统的研究模式，以信息、系统的观点对疾病、生物系统进行建模与分析，并不断提出新的疾病诊疗策略。新的研究进展必将极大地推动中医药现代化、药物研发、个体化诊疗等领域的相关产业的兴起与发展。

三、关于加强信息与生命交叉学科建设和创新研究的相关建议

“信息科学”与“生命科学和医学”的交叉研究，正处在科技创新的突破口上，如何从制度上保障交叉学科的学科建设和科学研究顺利开展是目前亟需解决的问题。

建议国家通过制度创新打破学科界限，切实推动和大力发展信息科学与医学生命科学的交叉研究。一方面鼓励信息领域的专家针对生命科学和医学领域的重大需求和关键科学问题开展研究；另一方面也注重从政策和机制上保护从事信息与生命交叉学科研究人员的积极性，从而推动我国在“信息科学”与“生命科学和医学”交叉研究的若干领域长足发展，在科技创新和产业驱动两个方面走向国际前沿。

（一）在科学研究方面

在科学研究方面，建议国家有关部门设立“信息科学”与“生命科学和医学”的交叉研究专项资助。具体包括：

（1）建议国家卫生和计划生育委员会（简称卫计委）设立“网络药理学与中医药现代化”的专项研究资金。

（2）建议基金委信息科学部、医学科学部、生命科学部联合设立“大数据时代的网络医药学研究”的重大项目或重大研究计划。

（3）建议科技部、基金委设立“生物网络研究”“合成生物学与复杂网络”“大数据驱动的复杂生物网络研究”方面的国家重大研究专项。

（4）建议科技部、卫计委、教育部等相关部门组织建立国家中医药生物大数据中心和网络分析关键技术平台。

（二）在学科建设方面

在学科建设方面，建议国家有关部门加强交叉学科的制度建设，避免交叉学科研究人员“无处落脚”的尴尬。针对交叉学科研究人员的需求，切实建立交叉学科建设、科学研究、人才培养的积极措施，建立能够切实保障交叉学科顺利发展的管理机制。同时，对于从事交叉学科建设、科学研究的人才给予更大的关注，鼓励和支持研究人员投身交叉学科的创新性研究，为交叉学科研究人员提供良好和宽松的环境，从而保障交叉学科研究的顺利进行。具体包括：

（1）建议国家教育部和相关部委在信息学科、生物学科、医学、药学等相关学科专门设立“生物信息学”专业，并制定相应的学科管理办法，并及时更新学科目录。

（2）建议在有基础的高校或研究机构设立“复杂生物网络”“网络药理学与中医药现代化”“合成与系统生物学”交叉研究中心。

（3）建议对信息科技与生物医学交叉学科领域取得显著成效的研究团队划拨专门的、稳定的研究经费支持。

（三）在教学管理方面

在教学管理方面，当学科交叉融合加速、新兴学科涌现之时，应该更加鼓励教师、学生、科研人员拓宽学科视野，博士生要真正“博”，知识面要宽，鼓励学生跨领域选课，设立交叉领域讲座，特别是信息与医学、生命科学的交叉融合的讲座，鼓励申请交叉研究项目，鼓励不同领域的院系实行“双聘”制度，在条件成熟时，及时建立新的交叉学科和专业，组建相应的交叉研究中心，并探索建立相应的评价体系，纳入正常的院系管理渠道。

Strengthening Interdisciplinary Research of Information Science and Life Science and Promoting its Convergence and Integrated Innovation

Consultative Group on "Information Science and Life Science Interdisciplinary Research and Policy", CAS Academic Divisions

This article highlights the importance of interdisciplinary research of information science and life science, five priorities of which are proposed for China: ①big Data and networked medical healthcare management model; ② complex Network based big biological data analysis theory and technology; ③ network pharmacology and network medicine; ④ network pharmacology and Chinese Medical modernization; ⑤ synthetic and systemic biology. It is assumed in this article that the interdisciplinary research of information science, life science and medical science is just at the point of breakthrough for S&T innovation, at the time of which how to provide institutional support for interdisciplinary research is a critical issue. Suggestions for institutional support are proposed from the perspectives of scientific research, discipline construction and teaching management at last.

6.4 全面推进我国湖泊与湿地保护的战略对策与建议

中国科学院学部“中国水安全保障的战略与对策”
重大咨询课题组[①]

我国是一个湖泊与湿地数量多、类型全、分布广的国家，湖泊与湿地面积占国土总面积的6.5%。湖泊与湿地涵养了全国96%的可利用淡水资源，维系的高等植物有3门239科1255属4220种，繁育的脊椎动物有5纲51目266科2312种，并具有巨大的洪水调蓄、环境净化和区域气候调节能力，也是我国淡水水产品的主要来源和重要的旅游目的地，在保障供水与防洪安全、支撑经济发展、保护生物多样性和维护区域生态平衡等方面发挥了不可替代的作用。

作为单位面积生态系统服务价值最大的一类生态系统类型，湖泊与湿地也是我国当前面积丧失最快和生态环境恶化问题最严重的生态系统类型。湖泊与湿地生态系统服务功能的快速退化已经成为周边地区和流域社会经济发展与人民安居乐业的瓶颈。本文是“中国水安全保障的战略与对策”咨询研究项目的专题研究成果，重点围绕我国湖泊与湿地水环境恶化与水生态退化问题，分析问题的成因，从中国水安全保障的紧迫性出发，提出依法保护与修复湖泊与湿地、促进生态文明建设的对策和建议。

一、加强我国湖泊与湿地保护刻不容缓

（一）湖泊与湿地快速萎缩消亡

自20世纪50年代以来，我国的湖泊数量减少了243个，面积减少了9606平方千米，约占湖泊总面积的12%，消失的湖泊主要集中在长江中下游地区和西北干旱区；全国湿地面积丧失在50%以上，尤以东北、长江中下游及青藏高原等地区的天然湿地丧失最为严重，仅近10年来全国湿地面积减少了3.4万平方千米，减少率达8.8%，成为我国近期面积丧失速度最快的自然生态系统。

---

① 咨询课题组组长为中国科学院刘昌明院士。

（二）湖泊与湿地水环境持续恶化

我国东部湖泊与湿地水质下降、富营养化程度不断加重，东部、东北和云贵高原面积大于10平方千米以上的湖泊中有85.4％超过富营养化标准，其中达到重富营养化标准的占40.1％。水质低于国家Ⅲ类水质标准的水体沼泽湿地数量超过45％，其中尤以京津冀、三江平原、长江中下游、滇西北高原等区域的沼泽湿地水质较差。

（三）湖泊与湿地生态明显退化

湖泊与湿地生态不断退化，鱼类资源种类减少、数量大幅下降，高等水生维管束植物与底栖生物分布范围缩小，生物多样性下降，而藻类等浮游植物大量繁殖并不断集聚。湿地水鸟种类减少24％，种群数量明显减少的鸟类比重达到了52％。随着湖泊富营养化加重，蓝藻水华大面积频繁暴发，湖泊生态灾害频繁发生。

二、不当人类活动和管理不到位是造成我国湖泊与湿地问题的主要原因

造成我国目前湖泊与湿地严峻生态环境问题的原因，既有自然因素，也有人为因素。自然因素主要是气候变化导致的湖泊与湿地水量平衡改变，造成一些湖泊与湿地干涸萎缩和生态退化；而人为因素，即不适当的生产、生活方式和滞后的管理方式，是主要的原因。

（一）全球气候变化背景下，不适当的生产、生活活动仍是最直接和主要的原因

长期以来，大规模开垦、挖渠排水、过度养殖捕捞、放牧等，改变了湖泊与湿地的自然水文格局和节律，导致湖泊与湿地的环境净化和生态调节功能大幅下降、环境容量减少，加重了环境污染和周边地区洪涝灾害。

近二三十年，各地纷纷掀起了更大规模的环湿沿湖开发热潮，向湖泊与湿地要地的现象屡禁不止。产业向湖泊与湿地集中，城市向湖泊与湿地推进，人口向湖泊与湿地聚集，这使得湖泊与湿地保护面临更加复杂、更加严峻的压力。

（二）部分水利工程建设对湖泊与湿地环境问题的产生有不可忽视的影响

近几十年来，各类水利工程在防洪除涝和保障工农业生产与人民生活用水等方面

发挥了巨大作用。与此同时，我国湖泊与湿地的演变受到各类大型河湖整治、防洪引水和流域开发工程的影响也愈益明显。江河与湖泊、湿地阻隔，失去了连通，导致湖泊与湿地的功能急剧萎缩，环境容量降低，生物多样性受损和调蓄洪水能力下降。

（三）湖泊与湿地保护管理不到位是问题不断加重的主观因素

长期以来，我国各地湖泊与湿地的保护意识淡薄，重湖泊与湿地的生产功能而忽视生态涵养功能的现象普遍存在。在我国现有的国家土地资源管理分类中，湿地被划分为未利用地类型，尚未在国家土地资源分类体系中获得应有的定位，丧失了湿地作为独立国土资源的属性，直接导致其法律界定的不确定性和重叠性。

同时，我国的湖泊与湿地一直缺乏统一的管理机构，管理单位错综复杂、职能交叉重叠，管理效率低下。自然保护区内土地的管理权和使用权不统一，管理难度大。

此外，我国的湖泊与湿地治理保护长期缺乏“山水田林湖生命共同体”的系统、全面的保护和治理理念，更缺乏流域整体的统筹协调。湖泊保护无法可依，国家重点生态功能区湿地保护率仅为51.5％，国家重要湿地保护率仅为66.5％。

三、有效保护我国湖泊与湿地的对策和建议

（一）加强湖泊与湿地红线保护，逐步推进流域综合管理

强化湖泊与湿地生态功能定位，开展分类保护。根据不同类型湖泊与湿地的自然环境特点、社会经济状况和生态服务功能，制定我国湖泊与湿地保护的总体战略和目标，明确不同类型、不同区域湖泊与湿地保护的重点和实施路径，规范和引导资源的可持续利用，维护和提升湖泊与湿地的主导功能。把重要水源与生态涵养地、饮用水源地、珍稀物种栖息地等湖泊与湿地重要生态功能区全部纳入红线保护范围，采取最严格的保护措施。

强化流域综合管理。统筹流域“山水林田湖”系统的各个要素，将湖泊水体、湖岸与湿地过渡带、环湖和湿地周边地带和整个流域作为不可分割的有机整体，实行分层次保护和实行流域综合管理。成立跨部门、跨行政区的流域综合管理机构，明晰湖泊与湿地的管理边界、土地（含水域）权属和管理权贵，完善国家、省和地方专门管理与行业保护机构相衔接的三级管理体系，建立有效的主管部门组织协调和多部门分工协作的综合管理机制。

（二）加强法制建设，推进湖泊与湿地保护法治化管理

全面推进湖泊与湿地保护立法过程，加快出台《湖泊保护条例》和《湿地保护条

例》，依法确立国家土地利用分类系统中滩涂、沼泽等未利用地的“生态用地”属性，明确湖泊与湿地保护的职责权限、管理程序、行为准则和管理边界、土地权属等，形成我国湖泊与湿地保护的法治化和长效化管理体制与机制。

（三）设立专项资金，启动实施国家湖泊与湿地生态保护和修复工程

1. 湖泊与湿地自然保护工程

建立生态补偿制度，将具有重要生态功能的自然湖泊与湿地划定为生态红线加以严格保护；加大投入，强化保护责任考核审计，持续加强已经设立的各级各类湖泊与湿地保护区能力建设；实施湖泊与湿地自然保护区核心区和重要生态功能保护区的退渔还湖还湿、退耕还湖还湿工程，恢复与不断提升湖泊与湿地的生态服务功能。

2. 湖泊与湿地生态缓冲带建设工程

实施环湖岸带和湿地缓冲带的环境综合整治清理各种与湖泊、湿地生态功能定位不相符合的不合理开发利用，保留足够的范围作为生态保护用地，实施湖滨、河口、沟渠和池塘湿地带、林带建设。

3. 水系整治与连通工程

维系适宜生态系统的基本生态需水量，厘清不同级别河湖之间的水力联系和功能定位，建立湖泊与湿地的长效补水机制；明确清水走廊和尾水通道，维护和强化河流与湖泊、湿地之间的水力联系和生态连通，改善湖泊与湿地的水动力条件，增强水体自净能力和水环境容量。

4. 污染治理与资源化利用工程

优化流域产业结构，大力实施环湖、环湿地带的清洁生产和污染物减排，从源头控制污染物排放总量和进入湖泊与湿地的污染负荷；加大流域生产生活节水和污水集中处理力度，减少外源污染物通量；促进富营养底泥堆肥资源化利用、水生植物管护和资源化利用，形成污染物资源化利用的良性循环和激励机制。

5. 湖泊与湿地保护能力提升和科技支撑工程

建设覆盖全国的重要湖泊与湿地生态环境监测及生态资产登记核算体系；建立重要湖泊与湿地生态环境预警系统和生态风险防范机制；设立重点研发专项，全面提升

湖泊与湿地生态保护的科技研究水平，为保护、保育与恢复工程的科技创新与有效实施及管理提供支撑。

Strategic Policy and Suggestions for Promotion of Lake and Wetland Protection of China

Consultative Group on "China Water Safety Guarantee Strategy and Policy", CAS Academic Divisions

This article analyzes the causes for deteriorated water environment and degraded water ecology of lakes and wetlands in China. From the perspective of emergency for China water safety guarantee, three suggestions for lake and wetland protection are proposed: ①strengthening lake and wetland "red line" protection to promote integrated watershed management step by step; ②strengthening construction of legal system to promote legally administration of lake and wetland protection; ③establishing special fund to initiate national projects of lake and wetland ecology conservation and restoration.

附　录

Appendix

附录一　2015年中国与世界十大科技进展

一、2015年中国十大科技进展

1. 首次实现多自由度量子隐形传态

中国科学技术大学潘建伟、陆朝阳等组成的研究小组在国际上首次成功实现了多自由度量子体系的隐形传态，成果以封面标题的形式发表于《自然》杂志。这是自1997年国际上首次实现单一自由度量子隐形传态以来，科学家们经过18年努力在量子信息实验研究领域取得的又一重大突破，为发展可扩展的量子计算和量子网络技术奠定了坚实的基础。国际量子光学专家Wolfgang Tittel教授在同期《自然》杂志撰文评论："该实验实现为理解和展示量子物理的一个最深远和最令人费解的预言迈出了重要的一步，并可以作为未来量子网络的一个强大的基本单元。"该成果已被欧洲物理学会评为"2015年度物理学重大突破"。

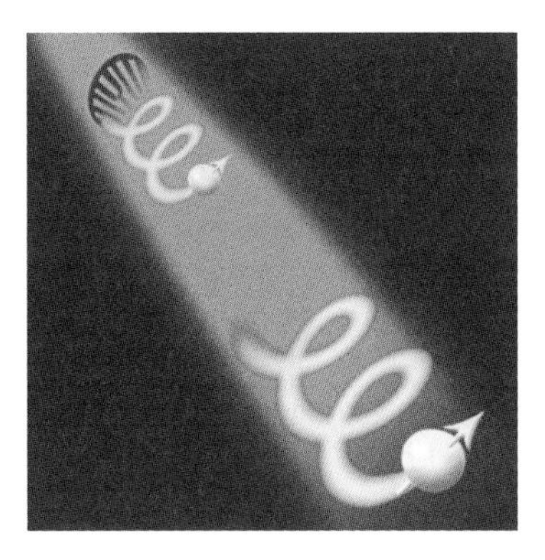

2. 北斗系统全球组网首星发射成功

2015年3月30日，北斗系统全球组网首颗卫星在西昌发射成功，标志着我国北斗卫星导航系统由区域运行向全球拓展的启动实施。这颗卫星由中国科学院和上海市政府共建的上海微小卫星工程中心研制，是我国首颗新一代北斗导航卫星，入轨后将开展新型导航信号体制、星间链路等试验验证工作。这颗卫星实现了多个首创：首次使用中国科学院导航卫星专用平台，首次采用"远征"一号上面级直接入轨发射方式，首次验证相控阵星间链路与自主导航体制，首次大量使用国产化器部件以实现自主可控。由于采用一体化设计方法，按照功能链设计理念，整星分为有效载荷、结构和热控、电子学和姿态轨控等功能链，极大地提高了系统的可靠性和功能密度。

3. “长征”六号首飞“一箭多星”创纪录

2015 年 9 月 20 日 7 时 01 分，我国新型运载火箭“长征”六号在太原卫星发射中心点火发射，成功将 20 颗微小卫星送入太空。此次发射任务圆满成功，不仅标志着我国长征系列运载火箭家族再添新成员，而且创造了中国航天一箭多星发射的新纪录。此次“长征六号”运载火箭首飞，搭载发射了中国航天科技集团公司、国防科技大学、清华大学、浙江大学、哈尔滨工业大学等单位研制的“开拓”一号、“希望”二号、“天拓”三号、“纳星”二号、“皮星”二号、“紫丁香”二号等 20 颗微小卫星，主要用于开展航天新技术、新体制、新产品等空间试验，对于促进我国微小卫星发展和新技术试验验证等具有重要意义。

4. 首架国产大飞机下线

中国自主研制的大型客机 C919 首架机 2015 年 11 月 2 日在上海正式下线。C919 飞机自主创新有 5 个标志，包括飞机总体方案、气动外形、飞机机体设计与制造、系统集成及工程项目管理等。研制人员针对气动布局、结构材料和机载系统，实现先进材料首次在国产民机上的大规模应用、数百万零部件和机载系统研制流程高度并行。在研发的集成创新过程中，全产业链上有将近 20 万人参与研发制造，其采用的新技术、新材料、新工艺辐射拉动了中国经济和科技发展、基础学科进步及航空工业发展。业内专家认为，C919 总装下线对于中国民机产业发展、基础工业实力提升、发展制造强国具有深远的意义。按计划，该飞机将于 2016 年首飞。

5. 剪接体高分辨率三维结构获解析

由中国科学院院士、清华大学教授施一公领导的研究组在《科学》杂志同时在线发表了两篇背靠背研究长文，分别报道了通过单颗粒冷冻电子显微技术（冷冻电镜）

解析的酵母剪接体近原子分辨率的三维结构，并在此结构基础上进行详细分析，阐述了剪接体对前体信使 RNA 执行剪接的基本工作机理。这是科学家首次捕获到真核细胞剪接体复合物的高分辨率空间三维结构，并阐述相关工作机理。美国科学院院士、斯隆-凯特琳癌症研究中心教授丁绍·帕特尔评价说：“剪接体的结构是完完全全由中国科学家利用最先进的技术在中国本土完成，这是中国生命科学发展的一个里程碑。”

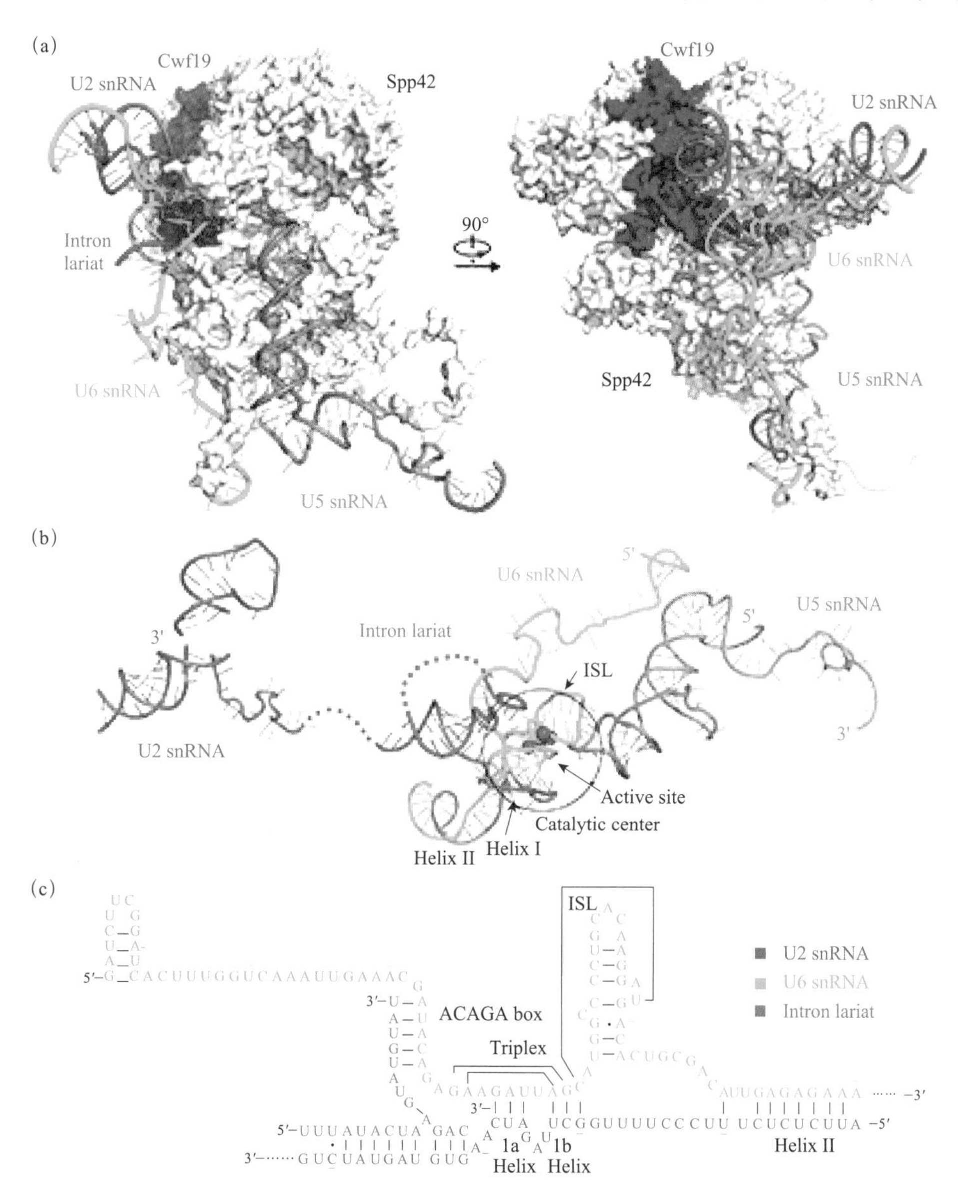

6. 首次发现外尔费米子

中国科学院物理研究所方忠研究员带领的团队首次在实验中发现了外尔费米子。这是国际上物理学研究的一项重要科学突破，对“拓扑电子学”和“量子计算机”等颠覆性技术的突破具有非常重要的意义。外尔费米子是德国科学家威尔曼·外尔在1929年预言的。不过，科学家们始终无法在实验中观测到这种粒子。2012年以来，该所理论研究团队首次预言在狄拉克半金属中或许可以发现无“质量”的电子。陈根富小组制备出具有原子级平整表面的大块TaAs晶体，丁洪小组利用上海光源同步辐射光束照射TaAs晶体，使得外尔费米子第一次展现在科学家面前。外尔费米子的半金属能实现低能耗电子传输，有望解决当前电子器件小型化和多功能化所面临的能耗问题。

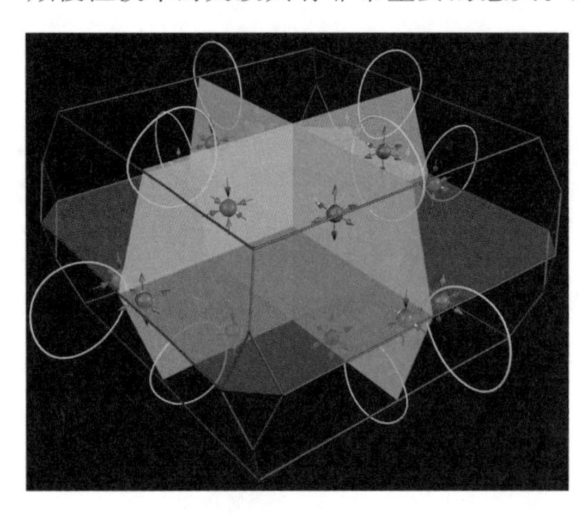

7. 首次发现相对论性高速喷流新模式

中国科学院国家天文台研究员刘继峰带领团队在国际上首次从超软X射线源发现相对论性高速喷流，打破了天文学界以往的认知，揭示了黑洞吸积和喷流形成的新方式。该成果发表于《自然》杂志。审稿人认为，此项工作是2015年度本领域内最重要的5大发现之一。“在超软X射线源中发现相对论性喷流出乎所有人的意料，这改写了我们对超软X射线源的认知和喷流形成的认知。”美国科学院院士、英国皇家学会院士、哈佛大学教授Remash Narayan评论说：“它的观测特征和人们猜想并进行了大量数值模拟的处于极高吸积率的黑洞完全契合，生动展示了黑洞吞噬物质过多后产生高速重子喷流和浓密吸积盘外流的情况。”

8. 攻克细胞信号传导重大科学难题

中国科学院上海药物所研究员徐华强带领的国际团队利用世界上最强 X 射线激光，成功解析视紫红质与阻遏蛋白复合物的晶体结构，攻克了细胞信号传导领域的重大科学难题。这项突破性成果以长文形式在线发表于《自然》杂志。美国科学家在 G-蛋白偶联受体（GPCR）信号转导领域作出的重要贡献获得了 2012 年诺贝尔化学奖。然而，GPCR 信号转导领域还有一个重大问题悬而未决，即 GPCR 如何激活另一条信号通路——阻遏蛋白信号通路。研究团队创新性地利用了比传统同步辐射光源强万亿倍的世界上最亮的 X 射线——自由电子激光（XFEL）技术，用较小的晶体得到了高分辨率的视紫红质——阻遏蛋白复合物晶体结构，为深入理解 GPCR 下游信号转导通路奠定了重要基础。该研究为开发选择性更高的药物奠定了坚实的理论基础。

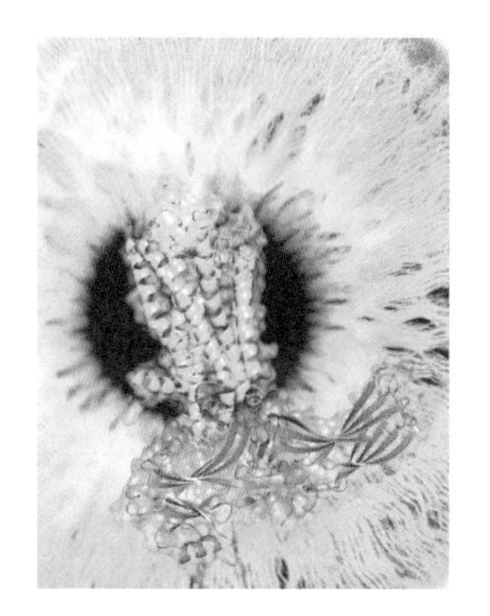

9. 首个自驱动可变形液态金属机器问世

由刘静带领的中国科学院理化技术研究所、清华大学医学院联合研究小组，发现液态金属可在吞食少量物质后，以可变形机器形态长时间高速运动，实现了无需外部电力的自主运动。此发现在世界属首次，相关论文在《先进材料》杂志上发表。标志着中国在液态金属领域达到世界领先水平。这种液态金属机器完全摆脱了庞杂的外部电力系统，向研制自主独立的柔性机器迈出了关键的一步。《自然》杂志在其研究亮点栏目以《液态金属马达靠自身运动》为题进行了报道；《科学》杂志也在网站指出“可变形金属马达拥有一系列用途”。

10. “永磁高铁”牵引系统通过首轮线路试验考核

搭载着由中国中车研发的永磁同步牵引系统的中国首列“永磁高铁”在 10 月底通过整车首轮线路运行试验考核。这意味着我国高铁动力正发生革命性变化，成为世界上少数几个掌握“永磁高铁”牵引技术的国家。该牵引系统包括永磁同步牵引电

机、牵引变压器、变流器、控制器等核心部件，其中电机采用世界新型稀土永磁材料，有效克服了永磁体失磁的世界难题；其巧妙设计的轴承散热结构能有效降低轴承温升，确保牵引动力运行的安全可靠；同时，采用了宽域高效的控制技术策略，实现高速方波弱磁控制和高速平稳重投；整个牵引系统体现节能高效系统特性匹配，节能10%以上。其研制成功不仅拉开了我国高铁"永磁驱动时代"的序幕，也为我国高铁参与国际竞争赢得了先机。

二、2015年世界十大科技进展

1. 美国癌症基因组图谱计划完成

美国一项从遗传学角度描述1万个肿瘤的庞大计划正式落下帷幕。作为在2006年开始的一个斥资1亿美元的试点项目，癌症基因组图谱（TCGA）如今是国际癌症基因组联盟中最大的组成部分，该联盟由来自16个国家的科学家组成，已经发现了近1000万个与癌症相关的基因突变。研究人员利用相关数据已经提出了对肿瘤进行分类的新方法，并发现了以前未被认识的药物靶点和致癌物质。相关研究将能够把病人的健康状况、治疗历史和对治疗的反应等详细的临床信息整合在一起。研究人员希望能够继续专注于测序，或扩充他们的工作，从而探索已经被查明的基因突变如何对癌症的形成与发展产生影响。癌症遗传学家Bert Vogelstein指出，几乎癌症研究的方方面面都受益于TCGA。

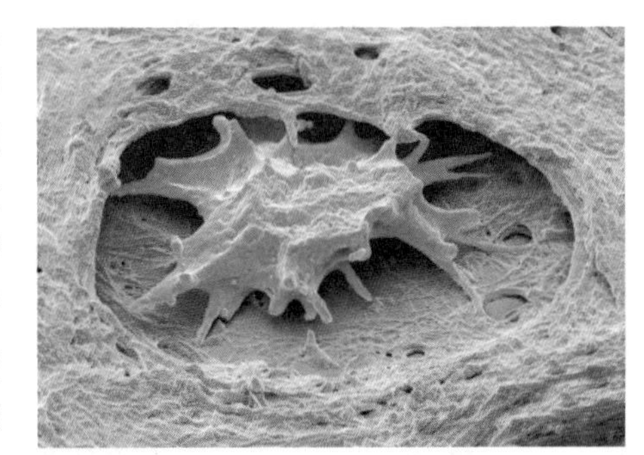

2. 埃博拉疫苗为接种者提供100%保护

在几内亚进行的一项不同寻常的临床试验第一次显示，一种埃博拉疫苗可以保护人体免遭这种致命病毒的侵害。2015年7月31日在线发表于《柳叶刀》杂志上的这项研究表明，注射这种由默克公司生产的疫苗能够在10天后对埃博拉病毒接触者提供100%的保护。科学家认为，这种疫苗将有助于最终结束在西非暴发的埃博拉疫情，该疫情已经持续了18个月之久。美国明尼苏达州双子城传染病研究与政策中心主任Michael Osterholm认为："这将是载入史册的一项公共卫生成就。"

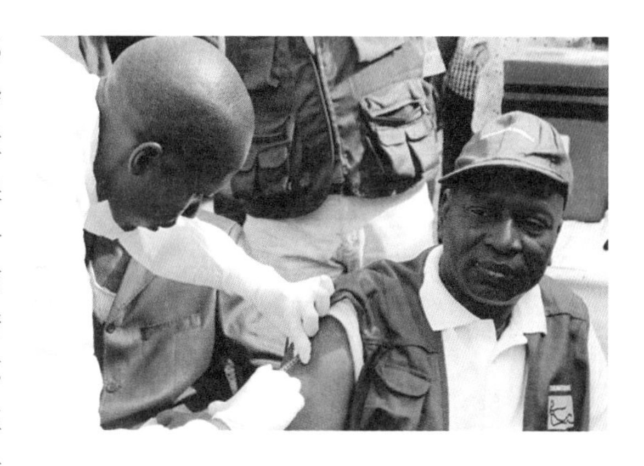

3. 发现调控细胞衰老的关键"开关"

美国科学家最近利用人类成纤维细胞，找到了细胞衰老的一个关键"开关"，为一些疾病的治疗和干预提供了线索。哈佛大学医学院研究人员用快速高通量筛选技术，诱导人类成纤维细胞衰老以寻找调控该过程的未知基因与途径。他们的研究表明，NFKB的激活受到一个叫GATA4的转录因子调控。GATA4的过量表达会直接导致细胞衰老；GATA4的缺失则抑制细胞炎症反应，进而延缓衰老。GATA4在心脏等器官的发育中有非常重要的作用，但在细胞衰老中的功能还是第一次发现。GATA4这个节点的发现把下游的NFKB和上游的DNA损伤连接起来，形成一个调控衰老的完整网络。确定GATA4在细胞衰老以及相关炎症反应中的关键作用，为将来的相关治疗和干预提供了可能的途径和靶标。

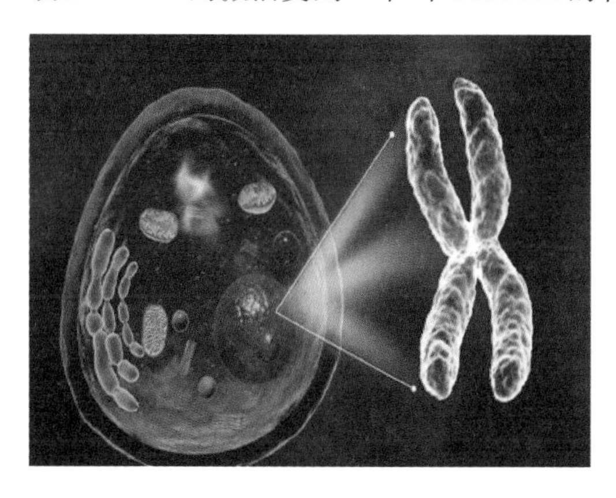

4. "终极电池"研究获重大进展

多年来，锂空气电池被业界誉为"终极电池"，因为理论上它可使电动车续航能力接近传统汽油汽车，甚至可用于电网储电。英国剑桥大学研究人员2015年10月29日报告说，他们克服了困扰锂空气电池的多个技术难题，把这项技术朝实用化方向推进了一大步。这项成果发表在《科学》杂志上。在最新工作中，剑桥大学的研究人员改用多层次的大孔石墨烯作为正极材料，利用水和碘化锂作为电解液添加剂，最终产生和分解的是氢氧化锂，而不是此前电池中的过氧化锂。氢氧化锂比过氧化锂要稳定，大大降低了电池中的副反应，提高了电池性能。该电池模型蓄电能力约为 3 千瓦・时/千克，是现有锂离子电池的约 8 倍，可循环充放电上千次。

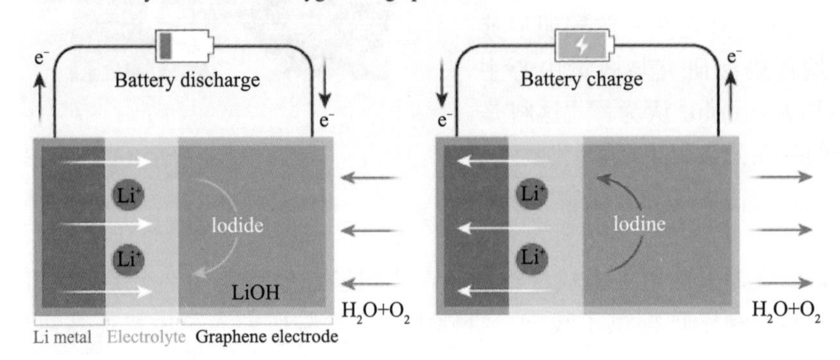

5. 最大太阳能飞机首次环球飞行

“阳光动力” 2 号是全球最大太阳能飞机，于 2015 年 3 月 9 日从阿联酋首都阿布扎比起飞，开始首次环球飞行。“阳光动力” 2 号从阿布扎比起飞后向东飞行，途经阿拉伯海、印度、缅甸、中国、太平洋、美国、大西洋、南欧和北非，最后于 7 月返回阿布扎比。“阳光动力” 2 号环球飞行总里程为 3.5 万公里，共停留 12 个城市。在环球飞行计划中，最困难的航段无疑是从中国至美国横跨太平洋五天五夜的不间断飞行。这是对飞行器整体设计的全面检验，更是对飞行员体能和心理状况的严酷挑战。“阳光动力”项目在其官方中文网站上说，“阳光动力”关心的不只是能源问题，“我们还希望以此鼓励每个人，无论是在个人生活中，还是在我们思考和处事的方式上，都能努力成为一名开拓者”。

6. 单个光子“纠缠” 3000 个原子

美国麻省理工学院和贝尔格莱德大学的物理学家开发出一种新技术，使用单个光子成功实现了与 3000 个原子的纠缠，创下了迄今为止粒子纠缠数量的新纪录。该技术为创建更复杂的纠缠态奠定了基础，未来有望借此制造出运算速度更快的量子计算机和更精确的原子钟。相关论文发表在 2015 年 3 月 26 日出版的《自然》杂志上。量子纠缠是一种奇特现象，理论上是指粒子在两个或两个以上粒子组成的系统中相互影响的现象，即使相距遥远，一个粒子的行为也会影响另一个的状态。科学家们一直在寻求方法让大量的原子实现纠缠，为功能强大的量子计算和精确的原子钟奠定基础。论文第一作者、麻省理工学院物理学教授弗拉丹·卢勒狄克说："我们开辟了一种新的纠缠态类别。"

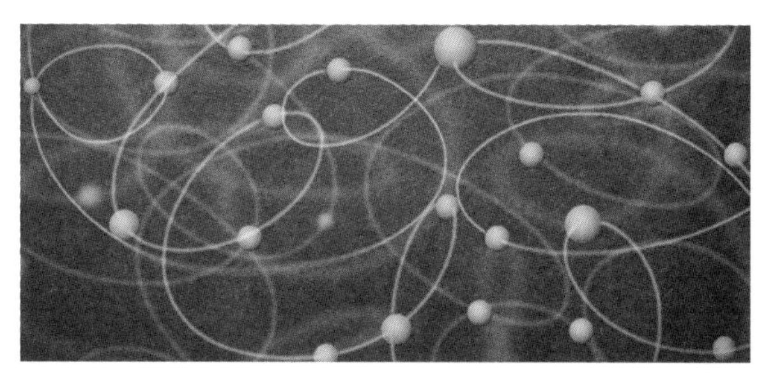

7. 火星表面找到液态水的"强有力"证据

美国国家航空航天局（NASA）2015 年 9 月 28 日宣布，在火星表面发现了有液态水活动的"强有力"证据，为在这个红色星球上寻找生命提供了新线索。自 2006 年以来，美国火星勘测轨道飞行器多次在火星山丘斜坡上发现手指状阴影条纹。它们在火星温暖的季节里出现，并随着温度上升而向下延伸，到了寒冷季节就消失。美国航天局将其称为"季节性斜坡纹线"，并认为这种奇特的季节性地貌由盐水流造成，但一直没有找到直接证据。在新研究中，研究人员分析了火星勘测轨道飞行器获取的火星表面 4 处地点"季节性斜坡纹线"的光谱数据，发现这些阴影条纹达到最大宽度时便出现水合盐矿物的光谱信号。研究人员在发表于《自然·地学》杂志的论文中写道："'季节性斜坡纹线'是现今火星水活动的结果，我们的发现强有力支持这一假设。"美国国家航空航天局副局长约翰·格伦斯菲尔德表示："我们非常激动，因为这项发现意味着今天的火星有可能存在生命。"

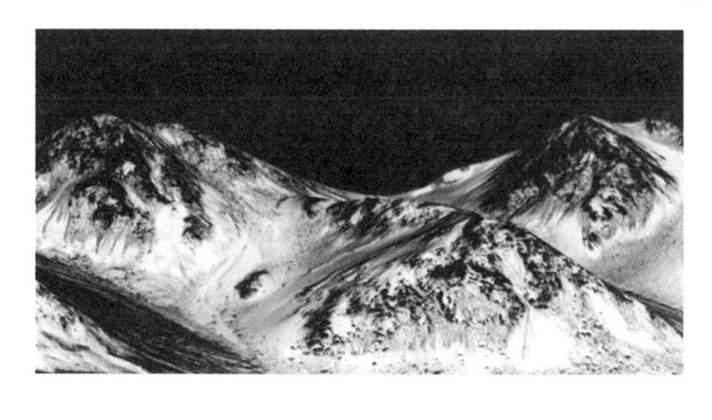

8. 新疫苗或有潜力遏制艾滋病感染

《科学》和《细胞》杂志 2015 年 6 月 18 日发表的两项研究认为，一种基于多轮免疫接种策略的试验性疫苗，也许有潜力遏制艾滋病病毒感染。这两项研究都是关于

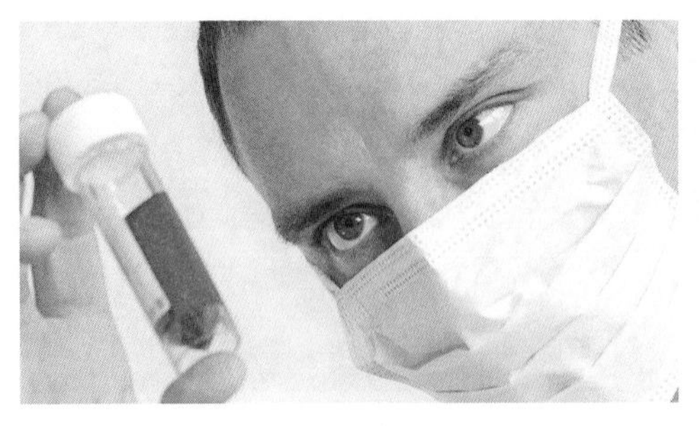

一种叫做“eOD－GT860mer”的免疫原。美国斯克里普斯研究所等机构对它进行了测试，结果显示它可结合并激活B细胞，而B细胞具有抗艾滋病病毒的作用。《科学》杂志还发表了第三项由康奈尔大学领衔的艾滋病研究，对一种人工分子复合物进行测试的结果显示，这种免疫原可激发兔子与猴子产生抗体，阻止一种艾滋病病毒株的感染。美国国家卫生研究院为这3项研究提供了资金，它在一份声明中评价说，这3篇论文代表着在研发艾滋病疫苗方面的“一个重要新起点”。

9. 全球海洋考察揭示大量新生命形式

在对全球海洋微小生物进行了为期3年半的考察工作后，一个研究团队报告了这项调查的第一批成果，揭示了海洋浮游生物丰富而多样的面貌。研究人员于2009年9月从法国洛里昂乘船出发。他们在航程中的210个地方采集了约35000件样本，该项研究旨在对地球的上层海洋建立一个整体认识。科学家在2015年5月22日出版的《科学》杂志上用5篇论文介绍了这一研究成果。包括一个超过4000万微生物基因的目录——大多数是之前未有报道的，以及约5000个病毒基因类型，同时还有对15万种真核生物（复杂细胞）的评估，这大大超过了目前已知的11000种真核浮游生物的数量。美国伊利诺伊州阿贡国家实验室微生物生态学家Jack Gilbert说：“整个项目提供了一个真正有价值的数据库，从而使我们能够以一种前所未有的方式探寻全球的海洋微生物生态系统。”

10. 人类探测器首次近距离飞过冥王星

美国“新视野”号探测器于美国东部时间2015年7月14日7时49分近距离飞过冥王星，成为首个探测这颗遥远矮行星的人类探测器。“新视野”号与冥王星最近时的距离约为1.25万公里。“新视野”号探测器于2006年1月升空，经过9年多长途跋涉，终于与冥王星“会面”。由于冥王星从未被来自地球的探测器近距离造访过，“新视野”号“看”到的一切都将被记录下来。此后，这个探测器还将继续前行，进入太阳系边缘神秘的柯伊伯带，这里可能隐藏着数以千计的冰冻岩石小天体。冥王星于1930年首次进入人类视野，曾被当作太阳系第九大行星。但国际天文学联合会于2006年对大行星重新定义，冥王星“惨遭降级”为矮行星。

附录二　2015年中国科学院、中国工程院新当选院士名单

2015年新当选中国科学院院士名单

（共61人，分学部按姓氏笔画排序）

数学物理学部（11人）

姓名	年龄	专业	工作单位
王贻芳	52	粒子物理实验	中国科学院高能物理研究所
邓小刚	54	空气动力学	国防科学技术大学
朱诗尧	69	物理、光学	北京计算科学研究中心
江　松	52	应用数学、计算数学	北京应用物理与计算数学研究所
杜江峰	46	量子物理及其应用	中国科学技术大学
张平文	48	计算数学	北京大学
陈仙辉	52	凝聚态物理	中国科学技术大学
罗民兴	52	理论物理	浙江大学
莫毅明	59	数学	香港大学
景益鹏	51	天体物理	上海交通大学
谢心澄	56	凝聚态物理	北京大学

化学部（9人）

姓名	年龄	专业	工作单位
于吉红（女）	48	无机化学	吉林大学
刘云圻	66	物理化学	中国科学院化学研究所
安立佳	50	高分子物理	中国科学院长春应用化学研究所
孙世刚	60	电化学	厦门大学
李玉良	65	无机化学	中国科学院化学研究所
张锁江	50	化学工程	中国科学院过程工程研究所
席振峰	52	有机化学	北京大学
唐　勇	50	有机化学	中国科学院上海有机化学研究所
谭蔚泓	55	分析化学	湖南大学

生命科学和医学部（12 人）

姓名	年龄	专业	工作单位
王福生	52	临床传染病学	中国人民解放军第三〇二医院
李　蓬（女）	49	生理学与生物化学	清华大学
宋微波	56	动物学	中国海洋大学
张　旭	53	神经科学	中国科学院上海生命科学研究院
陈义汉	50	内科学	同济大学
陈孝平	62	肝脏外科	华中科技大学
陈国强	51	基础医学—病理生理学	上海交通大学
邵　峰	43	感染与免疫的分子机制	北京生命科学研究所
周　琪	45	干细胞生物学	中国科学院动物研究所
徐国良	50	分子遗传学	中国科学院上海生命科学研究院
曹晓风（女）	50	植物表观遗传学	中国科学院遗传与发育生物学研究所
阎锡蕴（女）	58	纳米生物学	中国科学院生物物理研究所

地学部（10 人）

姓名	年龄	专业	工作单位
杨树锋	68	构造地质学	浙江大学
吴福元	52	岩石学	中国科学院地质与地球物理研究所
沈树忠	53	古生物学与地层学	中国科学院南京地质古生物研究所
张人禾	52	气象学	中国气象科学研究院
陈大可	57	物理海洋学	国家海洋局第二海洋研究所
陈发虎	52	环境变化	兰州大学
陈晓非	57	固体地球物理学	中国科学技术大学
郝　芳	51	石油地质学	中国地质大学（武汉）
夏　军	60	水文学及水资源	武汉大学
高　锐	65	地球物理与深部构造	中国地质科学院地质研究所

信息技术科学部（8 人）

姓名	年龄	专业	工作单位
王永良	50	信号与信息处理	空军预警学院
刘　明（女）	51	微电子科学与技术	中国科学院微电子研究所
陆建华	51	通信与信息系统	清华大学
房建成	49	导航、制导与控制	北京航空航天大学

续表

姓名	年龄	专业	工作单位
姜　杰（女）	54	导航、制导与控制	中国航天科技集团公司第一研究院
周志鑫	49	信号与信息处理	北京市遥感信息研究所
顾　瑛（女）	56	生物医学光子学（激光医学）	中国人民解放军总医院
黄　如（女）	45	微电子学与固体电子学	北京大学

技术科学部（11人）

姓名	年龄	专业	工作单位
闫楚良	67	飞机结构寿命与可靠性	国机集团科学技术研究院有限公司
何雅玲（女）	51	传热传质学	西安交通大学
邹志刚	60	材料学	南京大学
汪卫华	51	材料科学	中国科学院物理研究所
陈云敏	53	岩土工程	浙江大学
陈维江	56	高电压与绝缘技术	国家电网公司
俞大鹏	56	无机非金属材料科学与工程	北京大学
宣益民	58	工程热物理	南京航空航天大学
倪晋仁	52	治河工程、环境工程	北京大学
常　青	57	建筑学	同济大学
韩杰才	49	材料科学与工程	哈尔滨工业大学

2015年新当选中国工程院院士名单

（共70人，分学部按姓名拼音字母排序）

机械与运载工程学部（9人）

姓名	年龄	工作单位
陈学东	50	合肥通用机械研究院
侯　晓	51	中国航天科技集团公司
李德群	69	华中科技大学
李魁武	71	中国兵器工业集团
邱志明	53	海军装备研究院
孙　聪	54	中国航空工业集团公司
田红旗（女）	55	中南大学
王华明	53	北京航空航天大学
杨德森	58	哈尔滨工程大学

信息与电子工程学部（8 人）

姓名	年龄	工作单位
陈　纯	59	浙江大学
樊邦奎	56	解放军总参谋部
姜会林	69	长春理工大学
廖湘科	51	解放军国防科学技术大学
王恩东	48	浪潮集团有限公司
吴建平	61	清华大学
吴伟仁	61	国防科工局探月与航天工程中心
余少华	52	武汉邮电科学研究院

化工、冶金与材料工程学部（9 人）

姓名	年龄	工作单位
陈芬儿	57	复旦大学
陈建峰	49	北京化工大学
李　卫	57	钢铁研究总院
刘中民	50	中国科学院大连化学物理研究所
毛新平	50	武汉钢铁（集团）公司
钱　锋	54	华东理工大学
王迎军（女）	60	华南理工大学
王玉忠	54	四川大学
谢建新	57	北京科技大学

能源与矿业工程学部（8 人）

姓名	年龄	工作单位
邓运华	52	中海油研究总院
顾大钊	57	神华集团有限责任公司
康红普	49	中国煤炭科工集团有限公司
李根生	53	中国石油大学
李建刚	53	中国科学院合肥物质科学研究院
刘吉臻	63	华北电力大学
罗　安	57	湖南大学
武　强	55	中国矿业大学

土木、水利与建筑工程学部（8 人）

姓名	年龄	工作单位
陈政清	67	湖南大学
孟建民	57	深圳市建筑设计研究总院有限公司
彭永臻	66	北京工业大学
任辉启	62	解放军总参谋部
谭述森	73	解放军总参谋部
王复明	58	郑州大学
王建国	57	东南大学
郑健龙	61	长沙理工大学

环境与轻纺工程学部（6 人）

姓名	年龄	工作单位
贺克斌	52	清华大学
李家彪	54	国家海洋局第二海洋研究所
吴清平	52	广东省微生物研究所
杨志峰	51	北京师范大学
岳国君	52	中粮集团有限公司
张远航	57	北京大学

农业学部（9 人）

姓名	年龄	工作单位
曹福亮	57	南京林业大学
金宁一	59	解放军军事医学科学院
李天来	59	沈阳农业大学
沈建忠	52	中国农业大学
宋宝安	52	贵州大学
唐华俊	54	中国农业科学院
万建民	55	中国农业科学院
张洪程	64	扬州大学
张新友	51	河南省农业科学院

医药卫生学部（7 人）

姓名	年龄	工作单位
高长青	55	解放军总医院
顾晓松	61	南通大学
黄璐琦	47	中国中医科学院
李　松	51	解放军军事医学科学院
宁　光	52	上海交通大学医学院附属瑞金医院
孙颖浩	54	解放军第二军医大学
张志愿	64	上海交通大学医学院附属第九人民医院

工程管理学部（6 人）

姓名	年龄	工作单位
柴洪峰	58	中国银联股份有限公司
丁烈云	59	华中科技大学
金智新	55	山西焦煤集团有限责任公司
凌　文	52	神华集团有限责任公司
邵安林	51	鞍钢矿业集团
向　巧（女）	52	解放军第五七一九工厂

附录三　香山科学会议 2015 年学术讨论会一览表

序号	会次	会议主题	执行主席	会议日期
1	519	稀土资源的高效利用与稀土磁性材料和物理	沈保根　都有为 王鼎盛　张志东	1月13～14日
2	520	水稻功能基因组研究的现状和未来	张启发　韩　斌 李家洋　武维华	1月21～23日
3	521	中医健康工程发展的瓶颈与对策	张伯礼　俞梦孙 李振吉　刘保延	1月27～29日
4	522	国家治理与系统工程	顾基发　房　宁 杨宜勇　王佩琼	3月24～26日
5	S25	加强基础研究与自主创新	徐冠华　陈宜瑜 潘云鹤　张先恩	3月26日
6	S26	超强激光光源及其前沿应用	王乃彦　陈瑞良 李儒新	4月9～10日
7	523	能源互联网：前沿科学问题与关键技术	周孝信　韩英铎 程时杰　李立涅 孙宏斌	4月21～23日
8	524	中国桥梁技术发展战略	郑皆连　周福霖 周绪红　秦顺全 张喜刚	4月28～30日
9	525	国际人类表型组研究	强伯勤　张先恩 金　力　唐慧儒	5月5～6日
10	526	建立绿色肥料保障体系的关键科学问题	赵玉芬　许秀成 黎乐民　赵秉强	5月6～8日
11	527	会聚技术（NBIC）的伦理问题及其治理	方　新　薛其坤 杨胜利　张先恩 王国豫	5月12～13日
12	528	精准医学与医疗器械产学研用	戴建平　叶朝辉 张玉奎　田　捷 薛　敏	5月15～17日
13	529	淡水生物学的前沿科学问题	赵进东　朱作言 孟安明　桂建芳	5月20～22日
14	530	中药配伍禁忌与临床安全用药	张伯礼　刘昌孝 王广基　段金廒	5月21～22日

续表

序号	会次	会议主题	执行主席	会议日期
15	531	从当下中医到当代中医：学术理论、学科体系和发展模式	张伯礼 陈可冀 王 辰 徐安龙 王志勇	5月28～29日
16	532	“穴位本态”的研究思考	韩济生 刘保延 朱 兵	6月2～4日
17	533	2-7GeV 高亮度正负电子加速器上的物理、应用及其关键技术	赵政国 赵光达 张肇西 陈佳洱 方守贤	6月3～4日
18	S27	天体物理与暗物质前沿问题研究	季向东 陈和生 武向平	6月16～17日
19	534	纳米生物力学在肿瘤防控中的应用与展望	赵宇亮 王明荣 饶建宇 卞修武 张惠平	6月23～24日
20	535	满足健康需求的营养型农业	范云六 陈晓亚 王东阳 张春义	6月30～7月1日
21	536	强磁场下的科学问题	张裕恒 于 渌 夏建白 沈保根	8月27～28日
22	537	膜性细胞器及其亚结构的动态调控机制	陈晔光 洪万进 徐 涛	9月7～8日
23	S28	脑血管病临床与转化研究前沿与进展	赵继宗 李春岩 戴建平 王拥军 张 和	9月12～13日
24	538	纳米能源和压电(光)电子学发展前沿研讨	王中林 张 泽 郝 跃 张 跃	9月16～17日
25	539	我国草原牧区可持续发展的科学原理与实践	任继周 南志标 方精云	9月17～18日
26	540	花岗岩：大陆形成与改造的记录	翟明国 张 旗 陈国能 王汝成	9月23～24日
27	541	激光制造科学与工程前沿	姚建铨 陆永枫 李 琳 姜 澜 肖荣诗	9月24～25日
28	542	大气环境立体探测研究发展研讨	刘文清 魏复盛 赵进才	10月13日

续表

序号	会次	会议主题	执行主席	会议日期
29	543	再生医学——解决新的科学问题与成果转化应用的瓶颈难题	付小兵　王正国 吴祖泽　胡盛寿 曹谊林　周　琪	10月14～15日
30	544	健康科学大数据与精准医学	陈润生　曾益新 徐　涛　郭　姣 毕利军	10月17～18日
31	545	由烃加工到烃合成——催化科学技术前沿	谢在库　包信和 丁奎岭　何鸣元	11月5～6日
32	546	限域传质：前沿科学问题与关键技术	徐南平　高从堦 陆小华　汪　勇 仲崇立	11月8～9日
33	547	空间辐射物理及应用	陈　伟　欧阳晓平 夏佳文　柳卫平 王　立	11月12～13日
34	548	新形势下中医理论发展的起点、朝向与路径	张伯礼　刘保延 王　键　胡镜清	11月19～20日
35	549	特殊环境因素的损伤机制与系统干预	吕永达　俞梦孙 范　明	11月24～25日
36	S29	免疫细胞与干细胞治疗的关键科学问题及临床应用	裴　钢　裴雪涛 田志刚　刘小龙	11月26～27日
37	550	锕系材料科学与技术	李冠兴　柴之芳 李依依　严纯华 赖新春	12月10～11日
38	551	高性能电机系统的共性基础科学问题	马伟明　顾国彪 夏长亮　方攸同 李立毅	12月16～17日
39	552	合成生物学发展战略	杨胜利　张先恩 马延和　元英进	12月21～22日

附录四　2015 年中国科学院学部“科学与技术前沿论坛”一览表

序号	会次	论坛名称（主题）	执行主席/召集人	会议日期
1	46	新型飞行器的关键空气动力学问题	郑晓静	3 月 30 日
2	47	长江水环境与生态安全	陈祖煜	4 月 24～25 日
3	48	空间地球大数据	郭华东	6 月 17～18 日
4	49	软件先进技术	何积丰	7 月 22～23 日
5	50	轨道交通工程	翟婉明	8 月 1～2 日
6	51	石墨烯和石墨炔的合成、性能与应用	田中群 刘忠范	8 月 6～7 日
7	52	光催化分解水反应	李　灿	10 月 21 日
8	53	互联网+时代的科技发展	梅　宏	12 月 11～12 日